材料科学基础
辅导与习题
（第三版）

蔡　珣　戎咏华　编著

上海交通大学出版社

内容提要

本书是根据《材料科学基础》教材编写的配套教学辅导材料。全书共分 10 章,内容包括材料的微观结构、晶体缺陷、原子及分子的运动、材料的形变和再结晶、相平衡及相图、材料的亚稳态等。书中既概括总结了各章的主要内容、重点与难点,以及重要概念和公式,又从不同的角度出发,提出问题作为学生的习题作业,以帮助巩固消化和加深理解所学的书本知识。为了便于复习参考,书后附有各章的参考答案,以及 2000 年至 2007 年的上海交通大学"材料科学基础"专业硕士研究生入学考试试题(附答案)和可供查阅参考的大量资料。因此,本书除可供材料和冶金类师生、科技人员参考外,还可作为远程教学、网上学习效果自我测评和考研的辅导材料。

图书在版编目(CIP)数据

材料科学基础辅导与习题 / 蔡珣,戎咏华编著. —3 版. —上海:上海交通大学出版社,2008(2022 重印)
ISBN 978-7-313-03412-0

Ⅰ.材... Ⅱ.①蔡...②戎... Ⅲ.材料科学—高等学校—习题 Ⅳ.TB3-44

中国版本图书馆 CIP 数据核字(2007)第 180292 号

材料科学基础辅导与习题(第三版)

编　著:蔡　珣　戎咏华
出版发行:上海交通大学出版社　　　　　　地　　址:上海市番禺路 951 号
邮政编码:200030　　　　　　　　　　　　电　　话:021-64071208
印　制:常熟市文化印刷有限公司　　　　　经　　销:全国新华书店
开　本:787mm×1092mm　1/16　　　　　　印　张:18
字　数:439 千字
版　次:2003 年 8 月第 1 版　2008 年 2 月第 3 版　　印　次:2022 年 10 月第 23 次印刷
书　号:ISBN 978-7-313-03412-0
定　价:45.00 元

前　言

　　本着拓宽专业范围,按专业大类培养人才的基本思路,上海交通大学出版社 2000 年出版了由胡赓祥、蔡珣主编的上海普通高校"九五"重点教材《材料科学基础》。2002 年,蔡珣和陈秋龙又根据国家教育部现代远程教育资源建设委员会关于新世纪网络课程建设的要求,制作了材料科学基础网络课程软件。为了配合该课程的教学,并应广大学生的要求,我们在多年教学实践的基础上,参阅了国内外有关书籍,编著了与《材料科学基础》配套的习题及辅导材料。本书可供材料和冶金类专业师生,以及从事科研、生产方面的科研技术人员参考,也可满足远程教学网上学习效果自我测试的需要。另外,它也可作为报考材料和冶金类学科研究生复习思考的辅导读物。

　　全书共分 9 章,并按上海交通大学出版社 2000 年出版的《材料科学基础》教材的章节顺序编排。第 1,2,3,5 章和附录由蔡珣教授编写,第 4,6,7,8 章和硕士研究生入学考试试题参考解答由戎咏华教授编写,第 9 章则由蔡珣和胡赓祥教授共同编写。为了便于学习参考,书后还附有近几年材料类研究生入学考试试题,常用物理常数,国家法定计量单位,与国际单位制有关内容的简介,应力与压强国际单位与英制单位的转换,摄氏与华氏温度对照表,元素周期表,元素电子结构、晶系、点群、空间群,晶面间距计算公式,晶体结构,常用材料有关性能数据,常用高分子材料链节结构和玻璃化转变温度及开始熔化温度,以及常用无机材料光学性质等有关数据。

　　郭正洪副教授校核了戎咏华的全部书稿内容,并参加了 2002 年硕士研究生入学考试试题部分解答、2003 年和 2004 年试题解答的全部工作,特致谢意。

　　作者水平有限,不妥或谬误之处在所难免,敬请批评指正!

作者

2004 年 9 月于上海

第三版说明

  《材料科学基础辅导与习题》是为了配合 2000 年出版的《材料科学基础》(胡赓祥,蔡珣 主编)教材的教学而于 2003 年首次付梓出版的。多年来,该辅导材料在课堂教学和考研复习中起到了积极的作用,颇受学生青睐。

  《材料科学基础》经历多年的教学实践,证实了其具有科学性和实用性,但由于近年来材料科学的发展,又显现其不足,因而对其进行了重要的修订,并以《材料科学基础》第二版(胡赓祥,蔡珣,戎咏华 编著)的形式出版。修订内容已于教材的"第二版说明"中列出,其中增添了6.3 节的"气-固相变与薄膜生长"和第 10 章的"材料的功能特性",为此,辅导材料也相应增添了有关内容,并增加了 2005 至 2007 年硕士研究生入学考试题及其参考解答,增添的内容由戎咏华撰写。最终以第三版的形式出版。

  在第三版的修订中,王晓东博士、黄宝旭博士和李伟博士付出了辛勤的劳动,在此谨表谢意。

  虽然我们在修订中竭尽全力,但错误仍在所难免,恭请读者给以宝贵意见。

作者

2007 年 8 月于上海

目　　录

第 1 章　原子结构与键合

内容提要

物质是由原子组成的,而原子是由位于原子中心带正电的原子核和核外高速旋转带负电的电子所构成的。在材料科学中,一般人们最关心的是原子结构中的电子结构。

电子在核外空间作高速旋转运动时,就好像带负电荷的云雾笼罩在原子核周围,故形象地称它为电子云。电子既具有粒子性又具有波动性,即具有二象性。电子运动没有固定的轨道,但可根据电子的能量高低,用统计方法判断其在核外空间某一区域内出现的几率的大小。根据量子力学理论,电子的状态是用波函数来描述的,原子中一个电子的空间位置和能量可用 4 个量子数表示:

(1) 主量子数 n——决定原子中电子能量,以及与核的平均距离,即表示电子所处的量子壳层;

(2) 轨道角动量量子数 l_i——给出电子在同一量子壳层内所处的能级(电子亚层);

(3) 磁量子数 m_i——给出每个轨道角动量数的能级数或轨道数;

(4) 自旋角动量量子数 s_i——反映电子不同的自旋方向。

在多电子的原子中,核外电子的排布规律遵循以下三个原则:

(1) 能量最低原理——电子的排布总是先占据能量最低的内层,再由内向外进入能量较高的壳层,尽可能使体系的能量最低。

(2) Pauli 不相容原理——在一个原子中不可能有运动状态完全相同的两个电子,主量子数为 n 的壳层,最多容纳 $2n^2$ 个电子。

(3) Hund 规则——在同一亚层中的各个能级中,电子的排布尽可能分占不同的能级,而且自旋的方向相同。当电子排布为全充满、半充满或全空时,此时是比较稳定的,并且整个原子的能量最低。

元素周期表反映了元素的外层电子结构随着原子序数(核中带正电荷的质子数)的递增,呈周期性变化的规律。可根据元素在周期表中的位置,推断它的原子结构和特定的性质。

原子与原子之间是依靠结合键聚集在一起的。由于原子间结合键的不同,故可将材料分为金属、无机非金属和高分子材料。原子的电子结构决定了原子键合的本身,原子间的结合键可分为化学键和物理键两大类。化学键即主价键,它包括金属键、离子键和共价键 3 种:

(1) 金属键,绝大多数金属均为金属键方式结合,它的基本特点是电子的共有化;

(2) 离子键,大多数盐类、碱类和金属氧化物,主要以离子键方式结合,这种键的基本特点是以离子而不是以原子为结合单位的;

(3) 共价键,在亚金属(C,Si,Sn,Ge 等)、聚合物和无机非金属材料中,共价键占有重要的地位,它的主要特点是共用电子对。

物理键为次价键,也称范德瓦耳斯力,在高分子材料中占着重要作用。它是借助瞬时的、微弱的电偶极矩的感应作用,将原子或分子结合在一起的键合。它包括静电力、诱导力和色散力。

此外还有一种氢键,它是一种极性分子键,存在于 HF,H_2O,NH_3 等分子间。其结合键能介于化学键与物理键之间。

由于高分子材料的相对分子质量可高达几十万甚至上百万,所包含的结构单元可能不止一种,每一种结构单元又具有不同的构型,而且结构单元之间可能有不同的键接方式与序列,故高分子的结构相当复杂。

高分子结构包括高分子链结构和聚集态结构。链结构又分近程结构和远程结构。近程结构属于化学结构,又称一次结构,它是指大分子链中原子的类型和排列,结构单元的键接顺序、支化、交联以及取代基在空间的排布规律等。远程结构又称二次结构,它是指高分子的大小与形态、链的柔顺性及分子在各种环境中所采取的构象。

重点与难点

(1) 描述原子中电子的空间位置和能量的 4 个量子数。

(2) 核外电子排布遵循的原则。

(3) 元素性质、原子结构和该元素在周期表中的位置三者之间的关系。

(4) 原子间结合键分类及其特点。

(5) 高分子链的近程和远程结构。

重要概念

分子,原子;

主量子数 n,轨道角动量量子数 l_i,磁量子数 m_i,自旋角动量量子数 s_i;

能量最低原理,Pauli 不相容原理,Hund 规则;

元素,元素周期表,周期,族;

结合键,金属键,离子键,共价键,范德瓦耳斯力,氢键;

高分子链,近程结构,结构单元,线性、支化、交联和三维网络分子结构;

无规、交替、嵌段和接枝共聚物;

全同立构,间同立构,无规立构,顺式、反式构型;

远程结构,数均、重均相对分子质量,聚合度;

热塑性、热固性塑料。

习题

1-1　原子中一个电子的空间位置和能量可用哪 4 个量子数来决定?

1-2　在多电子的原子中,核外电子的排布应遵循哪些原则?

1-3　在元素周期表中,同一周期或同一主族元素原子结构有什么共同特点? 从左到右或从上到下元素结构有什么区别? 它的性质如何递变?

1-4　何谓同位素？为什么元素的相对原子质量不总为正整数？

1-5　铬的原子序数为 24，它共有 4 种同位素：$w(Cr)=4.31\%$ 的 Cr 原子含有 26 个中子，$w(Cr)=83.76\%$ 的 Cr 含有 28 个中子，$w(Cr)=9.55\%$ 的 Cr 含有 29 个中子，且 $w(Cr)=2.38\%$ 的 Cr 含有 30 个中子。试求铬的相对原子质量。

1-6　铜的原子序数为 29，相对原子质量为 63.54，它共有两种同位素 Cu^{63} 和 Cu^{65}，试求两种铜的同位素之含量百分比。

1-7　锡的原子序数为 50，除了 4f 亚层之外，其他内部电子亚层均已填满。试从原子结构角度来确定锡的价电子数。

1-8　铂的原子序数为 78，它在 5d 亚层中只有 9 个电子，并且在 5f 层中没有电子，请问在 Pt 的 6s 亚层中有几个电子？

1-9　已知某元素原子序数为 32，根据原子的电子结构知识，试指出它属于哪个周期？哪个族？并判断其金属性的强弱。

1-10　原子间的结合键共有几种？各自的特点如何？

1-11　图 1-11 中绘出 3 类材料——金属、离子晶体和高分子材料之能量与距离的关系曲线，试指出它们各代表何种材料。

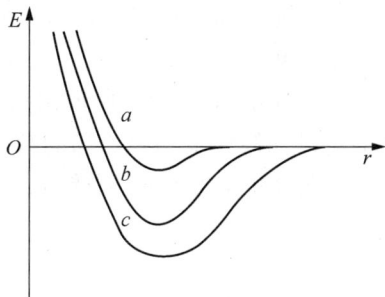

习题图 1-11

1-12　已知 Si 的相对原子质量为 28.09，若 100 g 的 Si 中有 5×10^{10} 个电子能自由运动，试计算：① 能自由运动的电子占价电子总数的比例为多少？② 必须破坏的共价键之比例为多少？

1-13　S 的化学行为有时像 2 价的元素，而有时却像 4 价元素。试解释 S 这种行为的原因。

1-14　A 和 B 元素之间键合中离子特性所占的百分比可近似地用下式表示：

$$IC(\%) = \left[1 - e^{-0.25(x_A - x_B)^2}\right] \times 100$$

式中 x_A 和 x_B 分别为 A 和 B 元素的电负性值。已知 Ti，O，In 和 Sb 的电负性分别为 1.5，3.5，1.7 和 1.9，试计算 TiO_2 和 InSb 的 $IC(\%)$。

1-15　Al_2O_3 的密度为 $3.8\ g/cm^3$，试计算：① $1\ mm^3$ 中存在多少个原子？② $1\ g$ 中含有多少个原子？

1-16　尽管 HF 的相对分子质量较低，试解释：为什么 HF 的沸腾温度（19.4 ℃）要比 HCl 的沸腾温度（－85 ℃）高？

1-17　高分子链结构分为近程结构和远程结构。他们各自包含的内容是什么？

1-18　高分子材料按受热的表现可分为热塑性和热固性两大类，试从高分子链结构角度加以解释。

1-19　分别绘出甲烷（CH_4）和乙烯（C_2H_4）的原子排列与键合。

1-20　高密度的聚乙烯可以通过氯化处理，即用氯原子来取代结构单元中氢原子的方法实现。若用氯取代聚乙烯中 8% 的氢原子，试计算须添加氯的质量分数。

1-21　高分子材料相对分子质量具有多分散性。聚氯乙烯（PVC）相对分子质量分布表如下。试计算该材料的数均相对分子质量 $\bar{M}_n$，重均相对分子质量 $\bar{M}_w$，以及数均聚合度 n_n。

分子量范围($\times 10^3$)	平均相对分子质量 M_i	分子数分数 x_i	$x_i M_i$	质量分数 w_i	$w_i M_i$
5～10	7 500	0.05	375	0.02	150
10～15	12 500	0.016	2 000	0.10	1 250
15～20	17 500	0.22	3 850	0.18	3 150
20～25	22 500	0.27	6 075	0.29	6 525
25～30	27 500	0.20	5 500	0.26	7 150
30～35	32 500	0.08	2 600	0.13	4 225
35～40	37 500	0.02	750	0.02	750

1-22　有一共聚物 ABS(A 为丙烯腈,B 为丁二烯,S 为苯乙烯),每一种单体的质量分数均相同,求各单体的摩尔分数。

1-23　嵌镶金相试样用的是酚醛树脂类的热固性塑料。若酚醛塑料的密度为 $1.4\,g/cm^3$,试求在 $10\,cm^3$ 的圆柱形试样中所含的分子质量为多少?

1-24　一有机化合物,其组成的 $w(C)$ 为 62.1%,$w(H)$ 为 10.3%,$w(O)$ 为 27.6%。试推断其化合物名称。

1-25　尼龙-6 是 $HOCO(CH_2)_5NH_2$ 的缩聚反应的产物。① 用分子式表示其缩聚过程。② 已知 C—O,H—N,C—N,H—O 的键能分别为 360,430,305,500(kJ/mol),问形成 1 mol 的 H_2O 时,所放出的能量为多少?

1-26　已知线性聚四氟乙烯的数均相对分子质量为 5×10^5,其 C—C 键长为 0.154 nm,键角 θ 为 109°,试计算其总链长 L 和均方根末端距。

第 2 章　固体结构

内容提要

固态物质可分为晶体和非晶体两大类。

晶体的性能是与内部结构密切相关的。

为了便于了解晶体结构,首先引入一个"空间点阵"的概念。根据"每个阵点的周围环境相同"和 6 个点阵参数间的相互关系,可将晶体分为 7 个晶系,14 种布拉维点阵。晶胞是能反映点阵对称性、具有代表性的基本单元(最小平行六面体),其不同方向的晶向和晶面可用密勒指数加以标注,并可采用极射投影方法来分析晶面和晶向的相对位向关系。

在晶体结构中,最常见的是面心立方(fcc)、体心立方(bcc)和密排六方(hcp)3 种典型结构,其中 fcc 和 hcp 系密排结构,具有最高的致密度和配位数。这 3 种典型结构的晶胞分别含有 4,2,6 个原子。利用刚球模型可以算出晶体结构中的间隙,以及点阵常数与原子半径之间的关系。

金属晶体的结合键是金属键,故往往由此构成具有高度对称性的简单晶体结构,如 fcc,bcc 和 hcp 等。但是,工业上广泛使用的金属材料绝大多数是合金。由于合金元素的加入,使形成的合金相结构变得复杂。合金组元之间的相互作用及其所形成的合金相的性质,主要是由它们各自的电化学因素、原子尺寸因素和电子浓度 3 个因素控制的。合金相基本上可分为固溶体和中间相两大类。

固溶体保持溶剂的晶体结构类型。根据溶质在固溶体点阵中的位置可分为置换固溶体和间隙固溶体;按固溶度则分为有限固溶体和无限固溶体;而按溶质在固溶体中的排布,则分为无序固溶体和有序固溶体;若按溶剂分类则有第一类固溶体和第二类固溶体。

中间相的晶体结构不同于其组元的结构,它通常可用化合物的化学分子式表示。中间相根据其主导影响因素可分为正常价化合物、电子化合物、间隙相与间隙化合物、拓扑密堆相等。

离子晶体是以正负离子为结合单元的,其结合键为离子键。Pauling 在实验基础上,用离子键理论归纳总结出离子晶体的如下结构规则:负离子配位多面体规则,电价规则,负离子多面体共用顶、棱和面的规则,不同种类正离子配位多面体间连接规则和节约规则等。它们在分析、理解晶体结构时简单明了,突出了结构的特点。

典型的离子晶体结构是 NaCl 型,自然界有几百种化合物都属于此种结构。它属于立方晶系,Fm3m 空间群,可以看作分别由 Na^+ 和 Cl^- 构成两个 fcc 结构相互在棱边上穿插而成。

在无机非金属材料中,硅酸盐晶体结构尤其复杂,有孤岛状、组群状、链状、层状和骨架状等结构。但它们有一个共同特点,即均具有 $[SiO_4]^{4-}$ 四面体,并遵循由此导出的硅酸盐结构定律。

共价晶体是以共价键结合的。共价晶体的共同特点是配位数服从 8-N 法则(N 为原子的价电子数)。

最典型的共价晶体结构是金刚石结构。它属于复杂的 fcc 结构,可视为由两个 fcc 晶胞沿体对角线相对位移 1/4 距离穿插而成。

聚合物晶态结构是其聚集态结构(三次结构)中的一大类。由于大分子结构的缘故,聚合物的结晶是分子结晶,一个大分子可以贯穿若干个晶胞,结晶速度慢且存在结晶不完整性。

聚合物的晶态多种多样,主要有单晶、片晶、球晶、树枝状晶、孪晶和串晶等。由于聚合物的晶态结构相当复杂,可用缨状微束模型、折叠链模型、伸直链模型、串晶或球晶结构模型,以及 Hosemann 模型来加以描述。

固态物质中除各种晶体外,另有一大类称为非晶体。由于非晶态物质内的原子排列在三维空间中不具有长程有序和周期性,故决定了它在性质上是各向同性的,且没有固定的熔点(对玻璃而言,存在一个玻璃化转变温度)。但应注意固态物质虽有晶体和非晶体之分,然而在一定条件下,二者是可以相互转换的。

重点与难点

(1) 选取晶胞的原则。

(2) 7 个晶系,14 种布拉维空间点阵的特征。

(3) 晶向指数与晶面指数的标注。

(4) 晶面间距的确定与计算。

(5) 晶体的对称元素与 32 种点群。

(6) 极射投影与 Wulff 网。

(7) 3 种典型金属晶体结构的晶体学特点。

(8) 晶体中的原子堆垛方式和间隙。

(9) 固溶体的分类及其结构特点。

(10) 影响固溶体固溶度的因素。

(11) 超结构的类型和影响有序化的因素。

(12) 中间相的分类及其结构特点。

(13) 离子晶体的结构规则。

(14) NaCl 型、A_2B_2 型和硅酸盐晶体结构特点。

(15) 金刚石型共价晶体结构特点。

(16) 聚合物晶态结构模型、晶体形态及其结构特点。

(17) 非晶态结构及其性能与晶体结构的区别。

重要概念和公式

晶体,非晶体;

晶体结构,空间点阵,阵点,晶胞,7 个晶系,14 种布拉维空间点阵;

宏观对称元素,微观对称元素,点群,空间群;

极射投影,极点,乌尔夫(Wulff)网,标准投影;

晶向指数,晶面指数,晶向族,晶面族,晶带轴,共带面,晶面间距;

面心立方,体心立方,密排六方,多晶型性,同素异构体;

点阵常数,晶胞原子数,配位数,致密度,四面体间隙,八面体间隙;

合金,相,固溶体,中间相,短程有序参数 α,长程有序参数 S;

置换固溶体,间隙固溶体,有限固溶体,无限固溶体,无序固溶体,有序固溶体;

正常价化合物,电子化合物,电子浓度,间隙相,间隙化合物,拓扑密堆相;

离子晶体,NaCl 型结构,闪锌矿型结构,纤锌矿型结构,硅酸盐,$[SiO_4]$四面体;

共价晶体,金刚石结构;

聚集态结构,球晶,缨状微束模型,折叠链模型,伸直链模型;

玻璃,玻璃化转变温度。

$[UVW]$ 与 $[uvtw]$ 之间的互换关系:

$$\begin{cases} U = u - t, \quad V = v - t, \quad W = w \\ u = \dfrac{1}{3}(2U - V), \quad v = \dfrac{1}{3}(2V - U), \quad t = -(u + v), \quad w = W \end{cases}$$

晶带定律:

$$hu + kv + lw = 0$$

立方晶系晶面间距计算公式:

$$d_{hkl} = \frac{a}{\sqrt{h^2 + k^2 + l^2}}$$

六方晶系晶面间距计算公式:

$$d_{hkl} = \frac{1}{\sqrt{\dfrac{4}{3}\left(\dfrac{h^2 + hk + k^2}{a^2}\right) + \left(\dfrac{l}{c}\right)^2}}$$

电子浓度计算公式:

$$\frac{e}{a} = \frac{A(100 - x) + Bx}{100}$$

习题

2-1　试证明四方晶系中只有简单四方点阵和体心四方点阵两种类型。

2-2　为什么密排六方结构不能称为一种空间点阵?

2-3　标出面心立方晶胞中(111)面上各点的坐标,并判断$[\bar{1}10]$是否位于(111)面上,然后计算$[\bar{1}10]$方向上的线密度。

2-4　标出具有下列密勒指数的晶面和晶向:① 立方晶系(421),$(\bar{1}23)$,(130),$[2\bar{1}\bar{1}]$,[311];② 六方晶系$(2\bar{1}\bar{1}1)$,$(1\bar{1}01)$,$(3\bar{2}\bar{1}2)$,$[2\bar{1}\bar{1}1]$,$[1\bar{2}13]$。

2-5　在立方晶系中画出{111}晶面族的所有晶面,并写出{123}晶面族和⟨221⟩晶向族中的全部等价晶面和晶向的密勒指数。

2-6　在立方晶系中画出以[001]为晶带轴的所有晶面。

2-7　试证明在立方晶系中,具有相同指数的晶向和晶面必定相互垂直。

2-8　已知纯钛有两种同素异构体:低温稳定的密排六方结构 α-Ti 和高温稳定的体心立方结

构 β-Ti,其同素异构转变温度为 882.5 ℃。计算纯钛在室温(20 ℃)和 900 ℃时晶体中 (112)和(001)的晶面间距(已知 $a_a^{20℃}=0.2951$ nm,$c_a^{20℃}=0.4679$ nm,$a_\beta^{900℃}=0.3307$ nm)。

2-9 试计算面心立方晶体的(100),(110),(111)等晶面的面间距和面致密度,并指出面间距最大的面。

2-10 平面 A 在极射赤面投影图中为通过 NS 极和点 0°N,20°E 的大圆,平面 B 的极点在 30°N,50°W 处,① 求极射投影图上两极点 A,B 间的夹角。② 求出 A 绕 B 顺时针转过 40°的位置。

2-11 ① 说明在 fcc 的(001)标准极射赤面投影图的外圆上,赤道线上和 0°经线上的极点的指数各有何特点? ② 在图 2-11 中标出($\bar{1}$10),(011),(112)极点。

2-12 根据标准的(001)极射赤面投影图指出在立方晶体中属于[110]晶带轴的晶带,除了已在图 2-12 中标出晶面外,在($1\bar{1}2$),($0\bar{1}2$),($\bar{1}13$),($1\bar{3}2$),($\bar{2}21$)晶面中哪些属于[110]晶带?

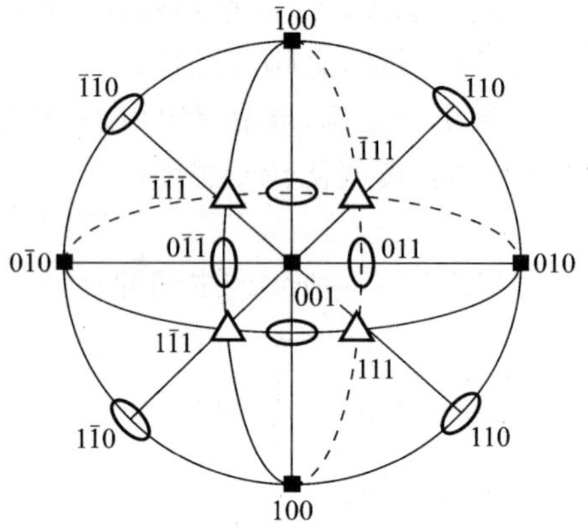

习题图 2-12

2-13 不用极射投影图,利用解析几何方法,如何确定立方晶系中① 两晶向间的夹角 θ;② 两晶面的夹角 θ;③ 两晶面交线的晶向指数;④ 两晶向所决定的晶面指数。

2-14 图 2-14 为 α-Fe 的 X 射线衍射谱,所用 X 光波长 $\lambda=0.1542$ nm,试计算每个峰线所对应的晶面间距,并确定其晶格常数。

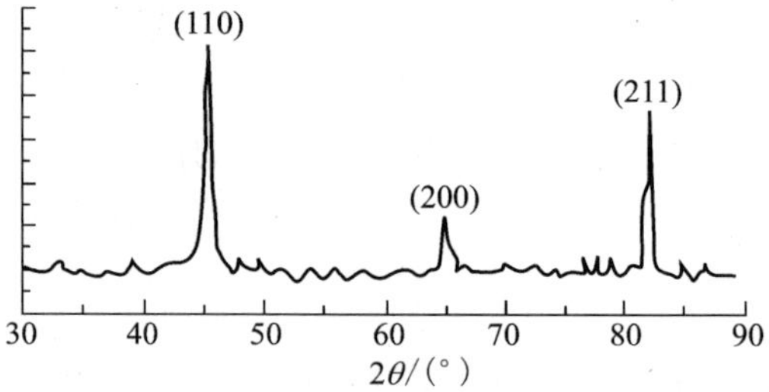

习题图 2-14

2-15 采用 Cu 的 $k_a(\lambda=0.1542$ nm)测得 Cr 的 X 射线衍射谱为首的 3 条谱线 $2\theta=44.4°$,64.6°和 81.8°,若(bcc)Cr 的晶格常数 $a=0.2885$ nm,试求对应这些谱线的密勒指数。

2-16 归纳总结 3 种典型的晶体结构的晶体学特征。

2-17 试证明理想密排六方结构的轴比 $\frac{c}{a}=1.633$。

2-18 Ni 的晶体结构为面心立方结构,其原子半径为 $r=0.1243$ nm,试求 Ni 的晶格常数和密度。

2-19 Mo 的晶体结构为体心立方结构,其晶格常数 $a=0.3147$ nm,试求 Mo 的原子半径 r。

2-20 Cr 的晶格常数 $a=0.2884$ nm,密度 $\rho=7.19$ g/cm³,试确定此时 Cr 的晶体结构。

2-21 In 具有四方结构,其相对原子质量 $A_r=114.82$,原子半径 $r=0.1625$ nm,晶格常数

$a=0.325\,2\,nm,c=0.494\,6\,nm$，密度 $\rho=7.286\,g/cm^3$，试问 In 的单位晶胞内有多少个原子？In 的致密度为多少？

2-22　Mn 的同素异构体有一为立方结构，其晶格常数 $a=0.632\,nm,\rho=7.26\,g/cm^3,r=0.122\,nm$，问 Mn 晶胞中有几个原子，其致密度为多少？

2-23　① 按晶体的刚球模型，若球的直径不变，当 Fe 从 fcc 转变为 bcc 时，计算其体积膨胀为多少？② 经 X 射线衍射测定，在 912℃时，α-Fe 的 $a=0.289\,2\,nm$，γ-Fe 的 $a=0.363\,3\,nm$，计算从 γ-Fe 转变为 α-Fe 时，其体积膨胀为多少？与①相比，说明其产生差别的原因。

2-24　① 计算 fcc 和 bcc 晶体中四面体间隙及八面体间隙的大小（用原子半径 R 表示），并注明间隙中心坐标。② 指出溶解在 γ-Fe 中 C 原子所处的位置，若此位置全部被 C 原子占据，那么，在此情况下，γ-Fe 能溶解 C 的质量分数为多少？实际上，碳在铁中的最大溶解质量分数是多少？二者在数值上有差异的原因是什么？

2-25　① 根据下列所给之值，确定哪一种金属可作为溶质与钛形成溶解度较大的固溶体：

$$
\begin{array}{lll}
Ti & hcp & a=0.295\,nm \\
Be & hcp & a=0.228\,nm \\
Al & fcc & a=0.404\,nm \\
V & bcc & a=0.304\,nm \\
Cr & bcc & a=0.288\,nm
\end{array}
$$

② 计算固溶体中此溶质原子数分数为 10% 时，相应的质量分数为多少？

2-26　Cu-Zn 和 Cu-Sn 组成固溶体最多可溶入多少原子数分数的 Zn 或 Sn？若 Cu 晶体中固溶入 Zn 的原子数分数为 10%，最多还能溶入多少原子数分数的 Sn？

2-27　含 $w(Mn)$ 为 12.3%，$w(C)$ 为 1.34% 的奥氏体钢，点阵常数为 0.362\,4\,nm，密度为 7.83\,g/cm^3，C，Fe，Mn 的相对原子质量分别为 12.01，55.85，54.94，试判断此固溶体的类型。

2-28　渗碳体（Fe_3C）是一种间隙化合物，它具有正交点阵结构，其点阵常数 $a=0.451\,4\,nm$，$b=0.508\,nm,c=0.673\,4\,nm$，其密度 $\rho=7.66\,g/cm^3$，试求 Fe_3C 每单位晶胞中所含 Fe 原子与 C 原子的数目。

2-29　试从晶体结构的角度，说明间隙固溶体、间隙相及间隙化合物之间的区别。

2-30　试证明配位数为 6 的离子晶体中，最小的正负离子半径比为 0.414。

2-31　MgO 具有 NaCl 型结构。Mg^{2+} 的离子半径为 0.078\,nm，O^{2-} 的离子半径为 0.132\,nm。试求 MgO 的密度（ρ）、致密度（K）。

2-32　某固溶体中含有 $x(MgO)$ 为 30%，$x(LiF)$ 为 70%。① 试计算 Li^{1+}，Mg^{2+}，F^{1-} 和 O^{2-} 的质量分数。② 若 MgO 的密度为 3.6\,g/cm^3，LiF 的密度为 2.6\,g/cm^3，那么该固溶体的密度为多少？

2-33　铯与氯的离子半径分别为 0.167\,nm，0.181\,nm，试问：① 在氯化铯内离子在 $\langle100\rangle$ 或 $\langle111\rangle$ 方向是否相接触？② 每个单位晶胞内有几个离子？③ 各离子的配位数是多少？④ ρ 和 K 各为多少？

2-34　K^+ 和 Cl^- 的离子半径分别为 0.133\,nm，0.181\,nm，KCl 具有 CsCl 型结构，试求其 ρ 和 K。

2-35　Al^{3+} 和 O^{2-} 的离子半径分别为 $0.051\,nm$，$0.132\,nm$，试求 Al_2O_3 的配位数。

2-36　ZrO_2 固溶体中，每 6 个 Zr^{4+} 离子同时有 1 个 Ca^{2+} 离子加入就可能形成一立方体晶格 ZrO_2。若 Zr^{4+} 离子形成 fcc 结构，而 O^{2-} 离子则位于四面体间隙位置。计算：① 100 个阳离子需要有多少 O^{2-} 离子存在？ ② 四面体间隙位置被占据的百分比为多少？

2-37　试计算金刚石结构的致密度。

2-38　金刚石为碳的一种晶体结构，其晶格常数 $a=0.357\,nm$，当它转换成石墨（$\rho=2.25\,g/cm^3$）结构时，求其体积的变化。

2-39　Si 具有金刚石型结构，试求 Si 的四面体结构中两共价键间的夹角。

2-40　结晶态的聚乙烯分子结构如图 2-40 所示，其晶格属斜方晶系，晶格常数 $a=0.74\,nm$，$b=0.493\,nm$，$c=0.253\,nm$，两条分子链贯穿一个晶胞。① 试计算完全结晶态的聚乙烯的密度。② 若完全非晶态聚乙烯的密度为 $0.9\,g/cm^3$，而通常商用的低密度聚乙烯的密度为 $0.92\,g/cm^3$，高密度聚乙烯的密度为 $0.96\,g/cm^3$，试估算上述两种情况下聚乙烯的结晶体积分数。

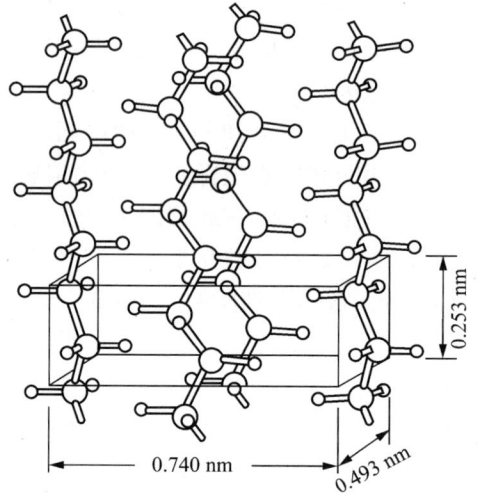

习题图 2-40　聚乙烯分子晶体的结构

2-41　聚丙烯是由丙烯聚合而成的，其化学式是 C_3H_6，结晶态聚丙烯属单斜晶系，其晶格常数 $a=0.665\,nm$，$b=2.096\,nm$，$c=0.65\,nm$，$\alpha=\gamma=90°$，$\beta=99.3°$，其密度 $\rho=0.91\,g/cm^3$。试计算结晶态聚丙烯的单位晶胞中 C 原子和 H 原子的数目。

2-42　何谓玻璃？从内部原子排列和性能上看，非晶态和晶态物质的主要区别何在？

2-43　有一含有苏打的玻璃，SiO_2 的质量分数为 80%，而 Na_2O 的质量分数为 20%。试计算形成非搭桥的 O 原子数分数。

第 3 章　晶体缺陷

内容提要

理想的完整晶体是不存在的。在实际晶体中,总存在着偏离理想结构的区域——晶体缺陷,这在高分子材料中尤其严重。按其几何特征,晶体缺陷分为点缺陷、线缺陷和面缺陷三大类。

点缺陷包括空位、间隙原子、杂质或溶质原子等。点缺陷通常是由于原子的热运动并存在能量起伏而导致的。在一定温度下,点缺陷处于不断产生和复合的过程中。当这两个过程达到平衡时,此时的点缺陷浓度就是该温度下的平衡浓度。它可根据热力学理论求得:

$$C = \frac{n}{N} = A \exp\left(-\frac{E_v}{kT}\right)$$

另外,晶体中的点缺陷还可通过高温淬火、冷变形,以及高能粒子的辐照效应等形成。此时晶体点缺陷浓度往往超过其平衡浓度,这称为过饱和点缺陷。

晶体的线缺陷表现为各种类型的位错。位错的概念是在研究晶体滑移过程时提出的。它相当于滑移面上已滑移区和未滑移区的交界线。位错按几何特征分为刃型位错和螺型位错两大类。但实际晶体中大量存在的是混合位错。伯氏矢量 $\boldsymbol{b}$ 是一个反映位错周围点阵畸变总积累的重要物理量。该矢量的方向表示位错的性质与位错的取向,即位错运动导致晶体滑移的方向;该矢量的模 $|\boldsymbol{b}|$ 表示了畸变的程度,称为位错的强度,而且 $|\boldsymbol{b}| = \frac{a}{n}\sqrt{u^2+v^2+w^2}$。一根位错线具有唯一的伯氏矢量,这是伯氏矢量的守恒性所决定的。伯氏矢量不仅决定位错的组态及其运动方向,而且对位错的一系列属性,如位错的应力场、应变能、位错的受力状态、位错增殖与交互作用、位错反应等都有很大的影响。对于刃型位错,运动方式有滑移和攀移两种,而对于螺型位错,则只能滑移,但由于其滑移面不是唯一的,故可进行交滑移或双交滑移。位错的组态、分布及密度大小对材料性能的影响很大。材料塑性变形就是大量位错运动的结果。位错理论可用来解释材料的屈服现象、加工硬化和弥散强化机制。

晶界、亚晶界、相界、层错等属于晶体的面缺陷。

根据界面两侧晶粒的位向差,晶界分为小角度晶界和大角度晶界两种。小角度晶界又可分为倾斜晶界、扭转晶界等,它们的结构可用相应的位错模型来描述。多晶材料中大量存在的是大角度晶界。大角度晶界的结构较复杂,其中原子排列不规则,不能用位错模型来描述。有人提出用"重合位置点阵"模型来描述,但它仅适用于特殊位向,尚不能解释两晶粒处于任意位向差的晶界结构。

多相合金中同一相中的界面也有晶界和亚晶界,不同相之间的界面是相界。相界的结构有共格、半共格和非共格 3 类,单相合金或多相合金中的层错和孪晶界都是共格界面。共格界面的界面能最低。

重点与难点

（1）点缺陷的形成与平衡浓度。

（2）伯氏矢量的确定,物理意义及守恒性。

（3）位错的基本类型和特征。

（4）分析归纳位错运动的两种基本形式:滑移和攀移的特点。

（5）分析运动位错的交割及其所形成的扭折或割阶不同的情况。

（6）比较螺型位错与刃型位错的应力场、应变能的异同点。

（7）外加切应力、位错附近原子实际所受的力、作用于位错的组态力、位错的线张力,以及位错间的交互作用力相互之间的关系与区别。

（8）位错的增殖机制。

（9）堆垛层错与不全位错。

（10）位错反应的条件。

（11）Thompson 四面体。

（12）扩展位错的生成、宽度和运动。

（13）小角度和大角度晶界模型。

（14）晶界能与晶界特性。

（15）孪晶界与相界。

重要概念和公式

点缺陷,线缺陷,面缺陷;

空位,间隙原子,肖特基空位,弗仑克尔空位;

点缺陷的平衡浓度,热平衡点缺陷,过饱和点缺陷,色心,电荷缺陷;

刃型位错,螺型位错,混合位错,全位错,不全位错;

伯氏回路,伯氏矢量,伯氏矢量的物理意义,伯氏矢量的守恒性;

位错的滑移,位错的交滑移,位错的攀移,位错的交割,割阶,扭折;

位错的应力场,位错的应变能,线张力,滑移力,攀移力;

位错密度,位错增殖,弗兰克-里德位错源,L-C 位错,位错塞积;

堆垛层错,肖克利不全位错,弗兰克不全位错;

位错反应,几何条件,能量条件;

可动位错,固定位错,汤普森(Thompson)四面体;

扩展位错,层错能,扩展位错的宽度,扩展位错束集,扩展位错交滑移;

晶界,亚晶界,小角度晶界,对称倾斜晶界,不对称倾斜晶界,扭转晶界;

大角度晶界,"重合位置点阵"模型;

晶界能,孪晶界,相界,共格相界,半共格相界,错配度,非共格相界。

点缺陷的平衡浓度:

$$C = \frac{n}{N} = A \exp \left(-\frac{E_{\mathrm{v}}}{kT} \right)$$

螺型位错的应力场:

$$
\begin{cases}
\tau_{xz} = \tau_{zx} = -\dfrac{Gb}{2\pi} \cdot \dfrac{y}{x^2 + y^2} \\[2mm]
\tau_{yz} = \tau_{zy} = \dfrac{Gb}{2\pi} \cdot \dfrac{x}{x^2 + y^2} \\[2mm]
\sigma_{xx} = \sigma_{yy} = \sigma_{zz} = \tau_{xy} = \tau_{yx} = 0
\end{cases}
$$

刃型位错的应力场:

$$
\begin{cases}
\sigma_{xx} = -D \dfrac{y(3x^2 + y^2)}{(x^2 + y^2)^2}, \quad \text{式中} \; D = \dfrac{Gb}{2\pi(1-\nu)} \\[2mm]
\sigma_{yy} = D \dfrac{y(x^2 - y^2)}{(x^2 + y^2)^2} \\[2mm]
\sigma_{zz} = \nu(\sigma_{xx} + \sigma_{yy}) \\[2mm]
\tau_{xy} = \tau_{yx} = D \dfrac{x(x^2 - y^2)}{(x^2 + y^2)^2} \\[2mm]
\tau_{xz} = \tau_{zx} = \tau_{yz} = \tau_{zy} = 0
\end{cases}
$$

位错的应变能:

$$E_{\mathrm{e}} = \frac{Gb^2}{4\pi K} \ln \frac{R}{r_0}, \quad \text{式中} \; K = \frac{1-\nu}{1 - \nu \cos^2 \varphi}$$

位错的线张力:

$$
\begin{cases}
T \approx k G b^2 \\[2mm]
\tau \approx \dfrac{Gb}{2r}
\end{cases}
$$

作用于位错的力:

$$\text{滑移力} \quad F_x = \tau b$$
$$\text{攀移力} \quad F_y = -\sigma b$$

两平行螺型位错间径向作用力:

$$f_{\mathrm{r}} = \tau_{\theta Z} \cdot b_2 = \frac{Gb_1 b_2}{2\pi r}$$

两平行刃型位错间的交互作用力:

$$
\begin{cases}
f_x = \tau_{yx} \cdot b_2 = \dfrac{Gb_1 b_2}{2\pi(1-\nu)} \dfrac{x(x^2 - y^2)}{(x^2 + y^2)^2} \\[2mm]
f_y = -\sigma_{xx} \cdot b_2 = \dfrac{Gb_1 b_2}{2\pi(1-\nu)} \dfrac{y(3x^2 + y^2)}{(x^2 + y^2)^2}
\end{cases}
$$

F-R 源开动的临界切应力:

$$\tau_{\mathrm{c}} = \frac{Gb}{L}$$

扩展位错的平衡宽度:

$$d = \frac{Gb_1 \cdot b_2}{2\pi \gamma}$$

对称倾斜晶界：

$$D = \frac{b}{2\sin\frac{\theta}{2}} \approx \frac{b}{\theta}$$

不对称倾斜晶界：

$$D_\perp = \frac{b_\perp}{\theta\sin\phi}, \quad D_\vdash = \frac{b_\vdash}{\theta\cos\phi}$$

三叉晶界界面能平衡公式：

$$\frac{\gamma_{1-2}}{\sin\varphi_3} = \frac{\gamma_{2-3}}{\sin\varphi_1} = \frac{\gamma_{3-1}}{\sin\varphi_2}$$

习题

3-1 设 Cu 中空位周围原子的振动频率为 $10^{13}\,\mathrm{s}^{-1}$，ΔE_v 为 $0.15\times10^{-18}\,\mathrm{J}$，$\exp(\Delta S_\mathrm{m}/k)$ 约为 1，试计算在 700 K 和室温（27 ℃）时空位的迁移频率。

3-2 Nb 的晶体结构为 bcc，其晶格常数为 $0.329\,4\,\mathrm{nm}$，密度为 $8.57\,\mathrm{g/cm}^3$，试求每 10^6 Nb 中所含的空位数目。

3-3 Pt 的晶体结构为 fcc，其晶格常数为 $0.392\,3\,\mathrm{nm}$，密度为 $21.45\,\mathrm{g/cm}^3$，试计算其空位粒子数分数。

3-4 若 fcc 的 Cu 中每 500 个原子会失去 1 个，其晶格常数为 $0.361\,5\,\mathrm{nm}$，试求 Cu 的密度。

3-5 由于 H 原子可填入 α-Fe 的间隙位置，若每 200 个铁原子伴随着 1 个 H 原子，试求 α-Fe 理论的和实际的密度与致密度（已知 α-Fe 的 $a=0.286\,\mathrm{nm}$，$r_\mathrm{Fe}=0.124\,1\,\mathrm{nm}$，$r_\mathrm{H}=0.036\,\mathrm{nm}$）。

3-6 MgO 的密度为 $3.58\,\mathrm{g/cm}^3$，其晶格常数为 $0.42\,\mathrm{nm}$，试求每个 MgO 单位晶胞内所含的肖特基缺陷数。

3-7 若在 MgF_2 中溶入 LiF，则必须向 MgF_2 中引入何种形式的空位（阴离子或阳离子）？相反，若要使 LiF 中溶入 MgF_2，则须向 LiF 中引入何种形式的空位（阴离子或阳离子）？

3-8 若 Fe_2O_3 固溶于 NiO 中，其质量分数 $w(Fe_2O_3)=10\%$。此时，部分 $3Ni^{2+}$ 被（$2Fe^{3+}+\square$）取代以维持电荷平衡。已知 $r_{O^{2-}}=0.140\,\mathrm{nm}$，$r_{Ni^{2+}}=0.069\,\mathrm{nm}$，$r_{Fe^{3+}}=0.064\,\mathrm{nm}$，求 $1\,\mathrm{m}^3$ 中有多少个阳离子空位数？

3-9 在某晶体的扩散实验中发现，在 500 ℃ 时，10^{10} 个原子中有 1 个原子具有足够的激活能，可以跳出其平衡位置而进入间隙位置；在 600 ℃ 时，此比例会增加到 10^9。① 求此跳跃所需要的激活能。② 在 700 ℃ 时，具有足够能量的原子所占的比例为多少？

3-10 某晶体中形成一个空位所需要的激活能为 $0.32\times10^{-18}\,\mathrm{J}$。在 800 ℃ 时，$1\times10^4$ 个原子中有一个空位。求在何种温度时，10^3 个原子中含有一个空位？

3-11 已知 Al 为 fcc 晶体结构，其点阵常数 $a=0.405\,\mathrm{nm}$，在 550 ℃ 时的空位浓度为 2×10^{-6}，计算这些空位均匀分布在晶体中的平均间距。

3-12 在 Fe 中形成 1 mol 空位的能量为 $104.675\,\mathrm{kJ}$，试计算从 20 ℃ 升温至 850 ℃ 时空位数目增加多少倍？

3-13　由 600 ℃降至 300 ℃时,Ge 晶体中的空位平衡浓度降低了 6 个数量级,试计算 Ge 晶体中的空位形成能。

3-14　W 在 20 ℃时每 10^{23} 个晶胞中有一个空位,从 20 ℃升温至 1 020 ℃时,点阵常数膨胀了 $(4 \times 10^{-4})\%$,而密度下降了 0.012%,求 W 的空位形成能和形成熵。

3-15　Al 的空位形成能(E_v)和间隙原子形成能(E_i)分别为 0.76 eV 和 3.0 eV,求在室温 (20 ℃)及 500 ℃时,Al 空位平衡浓度与间隙原子平衡浓度的比值。

3-16　若将一位错线的正向定义为原来的反向,此位错的伯氏矢量是否改变? 位错的类型性质是否变化? 一个位错环上各点位错类型是否相同?

3-17　有两根左螺旋位错线,各自的能量都为 E_1,当它们无限靠拢时,总能量为多少?

3-18　如图 3-18 所示的两根螺型位错,一个含有扭折,而另一个含有割阶。图上所示的箭头方向为位错钱的正方向,扭折部分和割阶部分都为刃型位错。① 若图示滑移面为 fcc 的(111)面,问这两根位错线段中(指割阶和扭折),哪一根比较容易通过它们自身的滑移而去除? 为什么? ② 解释含有割阶的螺型位错在滑动时是怎样形成空位的。

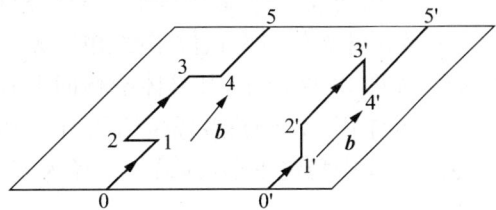

习题图 3-18

3-19　假定有一个 $\boldsymbol{b}$ 在$[0\bar{1}0]$晶向的刃型位错沿着(100)晶面滑动,① 如果有另一个伯氏矢量在$[010]$方向,沿着(001)晶面上运动的刃型位错,通过上述位错时该位错将发生扭折还是割阶? ② 如果有一个 $\boldsymbol{b}$ 方向为$[100]$,并在(001)晶面上滑动的螺型位错通过上述位错,试问它将发生扭折还是割阶?

3-20　有一截面积为 1 mm² 、长度为 10 mm 的圆柱状晶体在拉应力作用下,① 与圆柱体轴线成 45°的晶面上若有一个位错线运动,它穿过试样从另一面穿出,问试样将发生多大的伸长量(设 $b = 2 \times 10^{-10}$ m)? ② 若晶体中位错密度为 10^{14} m⁻²,当这些位错在应力作用下全部运动并走出晶体,试计算由此而发生的总变形量(假定没有新的位错产生)。③ 求相应的正应变。

3-21　有两个被钉扎住的刃型位错 A-B 和 C-D,它们的长度 x 相等,且具有相同的 $\boldsymbol{b}$,而 $\boldsymbol{b}$ 的大小和方向相同(图 3-21)。每个位错都可看作 F-R 位错源。试分析在其增殖过程中二者间的交互作用。若能形成一个大的位错源,使其开动的 τ_c 多大? 若两位错 $\boldsymbol{b}$ 相反,情况又如何?

3-22　如图 3-22 所示,在相距为 h 的滑移面上有两个相互平行的同号刃型位错 A,B。试求位错 B 滑移通过位错 A 上面所需的切应力表达式。

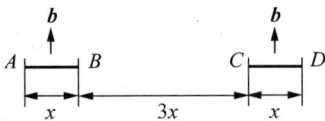

习题图 3-21

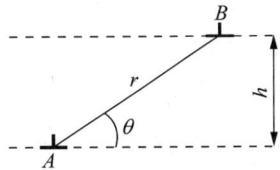

习题图 3-22

3-23　已知金晶体的 $G=27\,\text{GPa}$,且晶体上有一直刃型位错 $b=0.2888\,\text{nm}$,试绘出此位错所产生的最大分剪应力与距离关系图,并计算当距离为 $2\,\mu\text{m}$ 时的最大分剪应力。

3-24　两根刃位错 $\boldsymbol{b}$ 的大小相等且相互垂直(如图 3-24 所示),计算位错 2 从其滑移面上 $x=\infty$ 处移至 $x=a$ 处所需的能量。

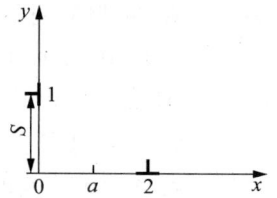

3-25　已知 Cu 晶体的点阵常数 $a=0.35\,\text{nm}$,剪切模量 $G=4\times10^4$ MPa,有一位错 $\boldsymbol{b}=\dfrac{a}{2}[\bar{1}01]$,其位错线方向为 $[\bar{1}01]$,试计算该位错的应变能。

习题图 3-24

3-26　在同一滑移面上有两根平行的位错线,其伯氏矢量大小相等且相交成 ϕ 角,假设两伯氏矢量相对位错线呈对称配置(图 3-26),试从能量角度考虑,ϕ 在什么值时两根位错线相吸或相斥?

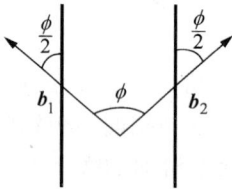

3-27　如图 3-27 所示,某晶体滑移面上有一伯氏矢量为 $\boldsymbol{b}$ 的位错环,并受到一均匀剪应力 τ 的作用,① 分析各段位错线所受力的大小并确定其方向。② 在 τ 作用下,若要使它在晶体中稳定不动,其最小半径为多大?

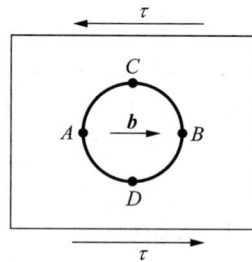

习题图 3-26　　　　　　　　　　习题图 3-27

3-28　试分析在 fcc 中,下列位错反应能否进行? 并指出其中 3 个位错的性质类型? 反应后生成的新位错能否在滑移面上运动?

$$\frac{a}{2}[10\bar{1}]+\frac{a}{6}[\bar{1}21]\rightarrow\frac{a}{3}[11\bar{1}]$$

3-29　试证明:fcc 中两个肖克利不全位错之间的平衡距离 d_s 可近似地由下式给出:

$$d_s\approx\frac{Gb^2}{24\pi\gamma}。$$

3-30　已知某 fcc 的堆垛层错 $\gamma=0.01\,\text{J/m}^2$,$G=7\times10^{10}\,\text{Pa}$,$a=0.3\,\text{nm}$,$\nu=0.3$,试确定 $\dfrac{a}{6}[11\bar{2}]$ 和 $\dfrac{a}{6}[2\bar{1}\,\bar{1}]$ 两个不全位错之间的平衡距离。

3-31　在 3 个平行的滑移面上有 3 根平行的刃型位错线 A,B,C(图 3-31),其伯氏矢量大小相等,AB 被钉扎不动,① 若无其他外力,仅在 A,B 应力场作用下,位错 C 向哪个方向运动? ② 指出位错向上述方向运动时,最终在何处停下?

3-32　如图 3-32 所示,离晶体表面 l 处有一螺位错 1,相对应的在晶体外有一符号相反的镜像螺位错 2,如果在离表面 $\dfrac{l}{2}$ 处加以同号螺位错 3,试计算加在螺位错 3 上的力,并指出该力将使位错 3 向表面运动还是向晶体内部运动;如果位错 3 与位错 1 的符号相反,则结果有何不同(所有位错的伯氏矢量都为 $\boldsymbol{b}$)?

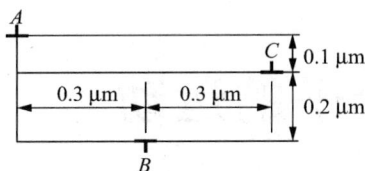

习题图 3-31

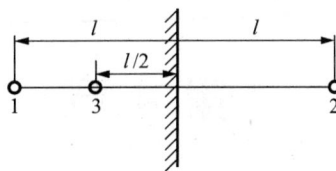

习题图 3-32

3-33　铜单晶的点阵常数 $a=0.36$ nm,当铜单晶样品以恒应变速率进行拉伸变形时,3 s 后,试样的真应变为 6%,若位错运动的平均速度为 4×10^{-3} cm/s,求晶体中的平均位错密度。

3-34　铜单晶中相互缠结的三维位错网络结点间平均距离为 D,① 计算位错增殖所需的应力 τ。② 如果此应力决定了材料的剪切强度,为达到 $\dfrac{G}{100}$ 的强度值,且已知 $G=50$ GPa,$a=0.36$ nm,D 应为何值? ③ 计算当剪切强度为 42 MPa 时的位错密度 ρ。

3-35　试描述位错增殖的双交滑移机制。如果进行双交滑移的那段螺型位错长度为 100 nm,而位错的伯氏矢量为 0.2 nm,试求实现位错增殖所必需的剪应力($G=40$ GPa)。

3-36　在 Fe 晶体中同一滑移面上,有 3 根同号且 $\boldsymbol{b}$ 相等的直刃型位错线 A,B,C 受到分剪应力 τ_x 的作用,塞积在一个障碍物前(图 3-36),试计算出该 3 根位错线的间距及障碍物受到的力(已知 $G=80$ GPa,$\tau_x=200$ MPa,$b=0.248$ nm)。

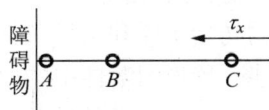

习题图 3-36

3-37　不对称倾斜晶界可看成由两组伯氏矢量相互垂直的刃型位错 $\boldsymbol{b}_\perp$ 和 $\boldsymbol{b}_\vdash$ 交错排列而构成的。试证明两组刃型位错距离为 $D_\perp=\dfrac{b_\perp}{\theta\sin\varphi}$,$D_\vdash=\dfrac{b_\vdash}{\theta\sin\varphi}$。

3-38　证明公式 $D=\dfrac{b}{2\sin\dfrac{\theta}{2}}\approx\dfrac{b}{\theta}$ 也代表形成扭转晶界的两个平行螺型位错之间的距离,这个扭转晶界是绕晶界的垂直线转动了 θ 角而形成的。

3-39　在铝试样中,测得晶粒内部位错密度为 $5\times10^9/\text{cm}^2$。假定位错全部集中在亚晶界上,每个亚晶粒的截面均为正六边形。亚晶间倾斜角为 $5°$,若位错全部为刃型位错,$b=\dfrac{a}{2}[101]$,伯氏矢量的大小等于 2×10^{-10} m,试求亚晶界上的位错间距和亚晶的平均尺寸。

3-40　Ni 晶体的错排间距为 2 000 nm,假设每一个错排都是由一个额外的(110)原子面所产生的,计算其小倾角晶界的 θ 角。

3-41　若由于嵌入一额外的(111)面,使得 α-Fe 内产生一个倾斜 $1°$ 的小角度晶界,试求错排间的平均距离。

3-42　设有两个 α 相晶粒与一个 β 相晶粒相交于一公共晶棱,并形成三叉晶界,已知 β 相所张的两面角为 $100°$,界面能 $\gamma_{\alpha\alpha}$ 为 0.31 Jm^{-2},试求 α 相与 β 相的界面能 $\gamma_{\alpha\beta}$。

3-43　证明一维点阵的 α-β 相界面错配可用一列刃型位错完全调节,位错列的间距为 $D=\dfrac{a_\beta}{\delta}$,式中 a_β 为 β 相的点阵常数,δ 为错配度。

第 4 章　原子及分子的运动

内容提要

固体中原子或分子的迁移称为扩散。扩散是固体中物质迁移的唯一方式。扩散的研究一般涉及两个方面:扩散的宏观规律——表象理论;扩散的微观机制——原子理论。

菲克第一定律描述了原子扩散通量 J 与浓度梯度 $\dfrac{\mathrm{d}\varrho}{\mathrm{d}x}$ 之间的关系,即扩散通量与浓度梯度成正比,并且扩散方向与浓度梯度方向相反。菲克第一定律描述了一种扩散物质的质量浓度不随时间变化的稳态过程,它不能描述大多数实际情况下的非稳态扩散。因此,在引入质量守恒定律后,由菲克第一定律导出了可应用于非稳态过程的菲克第二定律。根据不同扩散问题的初始条件和边界条件,由菲克第二定律可求解出扩散物质质量浓度随时间和位置的变化规律。置换固溶体中的原子扩散与间隙固溶体的原子扩散不同,它不仅涉及溶质原子的扩散,也涉及溶剂原子的扩散。溶质原子和溶剂原子的扩散速率的不同,导致了柯肯达尔效应。在置换固溶体中的原子扩散通量可具有菲克第一定律的形式,但扩散系数是互扩散系数,它与两种原子的本征扩散系数相关。

从菲克第一定律看,扩散的驱动力是浓度梯度,即物质从高浓度向低浓度扩散,扩散的结果导致浓度梯度的减小,直至成分均匀,扩散停止。但实际上,在某些情况下,物质出现从低浓度向高浓度扩散的"上坡扩散"或"逆向扩散"现象。扩散的热力学分析表明:扩散的驱动力是化学势梯度 $\dfrac{\partial u}{\partial x}$,而不是浓度梯度,由此不仅能解释正常的"下坡扩散"现象,也能解释反常的"上坡扩散"现象。

在描述原子迁移的扩散机制中,最重要的是间隙机制和空位机制。间隙固溶体中原子扩散仅涉及原子迁移能,而置换固溶体中原子的扩散机制,不仅需要迁移能而且还需要空位形成能,因此导致间隙原子扩散速率比置换固溶体中的原子扩散速率高得多。扩散系数(或称扩散速率)是描述物质扩散难易程度的重要参量。扩散系数与扩散激活能有关,其遵循阿累尼乌斯方程。因此,物质的扩散能力也可用扩散激活能的大小来表征。

实验表明:原子扩散的距离与时间的平方根成正比,而不是与时间成正比。由此推断原子的扩散是一种无规则行走。由原子无规则行走的理论推导出的扩散距离 $\sqrt{R_n^2}$ 与扩散时间 t 的平方根成正比,其与扩散方程的推导结果一致,表明原子的扩散确实是一种无规则行走,实际测出的扩散距离是大量原子无规则曲折行走的综合效果。

为了更好地应用扩散和控制扩散,需要了解影响扩散的因素,这是很重要的。在影响扩散的诸多因素(如温度、固溶体类型、晶体结构、晶体缺陷、化学成分、应力等)中,温度是影响扩散最重要的因素。

出现相变的扩散称为相变扩散或反应扩散。由反应扩散所形成的相可参考平衡相图进行分析。实验结果表明：在二元合金反应扩散的渗层组织中不存在两相混合区，只有孤立的单相区存在，而且在它们的相界面上的浓度是突变的，它对应于相图中每个相在反应扩散温度下的极限溶解度。不存在两相混合区的原因可用相平衡的热力学来解释。

在金属和合金中，原子结合是以金属键方式结合的，因此扩散原子可以跃迁进入邻近的任何空位和间隙位置。陶瓷中的原子结合以离子键结合方式为主，在离子晶体中，扩散离子只能进入具有同电荷的位置。在离子晶体中缺陷的产生是以保持电荷中性为条件的，因此需要形成不同电荷的两种缺陷，如一个阳离子空位和一个阴离子空位，这种缺陷组合称为肖特基型空位；或者形成自间隙离子，由此形成的阳离子(阴离子)空位的电荷可通过形成间隙阳离子(间隙阴离子)来补偿，这样的缺陷组合称为弗仑克尔型空位。当化合物中的离子化合价发生变化，或在化合物中掺杂的离子化合价不同于化合物中的离子时，为了保持电荷中性，就会出现阳离子空位或阴离子空位。

由于离子晶体的电导率与离子的扩散系数相关，因此通过测定不同温度下的电导率，就可计算出不同温度下的扩散系数，由此可进一步获得离子扩散的激活能。

高分子化合物(又称聚合物)的基本结构单元是链节，链节之间联结是通过原子以共价键结合的，由此形成长链结构。高分子化合物的力学行为是由分子链运动的难易程度所决定的。高分子的主链很长，通常是蜷曲的，而不是伸直的。在外界影响下，分子链从蜷曲变为伸直是通过分子运动来实现的，分子链的运动起因于主链中单键的内旋转。由单键内旋转导致分子在空间的不同形态(组态)称为构象。基于单键内旋转不可能是完全自由的，即不能把链节视为分子链中独立运动的基本单元，故需要引入"链段"的重要概念。链段的长度 l_p 取决于不同构象的能垒差 $\Delta\varepsilon$。当 $\Delta\varepsilon \to 0$ 时(内旋转完全自由)，l_p 等于链节长度 l，这表示高分子的柔韧性最好；当 $\Delta\varepsilon \to \infty$ 时，l_p 等于整个分子链节长度 $L(L=nl)$，此时分子链为刚性，无柔韧性。因此，可将链段视为高分子链的独立运动基本单元，即每个链段的运动是各不相关，完全独立的，并可用链段长度的大小表征高分子链的可动性和柔韧性。

高分子的分子运动有两种尺寸的运动单元，即大尺寸单元——高分子链，小尺寸单元——链段或链段以下的单元(包括键角和键长的变化，侧基运动等)。高分子在不同条件下的力学行为取决于该条件下不同运动单元的激活程度。

对于线型非晶态高分子，在玻璃化转变温度 T_g 以下呈现玻璃态，其原因是热能只能激活比链段更小的运动单元，如链节、侧基等。而当温度高于 T_g 而小于黏流温度 T_f 时，热能只激活链段及链段以下单元的运动，此时它呈现高弹态。但热能尚不能激活高分子链整体运动，故不能产生分子链间的相对滑动。只有当温度高于 T_f，整个分子链质心出现相对位移时，才呈现黏流态。对于体型非晶态高分子，由于它是一种立体网状交联结构，分子链不能产生相对质心运动，因此它不能呈现黏流态，只能出现玻璃态和高弹态，并且随着交联密度的增大，可能不出现高弹态。完全结晶的高分子是不存在的，实际上，都会有相当部分的非晶区存在。非完全晶态高分子的力学状态中会出现皮革态，它是由于晶区和非晶区的不同力学特性综合的结果。

重点与难点

(1) 菲克第一定律的含义和各参数的量纲。

（2）根据一些较简单的扩散问题中的初始条件和边界条件，能运用菲克第二定律求解。

（3）柯肯达尔效应的起因，以及标记面漂移方向与扩散偶中两组元扩散系数大小的关系。

（4）互扩散系数的图解方法。

（5）"下坡扩散"和"上坡扩散"的热力学因子判别条件。

（6）扩散的几种机制，着重的是间隙机制和空位机制。

（7）间隙原子扩散比置换原子扩散容易的原因。

（8）计算和求解扩散系数及扩散激活能的方法。

（9）无规则行走的扩散距离与步长的关系。

（10）影响扩散的主要因素。

（11）反应扩散的特点和反应扩散中的相类型确定的方法。

（12）运用电荷中性原理，确定不同情况下出现的缺陷类型。

（13）高分子链柔顺性的表征及其结构影响因素。

（14）线型非晶高分子、结晶高分子和非完全结晶高分子力学状态的差异和起因。

重要概念和公式

质量浓度，密度，扩散，自扩散，互扩散，间隙扩散，空位扩散，下坡扩散，上坡扩散，稳态扩散，非稳态扩散，扩散系数，互扩散系数，扩散通量，柯肯达尔效应，体扩散，表面扩散，晶界扩散，肖特基型空位，弗仑克尔型空位，链节，链段，分子链，柔顺性，玻璃态，高弹态，黏流态，皮革态。

$$J = -D \frac{\mathrm{d}\rho}{\mathrm{d}x}$$

$$\rho(x, t) = \frac{\rho_1 + \rho_2}{2} + \frac{\rho_1 - \rho_2}{2} \operatorname{erf}\left(\frac{x}{2\sqrt{Dt}}\right)$$

$$\frac{\rho_s - \rho(x, t)}{\rho_s - \rho_0} = \operatorname{erf}\left(\frac{x}{2\sqrt{Dt}}\right)$$

$$x = A\sqrt{Dt}$$

$$\widetilde{D} = D_1 x_2 + D_2 x_1$$

$$D(\rho_1) = -\frac{1}{2t}\left(\frac{\mathrm{d}x}{\mathrm{d}\rho}\right)_{\rho=\rho_1} \times \int_0^{\rho_1} x \mathrm{d}\rho$$

$$D = kTB_i\left(1 + \frac{\partial \ln \gamma_i}{\partial \ln x_i}\right)$$

$$D = pd^2\Gamma$$

$$D = D_0 \exp\left(-\frac{Q}{RT}\right)$$

$$\sqrt{\overline{R_n^2}} = \sqrt{n}\, r$$

$$l_p = l \exp\left(\frac{\Delta\varepsilon}{kT}\right)$$

习题

4-1　有一硅单晶片,厚 0.5 mm,其一端面上每 10^7 个硅原子包含两个镓原子,另一个端面经处理后含镓的浓度增高。试求在该面上每 10^7 个硅原子须包含几个镓原子,才能使浓度梯度成为 2×10^{26} 原子数/$(m^3 \cdot m)$,硅的点阵常数为 0.540 7 nm。

4-2　在一个富碳的环境中对钢进行渗碳,可以硬化钢的表面。已知在 1 000 ℃下进行这种渗碳热处理,距离钢的表面 $1 \sim 2$ mm 处,碳含量从 $x = 5\%$ 减到 $x = 4\%$。估计在近表面区域进入钢的碳原子的流入量 J(原子数/$(m^2 \cdot s)$)。(γ-Fe 在 1 000 ℃的密度 $= 7.63$ g/cm^3,碳在 γ-Fe 中的扩散系数 $D_0 = 2.0 \times 10^{-5}$ m^2/s,激活能 $Q = 142$ kJ/mol)。

4-3　为研究稳态条件下间隙原子在面心立方金属中的扩散情况,在厚 0.25 mm 的金属薄膜的一个端面(面积 1 000 mm^2)保持对应温度下的饱和间隙原子,另一端面的间隙原子为零。测得下列数据:

温度/K	薄膜中间隙原子的溶解度/$(kg \cdot m^{-3})$	间隙原子通过薄膜的速率/$(g \cdot s^{-1})$
1 223	14.4	0.002 5
1 136	19.6	0.001 4

计算在这两个温度下的扩散系数和间隙原子在面心立方金属中扩散的激活能。

4-4　一块 $w(C) = 0.1\%$ 的碳钢在 930 ℃渗碳,渗到 0.05 cm 的地方,碳的浓度达到 0.45%。在 $t > 0$ 的全部时间,渗碳气氛保持表面成分为 1%。假设 $D_\zeta^\gamma = 2.0 \times 10^{-5}$ $\exp(-140\ 000/RT)$ (m^2/s),

① 计算渗碳时间。

② 若将渗层加深 1 倍,则需多长时间?

③ 若规定 $w(C) = 0.3\%$ 作为渗碳层厚度的量度,则在 930 ℃时渗碳 10 h 的渗层厚度为 870 ℃时渗碳 10 h 的多少倍?

4-5　$w(C) = 0.85\%$ 的普碳钢加热到 900 ℃在空气中保温 1 h 后外层碳浓度降到零。

① 推导脱碳扩散方程的解,假定 $t > 0$ 时,$x = 0$ 处,$\rho = 0$。

② 假如要求零件外层的碳浓度为 0.8%,表面应车去多少深度?($D_\zeta^\gamma = 1.1 \times 10^{-7}$ cm^2/s)

4-6　在 950 ℃下对纯铁进行渗碳,并希望在 0.1 mm 的深度得到 $w_1(C) = 0.9\%$ 的碳含量。假设表面碳含量保持在 $w_2(C) = 1.20\%$,扩散系数 $D_{\gamma\text{-Fe}} = 10^{-10}$ m^2/s。计算为达到此要求至少要渗碳多少时间。

4-7　设纯铬和纯铁组成扩散偶,扩散 1 h 后,Matano 平面移动了 1.52×10^{-3} cm。已知摩尔分数 $x_{Cr} = 0.478$ 时,$\dfrac{\partial x}{\partial z} = 126$/cm($z$ 为扩散距离),互扩散系数 $\bar{D} = 1.43 \times 10^{-9}$ cm^2/s,试求 Matano 面的移动速度和铬、铁的本征扩散系数 D_{Cr},D_{Fe}。(实验测得 Matano 面移动距离的平方与扩散时间之比为常数。)

4-8　有两种激活能分别为 $Q_1 = 83.7$ kJ/mol 和 $Q_2 = 251$ kJ/mol 的扩散反应。观察在温度从 25 ℃升高到 600 ℃时对这两种扩散的影响,并对结果作出评述。

4-9　碳在 α-Ti 中的扩散系数在以下温度被确定。

测量温度/℃	扩散系数 $D/(\mathrm{m}^2 \cdot \mathrm{s}^{-1})$
736	2×10^{-13}
782	5×10^{-13}
835	1.3×10^{-12}

① 试确定公式 $D = D_0 \exp\left(-\dfrac{Q}{RT}\right)$ 是否适用;若适用,则计算出扩散常数 D_0 和激活能 Q。

② 试求出 500 ℃下的扩散系数。

4-10 γ 铁在 925℃渗碳 4 h,碳原子跃迁频率 $\Gamma = 1.7 \times 10^9/\mathrm{s}$,若考虑碳原子在 γ 铁中的八面体间隙跃迁,跃迁的步长为 $2.53 \times 10^{-10}\,\mathrm{m}$。

① 求碳原子总迁移路程 S。

② 求碳原子总迁移的均方根位移 $\sqrt{\overline{R_n^2}}$。

③ 若碳原子在 20℃时的跃迁频率 $\Gamma = 2.1 \times 10^{-9}/\mathrm{s}$,求碳原子在 4 h 的总迁移路程和均方根位移。

4-11 根据实际测定 $\lg D$ 与 $\dfrac{1}{T}$ 的关系图(见图 4-11),计算单晶体银和多晶体银在低于 700 ℃温度范围的扩散激活能,并说明二者扩散激活能差异的原因。

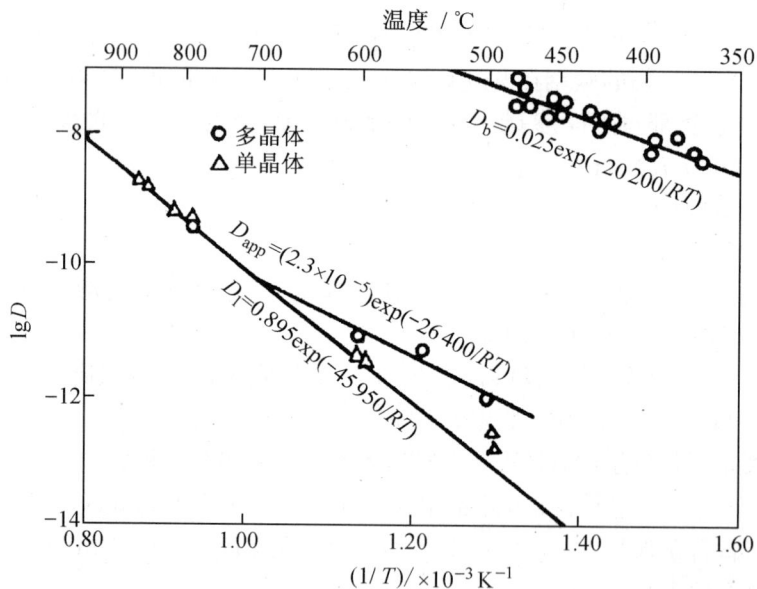

习题图 4-11

4-12 对于晶界扩散和体内扩散,假定扩散激活能 $Q_{晶界} \approx \dfrac{1}{2} Q_{体积}$,试画出其 $\ln D$ 相对温度倒数 $\dfrac{1}{T}$ 的曲线,并指出约在哪个温度范围内晶界扩散起主导作用。

4-13 如图 4-13 所示,试利用 Fe-O 相图分析纯铁在 1000 ℃氧化时氧化层内的不同组织与氧的浓度分布规律,画出示意图。

4-14 在 NiO 中引入高价的 W^{6+}。

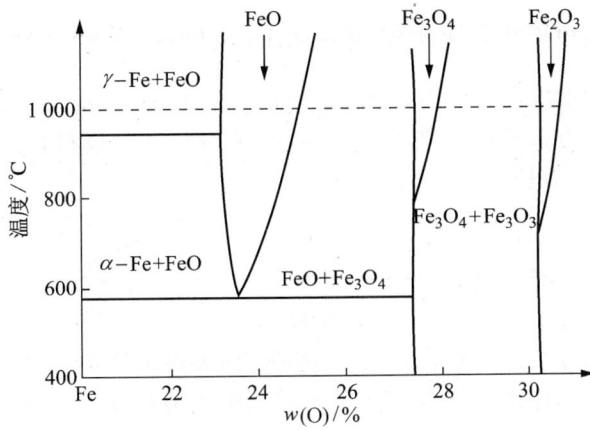

习题图 4-13

① 将产生什么离子的空位?

② 每个 W^{6+} 将产生多少个空位?

③ 比较 NiO 和渗 W 的 NiO(即 NiO-WO$_3$)的抗氧化性哪个好?

4-15　已知 Al 在 Al$_2$O$_3$ 中扩散系数 D_0(Al)$=2.8\times10^{-3}$ m^2/s,激活能 477 kJ/mol,而 O(氧)在 Al$_2$O$_3$ 中的 D_0(O)$=0.19$ m^2/s,$Q=636$ kJ/mol。

① 分别计算二者在 2 000 K 温度下的扩散系数 D。

② 说明它们扩散系数不同的原因。

4-16　在 NaCl 晶体中掺有少量的 Cd^{2+},测出 Na 在 NaCl 的扩散系数与 $\frac{1}{T}$ 的关系,如图 4-16

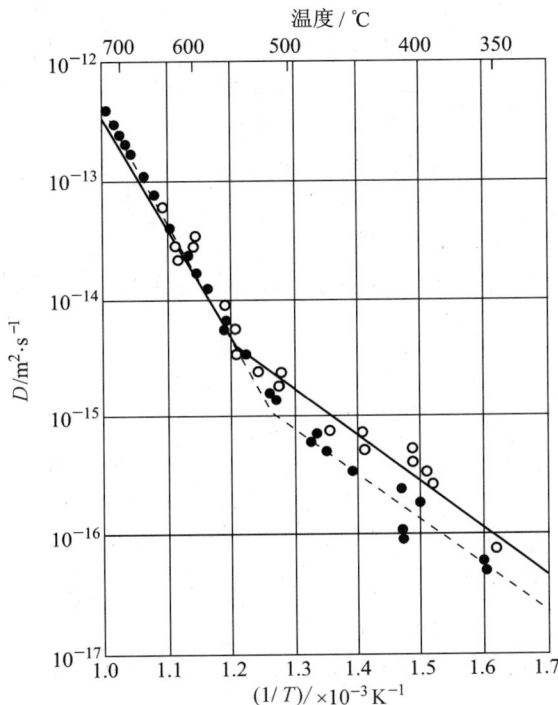

习题图 4-16

所示。图中的两段折线表示什么,并说明 $D(NaCl)$ 与 $\frac{1}{T}$ 不成线性关系的原因。

4-17 假定聚乙烯的聚合度为 2 000,键角为 109.5°(如图 4-17 所示),求伸直链的长度 L_{max} 与自由旋转链的均方根末端距之比值,并解释某些高分子材料在外力作用下可产生很大变形的原因。(链节长度 $l=0.514\,nm$,$\overline{R^2}=nl^2$)

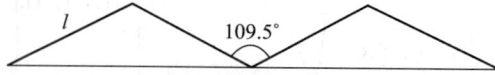

习题图 4-17

4-18 试分析高分子的分子链柔顺性和分子量对黏流温度的影响。

4-19 已知聚乙烯的玻璃化转变温度 $T_g=-68\,℃$,聚甲醛的 $T_g=-83\,℃$,聚二甲基硅氧烷的 $T_g=-128\,℃$,试分析高分子链的柔顺性与它们的 T_g 的一般规律。

4-20 50%结晶高分子的模量与随温度的变化,如图 4-20 所示。

① 在图中粗略画出不同模量范围内的玻璃态、皮革态、橡胶态和黏流态的位置,并说明原因。

② 在该图上粗略画出完全非晶态和完全晶态的模量曲线,并说明原因。

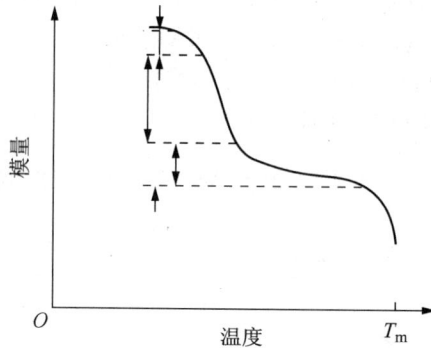

习题图 4-20

第 5 章　材料的形变和再结晶

内容提要

材料在外力作用下发生变形。当外力较小时,产生弹性变形。弹性变形是可逆变形,卸载时,变形消失并恢复原状。在弹性变形范围内,其应力与应变之间保持线性函数关系,即服从胡克(Hooke)定律:

$$\sigma = E\varepsilon$$
$$\tau = G\gamma$$

式中,E 为正弹性模量;G 为切变模量。它们之间存在着如下关系:

$$G = \frac{E}{2(1+\nu)}$$

弹性模量是表征晶体中原子间结合力强弱的物理量,故是组织结构不敏感参数。在工程上,弹性模量则是材料刚度的度量。

实际上,理想的弹性体是不存在的,多数工程材料发生弹性变形时,可能出现加载线与卸载线的不重合,应变滞后于应力变化等弹性不完整性。弹性不完整性现象包括:包申格效应、弹性后效、弹性滞后和循环韧性等。

对非晶体,甚至对某些多晶体,在较小的应力时,可能会出现黏弹性现象。黏弹性变形是既与时间有关,又具有可恢复的弹性变形,即具有弹性和黏性变形两方面的特征。黏弹性变形是高分子材料的重要力学特性之一。

当施加的应力超过弹性极限时,材料发生塑性变形,即产生不可逆的永久变形。通过塑性变形,不但可使材料获得预期的外形尺寸,而且可使材料内部组织和性能发生变化。

单晶体塑性变形的两个基本方式为滑移和孪生。滑移和孪生都是切应变,而且只有当外加切应力分量大于晶体的临界分切应力 τ_c 时才能开始。然而,滑移是不均匀切变,孪生为均匀切变。

对于多晶体而言,要求每个晶粒至少具有 5 个独立的滑移系,才能满足各晶粒在变形过程中的相互制约和协调。在多晶体中,室温下晶界的存在对滑移起着阻碍作用,而且实践证明,多晶体的强度随其晶粒细化而提高,可用著名的 Hall-Petch 公式来加以描述:

$$\sigma_s = \sigma_0 + kd^{-\frac{1}{2}}$$

至于合金为单相固溶体时,由于溶质原子的存在会呈现固溶强化效果,对某些材料还会出现屈服和应变时效现象;当合金为多相组织结构时,其变形还会受到第二相的影响,呈现弥散的强化效果。

对于陶瓷晶体,由于其结合键(离子键、共价键)的本性,再加上陶瓷晶体中的滑移系少,位错的 b 大,故其塑性变形相对于金属材料要困难得多,只有以离子键为主的单晶陶瓷才能进行较大的塑性变形。对于高分子材料,其塑性变形是靠黏性流动而不是靠滑移产生的,故与材料的黏度密切相关,而且受温度的影响很大。

　　材料经塑性变形后,外力所作的功其部分以储存能形式存在于材料内部,从而使系统的自由能升高,使系统处于不稳定状态。所以,回复再结晶是材料经过冷变形后的自发趋势,加热则加快这一过程的发生。

　　当加热温度较低、时间较短时会发生回复。此时,主要表现为亚结构的变化和多边化过程,第一类内应力大部分已消除,电阻率有所下降,而对组织形态和力学性能的影响不大。

　　当加热温度较高、时间较长时就发生再结晶现象。再结晶时,新的无畸变等轴晶将取代冷变形组织,其性能基本上回复到冷变形前的状态。

　　在再结晶完成后继续加热时晶粒将发生长大现象。

重点与难点

　　(1) 弹性变形的特点和胡克定律。
　　(2) 弹性的不完整性和黏弹性。
　　(3) 比较塑性变形的两种基本形式:滑移与孪生的异同点。
　　(4) 滑移的临界分切应力。
　　(5) 滑移的位错机制。
　　(6) 多晶体塑性变形的特点。
　　(7) 细晶强化与 Hall-Petch 公式。
　　(8) 屈服现象与应变时效。
　　(9) 弥散强化。
　　(10) 加工硬化。
　　(11) 形变织构与残余应力。
　　(12) 回复动力学与回复机制。
　　(13) 再结晶形核机制。
　　(14) 再结晶动力学。
　　(15) 再结晶温度及其影响因素。
　　(16) 影响再结晶晶粒大小的因素。
　　(17) 晶粒的正常长大及其影响因素。
　　(18) 一次与二次再结晶,以及静态与动态再结晶的区别。
　　(19) 无机非金属材料塑性变形的特点。
　　(20) 高聚物塑性变形的特点。

重要概念和公式

　　弹性变形,弹性模量,包申格效应,弹性后效,弹性滞后,黏弹性;
　　塑性变形,滑移,滑移系,滑移带,滑移线,交滑移,双交滑移;
　　临界分切应力,施密特因子,软取向,硬取向,派-纳力;
　　孪生,孪晶面,孪生方向,孪晶,扭折;

固溶强化,屈服现象,应变时效,加工硬化,弥散强化;

形变织构,丝织构,板织构,残余应力,点阵畸变,带状组织,流线;

回复,再结晶,晶粒长大,二次再结晶,冷加工,热加工,动态再结晶;

储存能,多边化,回复激活能,再结晶激活能,再结晶温度;

弓出形核,临界变形量,再结晶织构,退火孪晶。

胡克定律:

$$\sigma = E\varepsilon$$
$$\tau = G\gamma$$

滑移的临界分切应力:

$$\tau_c = \sigma_s \cos\phi \cos\lambda$$

Peierls-Nabarro 力:

$$\tau_{P-N} = \frac{2G}{1-\nu}\exp\left[-\frac{2\pi d}{(1-\nu)b}\right] = \frac{2G}{1-\nu}\exp\left(-\frac{2\pi W}{b}\right)$$

Hall-Petch 公式:

$$\sigma_s = \sigma_0 + kd^{-\frac{1}{2}}$$

弥散强化关系式:

$$\tau = \frac{Gb}{\lambda}$$

聚合型合金强化关系式:

$$\overline{\sigma_s} = \varphi_1\sigma_1 + \varphi_2\sigma_2$$

加工硬化关系式:

$$\tau = \tau_0 + \alpha Gb\rho^{\frac{1}{2}}$$

回复动力学:

$$\ln t = A + \frac{Q}{RT}$$

再结晶动力学:

$$\ln\frac{1}{t} = \ln A' - \frac{Q}{RT}$$

再结晶的极限平均晶粒直径:

$$\overline{D}_{\lim} = \frac{4r}{3\varphi}$$

再结晶晶粒大小与温度之间的关系:

$$\overline{D}_t^2 - \overline{D}_0^2 = k_2 e^{-\frac{Q_m}{(RT)}} \cdot t$$

习题

5-1　有一根长为 5 m、直径为 3 mm 的铝线,已知铝的弹性模量为 70 GPa,求在 200 N 的拉力作用下,此线的总长度。

5-2 一 Mg 合金的屈服强度为 180 MPa，E 为 45 GPa，① 求不至于使一块 10 mm×2 mm 的 Mg 板发生塑性变形的最大载荷。② 在此载荷作用下，该镁板每 mm 的伸长量为多少？

5-3 已知烧结 Al_2O_3 的孔隙度为 5%，其 $E=370$ GPa。若另一烧结 Al_2O_3 的 $E=270$ GPa，试求其孔隙度。

5-4 有一 Cu-30%Zn 黄铜板冷轧 25% 后厚度变为 1 cm，接着再将此板厚度减小到 0.6 cm，试求总冷变形度，并推测冷轧后性能的变化。

5-5 有一截面为 10 mm×10 mm 的镍基合金试样，其长度为 40 mm，拉伸试验结果如下。

载荷/N	标距长度/mm
0	40.0
43 100	40.1
86 200	40.2
102 000	40.4
104 800	40.8
109 600	41.6
113 800	42.4
121 300	44.0
126 900	46.0
127 600	48.0
113 800（破断）	50.2

试计算其抗拉强度 σ_b、屈服强度 $\sigma_{0.2}$、弹性模量 E 及延伸率 δ。

5-6 将一根长为 20 m、直径为 14 mm 的铝棒通过孔径为 12.7 mm 的模具拉拔，试求：① 这根铝棒拉拔后的尺寸；② 这根铝棒要承受的冷加工率。

5-7 确定下列情况下的工程应变 ε_e 和真实应变 ε_T，说明何者更能反映真实的变形特性：
① 由 L 伸长至 1.1L； ② 由 h 压缩至 0.9h；
③ 由 L 伸长至 2L；   ④ 由 h 压缩至 0.5h。

5-8 对于预先经过退火的金属多晶体，其真实的应力-应变曲线塑性部分可近似表示为 $\sigma_T=k\varepsilon_T^n$，其中 k 和 n 为经验常数，分别称为强度系数和应变硬化指数。若有 A，B 两种材料，其 k 值大致相等，而 $n_A=0.5,n_B=0.2$，则问：① 哪一种材料的硬化能力较高，为什么？② 同样的塑性应变时，A 和 B 哪个位错密度高，为什么？③ 导出应变硬化指数 n 和应变硬化率$\left(\theta=\dfrac{\mathrm{d}\sigma_T}{\mathrm{d}\varepsilon_T}\right)$之间的数学公式。

5-9 有一 70 MPa 应力作用在 fcc 晶体的[001]方向上，求作用在(111)[10$\bar{1}$]和(111)[$\bar{1}$10]滑移系上的分切应力。

5-10 有一 bcc 晶体的(1$\bar{1}$0)[111]滑移系的临界分切力为 60 MPa，试问在[001]和[010]方向必须施加多少的应力才会产生滑移？

5-11 Zn 单晶在拉伸之前的滑移方向与拉伸轴的夹角为 45°，拉伸后滑移方向与拉伸轴的夹角为 30°，求拉伸后的延伸率。

5-12 Al 单晶在室温时的临界分切应力 $\tau_c=7.9\times10^5$ Pa。若在室温下将铝单晶试样做拉伸试验时，拉伸轴为[123]方向，试计算引起该样品屈服所需施加的应力。

5-13 将 Al 单晶制成拉伸试棒（其截面积为 9 mm²）进行室温拉伸，拉伸轴与[001]相交成 36.7°，与[011]相交成 19.1°，与[111]相交成 22.2°，开始屈服时载荷为 20.4 N，试确定主滑移系的分切应力。

5-14　Mg 单晶体的试样拉伸时,3 个滑移方向与拉伸轴分别相交成 $38°,45°,85°$,而基面法线与拉伸轴相交成 $60°$。如果在拉应力为 $2.05\,MPa$ 时开始观察到塑性变形,则 Mg 的临界分切应力为多少?

5-15　MgO 为 NaCl 型结构,其滑移面为 $\{110\}$,滑移方向为 $\langle110\rangle$,试问沿哪一方向拉伸(或压缩)不会引起滑移?

5-16　一个交滑移系包含一个滑移方向和包含这个滑移方向的两个晶面,如 bcc 晶体的 (101) $[\bar{1}11]$(110),写出 bcc 晶体的其他 3 个同类型的交滑移系。

5-17　fcc 和 bcc 金属在塑性变形时,流变应力与位错密度 ρ 的关系为 $\tau = \tau_0 + \alpha Gb\sqrt{\rho}$,式中 τ_0 为没有干扰位错时使位错运动所需的应力,也即无加工硬化时所需的切应力,G 为切变模量,b 为位错的伯氏矢量,α 为与材料有关的常数,$\alpha = 0.3 \sim 0.5$。实际上,此公式也是加工硬化方法的强化效果的定量关系式。若 Cu 单晶体的 $\tau_0 = 700\,kPa$,初始位错密度 $\rho_0 = 10^5\,cm^{-2}$,则临界分切应力为多少?已知 Cu 的 $G = 42 \times 10^3\,MPa,b = 0.256\,nm$,[111]Cu 单晶产生 1% 塑性变形所对应的 $\sigma = 40\,MPa$,求它产生 1% 塑性变形后的位错密度。

5-18　证明:bcc 及 fcc 金属产生孪晶时,孪晶面沿孪生方向的切变均为 0.707。

5-19　试指出 Cu 和 α-Fe 两晶体易滑移的晶面和晶向,并求出他们的滑移面间距,滑移方向上的原子间及点阵阻力。(已知 $G_{Cu} = 48.3\,GPa,G_{\alpha Fe} = 81.6\,GPa,\nu = 0.3$)。

5-20　设运动位错被钉扎以后,其平均间距 $l = \rho^{-\frac{1}{2}}$(ρ 为位错密度),又设 Cu 单晶已经应变硬化到这种程度,作用在该晶体所产生的分切应力为 $14MPa$,已知 $G = 40\,GPa,b = 0.256\,nm$,计算 Cu 单晶的位错密度。

5-21　设合金中一段直位错线运动时受到间距为 λ 的第二相粒子的阻碍,试求证:使位错按绕过机制继续运动所需的切应力为:$\tau = \dfrac{2T}{b\lambda} = \dfrac{Gb}{2\pi r}B\ln\left(\dfrac{\lambda}{2r_0}\right)$,式中,$T$ 为线张力;b 为伯氏矢量;G 为切变模量;r_0 为第二相粒子半径;B 为常数。

5-22　40 钢经球化退火后,渗碳体全部呈半径为 $10\,\mu m$ 的球状,且均匀地分布在 α-Fe 基础上。已知 Fe 的切变模量 $G = 7.9 \times 10^4\,MPa,\alpha$-Fe 的点阵常数 $a = 0.28\,nm$,试计算 40 钢的切变强度。

5-23　已知平均晶粒直径为 $1\,mm$ 和 $0.0625\,mm$ 的 α-Fe 的屈服强度分别为 $112.7\,MPa$ 和 $196\,MPa$,问平均晶粒直径为 $0.0196\,mm$ 的纯铁的屈服强度为多少?

5-24　已知工业纯铜的屈服强度 $\sigma_S = 70\,MPa$,其晶粒大小为 $N_A = 18$ 个/mm^2,当 $N_A = 4\,025$ 个/mm^2 时,$\sigma_S = 95\,MPa$。试计算 $N_A = 260$ 个/mm^2 时的 σ_S。

5-25　简述陶瓷材料(晶态)塑性变形的特点。

5-26　脆性材料的抗拉强度可用下式表示:

$$\sigma_m = 2\sigma_0\left(\frac{l}{r}\right)^{\frac{1}{2}}$$

式中,σ_0 为名义上所施加的拉应力;l 为表面裂纹的长度或者为内部裂纹长度的 $\dfrac{1}{2}$;r 为裂纹尖端的曲率半径;σ_m 实际上为裂纹尖端处应力集中导致的最大应力。现假定

Al_2O_3 陶瓷的表面裂纹的临界长度为 $l=2\times10^{-3}$ mm，其理论的断裂强度为 $\dfrac{E}{10}$（E 为材料的弹性模量），且为 393 GPa，试计算：当 Al_2O_3 陶瓷试样施加上 275 MPa 拉应力时，产生断裂的裂纹尖端临界曲率半径 r_c。

5-27　三点弯曲试验常用来检测陶瓷材料的力学行为。有一圆形截面的 Al_2O_3 试样，其截面半径 $r=3.5$ mm，两支点间距为 50 mm，当负荷达到 950 N 时，试样断裂。试问：当支点间距为 40 mm 时，另一个具有边长为 12 mm 正方形截面的同样材料试样在多大负荷时会发生断裂？

5-28　对于许多高分子材料，其抗拉强度 σ_b 是数均相对分子质量 $\overline{M}_n$ 的函数：

$$\sigma_b = \sigma_0 - \frac{A}{\overline{M}_n}$$

式中，σ_0 为无限大分子量时的抗拉强度；A 为常数。已知两种聚甲基丙烯酸甲酯的数均相对分子质量分别为 4×10^4 和 6×10^4，所对应的抗拉强度则分别为 107 MPa 和 170 MPa，试确定数均相对分子质量为 3×10^4 时的抗拉强度 σ_b。

5-29　解释高聚物在单向拉伸过程中细颈截面积保持基本不变的现象。

5-30　现有一 $\phi6$ mm 铝丝须最终加工至 $\phi0.5$ mm 铝材，但为保证产品质量，此铝材的冷加工量不能超过 85%，如何制订其合理的加工工艺？

5-31　铁的回复激活能为 88.9 kJ/mol，如果将经冷变形的铁在 400 ℃下进行回复处理，使其残留加工硬化为 60% 需 160 min，问在 450 ℃下回复处理至同样效果需要多少时间？

5-32　Ag 冷加工后位错密度为 $10^{12}/cm^2$，设再结晶晶核自大角度晶界向变形基体移动，求晶界弓出的最小曲率半径（Ag：$G=30$ GPa，$b=0.3$ nm，$\gamma=0.4$ J/m²）。

5-33　已知纯铁经冷轧后，在 527 ℃加热产生 50% 的再结晶所需的时间为 10^4 s，而在 727 ℃加热产生 50% 再结晶所需的时间仅为 0.1 s，试计算在 10^5 s 时间内产生 50% 的再结晶的最低温度为多少摄氏度？

5-34　假定将再结晶温度定义为退火 1 h 内完成转变量达 95% 的温度，已知获得 95% 转变量所需要的时间：

$$t_{0.95} = \left[\frac{2.85}{\dot{N}G^3}\right]^{\frac{1}{4}}$$

式中，$\dot{N}$，G 分别为再结晶的形核率和长大线速度，$\dot{N}=N_0 e^{-\frac{Q_n}{kT}}$，$G=G_0 e^{-\frac{Q_g}{kT}}$。
① 根据上述方程导出再结晶温度 T_R 与 G_0，N_0，Q_g 及 Q_n 的函数关系。
② 说明下列因素是怎样影响 G_0，N_0，Q_g 及 Q_n 的：ⓐ 预变形度；ⓑ 原始晶粒度；ⓒ 金属纯度。
③ 说明上述 3 个因素是怎样影响再结晶温度的。

5-35　已知 Fe 的 $T_m=1538$ ℃，Cu 的 $T_m=1083$ ℃，试估算 Fe 和 Cu 的最低再结晶温度。

5-36　工业纯铝在室温下经大变形量轧制成带材后，测得室温力学性能为冷加工态的性能。查表得知：工业纯铝的再结晶温度 $T_{再}=150$ ℃，但若将上述工业纯铝薄带加热至 100 ℃，保温 16d 后冷至室温再测其强度，发现强度明显降低，请解释其原因。

5-37　某工厂用一冷拉钢丝绳将一大型钢件吊入热处理炉内，由于一时疏忽，未将钢丝绳取出，而是随同工件一起加热至 860 ℃，保温时间到了，打开炉门，要吊出工件时，钢丝绳发生断裂,试分析原因。

5-38　已知 H70 黄铜[$w(Zn)=30\%$]在 400 ℃的恒温下完成再结晶需要 1 h,而在 390 ℃下完成再结晶需要 2 h,试计算在 420 ℃恒温下完成再结晶需要多少时间?

5-39　设有 1 cm³ 黄铜,在 700 ℃退火,原始晶粒直径为 $2.16×10^{-3}$ cm,黄铜的界面能为 0.5 J/m²,由量热计测得保温 2 h 共放出热量 0.035 J,求保温 2 h 后的晶粒尺寸。

5-40　设冷变形后位错密度为 $10^{12}/cm^2$ 的金属中,存在着加热时不发生聚集长大的第二相微粒,其体积分数 $\varphi=1\%$,半径为 1 μm,问这种第二相微粒的存在能否完全阻止此金属加热时再结晶(已知 $G=10^5$ MPa,$b=0.3$ nm,比界面能 $\sigma=0.5$ J/m²)。

5-41　W 具有很高的熔点($T_m=3410$ ℃),常被选为白炽灯泡的发热体。但当灯丝存在横跨灯丝的大晶粒时就会变得很脆,并在频繁开关的热冲击下产生破断。试介绍一种能延长灯丝寿命的方法。

5-42　Fe-3%Si 合金含有 MnS 粒子时,若其半径为 0.05 μm,体积分数为 0.01,在 850 ℃以下退火过程中,当基体晶粒平均直径为 6 μm 时,其正常长大即行停止,试分析其原因。

5-43　工程上,常常认为钢加热至 760 ℃时晶粒并不长大,而在 870 ℃时晶粒将明显长大。若钢的原始晶粒直径为 0.05 mm,晶粒长大经验公式为 $D^{\frac{1}{n}}-D_0^{\frac{1}{n}}=ct$,其中:$D$ 为长大后的晶粒直径;D_0 为原始晶粒直径;c 为比例常数;t 为保温时间。
已知 760 ℃时,$n=0.1$,$c=6×10^{-16}$;870 ℃时,$n=0.2$,$c=2×10^{-8}$,求 $w(C)$ 为 0.8%的钢在上述两温度下保温 1 h 的晶粒直径。

5-44　简述一次再结晶与二次再结晶的驱动力,并如何区分冷、热加工?动态再结晶与静态再结晶后的组织结构的主要区别是什么?

第 6 章 单组元相图及纯晶体的凝固

内容提要

由一种元素或化合物构成的晶体称为单组元晶体或纯晶体,该体系称为单元系。单组元的高分子称为均聚物。某组元由液相至固相的转变称为凝固。如果凝固后的固体是晶体,则凝固又称为结晶。某种元素从一种晶体结构转变为另一种晶体结构的固态相变称为同素异构转变;而某种化合物经历上述的固态相变称为同分异构转变或多晶型转变。对于某种元素或化合物,随着温度和压力的变化,在热力学平衡条件下,其组成相的变化规律可由该元素或化合物的平衡相图表示。根据多元系相平衡条件可导出相律,相律给出了平衡状态下体系中存在的相数与组元数、温度、压力之间的关系,这对分析和研究相图有重要的指导作用。根据相律可知,单元系最多只能有三相平衡。单元系相图中的曲线(相界线)表示了两相平衡时的温度所对应的压力,两者的定量关系可由克劳修斯-克拉珀龙方程所决定。值得注意的是,多数晶体由液相变为固相,或者由高温固相变为低温固相时,是放热和收缩的,因此相界线的斜率为正。但也有少数晶体是放热且膨胀的,因此相界线的斜率为负。对于固态中的同素(分)异构转变,由于其体积变化很小,所以固相线几乎是垂直的。

相图是描述热力学平衡条件下相之间的转变图,但有些化合物相之间达到平衡需要很长的时间,稳定相形成速度甚慢,因而会在稳定相形成之前,先形成自由能较稳定相高的亚稳相,这称为奥斯特瓦尔德阶段。

研究纯晶体的凝固,首先必须了解晶体凝固的热力学条件。理论表明:在恒压条件下,晶体凝固的热力学条件需要过冷度,即实际凝固温度应低于熔点 T_m。晶体的凝固经历了形核与长大两个过程。形核又分为均匀形核与非均匀(异质)形核。对于均匀形核,当过冷液体中出现晶胚时,一方面,体系的体积自由能下降,这是结晶的驱动力;另一方面,由于晶胚构成新的表面而增强了表面自由能,这成为结晶的阻力。在液-固相变中,晶胚形成时的体积应变能可在液体中完全释放掉,故在凝固中可不考虑这项阻力。综合驱动力和阻力的作用,可导出晶核的临界半径 r^*,其物理意义是:半径小于 r^* 的晶胚是不稳定的,不能自发长大,最终熔化而消失;而半径等于或大于 r^* 的晶胚可以自发长大成为晶核。临界半径对应的自由能 ΔG^* 称为形核功。理论推导表明:ΔG^* 是大于零的,其值等于表面能的 $\frac{1}{3}$。因此,这部分的能量必须依靠液相中存在的能量起伏来提供。综合所述可知,结晶条件需要过冷度、结构起伏(出现半径大于 r^* 的晶胚)和能量起伏。在研究结晶问题时,形核率是一个重要的参数,它涉及凝固后晶粒的大小,而晶粒尺寸对材料的性能有很大的影响。形核率受两个因素控制,即形核功因子和扩散几率因子。

对纯金属均匀形核的研究中发现,有效形核温度约为 $0.2\,T_m$,这表明均匀形核所需的过冷度很大。而纯金属在实际凝固中,所需过冷度却很小,其原因是实际凝固是非均匀(异质)形核。异质基底通常可有效地降低单位体积的表面能,从而降低形核功,这种异质基底的催化作用使非均匀(异质)形核的过冷度仅为 $0.02T_m$。

形核后的长大涉及长大的形态、长大的方式和长大的速率。影响晶体长大特征的重要因素是液-固界面的构造。液-固界面的结构可分为光滑界面和粗糙界面。杰克逊提出了判断粗糙及光滑界面的定量模型。理论推导得出:当 $\alpha \leqslant 2$ 时为粗糙界面,当 $\alpha > 2$ 时为光滑界面。杰克逊的热力学判据已被许多实验证明是正确的。

晶体的长大速率与其长大方式有关。连续长大方式对应的是粗糙界面,其长大速率最大,它与动态过冷度(液-固界面向液体推移时所需的过冷度)成正比;而二维形核和螺型位错形核二者对应的是光滑界面,它们的生长速率均小于连续长大方式的生长速率。研究液体在一定的温度下随时间变化的结晶量,这就是结晶动力学。结晶动力学方程首先由约翰逊-梅尔(Johnson-Mell)导出。方程推导的假设条件为均匀形核,形核率和长大速度为常数,以及晶核孕育时间很短。而阿弗拉密(Avrami)在这基础上,考虑到形核率与时间相关,给出了结晶动力学的普适方程,称为阿弗拉密方程。阿弗拉密方程已在金属、陶瓷和高分子的结晶动力学研究中被证明是正确的、普适的。

纯晶体凝固时的生长形态不仅与液-固界面的微观结构有关,而且取决于界面前沿液体中的温度分布情况。在正的温度梯度下,光滑界面结构的晶体,其生长形态呈台阶状;而粗糙界面的晶体,其生长形态呈平面状。在负的温度梯度下,粗糙界面结构的晶体,其生长形态呈树枝状;光滑界面结构的晶体,其生长形态也呈树枝状,只有 α 值很大的晶体,其生长形态才呈平面状。

金属凝固理论在晶粒尺寸的控制、单晶的制备、非晶金属的获得等方面有着广泛的应用。

随着气相沉积技术被广泛用于制备各种功能性薄膜材料,材料的气-固相变也日益显示出其重要性。在气相沉积中蒸发和凝聚是两个基本过程,它们的热力学条件和凝聚过程中的形核和生长模型是本节的重点。

由热力学克拉珀龙方程可推导出材料蒸气压与温度的关系,即蒸气压方程。由蒸气压方程可知,蒸发源加热温度的高低,会改变蒸气压的取值而直接影响到镀膜材料的蒸发速率和蒸发方式。因此,确定不同材料的蒸发温度是非常重要的。通常将蒸发材料加热到其蒸气压达几 Pa 时的温度作为其蒸发温度。基于理想气体的热力学方程可导出蒸发和凝聚的热力学条件,即当真空容器的实际气压小于蒸发材料饱和蒸气压时,蒸发过程可以进行,反之,当实际气压大于饱和蒸气压时,则凝聚过程可以进行。

为了减少蒸发材料的气体原子与容器内残余空气分子的碰撞,必须使蒸发源至基片的距离远小于气体分子的平均自由程,而气体分子的平均自由程与气体压强成反比。

材料在镀膜时,高温的蒸发原子飞向未加热的基片后其温度急剧降低而凝聚。当气体原子凝聚到某晶粒临界尺寸时,原子就不断依附于其表面生长。薄膜的生长方式基本有三种模型:三维生长模型,二维生长模型和层核生长模型。气相沉积的特点是冷速极快,其过冷度比凝固大得多,因此,基片未加热时的气相沉积非常容易得到纳米晶薄膜,甚至非晶薄膜。

高分子的晶体像金属、陶瓷及低分子有机物一样,在三维方向具有长程有序排列,因此,高分子的结晶行为在许多方面与它们具有相似性,如结晶需要过冷度,过冷度越大,结晶尺寸越小,结晶过程也包括形核、核长大两个过程,而形核也分为均匀形核和非均匀(异质)形核两种类型。但由于高分子是长链结构,要使高分子链的空间结构均以高度规整性排列于晶格,这比低分子要困难得多,因此,高分子结晶具有不完全性(即不能得到 100％晶体)、不完善性(具有缺陷)、熔融升温(宽的熔限温度)和结晶速度慢的特点。

重点与难点

(1) 结晶的热力学、结构和能量条件。

(2) 相律的应用。

(3) 克劳修斯-克拉珀龙方程的应用。

(4) 亚稳相出现的原因。

(5) 均匀形核的临界晶核半径和形核功的推导。

(6) 润湿角的变化范围及其含义。

(7) 液-固界面的分类及其热力学判据。

(8) 晶体的生长方式及其对生长速率的关系。

(9) 阿弗拉密方程的应用。

(10) 液-固界面结构和液-固界面前沿液体的温度分布对晶体形态的影响。

(11) 减小晶粒尺寸的方法。

(12) 蒸发和凝聚的判据。

(13) 在沉积过程蒸发和凝聚分别在何时发生及其原因。

(14) 通常如何确定各种材料的蒸发温度。

(15) 高分子结晶与低分子结晶的相似性和差异性。

重要概念和公式

凝固,结晶,近程有序,结构起伏,能量起伏,过冷度,均匀形核,非均匀形核,晶胚,晶核,亚稳相,临界晶粒,临界形核功,光滑界面,粗糙界面,温度梯度,平面状,树枝状,饱和蒸气压,气体分子的平均自由程,均聚物,结晶度,溶限,球晶,晶片。

$$f = c - p + 2$$

$$\frac{\mathrm{d}p}{\mathrm{d}T} = \frac{\Delta H}{T \Delta V_{\mathrm{m}}}$$

$$\varphi_{\mathrm{r}} = 1 - \exp\left(-\frac{\pi}{3} N v_{\mathrm{g}}^3 t^4\right)$$

$$\varphi_{\mathrm{r}} = 1 - \exp(-kt^n)$$

$$\lg P = A - \frac{B}{T}$$

$$\Delta G = nRT \ln \frac{P}{P_{\mathrm{e}}}$$

$$L = \frac{6.5}{P}$$

$$T_{\mathrm{m,l}} = T_{\mathrm{m,\infty}}\left(1 - \frac{2\sigma_{\mathrm{e}}}{l \Delta H}\right)$$

习题

6-1　计算当压力增加到 $500 \times 10^5\,Pa$ 时锡的熔点变化,已知在 $10^5\,Pa$ 下,锡的熔点为 505 K,熔化热为 7 196 J/mol,摩尔质量为 $118.8 \times 10^{-3}\,kg/mol$,固体锡的密度为 $7.30 \times 10^3\,kg/m^3$,熔化时的体积变化为 $+2.7\%$。

6-2　根据下列条件建立单元系相图:

① 组元 A 在固态有两种结构 A_1 和 A_2,且密度 $A_2 > A_1 >$ 液体;

② A_1 转变到 A_2 的温度随压力增加而降低;

③ A_1 相在低温是稳定相;

④ 固体在其本身的蒸气压 1 333 Pa(10 mmHg)下的熔点是 8.2 ℃;

⑤ 在 $1.013 \times 10^5\,Pa$(1 个大气压)下沸点是 90 ℃;

⑥ A_1,A_2 和液体在 $1.013 \times 10^6\,Pa$(10 个大气压)下及 40 ℃时三相共存(假设升温相变 $\Delta H < 0$)。

6-3　考虑在 1 个大气压下液态铝的凝固,对于不同程度的过冷度,即 $\Delta T = 1, 10, 100$ 和 200 ℃,计算:

① 临界晶核尺寸;

② 半径为 r^* 的晶核个数;

③ 从液态转变到固态时,单位体积的自由能变化 ΔG_V;

④ 从液态转变到固态时,临界尺寸 r^* 处的自由能的变化 ΔG_{r^*}(形核功)。

铝的熔点 $T_m = 993\,K$,单位体积熔化热 $L_m = 1.836 \times 10^9\,J/m^3$,固液界面比表面能 $\delta = 93 \times 10^{-3}\,J/m^2$,原子体积 $V_0 = 1.66 \times 10^{-29}\,m^3$。

6-4　① 已知液态纯镍在 $1.013 \times 10^5\,Pa$(1 个大气压),过冷度为 319 ℃时发生均匀形核。设临界晶核半径为 1 nm,纯镍的熔点为 1 726 K,熔化热 $L_m = 18\,075\,J/mol$,摩尔体积 $V = 6.6\,cm^3/mol$,计算纯镍的液-固界面能和临界形核功。

② 若要在 2 045 K 发生均匀形核,须将大气压增加到多少? 已知凝固时体积变化 $\Delta V = -0.26\,cm^3/mol$($1J = 9.87 \times 10^6\,cm^3 \cdot Pa$)。

6-5　纯金属的均匀形核率可用下式表示:

$$\dot{N} = A \exp\left(-\frac{\Delta G^*}{kT}\right) \exp\left(-\frac{Q}{kT}\right)$$

式中,$A \approx 10^{35}$;$\exp\left(-\dfrac{Q}{kT}\right) \approx 10^{-2}$;$\Delta G^*$ 为临界形核功;k 为玻尔兹曼常数,其值为 $1.38 \times 10^{-23}\,J/K$。

① 假设过冷度 ΔT 分别为 20 ℃ 和 200 ℃,界面能 $\sigma = 2 \times 10^{-5}\,J/cm^2$,熔化热 $\Delta H_m = 12\,600\,J/mol$,熔点 $T_m = 1\,000\,K$,摩尔体积 $V = 6\,cm^3/mol$,计算均匀形核率 $\dot{N}$。

② 若为非均匀形核,晶核与杂质的接触角 $\theta = 60°$,则 $\dot{N}$ 如何变化? ΔT 为多少?

③ 导出 r^* 与 ΔT 的关系式,计算 $r^* = 1\,nm$ 时的 $\dfrac{\Delta T}{T_m}$。

6-6　试证明:在同样过冷度下均匀形核时,球形晶核较立方晶核更易形成。

6-7　证明:任意形状晶核的临界晶核形核功 ΔG^* 与临界晶核体积 V^* 的关系:

$$\Delta G^* = -\frac{V^*}{2}\Delta G_V$$

式中,ΔG_V——液固相单位体积自由能差。

6-8　Si 加热到 $2\,000\,K$ 温度蒸发,然后 Si 原子在 $300\,K$ 的基片上凝聚。试问:

① Si 蒸发和凝聚时的蒸汽压分别为多少 Pa?

② 欲实现 Si 在上述条件下蒸发和凝聚,真空罩中的真空应在什么范围内,并说明其原因。(已知 Si 的蒸汽压(p)和温度(t)关系中的系数:

$$A=13, B=2\times10^4,$$

式中,P 的单位为 μmHg,$1\,\mu mHg=0.133\,Pa$,T 的单位为 K

6-9　利用示差扫描量热法研究聚对二甲酸乙二酯在 $232.4\,℃$ 的等温结晶过程,由结晶放热峰测得如下数据:

结晶时间 t/min	7.6	11.4	17.4	21.6	25.6	27.6	31.6	35.6	36.6	38.1
结晶度/%	3.41	11.5	34.7	54.9	72.7	80.0	91.0	97.3	98.2	99.3

试以 Avrami 作图法求出 Avrami 指数 n、结晶常数 K 和半结晶期 $t_{\frac{1}{2}}$。

6-10　试说明结晶温度较低的高分子的熔限较宽,反之较窄。

6-11　测得聚乙烯晶体厚度和熔点的实验数据如下:

L/nm	28.2	29.2	30.9	32.3	33.9	34.5	35.1	36.5	39.8	44.3	48.3
T_m/℃	131.5	131.9	132.2	132.7	134.1	133.7	134.4	134.3	135.5	136.5	136.7

试求晶片厚度趋于无限大时的熔点 $T_{m\infty}$。如果聚乙烯结晶的单位体积熔融热为 $\Delta H=280\,J/cm^3$,问其表面能是多少?

第7章　二元合金相图及其凝固

内容提要

　　由二元及二元以上组元组成的多元系材料称为合金。在多元系中,二元系是最基本的,也是目前研究最充分的体系。二元系相图是研究二元系在热力学平衡条件下相与温度、成分之间关系的有力工具,它已在金属、陶瓷和高分子材料中得到广泛的应用。二元系比单元系多一个组元,它有成分的变化,若同时考虑成分、温度和压力,则二元相图将为三维立体相图。鉴于三维立体图的复杂性,以及在正常的研究中体系处于一个大气压的状态下,因此,二元相图仅考虑体系在成分和温度两个变量下的相状态。二元相图中的成分通常由重量百分数,原子百分数,摩尔百分数表示;现在国标用质量分数(w)和摩尔分数(x)表示。由相律可知,在压力恒定条件下的二元相图中,最多只能三相共存,三相平衡的温度和成分均不改变,故在相图中三相平衡由一水平线表示。

　　相图热力学是研究相图和计算相图的重要方法。根据固溶体的自由能-成分曲线计算可得:当相互作用参数 $\Omega<0$ 时,固溶体为有序固溶体;当 $\Omega=0$ 时,固溶体为无序固溶体;当 $\Omega>0$ 时,固溶体为偏聚固溶体。根据多相平衡的公切线原理,可确定平衡相在某温度下的成分。两相混合物的自由能 G_m 应在该两相平衡时的公切线上,其成分应在它们的平衡成分之间。根据不同温度下的自由能-成分曲线可推测相图;反之可根据相图推测自由能-成分曲线。

　　二元相图中最基本的相图是匀晶相图、共晶相图、包晶相图和溶混间隙相图。运用连接线和杠杆定律,可求出某温度下两相的平衡成分和两相的相对量。根据匀晶相图可研究固溶体的平衡凝固过程。平衡凝固过程是指凝固过程的每个阶段都达到平衡,即在相变过程中有充分的时间进行组元间的扩散,以达到每个温度下平衡相的成分。每个温度下的平衡凝固过程实际包括三个过程:(1)液相的扩散过程。(2)固相的长大过程。(3)固相的扩散过程。实际凝固的速度较快,难以达到平衡凝固,使凝固过程偏离了平衡条件,这称为非平衡凝固。非平衡凝固有以下几个特点:

　　(1)随冷速变化的固相平均成分线或液相平均成分线均在固相线或液相线的下方,冷速越大,它们偏离固、液相线越严重;

　　(2)先结晶部分是富高熔点组元,后结晶的部分是富低熔点组元;

　　(3)非平衡凝固的终结温度低于平衡凝固时的终结温度。

　　由液相同时结晶出两个固相,这样两个固相的混合物称为共晶组织或共晶体。在共晶反应前,由液相结晶出的固溶体称为先共晶体或初生相。当成分为共晶成分时的合金称为共晶合金;当成分小于共晶成分时,并能出现共晶组织的合金称为亚共晶合金;同理,当成分大于共晶成分时,并能出现共晶组织的合金称为过共晶合金。在亚共晶合金和过共晶合金中,若要确定初生相和共晶体的相对量,则称为组织组成体的相对量计算;若要确定合金中组成相的相对量,则称为组织相的相对量计算。

在非平衡凝固条件下,某些亚共晶或过共晶成分的合金也能得到 100% 的共晶组织,这种共晶组织称为伪共晶。伪共晶区的范围和冷速有关。伪共晶区的配置与组元的熔点有关。若两组元的熔点接近,伪共晶区通常呈现对称分布;若两组元熔点相差甚远,则伪共晶区将偏向高熔点一侧。伪共晶区在相图中的配置通常是通过实际情况来测定的。但通过定性了解伪共晶区在相图的分布规律,就可解释用平衡相图方法无法解释的异常现象。在非平衡凝固中,某些单相固溶体成分的合金也会出现少量的非平衡共晶组织,同时,这种非平衡共晶组织失去了共晶组织中两相交替排列的特征,故称为离异共晶。

在二元相图中,包晶转变是由已结晶的固相与剩余液相反应形成另一固相的恒温转变。由于包晶反应涉及原子从初生相到包晶相的固相间的扩散,因此,包晶反应在通常的冷速下难以完全进行,即相当的初生相会被保留下来。

在某些合金(金属、陶瓷、高分子)中,单相固溶体在某些成分范围和温度之间,会分解成成分不同而结构与单相固溶体相同的二相,这种分解称为溶混间隙转变。溶混间隙转变有两种方式:一种是通常的形核长大,需要克服形核能垒;另一种是通过没有形核阶段的不稳定分解,称为调幅分解。调幅分解的热力学条件是 $\frac{d^2 G}{dx^2} < 0$,调幅分解是通过上坡扩散使成分起伏增大,从而直接导致新相的形成。

在某些二元系中,可形成一个或几个化合物,由于它们位于相图中间,故又称中间相。根据化合物的稳定性可分为稳定化合物和不稳定化合物。具有稳定化合物的相图,以化合物熔点所对应的成分为界,把相图分为两个或多个独立相图,这样便于相图的分析。

掌握上述基本类型相图的分析方法,就不难对其他类型的转变(如共析转变、包析转变、偏晶转变、熔晶转变、合晶转变、有序-无序转变)进行分析。对陶瓷和合金中两个最重要的二元相图 $SiO_2-Al_2O_3$ 和 Fe-C 的剖析,可加深对相图知识的应用。

合金结晶过程除了遵循结晶的一般规律外,由于二元系中第二组元的加入,因此溶质原子要在液、固两相中发生重新分布,这对合金的凝固方式和晶体的生长形态产生很大的影响。溶质原子在液、固两相中重新分布的程度可用平衡分配系数 k_0 表示。

在五个假设的条件下推导出的正常凝固方程,其中最重要的两个假设是液相成分在任何时候都是均匀的,液-固界面是平直的。正常凝固方程描述了在非平衡凝固条件下固相质量浓度随凝固距离的变化规律,即当 $k_0 < 1$ 时,溶质浓度呈现由锭表面向中心逐渐增加的不均匀分布,这种分布称为正偏析,它不利于材质的均匀性。然而这种不均匀性可起到提纯的作用。鉴于正常凝固是把整个合金熔化,就会破坏前一次的提纯的效果,因此,随后出现了通过区域熔炼达到提纯的目的。区域熔炼方程推导过程中的假设与正常凝固过程相同,应注意的是,该方程不能用于大于 1 次($n>1$)的区域熔炼后的溶质分布和最后一个熔区中的溶质分布。

在推导正常凝固方程和区域熔炼方程时,都采用了液相成分是均匀的假设,这通常是合理的。因为液体可通过扩散和对流两种途径,尤其是对流更易使溶质在液体中获得均匀分布,然而实际中这个假设是一个非常严峻的约束。为了表征液体的混合程度,引入有效分配系数 k_e。根据 k_e 的数学表达式可得:$k_e = k_0$,表示液体中溶质完全混合(即成分均匀);$k_e = 1$ 表示液体完全不混合;而 $k_0 < k_e < 1$ 表示液体不充分混合。

在推导正常凝固方程时,另一个重要的假设是液-固界面是平直的,在实际情况中这个假设也只在一个特定条件下才能获得。根据成分过冷理论可知,只有当 $z=0$,$\dfrac{\mathrm{d}T_{\mathrm{L}}}{\mathrm{d}z}\leqslant G$ 时,液-固界面才能保持平直,反之,液-固界面呈现胞状、树枝状等形态。成分过冷理论说明了合金为什么在正的温度梯度下才能形成树枝晶,它不同于纯金属,后者只有在负的温度梯度下才能出现树枝晶。

上述是固溶体的凝固理论,而共晶组织是由液相同时结晶出两个固相的,相关的共晶凝固理论较复杂。共晶组织形态复杂,对共晶组织的分类很多,其中根据共晶两相凝固生长时液-固界面的性质来分类较为合理,由此可将共晶组织分为 3 类:①金属-金属型(粗糙-粗糙界面);②金属-非金属(粗糙-光滑界面);③非金属-非金属(光滑-光滑界面)。其中,有关金属-金属型共晶合金的凝固理论研究较为深入。金属-金属型共晶大多是层片状或棒状共晶。形成层片状共晶还是棒状共晶,虽然在某些条件下会受到生长速度、结晶前沿的温度梯度等参数的影响,但主要受界面能控制。界面能取决于界面面积和单位面积界面能。根据两种共晶类型界面面积的计算可知:当两相中的一相体积小于 27.6% 时,有利于形成棒状共晶;反之,有利于形成层片状共晶。从单位面积界面能来看,由于层片状共晶中的两相通常以一定的取向关系相互配合,故可有效地降低单位面积界面能。当共晶中的一相体积分数在 27.6% 以下时,就要视降低界面能还是降低单位面积界面能更有利于降低体系的能量而定。若为前者,可能得到棒状共晶;若为后者,将形成层片状共晶。

共晶合金组织结晶过程可用赫尔特格林(Hultgren)外推法进行分析。假设有一领先相 α 形成,领先相的形成使液相的成分有利于另一相 β 的结晶,β 的结晶又使液相成分有利于 α 的结晶,这种反复的过程使共晶中 α 和 β 相交替生长,而形成相间排列的组织形态。在共晶生长中,由于动态过冷度很小和强烈的横向扩散,使液-固界面前沿不能建立起有效的成分过冷,因此界面通常呈平直状。从层片状共晶生长的动力学方程推导和实验均表明:层片间距 λ 与凝固速度 R 的平方根成反比,即凝固速度越快,层片间距越小。共晶的层片间距明显地影响合金的力学性能,其与屈服强度的关系满足霍尔-佩奇(Hall-Petch)公式。

工业上应用的零部件通常由两种途径获得:一种是由合金在一定的几何形状与尺寸的铸模中直接凝固成铸件;另一种是通过合金浇注成铸锭,然后开坯,再通过热锻或热轧,最后通过热处理或机加工等工艺获得部件的几何尺寸和性能。因此,合金铸锭(件)的质量不仅在铸造生产中,而且几乎对所有的合金制品都是重要的。合金铸锭(件)的质量和它们的组织与缺陷有关。铸锭(件)的宏观组织分为 3 个晶区:表面细晶区、柱状晶区和中心等轴晶区。表面细晶区始终存在,它在以后的机加工中被去除。柱状晶的优点是组织致密和存在可被利用的"铸造织构",其缺点是存在脆弱界面。中心等轴晶无择优取向,虽没有脆弱的界面,但其致密度不如柱状晶。因此,通过浇注条件的改变可获得单一的柱状晶或单一的中心等轴晶,或者获得不同比例的柱状晶和中心等轴晶来满足不同性能的需要。

铸锭(件)的缺陷主要是缩空和偏析。缩空的类型与合金凝固方式有关。几乎不产生成分过冷的"壳状凝固"会形成致密的柱状晶,主要为集中缩空;而成分过冷显著的"糊状凝固"以树枝状方式生长的等轴晶,主要为分散缩空(疏松);介于二者之间的为壳状-糊状混合凝固,可获得柱状晶和等轴晶混合组织。铸锭(件)的偏析有宏观偏析和显微偏析之分。宏观偏析又可分为正常偏析、反偏析和比重偏析;而显微偏析分为胞状偏析、枝晶偏析和晶界偏析。通过在低于固相线的高温下进行长时间的扩散退火可减轻成分偏析。

　　两种或两种以上单体集合成的高分子称为高分子合金。高分子合金的合金化目的也与金属的合金化一样,可有效地提高其综合性能。对于高分子长链结构,从热力学分析可知,高分子的相容性远小于低分子的相容性,因此高分子的混合一般不能完全相容,也不能以此来得到均匀相(单相),必定会出现相分离;相分离的机制与低分子一样,也有两种:调幅分解和形核长大机制。二元高分子相图很少,也很简单,一般为两种基本类型,即具有最高临界互溶温度(UCST)双节线和最低临界互溶温度(LCST)双节线。测定高分子相图的方法很多,其中散射光强是测定相图的主要方法之一。高分子合金的制备方法可分为物理共混法和化学共混法两种。二元高分子合金按相的连续性可分为单相连续结构和两相连续结构两种类型。

重点与难点

　　(1) 成分的表示方法。
　　(2) 相互作用参数的物理意义。
　　(3) 多相平衡成分确定的公切线方法。
　　(4) 两相混合物的自由能的确定及两相相对量的确定。
　　(5) 固溶体的平衡凝固与非平衡凝固。
　　(6) 共晶合金的平衡凝固与组织组成体,组成相的相对量计算。
　　(7) 共晶合金非平衡组织类型。
　　(8) 包晶合金的凝固机制。
　　(9) 包晶反应不完全性的原因。
　　(10) 调幅分解的判据与特点。
　　(11) 二元相图恒温转变的类型。
　　(12) SiO_2-Al_2O_3 和 Fe-Fe_3C 二元系相图中的基本组织。
　　(13) k_0 和 k_e 的含义。
　　(14) 成分过冷含义及判据。
　　(15) 平直界面的判据。
　　(16) 层片状共晶和棒状共晶的判据。
　　(17) 赫尔特格林外推法。
　　(18) 层片状共晶的片间距与冷速的关系。
　　(19) 偏析的分类。
　　(20) 高分子合金相容性差的原因。
　　(21) 高分子的相图的两种基本类型。
　　(22) 高分子合金制备的基本方法。

重要概念和公式

　　相律,平衡凝固,非平衡凝固,液相线,固相线,固相平均成分线,液相平均成分线,初生相,共晶体(组织),伪共晶,离异共晶,调幅分解,稳定化合物,莫来石,铁素体,奥氏体,渗碳体,珠光体,莱氏体,A_1 温度,A_3 温度,A_{cm} 温度,正常凝固,区域熔炼,成分过冷,晶胞组织,树枝状组织,片状共晶,棒状共晶,表面细晶区,柱状晶区,中心等轴晶区。缩孔,疏松,偏析,高分子合金。

$$w_A = \frac{A_{rA}x_A}{A_{rA}x_A + A_{rB}x_B}$$

$$x_A = \frac{\dfrac{w_A}{A_{rA}}}{\dfrac{w_A}{A_{rA}} + \dfrac{w_B}{A_{rB}}}$$

$$k_0 = \frac{w_S}{w_L}$$

$$\rho_S = \rho_0 k_0 \left(1 - \frac{x}{L}\right)^{k_0-1}$$

$$\rho_S = \rho_0 \left[1 - (1-k_0)e^{-\frac{k_0 x}{L}}\right]$$

$$k_e = \frac{k_0}{k_0 + (1-k_0)e^{\frac{-R\delta}{D}}}$$

$$G = \frac{Rmw_0}{D}\frac{1-k_0}{k_0}$$

$$\frac{G}{R} < \frac{mw_0}{D}\frac{1-k_0}{k_0}$$

$$\lambda = \frac{k}{\sqrt{R}}$$

$$\sigma = \sigma^* + m\lambda^{-\frac{1}{2}}$$

$$\frac{\rho\left(\frac{\lambda}{2},t\right) - \rho_0}{\rho_{max} - \rho_0} = \exp\left(\frac{-\pi^2 Dt}{\lambda^2}\right)$$

习题

7-1　固溶体合金的相图如图 7-1 所示,试根据相图确定:

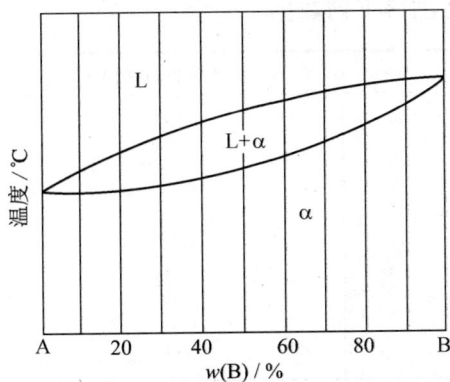

习题图 7-1

① 成分为 $w(B)=40\%$ 的合金首先凝固出来的固体成分;

② 若首先凝固出来的固体成分含 $w(B)=60\%$,合金的成分为多少?

③ 成分为 $w(B)=70\%$ 的合金最后凝固的液体成分;

④ 合金成分为 $w(B)=50\%$,凝固到某温度时液相含有 $w(B)=40\%$,固体含有 $w(B)=80\%$,此时液体和固体各占多少?

7-2 指出下列相图中的错误(如图 7-2 所示),并加以改正。

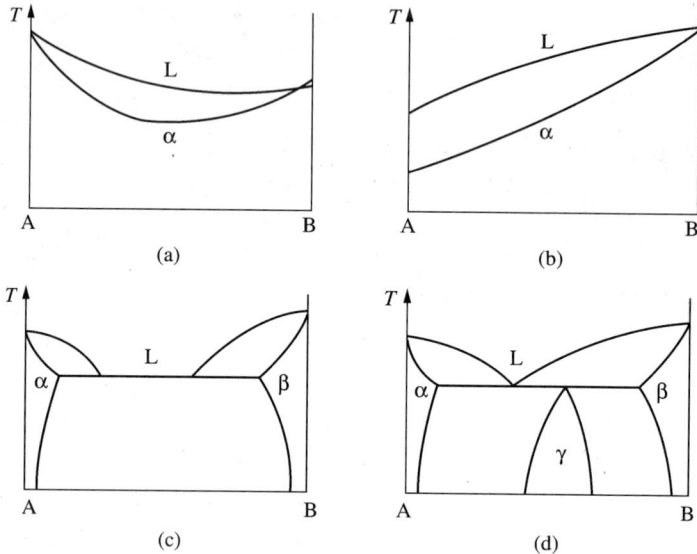

(a)　　　　　(b)

(c)　　　　　(d)

习题图 7-2

7-3 Mg-Ni 系的一个共晶反应为

$$507℃$$
$$L(w(Ni) = 23.5\%)\Leftrightarrow\alpha(纯镁) + Mg_2Ni[w(Ni) = 54.6\%]$$

设 C_1 为亚共晶合金,C_2 为过共晶合金,这两种合金中的先共晶相的质量分数相等,但 C_1 合金中的 α 总量为 C_2 合金中的 α 总量的 2.5 倍,试计算 C_1 和 C_2 的成分。

7-4 组元 A 和 B 在液态完全互溶,但在固态互不溶解,且形成一个与 A,B 不同晶体结构的中间化合物,由热分析测得下列数据。

B 的质量分数/%	液相线温度/℃	固相线温度/℃
0	—	1 000
20	900	750
40	765	750
43	—	750
50	930	750
63	—	1 040
80	850	640
90		640
100	—	800

① 画出平衡相图,并注明个区域的相、各点的成分及温度,并写出中间化合物的分子式(A 的相对原子质量=28,B 的相对原子质量=24)。

②　100 kg 的 $w(B)$ 为 20% 的合金在 800℃ 平衡冷却到室温,最多能分离出多少纯 A?

7-5　假定在 SiO_2 中加入 $w(Na_2O) = 10\%$ 的 Na_2O,请计算氧与硅之比值。如果 $w(O) : w(Si) \leqslant 2.5$ 是玻璃化趋势的判据,则形成玻璃化的 Na_2O 最大量是多少?

7-6　一种由 SiO_2-45%(质量分数)Al_2O_3 构成的耐高温材料被用来盛装熔融态的钢(1 600 ℃)。

①　根据 SiO_2-Al_2O_3 相图(见图 7-6),确定在此情况下有多少百分率的耐热材料会熔化?[共晶成分 $w(Al_2O_3) = 10\%$,莫来石成分 $w(Al_2O_3) = 72\%$]

②　选用该耐高温材料是否正确?(实际使用时,液相不能超过 20%)

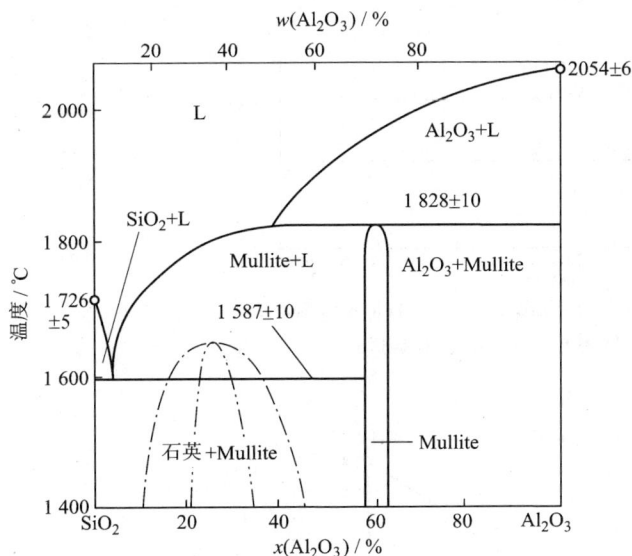

习题图 7-6

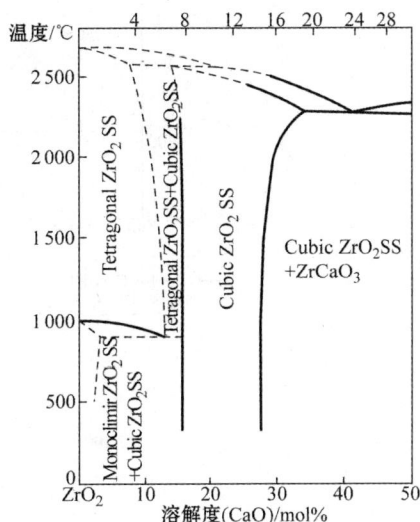

习题图 7-7

7-7　根据所示的 CaO-ZrO_2 相图(见图 7-7),做下列工作:

①　写出所有的三相恒温转变。

②　计算 $w(CaO) = 4\%$ 的 CaO-ZrO_2 陶瓷在室温时为单斜 ZrO_2 固溶体(Monoclinic ZrO_2 SS)和立方 ZrO_2 固溶体(Cubic ZrO_2 SS)的相对量(用摩尔分数表示)。假定单斜 ZrO_2 固溶体和立方 ZrO_2 固溶体在室温的溶解度分别为 2mol% Cao 和 15mol%CaO。

7-8　①　根据图 7-8 所示的 Fe-Fe_3C 相图,分别求 $w(C) = 2.11\%$,$w(C) = 4.30\%$ 的二次渗碳体的析出量。

②　画出 $w(C) = 4.3\%$ 的冷却曲线。

7-9　根据图 7-9 所示的 Al-Si 共晶相图,试分析图中(a),(b),(c)3 个金相组织属什么成分并说明理由。指出细化此合金铸态组织的可能用途。

7-10　假设质量浓度为 ρ_0 的固溶体进行正常凝固,若 $k_0 < 1$,并用 g 表示固溶体相的分数 $\dfrac{x}{L}$,试证明固相平均质量浓度 $\bar{\rho}_s$ 可表达为:

$$\bar{\rho}_s = \frac{\rho_0}{g}[1 - (1-g)^{k_0}]$$

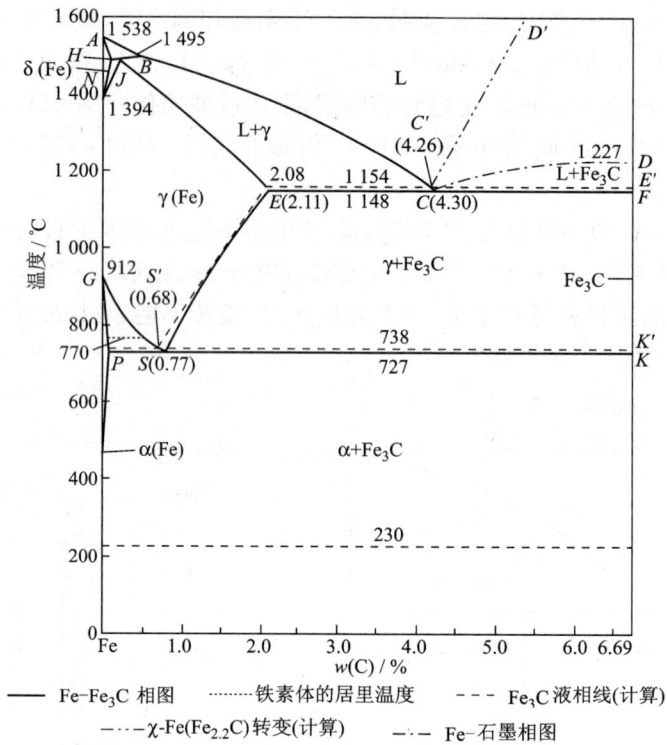

习题图 7-8

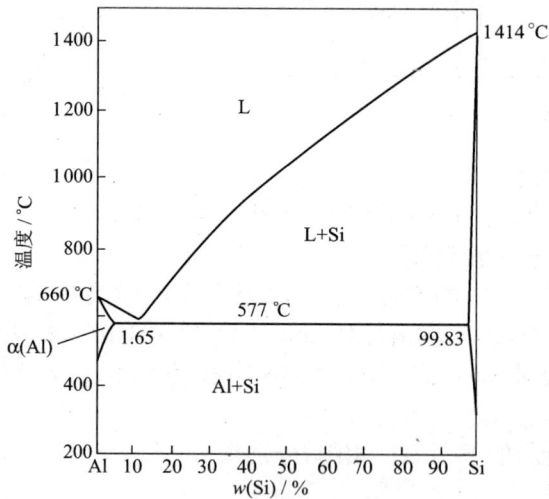

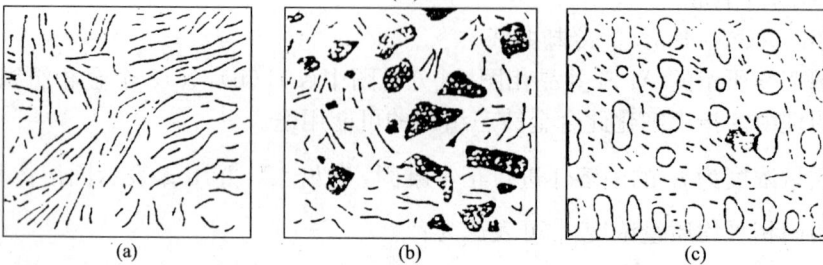

(a)　　　　　　(b)　　　　　　(c)

习题图 7-9

7-11 证明题:① 如图 7-11 所示,已知液、固相线均为直线,证明 $k_0=\dfrac{w_s}{w_1}=$ 常数;② 当 $k_0=$ 常数时,试证明液、固平面状界面的临界条件 $\dfrac{G}{R}=\dfrac{\left[mw_0(1-k_0)\right]}{(k_0D)}$ 可简化为 $\dfrac{G}{R}=\dfrac{\Delta T}{D}$。式中 m 是液相线斜率,w_0 是合金原始成分,D 是原子在液体中的扩散系数,k_0 是平衡分配系数,$\Delta T=T_1-T_2$。

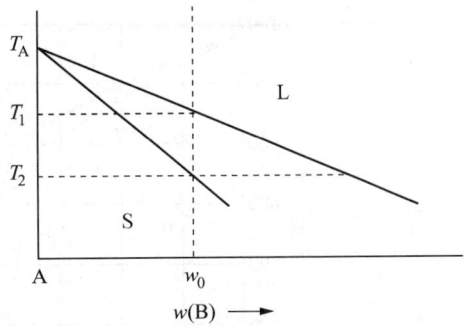

习题图 7-11

7-12 证明:在液相完全不混合的情况下,亚共晶成分 w_0 合金获得伪共晶组织时的平直界面临界条件为:$G_{CR}=mR\dfrac{(w_e-w_0)}{D}$。

7-13 Al-Cu 合金相图如图 7-13 所示,设分配系数 K 和液相线斜率均为常数,试求:

① $w(Cu)=1\%$ 固溶体进行缓慢的正常凝固,当凝固分数为 50% 时所凝固出的固体成分;

② 经过一次区域熔化后在 $x=5$ 处的固体成分,取熔区宽度 $l=0.5$;

③ 测得铸件的凝固速率 $R=3\times10^{-4}$ cm/s,温度梯度 $G=30\ ℃/cm$,扩散系数 $D=3\times10^{-5}$ cm/s时,合金凝固时能保持平面界面的最大含铜量。

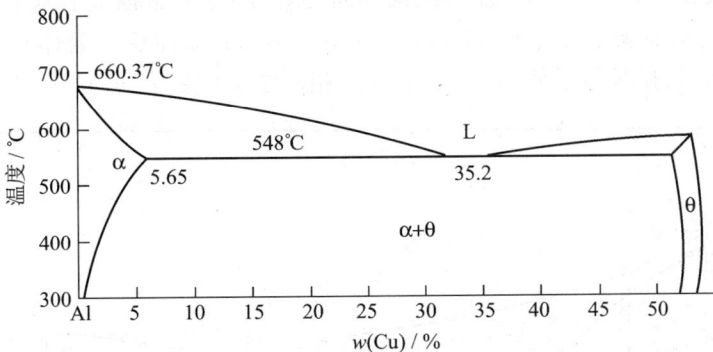

习题图 7-13

7-14 利用题 7-13 中的数据,设合金成分为 Al-0.5%Cu,液体无对流,计算:

① 开始凝固时的界面温度;

② 保持液-固界面为平面界面的温度梯度;

③ 在同一条件下含铜量增至 $w(Cu)$ 为 2% 时①,②题的变化。

7-15 青铜(Cu-Sn)和黄铜(Cu-Zn)相图如图 7-15(a),(b)所示:

① 叙述 Cu-10%Sn 合金的不平衡冷却过程,并指出室温时的金相组织。

② 比较 Cu-10%Sn 合金铸件和 Cu-30%Zn 合金铸件的铸造性能及铸造组织,说明 Cu-10%Sn 合金铸件中有许多分散砂眼的原因。

③ $w(Sn)$ 分别为 2%,11% 和 15% 的青铜合金,哪一种可进行压力加工? 哪种可利用铸造法来制造机件?

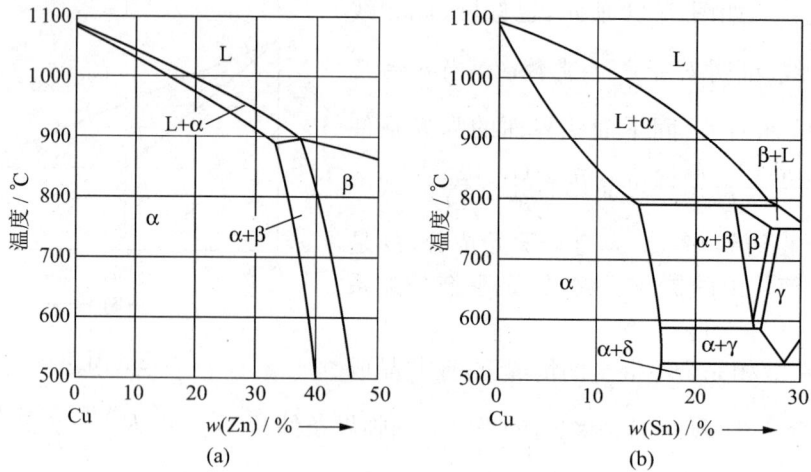

习题图 7-15

7-16　根据图 7-16 所示的 Pb-Sn 相图：① 画出成分为 $w(Sn)=50\%$ 合金的冷却曲线及其相应的平衡凝固组织。② 计算该合金共晶反应后组织组成体的相对量和组成相的相对量。③ 计算共晶组织中的两相体积相对量，由此判断两相组织为棒状还是为层片状形态。在计算中忽略 Sn 在 α 相和 Pb 在 β 相中的溶解度效应，假定 α 相的点阵常数为 Pb 的点阵常数：$a_{Pb}=0.390$ nm，晶体结构为面心立方，每个晶胞 4 个原子；β 相的点阵常数为 β-Sn 的点阵常数：$a_{Sn}=0.583$ nm，$c_{Sn}=0.318$ nm，晶体点阵为体心立方，每个晶胞 4 个原子。Pb 的相对原子质量为 207，Sn 的相对原子质量为 119。

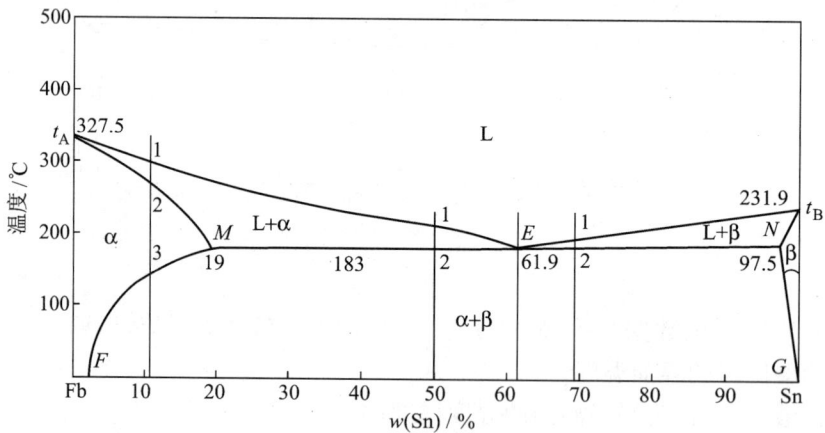

习题图 7-16

7-17　分别说明什么是均聚物、共聚物、均加聚、共缩聚？

7-18　为什么拉伸能提高结晶高分子的结晶度？

7-19　简述高分子合金化的方法和优点。

7-20　简述用散射光强测定高分子相图中相界线的方法。

第 8 章　三元相图

内容提要

三元相图是研究三元系合金在热力学平衡条件下,相与温度、成分之间关系的有效工具。三元系合金由于成分有两个变量,加上一个温度变量,故三元相图为三维的立体图形。由相律可知,三元相图中最大平衡相数为 4,故四相平衡应是恒温水平面,而三相平衡时存在一个自由度,所以三相平衡转变是一个变量过程,反映在相图上,三相平衡区必将占有一定的空间,不再是二元相图中的水平线。

三元相图的成分表示通常有 3 种方法:等边成分三角形、等腰成分三角形和直角成分三角形。等边成分三角形是最常用的表示法,而等腰成分三角形或直角成分三角形只是在为了清晰地表示三元系某一组元含量很少或某二组元很少时才使用。在等边成分三角形中,三角形 ABC 的 3 个顶点表示 3 个组元,三角形的边 AB,BC,CA 分别表示 3 个二元系的成分坐标,则三角形内的任一点代表三元系的某一成分。等边成分三角形有以下一些重要性质:

(1) 成分点位于平行于三角形任一边直线上的所有合金,它们有一组元含量必相同,相同的组元就是直线所对应顶角上的组元,该性质称为等含量法则;

(2) 成分点位于通过三角形顶点的任一直线上的合金,它们所含此线两旁的另两顶点组元的含量比值相等,该性质称为等比例法则;

(3) 从成分点为 M 的三元合金中不断取出某一组元(假定为 B 组元),则合金成分点在成分三角形中的位置将沿 BM 延长线方向变化,即背离 B 组元方向变化,这样,满足 B 组元不断减少,而 A,C 含量比例不变的条件,该性质称为背向法则;

(4) 在一定温度下三元系某合金处于两相平衡时,合金的成分点和该两个平衡相的成分点必位于成分三角形内的一条直线上,该性质称为直线法则;

(5) 一个合金分解成两个平衡相或分解成三个平衡相,各相的相对量可分别用杠杆定律(法则)和重心定律(法则)计算。

三元匀晶相图是最简单的三元相图,它由三个二元匀晶相图构成。三组元在液相和固相中完全互溶。当水平(恒温)截面经过二相区时与液、固相面相截,分别得到液相线和固相线,液、固相线把水平截面划分为液相区 L、固相区 α 和液-固两相区 L+α。在一定温度下,要确定两个平衡相的成分,必须先用实验方法确定某一相的成分(由相律可知,成分可变),然后用直线法则来确定与另一相对应的平衡成分。连接两平衡相对应成分的水平直线称为连接线。两平衡相的相对量可用杠杆定律求出。连接线的走向有一定规则,即连接线的延长线的投影不经过成分三角形的顶点;两相区内各条连接线不能相交。将一系列不同温度下的液、固相线投影到成分三角形上,获得液相等温线和固相等温线投影图,由此可估计不同成分合金的凝固开始温度和终结温度。垂直截面(变温截面)图可直观、明了地了解合金的凝固过程。垂直截面通常有两种:一种是两个组元含量比保持不变;另一种是固定一个组元的成分。需要指出的是,三元相图的垂直截面尽管与二元相图相似,但它不能表示平衡相的浓度随温度而变的关系,也不能用直线法则确定两相的成分,以及不能用杠杆定律计算两相的相对量。

固态互不溶解的三元共晶相图是三组元在液态完全互溶,而固态互不溶解的三元共晶立体图。它由 3 个固态互不溶解的二元共晶相图所组成。它具有 L→α+β+γ 共晶反应。三元水平截面图有 3 个拓扑特征:(1) 单相区和两相区的边界线是曲线;(2) 两相区和三相区的边界线是直线,实际是两相区限度连接线;(3) 三相区是三角形。

投影图不仅可以研究合金的凝固过程,还可以研究合金在结晶过程中平衡相的相对量,因此,投影图能提供合金在凝固过程中最多的信息量。

把固态有限互溶的三元共晶相图与固态完全不溶解的三元共晶相图相比,前者增加了固态溶解度曲面,在靠近纯组元的地方出现 3 个单相固溶体区,因而相图变得较复杂。三元共晶系中四相平衡三元共晶转变之前具有 L→α+β,L→β+γ 和 L→γ+α 三个相平衡转变,而四相平衡共晶转变后,则存在三个固相平衡,即 α+β+γ。根据相律可知,四相平衡时自由度为零,即平衡温度和平衡相的成分是固定的,故四相平衡为水平三角形。反应相的成分点在 3 个生成相成分点连接的三角形内。

三元相图也遵循二元相图同样的相区接触法则,即相邻相区的相数差为 1(点接触除外),不论在空间相图、水平截面或垂直截面中都是这样。但应用相区接触法则时,对于立体图只能根据相区接触的面,而不能根据相区接触的线或点来判断;对于截面图,只能根据相区接触的线,而不能根据相区接触的点来判断。另外,根据相区接触法则,除截面截到四相平面上的相成分点(零变量)外,截面图中每个相界线交点必定有 4 条相界线相交,这也是判断截面是否正确的几何法则之一。包共晶三元系相图更为复杂。包共晶转变的反应式为 L+α→β+γ,它是恒温转变,故由一个四边形的包共晶转变平面表示。包共晶平面上方(即反应前)有两个三相平衡棱柱,它们分属于 L+α→β 和 L+β→γ 包晶型,而四相平衡包共晶转变后,则存在一个三相平衡共晶转变 L+β→γ 和一个三相平衡区 α+β+γ。四相平衡包共晶转变而呈四边形,反应相和生成相成分点的连接线是四边形的两条对角线。

三元包晶相图中具有四相平衡包晶转变的反应式为 L+α+β→γ。这表明四相平衡包晶转变之前,应存在 L+α+β 三相平衡,而且,除特定的合金外,三个反应相不可能在转变结束时同时完全消失,也不可能都有剩余,一般只有一个反应相消失,其余两个反应相剩余下来,后者与生成相形成新的三相平衡。

根据液相成分变温线投影的温度走向(降温方向),可以判别出三元合金结晶时的四相平衡反应类型。三根液相成分变温线温度走向均指向中心,这属于共晶反应;若两根液相成分变温线的温度走向指向中心,一根背离中心,这属于包共晶反应;若一根液相成分变温线温度走向指向中心,两根背离中心,这属于包晶反应。

和二元合金一样,三元合金也会形成化合物。如果是稳定化合物,就可把各种化合物之间,或与纯组元之间组成伪二元系,从而把相图分割成几个独立的区域,每个区域就成为比较简单的三元相图。结合实际三元相图的投影图、水平截面图和垂直截面图的分析,可加深对三元相图知识的理解。

重点与难点

(1) 等边成分三角形、等腰成分三角形和直角成分坐标表示成分的特点。
(2) 等含量法则、等比例法则、直线法则、杠杆定律(法则)和重心定律(法则)的含义及应用。
(3) 连接线的含义与性质。
(4) 根据液、固相线投影来判断合金凝固温度范围的方法。
(5) 水平截面图的拓扑特征。
(6) 根据固态完全不溶的三元共晶投影图,分析合金凝固过程和计算组织组成体相对量的方法。
(7) 根据液相成分变温线的温度走向(降温方向),确定三元共晶四相平衡反应的类型的方法。
(8) 三元合金四相平衡反应前后的三相反应类型。
(9) 相区的接触法则。
(10) 具有稳定化合物的三元相图简化方法。

重要概念和公式

等边成分三角形,液相面,固相面,水平截面,垂直截面,投影图,三元匀晶反应,三元包共晶反应,三元包晶反应,三元共晶反应。

$$w_\alpha = \frac{ob}{ab}, \quad w_\beta = \frac{oa}{ab} \quad (杠杆定律,o\ 是合金成分,a\ 和\ b\ 分别是\ \alpha\ 相和\ \beta\ 相的平衡成分)。$$

习题

8-1　某三元合金 K 在温度为 T_1 时分解为 B 组元和液相,两个相的相对量 $\frac{w_B}{w_L}=2$。已知合金 K 中 A 组元和 C 组元的重量比为3,液相含 B 量为 40%,试求合金 K 的成分。

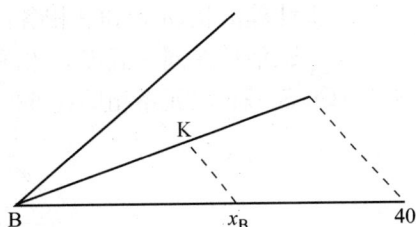

习题图 8-1

8-2　三组元 A,B 和 C 的熔点分别是 $1000\ ℃$,$900\ ℃$ 和 $750\ ℃$,三组元在液相和固相都完全互溶,并从三个二元系相图上获得下列数据。

质量分数/%			温度/℃	
A	B	C	液相线	固相线
50	50	—	975	950
50	—	50	920	850
—	50	50	840	800

① 在投影图上作出 950 ℃和 850 ℃的液相线投影。

② 在投影图上作出 950 ℃和 850 ℃的固相线投影。

③ 画出从 A 组元角连接到 BC 中点的垂直截面图。

8-3　如图 8-3 所示,已知 A,B,C 三组元固态完全不互溶,A,B,C 的质量分数分别为 80%,10%,10%的 O 合金在冷却过程中将进行二元共晶反应和三元共晶反应,在二元共晶反应开始时,该合金液相成分(a 点)A,B,C 的质量分数分别为 60%,20%,20%,而三元共晶反应开始时的液相成分(E 点)A,B,C 的质量分数分别为 50%,10%,40%。

① 试计算 $A_初$%,(A+B)%和(A+B+C)%的相对量。

② 写出图中 I 和 P 合金的室温平衡组织。

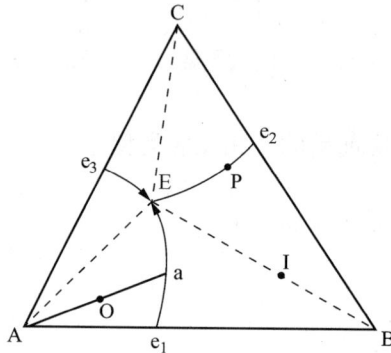

习题图 8-3

8-4　A,B,C 的质量分数分别为 40%,30%和 30%的三元系合金在共晶温度形成三相平衡,三相成分如下:

	质量分数/%		
	A	B	C
液　相	50	40	10
α　相	85	10	5
β　相	10	20	70

① 计算液相、α 相和 β 相各占多少分数。

② 试估计在同一温度,α 相和 β 相的成分同上,但各占 50%时合金的成分。

8-5　Cu-Sn-Zn 三元系相图在 600 ℃时的部分等温截面如图 8-5 所示。

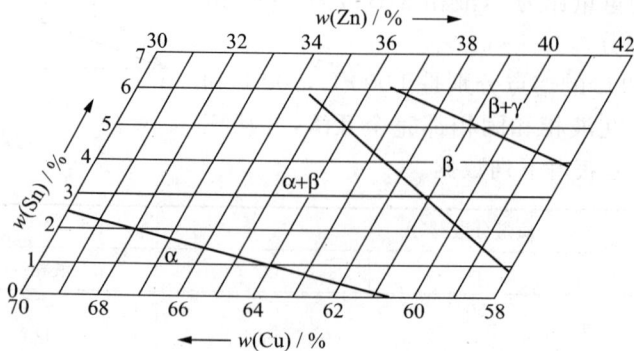

习题图 8-5

① 请在此图中标出合金成分点 P 点(Cu-32％Zn-5％Sn)，Q 点(Cu-40％Zn-6％Sn)和 T
点(Cu-33％Zn-1％Sn)，并指出这些合金在 600 ℃时由哪些平衡相组成？

② 若将 5 kg 的 P 合金、5 kg 的 Q 合金和 10 kg 的 T 合金熔合在一起，则新合金的成分
为多少？

8-6　根据图 8-6 中的合金 X，在四相反应前为 Q+R+U 三相平衡，四相反应后为 U+Q+
V 三相平衡。试证明：该反应为 R→Q+U+V 类型反应。

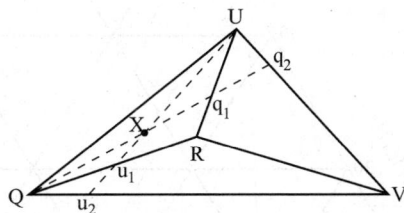

习题图 8-6

8-7　根据图 8-7 中的合金 X，在四相反应前为 Q+R+U 三相平衡，四相反应后为 U+Q+
V 三相平衡。试证明该反应为 R+Q→U+V 类型反应。

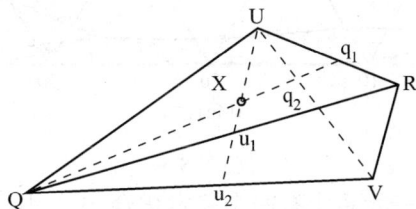

习题图 8-7

8-8　根据图 8-8 所示 Fe-W-C 三元系的低碳部分的液相面的投影图，试标出所有的四相
反应。

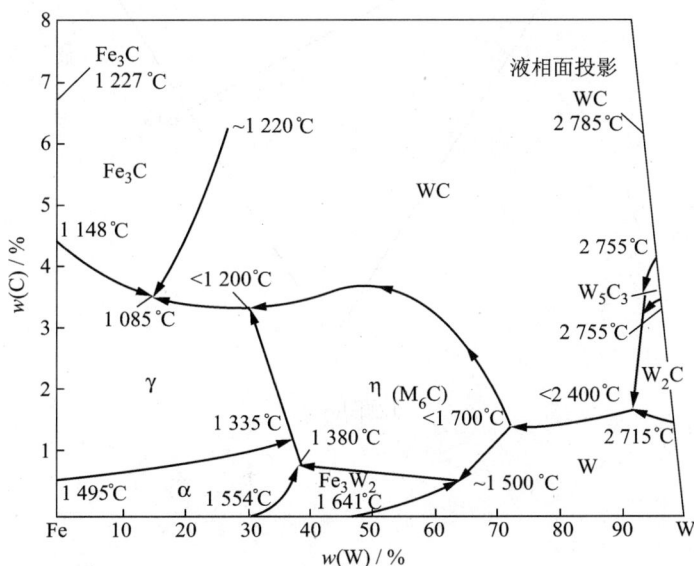

习题图 8-8

8-9　根据图 8-9 所示，Al-Mg-Mn 系富 Al 一角的投影图，
　　① 写出图中两个四相反应。
　　② 写出图中合金Ⅰ和Ⅱ的凝固过程。

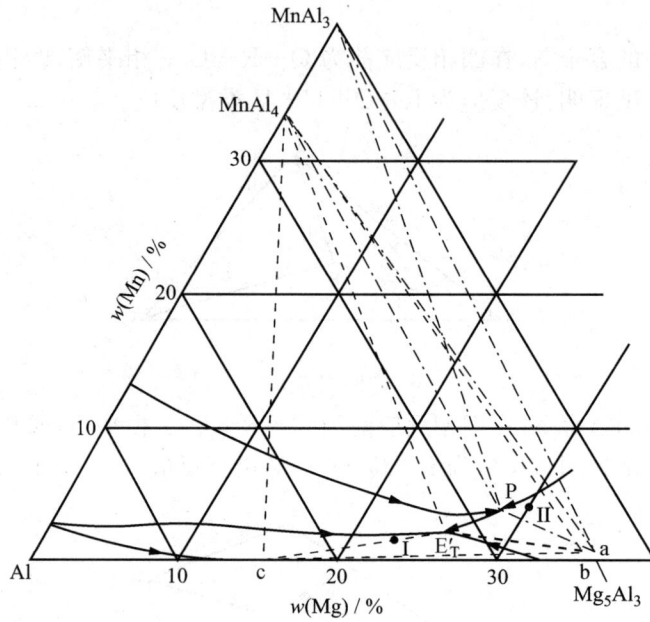

习题图 8-9

8-10　如图 8-10 所示 A-B-C 三元系中有两个稳定化合物 A_mB_n 和 B_lC_k，
　　① 画出可能存在的伪二元系。
　　② 如何用简单的实验方法证明哪种伪二元系是正确的?

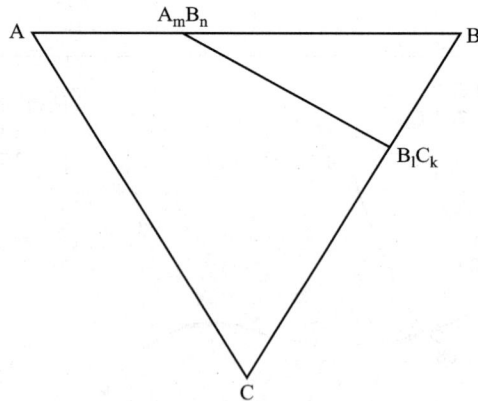

习题图 8-10

第 9 章　材料的亚稳态

内容提要

由于种种因素,材料会以高于平衡态时的自由能的状态存在,且处于一种非平衡的亚稳态。

纳米材料是一种典型的非平衡态结构。它可以通过快冷,强烈塑性变形,PVD,CVD,以及其他沉积反应方法来获取。由于它在三维空间中至少有一维处于纳米尺度范围,因此,量子尺寸效应、小尺寸效应、表面效应和宏观量子隧穿效应,以及体积分数超过50%晶界结构的影响,会使纳米晶材料呈现出特殊的力学、物理和化学性能。

准晶材料是具有一定周期性有序排列的类似于晶态但不符合晶体对称条件的固体。准晶态通常通过快冷、离子注入或气相沉积等途径形成,故大多数准晶相属亚稳态组织。由于准晶态不能通过平移操作来实现周期性,故不能用一个晶胞代表其结构。目前较常用的是以拼砌花砖方式的模型来表征准晶结构。

非晶态材料是另一种典型的亚稳态结构。非晶态可由气相、液相快冷形成,也可在固态中通过离子注入、高能粒子轰击、高能球磨、电化学或化学沉积等直接形成。

由于非晶结构不存在长程有序周期性排列,故它在性能上与晶态有较大的差异。如具有很高的强度和断裂韧性、优良的磁学和抗腐性能等。

至于固态相变形成的亚稳相主要有固溶脱溶分解产物、马氏体和贝氏体。过饱和固溶体的脱溶分解过程因成分、温度、应力状态及加工处理条件等因素而异,通常不直接析出平衡相,而是通过亚稳态的过渡相逐渐演变过来。它属于扩散型相变,可分为形核-长大方式脱溶分解和调幅分解两类。调幅分解的特点是新相的形成不经过形核长大过程,而是通过溶质原子的上坡扩散形成结构相同而成分呈周期性波动的非均匀固溶体的过程。

马氏体转变是典型的无扩散型相变,其转变为切变机制。

贝氏体转变则有切变型转变与扩散型转变两种方式之争,至今未做定论。

重点与难点

(1) 纳米晶材料的结构和性能特点。

(2) 纳米晶材料的制备。

(3) 准晶结构和性能特点。

(4) 准晶的制备。

(5) 非晶态结构及其形成。

(6) 非晶态材料性能。

(7) 高聚物的玻璃化转变。

（8）比较固态相变与液-固相变的异同点。

（9）比较脱溶沉淀与调幅分解的区别。

（10）扩散型转变与非扩散型转变的主要特征。

（11）马氏体转变的晶体学特点与表面浮凸效应。

（12）热弹性马氏体与形状记忆效应。

（13）贝氏体转变特征与转变机制。

重要概念和公式

平衡态,亚稳态,纳米材料,量子尺寸效应;

准晶,5 次对称轴,非晶,临界冷却,机械合金化,玻璃化转变;

固态相变,扩散型相变,无扩散型相变;

脱溶分解,连续脱溶,不连续脱溶,调幅分解,时效,过时效,G. P. 区;

马氏体,贝氏体,应变能,惯习面,热弹性马氏体,形状记忆效应;

上贝氏体,下贝氏体,表面浮凸。

Johnson-Mehl 方程式:

$$X_r = 1 - \exp\left(-\frac{\pi}{3}\dot{N}G^3 t^4\right)$$

调幅分解方程:

$$C - C_0 = e^{R(\lambda)t}\cos\frac{2\pi}{\lambda}Z$$

习题

9-1 从内部微观结构角度简述纳米材料的特点。

9-2 试分析《材料科学基础》第 363 页中图 9.9 所示的 Ni_3Al 粒子尺寸对 Ni-Al 合金流变应力影响的作用机制。

9-3 说明晶体结构为何不存在 5 次或高于 6 次的对称轴?

9-4 何谓准晶? 如何描绘准晶态结构?

9-5 非晶态合金的晶化激活能可用 Ozawa 作图法,利用在不同的连续加热条件下测得的晶化温度 T_x 和加热速率 a 之间存在 $\ln\frac{T_x}{a} - \frac{1}{T_x}$ 的线性关系求得,已测得非晶 $Fe_{79}B_{16}Si_5$ 合金预晶化相 α-Fe 的 T_x 如下表。求激活能。

加热速率 $a/(\text{K} \cdot \text{min}^{-1})$	晶化温度/K	
	T_{x_1} (开始)	T_{x_2} (开始)
2.5	772	786
5	781	794
10	790	803
20	800	812

9-6 何谓高聚物的玻璃化转变温度? 简述其影响因素。

9-7　由于结晶的不完整性,结晶态的高聚物中晶区和非晶区总是并存的。已测得两种结晶态的聚四氟乙烯的(体积分数)结晶度和密度分别为 $\varphi_1=51.3\%$, $\varphi_2=74.2\%$ 和 $\rho_1=2.144\ \mathrm{g/cm^3}$, $\rho_2=2.215\ \mathrm{g/cm^3}$。

① 试计算完全结晶的和完全非晶态聚四氟乙烯的密度。

② 计算密度为 $2.26\ \mathrm{g/cm^3}$ 的聚四氟乙烯样品的结晶度。

9-8　试证明:脱溶分解的扩散系数 D 为正值(正常扩散),而 Spinodal 分解的扩散系数 D 为负值(上坡扩散)。在这两种相变中,形成析出相的最主要区别是什么?

9-9　调幅分解浓度波动方程为 $C-C_0=\mathrm{e}^{R(\lambda)t}\cos\dfrac{2\pi}{\lambda}Z$, 求临界波长 λ_c, 其中 $R(\lambda)=-M\dfrac{4\pi^2}{\lambda}\left[G''+2\eta Y+\dfrac{8\pi^2K}{\lambda^2}\right]$; M 为互迁移率; η 为浓度梯度造成的错配度; $Y=\dfrac{E}{(1-\nu)}$ (E 为弹性模量, ν 为泊松比); K 为常数; λ 为波长; Z 为距离; t 为时间; $G''=\dfrac{\partial^2 G_s}{\partial x^2}$ (G_s 为固溶体自由能, x 表示固溶体成分)。

9-10　Cu 的原子数分数为 2% 的 Al-Cu 合金先从 520℃ 快速冷却至 27℃, 并保温 3h 后, 形成平均间距为 1.5×10^{-6} cm 的 G. P. 区。已知在 027℃ 时, Cu 在 Al 中的扩散系数 $D=2.3\times10^{-25}$ cm²/s, 假定过程为扩散控制, 试估计该合金的空位形成能及淬火空位浓度。

9-11　Cu 的原子数分数为 4.6% 的 Al-Cu 合金经 550℃ 固溶处理后, α 相中含有 $x(\mathrm{Cu})=2\%$, 将其重新加热到 100℃ 并保温一段时间后, 析出的 θ 相遍布整个合金体积, θ 相为 fcc 结构, $r=0.143$ nm, θ 粒子的平均间距为 5 nm, 计算:

① 每 cm³ 合金中含有多少 θ 相粒子?

② 若析出 θ 后, α 相中 Cu 原子可忽略不计, 则每个 θ 粒子中含有多少个 Cu 原子?

9-12　淬火态合金在 15℃ 时效 1h, 过饱和固溶体中开始析出沉淀相, 如在 100℃ 时做时效处理, 经 1min 即开始析出。要使其在 1d 内不发生析出, 则淬火后应保持在什么温度? (提示:应用 Arrhenius 速率方程)

9-13　固态相变时, 设单个原子的体积自由能变化为 $\Delta G_B=\dfrac{200\,\Delta T}{T_c}$, 单位为 J/cm³, 临界转变温度 $T_c=1000$ K, 应变能 $\varepsilon=4\ \mathrm{J/cm^3}$, 共格界面能 $\sigma_{共格}=4.0\times10^{-6}\ \mathrm{J/cm^2}$, 非共格界面能 $\sigma_{非共格}=4.0\times10^{-5}\ \mathrm{J/cm^2}$, 试计算:

① $\Delta T=50℃$ 时的临界形核功 $\Delta G^*_{共格}$ 与 $\Delta G^*_{非共格}$ 之比;

② $\Delta G^*_{共格}=\Delta G^*_{非共格}$ 时的 ΔT。

9-14　亚共析钢 TTT 图如图 9-14 所示, 按图中所示的不同冷却和等温方式热处理后, 分析其形成的组织并作显微组织示意图。

9-15　$w(\mathrm{C})$ 为 1.2% 钢淬火后获得马氏体和少量残留奥氏体组织, 如果分别加热至 180℃, 300℃ 和 680℃ 保温 2h, 各将发生怎样的变化? 说明其组织特征并解释之。

9-16　一片厚度为 h, 半径为 r 的透镜片状马氏体体积

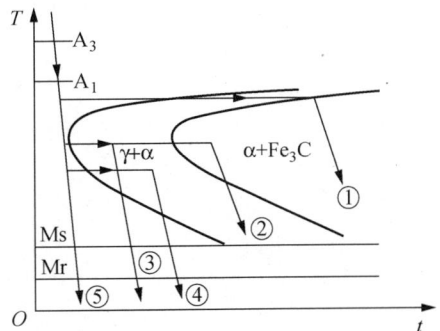

习题图 9-14

可近似地取 $\pi r^2 h$，片周围应变区体积可取 $\frac{4}{3}\pi r^3 - \pi r^2 h$，应变区中单位体积应变能可取

$\frac{G\phi^2 h^2}{2r^2}$（G 为切变弹性模量，ϕ 为切变角）。设马氏体生长时片的直径不变，试说明当片

增厚时，由于受应变能的限制，片厚不能超过最大值 h_{max}，并存在下列关系：$\Delta F \pi r^2 =$

$\frac{1}{6}G\phi^2 \pi h_{max}[8r - 9h_{max}]$，式中，$\Delta F$ 为奥氏体与马氏体的自由能差。

9-17   根据 Bain 机制，奥氏体（A）转变成马氏体（M）时，面心立方晶胞转变为体心正方晶胞，并沿 $(x_3)_M$ 方向收缩 18%，而沿 $(x_1)_M$ 和 $(x_2)_M$ 方向分别膨胀 12%，如图 9-17 所示。已知 fcc 的 $a = 0.3548\,nm$。

① 求钢中 A→M 的相对体积变化。

② 由于体积变化而引起的长度方向上的变化又为多少？

③ 若钢的 $E = 200\,GPa$，则需要多大拉应力才能使钢产生②所得的长度变化。

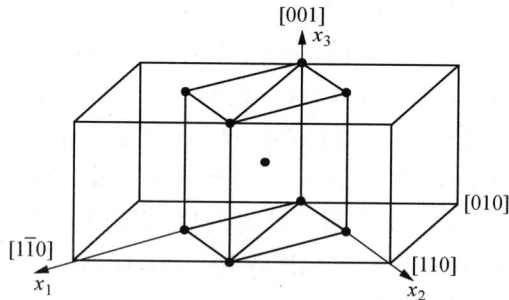

习题图 9-17

9-18   某厂采用 9Mn2V 钢制造塑料模具，要求硬度为 58～63 HRC。采用 790℃油淬后200～220℃回火，使用时经常发生脆断。后来改用 790℃ 加热后在 260～280℃ 的硝盐槽中等温 4 h 后空冷，硬度虽然降低至 50HRC，但寿命大大提高，试分析其原因。

第 10 章　材料的功能特性

内容提要

　　固体材料从性能角度大体可分成两类:结构材料和功能材料。结构材料是以其强度和塑性为主要应用指标,而功能材料是以其某一特殊功能特性,如电性能、热性能、磁性能或光性能等为主要应用指标。功能材料的性能与结构材料不同,取决于原子中的电子结构和电子的运动(旋转、散射、激发和跃迁等)。本章对材料功能特性的物理基础进行了复习,着重论述了功能材料的电、热、磁和光行为的起因和影响因素。

　　能带理论是目前研究固体中电子运动的一个主要理论基础。对于单个原子,电子处在不同的分立能级上。但当大量的原子构成晶体后,各个原子的能级因电子云的重叠而形成能带。量子力学理论表明,由 N 个原子组成的固体,每个能带含有 N 个分裂的能级,而每个能级可以容纳具有相反自旋方向的两个电子,也就是每个能带最多可容纳 $2N$ 个电子。在这些能带之间存在一些电子不具有的能量区域,称为禁带(或带隙)。

　　基于费米-狄拉克分布函数可知,在绝对零度时,凡能量(E)小于费米能(E_F)的所有能态,全部为电子所占据(称为满态),并且电子由最低能量开始逐一填满 E_F 以下的各个能级,而 E_F 则是绝对温度下自由电子的最高能级。当 $E > E_F$ 的各个能态均不出现电子,为空能态(或空态)。当温度高于绝对零度时,有少量能态与费米能接近的电子可以吸收热能而跃迁到能量较高的能态,此时高于费米能的原有空能态也有一部分被电子占据。

　　基于电导率(或与之成反比的电阻率),固体材料可以分为金属、半导体和绝缘体三类。

　　对于大部分材料而言,电流来自自由电子的运动,它们在外电场作用下而作加速运动。这些自由电子的数目取决于材料的电子能带结构。金属、半导体和绝缘体具有不同的电子能带结构。从一个能带的满态所激发到费米能以上的空态的电子称为自由电子。在金属中,激发自由电子所需的能量较小,因此在金属中可产生大量的自由电子。而对于半导体和绝缘体,激发自由电子所需的能量较大,因此半导体和绝缘体具有较低的自由电子浓度和较小的电导率。

　　被外电场作用的自由电子会被晶体点阵中的杂质所散射。电子迁移率的大小表征了这些散射事件频率的大小。在许多材料中,电导率是自由电子的浓度和电子迁移率的乘积。

　　对于金属材料,电阻率随温度、杂质浓度、塑性变形的提高而增加。每一项对总电阻率的贡献是它们的加和。

　　半导体可以是某些元素(如 Si 和 Ge),也可以是共价键化合物。在这些材料中,除了自由电子外,空穴(想象的正电荷粒子)也参加了传导过程。基于电行为,半导体可以分为本征半导体和非本征半导体。对于本征电行为,电子和空穴的浓度是相等的;对于非本征半导体,电行为是由杂质所支配的。非本征半导体可以是 n 型,也可以是 p 型,它们分别取决于是电子还是空穴成为电导的主导者。施主杂质导致额外电子的产生,而受主杂质导致额外空穴的产生。半导体材料的电导率尤其敏感于杂质的类型、浓度和温度。甚至某些极少含量杂质的加入都会显著增加电导率。而且,随温度的提高,本征电导率和非本征电导率都呈现指数型的增加。

介电材料就是电性方面的绝缘体,在外电场下易产生极化。这种极化现象说明了介电材料增加电容器电荷容量的能力。极化起因于原子或分子偶极沿外电场方向的调整。

热吸收、热膨胀和热传导是三种重要的热现象。热容是一种表示材料从外部环境吸收热的能力,它表示每升高 1 K 温度所需的能量。热容可以用摩尔热容表示,也可以用比热容表示。被许多固体材料吸收的大部分能量来自于原子振动能量,而其他能量吸收机制(例如,增加自由电子的动能)通常是不重要的。

对于许多晶体固体,在 0 K 温度附近,定容热容随温度的三次方变化,当超过德拜温度后,定容热容与温度无关,近似等于 $3R$(R 是气体常数)。

固体材料加热时膨胀,冷却时收缩。长度的变化分数正比于温度的变化,其比例系数称为热膨胀系数。热膨胀反映出平均原子间距的增加,这是势能随原子间距呈非对称变化的结果。原子键能越大,热膨胀系数越小。

热能从材料的高温度区传递到低温度区称为热传导。对于稳态热传导,热通量正比于沿热流方向的温度梯度。其比例系数就是热传导率。

对于固体材料,热的传递是通过自由电子和点阵振动波(声子)得以实现的。相对纯的金属,其高热传导率源于大量的自由电子。相反,陶瓷和高分子材料是差的热导体,其原因是自由电子浓度低,而声子传导是主导机制。

物体由温度变化产生的热应力可能导致材料开裂或不希望出现的塑性变形。热应力的两个主要起源是残余热膨胀(或收缩)和在加热(或冷却)过程中建立起来的温度梯度。

由快速温度变化引起的热应力可能导致材料的开裂,这种现象称为热冲击。由于陶瓷材料很脆,它们对热冲击很敏感。热冲击抗力反比于弹性模量和热膨胀系数。

材料的宏观磁性是外磁场和组分原子磁偶极交互作用的结果。单个电子具有轨道和自旋磁距。在每个原子中,某些电子对的轨道磁距和自旋磁距相互抵消,对于一个原子的净磁距就是每个电子的磁距的加和。

抗磁性来自外磁场下电子轨道运动的变化,由此激发的磁距极小,而且磁距方向与外磁场相反。所有材料都具有抗磁性。顺磁性材料具有永久的原子偶极磁距,这些磁偶极无交互作用,在外场作用下,它们原处于任意位向将沿外方向调整,由于磁化率小,而且只有在外场的情况才存在,因此抗磁性和顺磁性材料被认为是非磁性材料。

大的、永久性磁化可以在铁磁性金属(Fe,Co,Ni)中建立起来。在铁磁性材料中,耦合交互作用使相邻原子的自旋磁距调整为相同方向,甚至可在无外场时发生。

相邻阳离子自旋磁距反平行的情况在某些离子材料中被发现,在这些材料中的自旋磁距完全抵消,这种磁性称为反铁磁性。如果自旋磁距部分地抵消,永久的磁化就可能存在,这种磁性称为铁氧化磁性。对于立方磁性陶瓷,净自旋磁距来自八面体的二价离子(例如 Fe^{2+}),它们的自旋磁距互相调整为一致方向。

随着温度的提高,所增加的热振动倾向于消耗、减弱在铁磁性和铁氧体材料中的偶极间的耦合力。因此,饱和磁化强度随温度提高至居里温度(T_c)而逐渐消失。在居里温度,饱和磁化强度几乎下降为零。在 T_c 温度之上,这些材料就呈现顺磁性。

在居里温度以下,铁磁性或铁氧体材料由磁畴构成,而在每一个小体积磁畴区域内所有磁偶极矩都被调整为同方向,磁化是饱和的。磁性材料总的磁化强度就是所有磁畴的磁化矢量之和。在外磁场的作用下,有利方向(磁距与外场方向接近)的畴将消耗不利位向的畴而长大。这个过程随外场的增大而连续进行,直至宏观试样变成为一个单畴。当这个单畴的磁距方向与外场方向一致时,就获得饱和磁化强度。随外磁场的增加或减小,畴结构随畴壁运动而改变。磁滞和永久性磁化来自这畴壁运动的阻力。

对于软磁材料,在磁化过程中畴壁运动是很容易的。因此,它们具有较小的磁滞环(回线)和较低的磁滞能量损失。对于硬磁材料,畴壁运动就困难得多,这导致了较大的磁滞回线和较大的磁滞能损失。

固体材料的光学行为是材料中原子、离子和/或电子与可见光电磁辐射交互作用的结果。可能交互作用的现象包括入射光的折射、反射、吸收和透射。

金属呈现不透明,其原因是在它很薄的外表层内产生光辐射吸收和再发射。光辐射吸收的发生是通过电子从占据能态的激发到费米层级以上的未占据能态的激发。再发射的发生是通过电子从高能态到低能态的跃迁。金属能感觉到的颜色是由反射光的光谱成分所决定的。

非金属材料可以是本征上透明的或不透明的。对于带隙能小于 $1.8\,\mathrm{eV}$ 的材料,所有可见光均可通过价带到导带的电子跃迁而被吸收,因此,这些材料是不透明的。无色透明的非金属材料的带隙能大于 $3.1\,\mathrm{eV}$。

在透明材料中光辐射将经历折射,即它的速度减慢并且光束在界面处弯折。折射率就是真空中的光速和介质中光速之比。折射现象是由原子或离子的电子极化所产生的。

当光通过一个透明介质到另一个具有不同折射率的透明介质时,其中部分光将在界面处被反射。反射的程度取决于两种介质的折射率及入射的角度。

某些光吸收甚至发生在透明材料中,其原因是电子极化和电子跃迁到位于带隙中的杂质电子态。这些材料由于可见光范围的选择性吸收而呈现颜色。

重点与难点

(1) 在 N 个原子组成的固体中,每个能带会有分裂的能级数和容纳的电子数。

(2) 在费米能级上下的能量态电子在绝对零度和高于绝对零度的分布特征。

(3) 证明两个欧姆定律表达式的等价性。

(4) 导体、半导体和绝缘体的电子能带结构的特征,并讨论它们电导率差异的原因。

(5) 金属电阻产生的原因及其影响因素。

(6) 本征半导体和非本征半导体电行为的起因和差异。

(7) 说明在电容器板内插入介电材料能提高电容电荷储存量的机制。

(8) 在德拜温度以上或以下定容热容随温度的变化规律。

(9) 从势能与原子间距的关系解释热膨胀现象。

(10) 热传导的两种机制。

(11) 热应力产生的原因。

(12) 影响材料热冲击抗力的因素,有效提高陶瓷材料热冲击抗力的途径。

(13) 抗磁性、顺磁性、铁磁性、反铁磁性和铁氧体磁性的起因。

(14) 磁性材料在外磁场作用下磁化强度达到饱和过程中磁畴的变化规律。

(15) 软磁材料和硬磁材料的磁滞回线的基本特征。

(16) 解释金属对可见光的电磁辐射是不透明的原因。

(17) 为什么具有带隙能量大于 3.1 eV 的非金属材料是无色透明的。

(18) 简述什么因素决定了金属和透明非金属的特征颜色。

重要概念和公式

满价带,空导带,带隙,电导率,电阻率,相对介电常数,施主,受主,自由电子,空穴,热容,热膨胀,热应力,热传导,磁通量密度,磁场强度,相对磁导率,磁化率,自旋磁距,磁畴,磁滞,剩磁,矫顽力,吸收,反射,折射,透射,自发发射,受激吸收,受激发射。

$$\rho = \frac{VA}{Il}$$

$$\sigma = \frac{1}{\rho}$$

$$\sigma = n|e|\mu_e$$

$$P = \varepsilon_0(\varepsilon_r - 1)\xi$$

$$\sigma = E\alpha_l(T_0 - T_f)$$

$$B = \mu_0 H + \mu_0 M$$

$$E = hv = \frac{hc}{\lambda}$$

$$n = \frac{c}{\nu} = \sqrt{\varepsilon_r \mu_r}$$

习题

10-1 假设所有的价电子都对电流有贡献,①计算 Cu 中电子的迁移率和②当在 100 cm 长的铜线上加以 10 V 的电压时,电子的迁移速率(铜的电导率为 $5.98 \times 10^5 (\Omega \cdot cm)^{-1}$)。

10-2 Ge 在室温时,估算①电荷载流子的数目和②从价带激发到导带上的电子分数。(已知 Ge 的电阻率 $\rho = 43\,\Omega \cdot cm$,能带隙 $E_g = 0.67\,eV$,电子迁移率 $\mu_n = 3\,900\,cm^2/V \cdot s$,空穴迁移率 $\mu_p = 1\,900\,cm^2/V \cdot s$。)

10-3 假设当电场作用于 Cu 片上时,Cu 原子中电子相对于核子的平均位移为 $1 \times 10^{-8}\,\text{Å}$。试计算电子极化强度。

10-4 计算 Ni(密度 $\rho = 8.90\,g/cm^3$)的①饱和磁化强度和②饱和磁通密度。

10-5 计算 Fe 的最大或饱和磁化强度(体心立方 Fe 的点阵常数为 2.866 Å)。并与纯 Fe 饱和磁通密度的实验观测值 2.1 T 相比较。

10-6 要制造一种螺旋管线圈,当 10 mA 的电流通过导体时会产生 2 000 G 的感应。由于空间限制,线圈为每 1 cm 缠绕 10 圈。试问是否可以采用 Fe-48%Ni 合金(相对磁导率 $\mu_r = 80\,000$)作为线圈内的磁性材料?

10-7 要将 250 g 的 W 由 25℃加热到 650℃,需要多少热量?对于 Al 在同样条件下又需要多少热量?

10-8　为 25℃时尺寸为 25 cm×25 cm×3 cm 的长方体 Al 铸件设计型腔的尺寸（Al 的线膨胀系数为 $25×10^{-6}/℃$）。

10-9　推导：当入射强度为 I_0 的光撞击透明材料（长度为 l）的前表面时，在样品表面出射的透射束强度：

$$I_t = I_0(1-R)^2 e^{-\beta l}$$

式中，R 为反射率；β 为材料本征吸收系数。样品前后表面外的介质是相同的。

习题参考答案

第 1 章

1-1 主量子数 n、轨道角动量量子数 l_i、磁量子数 m_i 和自旋角动量量子数 s_i。

1-2 能量最低原理,Pauli 不相容原理,Hund 规则。

1-3 同一周期元素具有相同原子核外电子层数,但从左→右,核电荷依次增多,原子半径逐渐减小,电离能增加,失电子能力降低,得电子能力增加,金属性减弱,非金属性增强;同一主族元素最外层电子数相同,但从上→下,电子层数增多,原子半径增大,电离能降低,失电子能力增加,得电子能力降低,金属性增加,非金属性降低。

1-4 在元素周期表中占据同一位置,尽管它们的质量不同,然而它们的化学性质相同,这种物质称为同位素。由于各同位素所含的中子量不同(质子数相同),故具有不同含量同位素的元素,总的相对原子质量不为正整数。

1-5 $A_r = 0.0431 \times (24+26) + 0.8376 \times (24+28) + 0.0955 \times (24+29)$
$\qquad + 0.0238 \times (24+30) = 52.057$

1-6 $A_r = 63.54 = 63x + 65 \times (1-x)$; $\quad x = \dfrac{65-63.54}{2} = 0.73 \to 73\% (Cu^{63})$;

$\qquad 1-x = 0.27 \to 27\% (Cu^{65})$

1-7 $1s^2 2s^2 2p^6 3s^2 3p^6 3d^{10} 4s^2 4p^6 4d^{10} 5s^2 5p^2$;锡的价电子数为 4。

1-8 $1s^2 2s^2 2p^6 3s^2 3p^6 3d^{10} 4s^2 4p^6 4d^{10} 4f^{14} 5s^2 5p^6 5d^9 6s^1$;
$\qquad 2+8+18+32+17 = 77$; $\quad 78-77 = 1$

1-9 $1s^2 2s^2 2p^6 3s^2 3p^6 3d^{10} 4s^2 4p^2$; $\quad$ 第四周期; $\quad$ IVA 族; $\quad$ 亚金属 Ge。

1-10 结合键
$\qquad$ 化学键:主价键
$\qquad\qquad$ 金属键:电子共有化,无饱和性,无方向性
$\qquad\qquad$ 离子键:以离子而不是以原子为结合单元,无方向性和饱和性
$\qquad\qquad$ 共价键:共用电子对,有饱和性、方向性
$\qquad$ 物理键:次价键,也称范德瓦耳斯力
$\qquad$ 氢键:分子间作用力,氢桥,具有饱和性

1-11 a:高分子材料; $\quad b$:金属材料; $\quad c$:离子晶体。

1-12 原子数 $= \dfrac{m}{A_r} \cdot N_A = \dfrac{100}{28.09} \times 6.023 \times 10^{23} = 2.144 \times 10^{24}$(个)

$\qquad$ 价电子数 $= 4 \times$ 原子数 $= 4 \times 2.144 \times 10^{24} = 8.576 \times 10^{24}$(个)

$\qquad$ ① $\dfrac{5 \times 10^{10}}{8.576 \times 10^{24}} = 5.830 \times 10^{-15}$

$\qquad$ ② 共价键,共有 2.144×10^{24} 个;须破坏之共价键数为 $\dfrac{5 \times 10^{10}}{2} = 2.5 \times 10^{10}$ 个;

所以，$\dfrac{2.5\times10^{10}}{2.144\times10^{24}}=1.166\times10^{-14}$

1-13 S的最外层电子为$3s^2 3p^4$。S与H结合成H_2S时，接受2个电子，故为2价；S与O结合成SO_2时，此时S供给4个电子，故为4价。

1-14 对TiO_2：$IC=[1-e^{(-0.25)(3.5-1.5)^2}]\times100=63.2\%$

对$InSb$：$IC=[1-e^{(-0.25)(1.9-1.7)^2}]\times100=1.0\%$

1-15 ① Al_2O_3的相对分子质量$M=26.98\times2+16\times3=101.96$

1mm^{3}中所含原子数为：$\dfrac{1\times3.8\times10^{-3}}{101.96}\times6.023\times10^{23}\times5=1.12\times10^{20}$（个）

② 1g中所含原子数为：$\dfrac{1}{101.96}\times6.023\times10^{23}\times5=2.95\times10^{22}$（个）

1-16 由于HF分子间结合力是氢键，而HCl分子间结合力是范德瓦耳斯力，氢键的键能高于范德瓦耳斯力的键能，因此HF的沸点要比HCl的高。

1-17 高分子链结构 $\begin{cases}\text{近程结构（一次结构）：化学结构，分子链中的原子排列，结构单元的键}\\\qquad\qquad\qquad\qquad\text{接顺序，支化，交联等}\\\text{远程结构（二次结构）：相对分子质量及其分布，链的柔顺性及构象}\end{cases}$

1-18 热塑性：具有线性和支化高分子链结构，加热后会变软，可反复加工再成形；
热固性：具有体型（立体网状）高分子链结构，不溶于任何溶剂，也不能熔融，一旦定型后不能再改变形状，无法再生。

1-19 见图1。

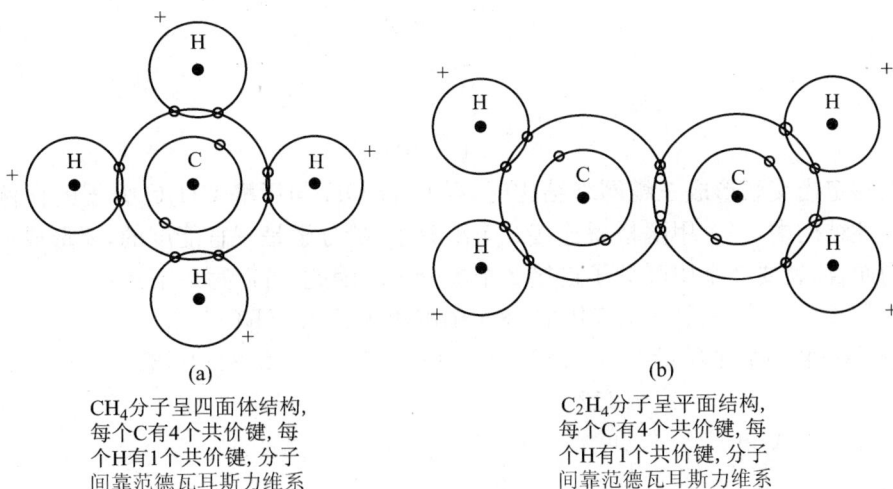

(a)

CH$_4$分子呈四面体结构，
每个C有4个共价键，每
个H有1个共价键，分子
间靠范德瓦耳斯力维系

(b)

C$_2$H$_4$分子呈平面结构，
每个C有4个共价键，每
个H有1个共价键，分子
间靠范德瓦耳斯力维系

图1

1-20 从上题得知聚乙烯的结构单元中含有2个C原子和4个H原子。若8%H原子被Cl原子所取代，则须添加Cl的质量分数为：

$$\dfrac{4\times0.08\times A_{Cl}}{2\times A_C+4\times(0.08\times A_{Cl}+0.92\times A_H)}=\dfrac{4\times0.08\times35.45}{2\times12.01+4\times(0.08\times35.45+0.921\times1.008)}$$
$$=0.290=29.0\%$$

1-21　数均相对分子质量　$\overline{M}_n = \sum x_i M_i = 21\,150$；

重均相对分子质量　$\overline{M}_w = \sum w_i M_i = 23\,200$；

而 PVC 每链节系由 2 个 C 原子、3 个 H 原子和 1 个 Cl 原子所组成，C，H 和 Cl 的相对原子质量分别为 12.01，1.008 和 35.45，因此每链节的质量

$$\overline{m} = 2 \times 12.01 + 3 \times 1.008 + 35.45 = 62.50$$

故数均聚合度

$$n_n = \frac{\overline{M}_n}{\overline{m}} = \frac{21\,150}{62.50} = 338$$

1-22　丙烯腈（—C_2H_3CN—）单体相对分子质量为 53；

丁二烯（—$C_2H_3C_2H_3$—）单体相对分子质量为 54；

苯乙烯（—$C_2H_3C_6H_5$—）单体相对分子质量为 104；

设三者各为 1 g，则丙烯腈有 $\frac{1}{53}$ mol，丁二烯有 $\frac{1}{54}$ mol，苯乙烯有 $\frac{1}{104}$ mol。故各单体的摩尔分数分别为：

$$x_{\text{丙烯腈}} = \frac{\dfrac{1}{53}}{\dfrac{1}{53} + \dfrac{1}{54} + \dfrac{1}{104}} = 40.1\%$$

$$x_{\text{丁二烯}} = \frac{\dfrac{1}{54}}{\dfrac{1}{53} + \dfrac{1}{54} + \dfrac{1}{104}} = 39.4\%$$

$$x_{\text{苯乙烯}} = \frac{\dfrac{1}{104}}{\dfrac{1}{53} + \dfrac{1}{54} + \dfrac{1}{104}} = 20.5\%$$

1-23　首先确定当交联形成三维网络结构时，酚 C_6H_5OH 与甲醛 CH_2O 分子的比例为多少？在线性结构中，一个甲醛搭桥连接 2 个酚分子，酚分子是三官能度的，要形成三维网络，平均而言，就要 3 个甲醛分子连接 2 个酚分子。因此，可以写成下式：

$$1\text{ 酚} + 1.5\text{ 甲醛} \rightarrow 1\text{ 酚醛单体} + 1.5H_2O\uparrow$$

酚醛单体相对分子质量 $= (6 \times 12 + 6 + 16) + 1.5 \times (12 + 2 + 16) - 1.5 \times (2 + 16)$

$$= 112$$

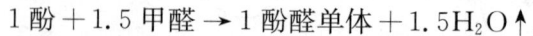

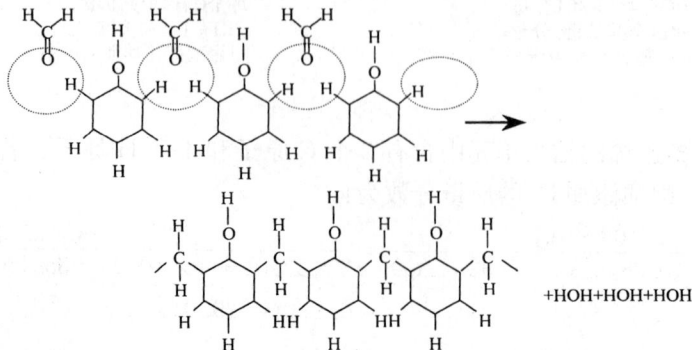

$10cm^3$ 圆柱试样的质量 $M = \rho \cdot V = 1.4 \times 10 = 14\,g$

$10\,cm^3$ 体积内所含酚醛单体数

$$n = \frac{14}{112} \times 6.023 \times 10^{23} = 7.52 \times 10^{22}$$

故 分子质量 $= 7.52 \times 10^{22} \times 112 = 8.43 \times 10^{24}$

1-24 各组分的摩尔分数分别为： $x_C = \frac{62.1}{12.011} = 5.2$

$$x_H = \frac{10.3}{1.008} = 10.2$$

$$x_O = \frac{27.6}{16} = 1.7$$

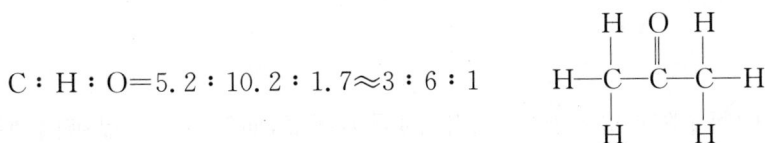

$$C : H : O = 5.2 : 10.2 : 1.7 \approx 3 : 6 : 1$$

故可能的化合物为 CH_3COCH_3（丙酮）。

1-25 ①

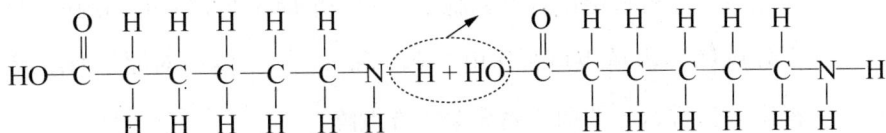

② $1\,mol(6.023 \times 10^{23})$ 的 H_2O 形成时需要破坏 6.023×10^{23} 个 C—O 及 N—H 键,同时形成 6.023×10^{23} 个的 C—N 及 H—O 键,故净能量变化为

$$[(+360) + (+430)] + [(-350) + (-500)] = -15\,kJ/mol$$

1-26 对线性高分子而言,其总链长 L 取决于原子间键长 d、键的数目 N,以及相邻键的夹角 θ,即 $L = Nd\sin\frac{\theta}{2}$。对聚四氟乙烯而言,每链节有 2 个 C 原子和 4 个 F 原子。首先计算其聚合度：

$$n_n = \frac{\overline{M}}{m} = \frac{5 \times 10^5}{2A_r(C) + 4A_r(F)} = \frac{5 \times 10^5}{2 \times 12.01 + 4 \times 19.00} = 5 \times 10^3$$

而每个链节有 2 个 C 原子,因此每个链节就有两个 C—C 主键,所以在此高分子中总键数

$$N = 2n_n = 2 \times 5 \times 10^3 = 1.0 \times 10^4$$

若每 C—C 键长 $d = 0.154\,nm$,键角 $\theta = 109°$,则

$$L = Nd\sin\frac{\theta}{2} = 1.0 \times 10^4 \times 0.154 \times \sin\frac{109°}{2} = 1\,253.738\,nm$$

均方根末端距

$$r = d\sqrt{N} = 0.154\sqrt{1.0 \times 10^4} = 15.4\,nm$$

第 2 章

2-1 可作图加以证明。四方晶系表面上也可含简单四方、底心四方、面心四方和体心四方结

构,然而根据选取晶胞的原则,晶胞应具有最小的体积,尽管可以从 4 个体心四方晶胞中勾出面心四方晶胞(图 2(a)),从 4 个简单四方晶胞中勾出 1 个底心四方晶胞(图 2(b)),但它们均不具有最小的体积。因此,四方晶系实际上只有简单四方和体心四方两种独立的点阵。

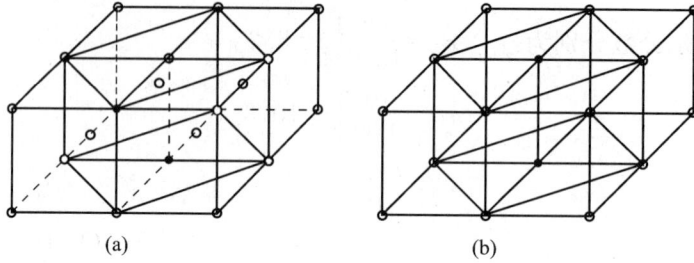

图 2

2-2 空间点阵中每个阵点应具有完全相同的周围环境,而密排六方晶胞内的原子与晶胞角上的原子具有不同的周围环境。在 A 和 B 原子连线的延长线上取 BC=AB,然而 C 点却无原子。若将密排六方晶胞角上的一个原子与相应的晶胞内的一个原子共同组成一个阵点$\left(0,0,0 \text{ 阵点可视作由 } 0,0,0 \text{ 和 } \frac{2}{3},\frac{1}{3},\frac{1}{2} \text{ 这一对原子所组成}\right)$,如图 3 所示,这样得出的密排六方结构应属简单六方点阵。

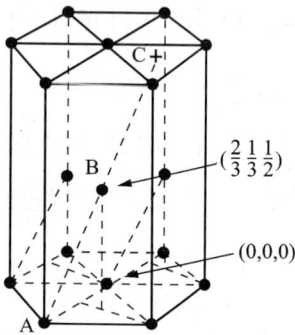 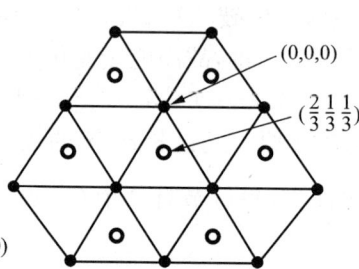 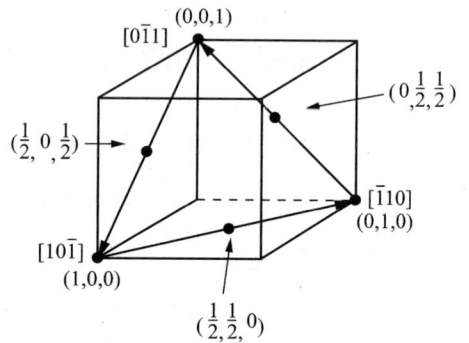

图 3   图 4

2-3 为了确定 $[\bar{1}10]$ 是否位于 (111) 面上,可运用晶带定律:$hu+kv+lw=0$ 加以判断,这里
$$1\times(-1)+1\times1+1\times0=0$$
因此 $[\bar{1}10]$ 位于 (111) 面上。

$$K_{[\bar{1}10]} = \frac{4 \cdot r}{l} = \frac{4\times\frac{\sqrt{2}a}{4}}{\sqrt{2}a} = 1$$

同样的 $[10\bar{1}]$ 和 $[01\bar{1}]$ 晶向上的线密度也为 1,这说明晶向族 $\langle110\rangle$ 是 fcc 的最密排方向,该方向上原子互相紧密排列(相切),无间隙存在(见图 4)。

2-4 见图 5。

2-5 见图 6。

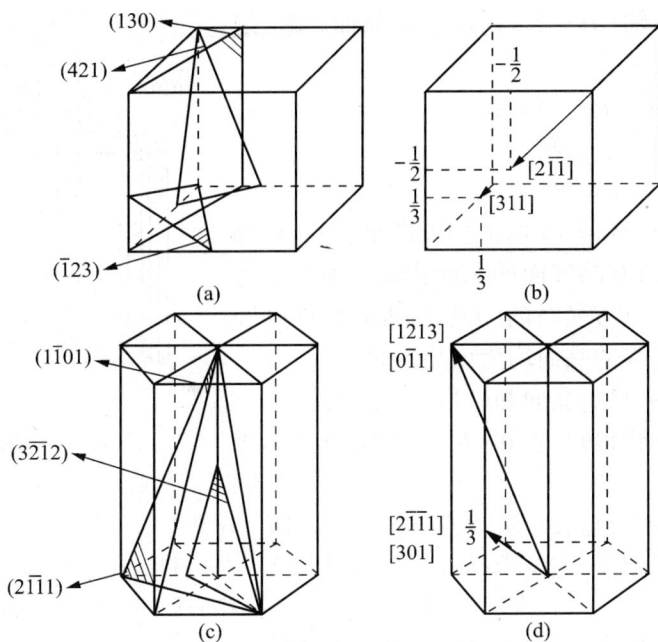

图 5

$\{111\} = (111) + (\bar{1}11) + (1\bar{1}1) + (11\bar{1})$

$\qquad + (\overline{111}) + (1\,\overline{11}) + (\overline{1}1\overline{1}) + (\overline{1}1\overline{1})$

计算 $\{hkl\}$ 晶面族或 $\langle uvw \rangle$ 晶向族中所包含的全部等价晶面或晶向数目时,可根据以下四条规则进行判断:

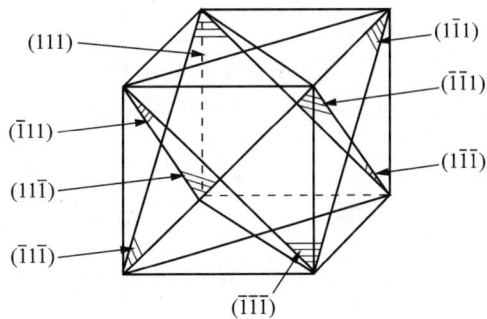

图 6

① hkl 或 uvw 中 3 个数字都不等,且 $\neq 0$,则有 $3! \times 4 = 24$ 组,如 $\{123\}$;

② hkl 或 uvw 中有 2 个数字相等,且 $\neq 0$,则有 $\dfrac{3!}{2!} \times 4 = 12$ 组,如 $\{221\}$;

③ hkl 或 uvw 中 3 个数字相等,则有 $\dfrac{3!}{3!} \times 4 = 4$ 组,如 $\{111\}$;

④ hkl 或 uvw 中有 1 个为零,总数应除以 2,则有 $\dfrac{3!}{2} \times 4 = 12$ 组,如 $\{120\}$;

$\qquad$ 有 2 个为零,总数应除以 2^2,则有 $\dfrac{3!}{2! \cdot 2^2} \times 4 = 3$ 组,如 $\{100\}$;

注意:指数相同而符号相反两个晶面为一组,如 (111) 和 $(\overline{111})$ 为一组。因此,

晶面族 $\{123\} = (123) + (132) + (213) + (231) + (321) + (312)$

$\qquad + (\bar{1}23) + (\bar{1}32) + (\bar{2}13) + (\bar{2}31) + (\bar{3}21) + (\bar{3}12)$

$\qquad + (1\bar{2}3) + (1\bar{3}2) + (2\bar{1}3) + (2\bar{3}1) + (3\bar{2}1) + (3\bar{1}2)$

$\qquad + (12\bar{3}) + (13\bar{2}) + (21\bar{3}) + (23\bar{1}) + (32\bar{1}) + (31\bar{2})$

晶向族 $\langle 221 \rangle = [221] + [212] + [122] + [\bar{2}21] + [\bar{2}12] + [\bar{1}22]$

$\qquad + [2\bar{2}1] + [2\bar{1}2] + [1\bar{2}2] + [22\bar{1}] + [21\bar{2}] + [12\bar{2}]$

2-6 见图 7。晶带轴 $[uvw]$ 与该晶带的晶面 (hkl) 之间存在以下关系：

$$hu + kv + lw = 0$$

将晶带轴 $[001]$ 代入，则

$$h \times 0 + k \times 0 + l \times 1 = 0$$

当 $l=0$ 时，对任何 h, k 取值均能满足上式，故晶带轴 $[001]$ 的所有晶带面的晶面指数一般形式为 $(hk0)$，也即在立方晶系的 (001) 标准投影图外圆上的极点所代表的晶面均为该晶带面。

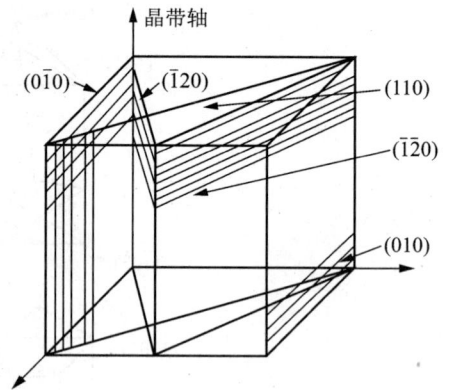

图 7

2-7 以立方晶系的 $[111]$ 晶向和 (111) 晶面为例。

从矢量数性积得知，若 $\boldsymbol{a} \cdot \boldsymbol{b} = 0$，且 $\boldsymbol{a}, \boldsymbol{b}$ 为非零矢，则 $\boldsymbol{a} \perp \boldsymbol{b}$。

$[111]$ 晶向的矢量表示法为：$[111] = 1\boldsymbol{a} + 1\boldsymbol{b} + 1\boldsymbol{c}$

从题 2-3 得知 $[\bar{1}10]$ 位于 (111) 面上，现求 $[111] \cdot [\bar{1}10]$ 值：

$$[111] \cdot [\bar{1}10] = [1 \times (-1)]a^2 + (1 \times 1)b^2 + (1 \times 0)c^2 = -a^2 + b^2$$

在立方晶系中由于 $a = b = c$，因此，代入上式即得 $[111] \cdot [\bar{1}10] = 0$

所以 $[111]$ 与 (111) 互相垂直，此关系可推广至立方晶系的任何具有相同指数的晶向和晶面。

2-8 20℃时为 α-Ti：hcp 结构

当 $h + 2k = 3n (n = 0, 1, 2, 3, \cdots)$，$l =$ 奇数时，有附加面。

$$d_{(112)} = \frac{1}{\sqrt{\frac{4}{3}\left(\frac{h^2 + hk + k^2}{a^2}\right) + \left(\frac{l}{c}\right)^2}} = 0.124\,8\,\text{nm}$$

$$d_{(001)} = \frac{1}{2} \frac{1}{\sqrt{\left(\frac{l}{c}\right)^2}} = 0.233\,9\,\text{nm}$$

900℃时为 β-Ti：bcc 结构

当 $h + k + l =$ 奇数时，有附加面。

$$d_{(112)} = \frac{a}{\sqrt{h^2 + k^2 + l^2}} = 0.135\,\text{nm}$$

$$d_{(001)} = \frac{1}{2} \cdot \frac{a}{\sqrt{1^2}} = 0.165\,3\,\text{nm}$$

2-9 在面心立方晶体中，当 (hkl) 不为全奇数或全偶数时，有附加面。

$$d_{(100)} = \frac{1}{2} \frac{a}{\sqrt{1^2 + 0 + 0}} = 0.5a$$

$$K_{(100)} = \frac{\left(\frac{1}{4} \times 4 + 1\right)\pi r^2}{a^2} = \frac{2\pi r^2}{\left(\frac{4}{\sqrt{2}}r\right)^2} = 0.785$$

$$d_{(110)} = \frac{1}{2} \cdot \frac{a}{\sqrt{1^2 + 1^2 + 0}} = 0.354a$$

$$K_{(110)} = \frac{\left(\frac{1}{4} \times 4 + \frac{1}{2} \times 2\right)\pi r^2}{\sqrt{2} \cdot a^2} = \frac{2\pi r^2}{\sqrt{2}\left(\frac{4}{\sqrt{2}}r\right)^2} = 0.555$$

$$d_{(111)} = \frac{a}{\sqrt{1^2 + 1^2 + 1^2}} = 0.577a$$

$$K_{(111)} = \frac{\left(\frac{1}{6} \times 3 + \frac{1}{2} \times 3\right)\pi r^2}{\frac{\sqrt{3}}{4}(\sqrt{2}a)^2} = \frac{2\pi r^2}{\frac{\sqrt{3}}{4}\left(\sqrt{2}\frac{4}{\sqrt{2}}r\right)^2} = 0.907$$

从上面计算结果得知,原子排列最密排的(111)晶面的面间距最大。

2-10 见图 8。

① 将基圆和 A,B 两点画在半透明绘图纸上,并将它盖在和基圆同样大小的乌尔夫网上使这两张图的中心重合。用一小针钉住圆心,使描图纸能相对于乌尔夫网自由转动。转动图纸,使 A,B 两点落在乌尔夫网的同一经线(即参考球的同一大圆)上,如图 8(b)所示,A,B 两点的纬度差就是 A,B 间的夹角,读得此值为 $74°$。

② 按如下操作可求出 A 绕 B 顺时针转过 $40°$ 的位置:

ⓐ 将极图绕乌尔夫网中心转动,使 B 点位于赤道线上,即图 8(c)中 $B \to B_1$,$A \to A_1$;

ⓑ $A_1 B_1$ 各沿自己所在的纬线转动,使 B_1 位于乌尔夫网中心,即 $B_1 \to B_2$,$A_1 \to A_2$;

ⓒ A_2 绕 B_2 顺时针转过 $40°$,即 B_2 不动,$A_2 \to A_3$;

ⓓ 按逆方向操作,使 B 点复原,即 $B_2 \to B_1 \to B$,$A_3 \to A_4 \to A'$,则 $A'(32°S, 6°W)$ 即为 A 绕 B 顺时针转过 $40°$ 的位置。

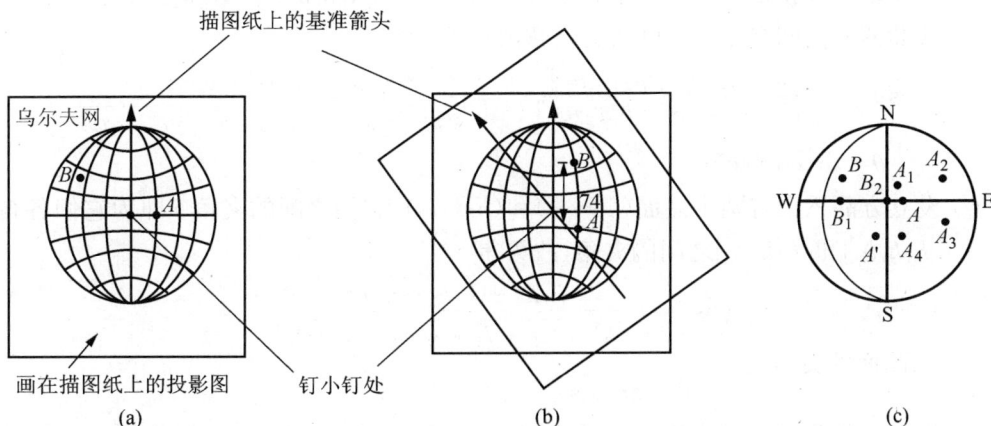

图 8

2-11 ① 在投影图外圆上(图 9)的极点与(001)极点的夹角都为 $90°$,即外圆上极点所代表的晶面与 z 轴平行,所以指数应为 $(hk0)$;

在赤道线上的极点与(100)极点的夹角都为 $90°$,即赤道线上各极点所代表的各个晶面都与 x 轴平行,所以指数应为 $(0kl)$;

在 $0°$ 经线上的极点与(010)极点的夹角都是 $90°$,即 $0°$ 经线上各极点所代表的各个晶面都与 y 轴平行,所以指数应为 $(h0l)$。

② 先由晶面指数的正、负号可判断$(\bar{1}10)$在第一象限,(011),(112)在第四象限。由①讨论得知$(\bar{1}10)$必定在极图的外圆上,且$(\bar{1}10)$极点与$(\bar{1}00)$及(010)极点都应交成$45°$,所以可沿第一象限外圆量得与$(\bar{1}00)$或(010)极点相交成$45°$的点,即为$(\bar{1}10)$极点;(011)极点应在赤道线上,且其指数可由(001)和(010)相加得到,所以此极点必定在(001)和(010)极点之间,又因(011)极点与(001)和(010)相交成$45°$,所以可在(001)与(010)两极点的连线上找到与(001)或(010)相交成$45°$的点,即为(011)极点;

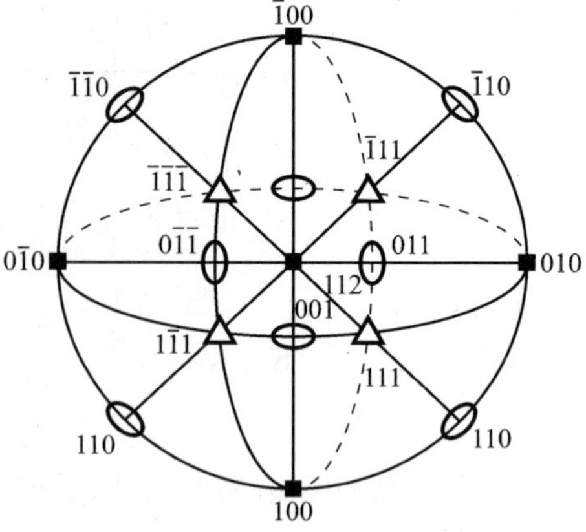

图 9

(112)极点指数可由(001)和(111)两极点的指数相加得到,所以此极点必在(001)和(111)极点之间,量得这两极点连线上与(001)极点相交成$35.26°$的位置,便是(112)极点。

2-12 由于在立方晶系中,具有相同指数晶向和晶面必定相互垂直,故与极点(110)成$90°$的晶面$(\bar{1}10)$,$(\bar{1}11)$,(001),$(1\bar{1}1)$,$(1\bar{1}0)$属于$[110]$晶带。

另外根据晶带轴$[uvw]$与晶带面(hkl)之间存在以下关系:
$$hu + kv + lw = 0$$
$(1\bar{1}2)$,$(\bar{1}13)$$(\bar{2}21)$这3个晶面也属于此晶带。

2-13 ① 设立方晶系中的两个晶向为$[u_1 v_1 w_1]$和$[u_2 v_2 w_2]$,
由矢量数性积得知:$[u_1 v_1 w_1] \cdot [u_2 v_2 w_2] = |[u_1 v_1 w_1]| \cdot |[u_2 v_2 w_2]| \cdot \cos\theta$
故此两晶向间夹角θ就可从其余弦值求得:
$$\cos\theta = \frac{[u_1 v_1 w_1] \cdot [u_2 v_2 w_2]}{|[u_1 v_1 w_1]| \cdot |[u_2 v_2 w_2]|} = \frac{u_1 u_2 + v_1 v_2 + w_1 w_2}{\sqrt{u_1^2 + v_1^2 + w_1^2} \cdot \sqrt{u_2^2 + v_2^2 + w_2^2}}$$
$$\theta = \arccos(\cos\theta)$$

② 设立方晶系中有两个晶面$(h_1 k_1 l_1)$和$(h_2 k_2 l_2)$,它们之间的夹角θ即为它们各自法线$[h_1 k_1 l_1]$和$[h_2 k_2 l_2]$之间的夹角,故可得
$$\cos\theta = \frac{h_1 h_2 + k_1 k_2 + l_1 l_2}{\sqrt{h_1^2 + k_1^2 + l_1^2} \cdot \sqrt{h_2^2 + k_2^2 + l_2^2}}$$
两晶面的夹角
$$\theta = \arccos(\cos\theta)$$

③ 设立方晶系中有两个不平行晶面$(h_1 k_1 l_1)$和$(h_2 k_2 l_2)$,它们的交线为$[uvw]$,按几何关系得知,这个晶向应同时位于这两个晶面上,故可得
$$\begin{cases} h_1 u + k_1 v + l_1 w = 0 \\ h_2 u + k_2 v + l_2 w = 0 \end{cases}$$
解上述方程组可得
$$u : v : w = \begin{vmatrix} k_1 & l_1 \\ k_2 & l_2 \end{vmatrix} : \begin{vmatrix} l_1 & h_1 \\ l_2 & h_2 \end{vmatrix} : \begin{vmatrix} h_1 & k_1 \\ h_2 & k_2 \end{vmatrix}$$
或

$$\begin{cases} u = k_1 l_2 - l_1 k_2 \\ v = l_1 h_2 - h_1 l_2 \\ w = h_1 k_2 - k_1 h_2 \end{cases}$$

④ 设晶体中有两个不平行的晶向 $[u_1 v_1 w_1]$ 和 $[u_2 v_2 w_2]$，它们所决定的晶面的晶面指数为 (hkl)，按晶带定律有

$$\begin{cases} u_1 h + v_1 k + w_1 l = 0 \\ u_2 h + v_2 k + w_2 l = 0 \end{cases}$$

解上述方程可得

$$h : k : l = \begin{vmatrix} v_1 & w_1 \\ v_2 & w_2 \end{vmatrix} : \begin{vmatrix} w_1 & u_1 \\ w_2 & u_2 \end{vmatrix} : \begin{vmatrix} u_1 & v_1 \\ u_2 & v_2 \end{vmatrix}$$

或

$$\begin{cases} h = v_1 w_2 - w_1 v_2 \\ k = w_1 u_2 - u_1 w_2 \\ l = u_1 v_2 - v_1 u_2 \end{cases}$$

2-14 由布拉格公式

$$n\lambda = 2d_{hkl}\sin\theta \Rightarrow d_{110} = \frac{n\lambda}{2\sin\theta} = \frac{1 \times 0.1542}{2\sin\frac{45°}{2}} = 0.2015\,\text{nm}$$

$$d_{hkl} = \frac{a}{\sqrt{h^2 + k^2 + l^2}} \Rightarrow a = d_{hkl}\sqrt{h^2 + k^2 + l^2}$$

$$= d_{110}\sqrt{1^2 + 1^2 + 0} = 0.2015\sqrt{2} = 0.2850\,\text{nm}$$

同理

峰	2θ	d_{hkl}	a(nm)
200	65.1	0.1433	0.2866
211	82.8	0.1166	0.2856

2-15 根据公式 $d_{hkl} = \dfrac{a}{\sqrt{h^2 + k^2 + l^2}} = \dfrac{\lambda}{2\sin\theta}$

若 $2\theta = 44.4°$，则

$$\sqrt{h^2 + k^2 + l^2} = \frac{2\sin\left(\frac{44.4°}{2}\right) \times 0.2885}{0.1542} = 1.4138$$

$$h^2 + k^2 + l^2 = 1.999 \approx 2$$

故此平面为 (110)，或 $(1\bar{1}0)$ 或 (101) 或 $(10\bar{1})$ 或 (011) 或 $(01\bar{1})$。

若 $2\theta = 64.6°$，则

$$h^2 + k^2 + l^2 = \left(\frac{2\sin\left(\frac{64.6°}{2}\right) \times 0.2885}{0.1542}\right)^2 = 3.9976 \approx 4$$

故知此平面为 (200)，或 (020) 或 (002)。

若 $2\theta = 81.8°$，则

$$h^2 + k^2 + l^2 = \left(\frac{2\sin\left(\frac{81.8°}{2}\right) \times 0.2885}{0.1542}\right)^2 = 6.0023 \approx 6$$

故此平面为$(1\bar12)$,或$(1\bar1 2)$或$(1\ \bar12)$或$(11\bar2)$或(121)或$(12\bar1)$或$(1\bar21)$或$(1\ \bar21)$或(211)或$(21\bar1)$或$(2\bar11)$或$(2\ \bar11)$。

2-16 见下表。

		fcc	bcc	hcp
A		a	a	$a,c\left(\dfrac{c}{a}=1.633\right)$
R		$\dfrac{\sqrt2\cdot a}{4}$	$\dfrac{\sqrt3\cdot a}{4}$	$\dfrac{a}{2},\dfrac12\sqrt{\dfrac{a^2}{3}+\dfrac{c^2}{4}}$
N		4	2	6
CN		12	8	12
K		0.74	0.68	0.74
间隙	四面体 数量	8	12	12
	四面体 大小	0.225R	0.291R	0.225R
	八面体 数量	4	6	6
	八面体 大小	0.414R	$\begin{cases}0.154R\langle100\rangle\\0.633R\langle110\rangle\end{cases}$	0.414R

2-17 见图 10,等边三角形的高

$$h=\sqrt{\frac34}\cdot a$$

$$d=\sqrt{\left(\frac{c}{2}\right)^2+\left(\frac{2h}{3}\right)^2}=\sqrt{\frac{c^2}{4}+\frac{a^2}{3}}$$

理想密排六方晶体结构中 $d=a$,

故 $$\frac{c}{a}=\sqrt{\frac83}=1.633$$

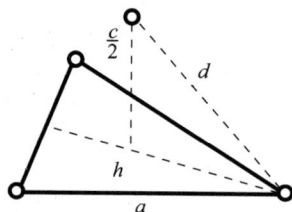

图 10

2-18 $a=\dfrac{4r}{\sqrt2}=\dfrac{4\times0.124\,3}{\sqrt2}=0.351\,6\ \text{nm}$

$\rho=\dfrac{4A_\mathrm{r}}{a^3\times N_\mathrm{A}}=\dfrac{4\times58.69}{(3.516\times10^{-8})^3\times6.023\times10^{23}}=8.967\ \text{g/cm}^3$

2-19 $a=\dfrac{4r}{\sqrt3}\Rightarrow r=\dfrac{\sqrt3}{4}a=\dfrac{\sqrt3}{4}\times0.314\,7=0.136\,3\ \text{nm}$

2-20 $\rho=\dfrac{nA_\mathrm{r}}{a^3N_\mathrm{A}}\Rightarrow n=\dfrac{\rho a^3N_\mathrm{A}}{A_\mathrm{r}}=\dfrac{7.19\times(2.884\times10^{-8})^3\times6.023\times10^{23}}{52.0}=1.997\,7\approx2$

故为 bcc 结构。

2-21 ①

$$n=\frac{\rho a^2 c\times N_\mathrm{A}}{A_\mathrm{r}}=\frac{7.286\times(3.252\times10^{-8})^2\times(4.946\times10^{-8})\times6.023\times10^{23}}{114.82}$$

$$=1.999\,1\approx2$$

故 In 的单位晶胞中有 2 个原子。

② $K=\dfrac{2\times\frac43\pi r^3}{a^2c}=\dfrac{2\times\frac43\pi(0.162\,5)^3}{(0.325\,2)^2\times0.494\,6}=0.687\,3$

2-22 $\rho=\dfrac{nA_\mathrm{r}}{a^3N_\mathrm{A}}\Rightarrow n=\dfrac{\rho a^3N_\mathrm{A}}{A_\mathrm{r}}=\dfrac{7.26\times(6.326\times10^{-8})^3\times6.023\times10^{23}}{54.94}=20.091\approx20$

故每单位晶胞内有 20 个原子。

$$K = \frac{20 \times \frac{4}{3}\pi r^3}{a^3} = \frac{20 \times \frac{4}{3}\pi \times (0.112)^3}{(0.632)^3} = 0.466$$

2-23 ① $a_{fcc} = \frac{4}{\sqrt{2}}r \Rightarrow V_{fcc单胞} = a_{fcc}^3 = \frac{64}{2\sqrt{2}}r^3$

$a_{bcc} = \frac{4}{\sqrt{3}}r \Rightarrow V_{bcc单胞} = a_{bcc}^3 = \frac{64}{3\sqrt{3}}r^3$

$$\Delta V_{\gamma-\alpha} = \frac{\frac{1}{2} \times \frac{64}{3\sqrt{3}}r^3 - \frac{1}{4}\frac{64}{2\sqrt{2}}r^3}{\frac{1}{4}\frac{64}{2\sqrt{2}}r^3} = 9\%$$

② fcc $\qquad r = \frac{\sqrt{2}}{4}a = \frac{\sqrt{2}}{4} \times 0.363\,3 = 0.128\,4\ nm$

bcc $\qquad r = \frac{\sqrt{3}}{4}a = \frac{\sqrt{3}}{4} \times 0.289\,2 = 0.125\,1\ nm$

$$\Delta V_{\gamma-\alpha} = \frac{\frac{1}{2} \times (0.289\,2)^3 - \frac{1}{4} \times (0.363\,3)^3}{\frac{(0.363\,3)^3}{4}} = 0.87\%$$

产生差别的原因:晶体结构不同,原子半径大小也不同;晶体结构中原子配位数降低时,原子半径收缩。

2-24 见图 11(a),(b)。

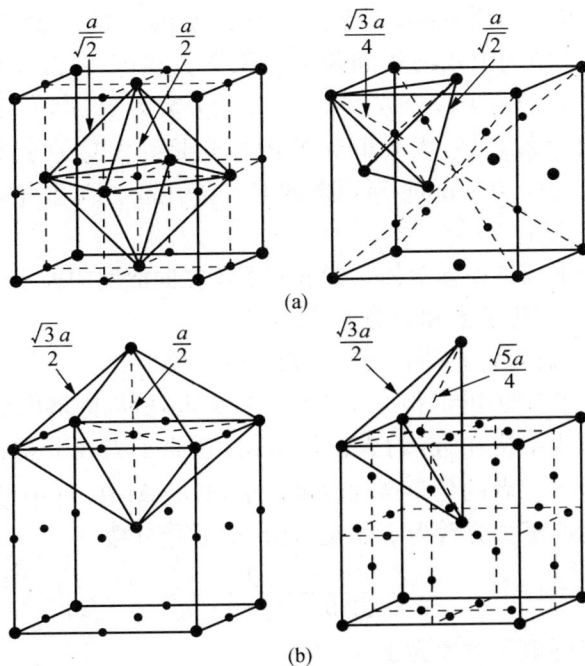

(a)

(b)

图 11

① fcc 八面体间隙半径

$$r = \frac{a - 2R}{2} = \frac{\frac{4}{\sqrt{2}}R - 2R}{2} = 0.414R$$

间隙中心坐标：$\frac{1}{2}, \frac{1}{2}, \frac{1}{2}$。

fcc 四面体间隙半径

$$r = \frac{\sqrt{3}}{4}a - R = \left(\frac{\sqrt{3}}{4} \cdot \frac{4}{\sqrt{2}} - 1\right)R = 0.225R$$

间隙中心坐标：$\frac{3}{4}, \frac{1}{4}, \frac{3}{4}$。

bcc 八面体间隙半径

$\langle 100 \rangle$ 方向：$\quad r = \frac{a - 2R}{2} = \frac{\frac{4}{\sqrt{3}}R - 2R}{2} = 0.154R$

间隙中心坐标：$\frac{1}{2}, \frac{1}{2}, 1$。

bcc 四面体间隙半径

$$r = \sqrt{\left(\frac{a}{2}\right)^2 + \left(\frac{a}{4}\right)^2} - R = \left(\frac{\sqrt{5}}{4} \cdot \frac{4}{\sqrt{3}} - 1\right)R = 0.291R$$

间隙中心坐标：$\frac{1}{2}, \frac{1}{4}, 1$。

② γ-Fe 为 fcc 结构，八面体间隙半径较大，所以 γ-Fe 中的 C 原子一般处于八面体间隙位置。由于 fcc 结构中八面体间隙数与原子数相等，若此类位置全部被 C 原子占据，则 γ-Fe 中 C 的原子数分数为 50%，质量分数为 17.6%。而实际上 C 在 γ-Fe 中最大质量分数为 2.11%，大大小于理论值，这是因为 C 原子半径为 0.077 nm，大于八面体间隙半径（0.054 nm），所以碳的溶入会引起 γ-Fe 晶格畸变，这就妨碍了碳原子进一步的溶入。

2-25　① 金属原子一般形成置换固溶体。置换固溶体之固溶度的大小，主要取决于晶体结构类型、原子尺寸和化学亲和力等因素。

　　　　V、Cr 与 Ti 的晶体结构不同，所以一般溶解度较小；

　　　　Be 与 Ti 的晶体结构相同，但原子半径相差太大，所以固溶度也不大；

　　　　Al 与 Ti 的晶体结构相近，均为密排结构，且原子半径非常接近（$r_{Ti} = 0.147$ nm，$r_{Al} = 0.143$ nm），二者的化学亲和力也很小，所以 Al 在 Ti 中可有较大的固溶度。

　　　　② 当 Ti 中 Al 的原子数分数为 10% 时，相应的质量分数

$$w(Al) = \frac{10 \times 26.98}{10 \times 26.98 + 90 \times 47.9} = 5.9\%$$

2-26　Cu 基固溶体的极限电子浓度为 1.36。

$$1.36 = \frac{1(100 - x_1) + 2x_1}{100} \rightarrow x_1 = 36, \text{Cu-Zn 固溶体最多可溶入 } 36\% \text{Zn；}$$

$$1.36 = \frac{1(100-x_2)+4x_2}{100} \rightarrow x_2 = 12, \text{Cu-Sn 固溶体最多可溶入 } 12\%\text{Sn};$$

若 Cu 已溶入 10%Zn 后,还可溶入的 Sn 最大的原子数分数为

$$1.36 = \frac{1(100-10-x_3)+2\times10+4x_3}{100},$$

解得 $x_3 = 8.67$,即最多尚能固溶入 8.67%Sn。

2-27　判断固溶体的类型,可以用该固溶体合金晶胞内的实际原子数(n)与纯溶剂晶胞内原子数的(n_0)的比值作为判据,有下式:

$$\frac{n}{n_0} \begin{cases} >1 & \text{间隙式} \\ =1 & \text{置换式} \\ <1 & \text{缺位式} \end{cases}$$

先计算该奥氏体钢的平均分子量:

$$\overline{M} = \frac{100}{\dfrac{12.3}{54.94}+\dfrac{1.34}{12.01}+\dfrac{86.36}{55.85}} = 53.14$$

晶胞的体积

$$V = (0.3624\times10^{-7})^3 = 47.6\times10^{-24}(\text{cm}^3)$$

故　　　$n = \dfrac{\rho V N_A}{\overline{M}} = \dfrac{7.83\times47.6\times10^{-24}\times6.023\times10^{23}}{53.14} = 4.25$

对于 γ-Fe(奥氏体),$n_0 = 4$,故 $\dfrac{n}{n_0} > 1$,即此固溶体必含有间隙原子。因为 C 原子半径比 Fe,Mn 原子半径小得多,故易处于间隙位置,形成 C 在 Fe 中的间隙固溶体。

　　设 C 处于 Fe 间隙位置形成的间隙固溶体的晶胞中平均原子数为 n_1,由于固溶体中 C 的原子数分数

$$x_C = \frac{\dfrac{1.34}{12.01}}{\dfrac{12.3}{54.94}+\dfrac{1.34}{12.01}+\dfrac{86.36}{55.85}} = 5.9\%$$

且

$$\frac{n_1-4}{n_1} = \frac{x_C}{100} = \frac{5.9}{100}$$

故可得　　　　　　　　　　　$n_1 = 4.25$

由于 $\dfrac{n_1}{n} = 1$,所以 Mn 在合金中应为置换式固溶。

　　综上所述,可以判断此固溶体为 C-间隙,Mn-置换式固溶体。

2-28　设 Fe_3C 晶胞中 C 原子个数为 x 个,Fe 原子则为 $3x$ 个。

$$\rho = \frac{xA_r(C)+3\times A_r(Fe)}{abc\times N_A}; \quad 7.66 = \frac{x\times12.011+3x\times55.85}{4.514\times5.08\times6.743\times10^{-24}\times6.023\times10^{23}}$$

$$x = \frac{7.66\times4.514\times5.08\times6.734\times0.602}{12.011+3\times55.85} = 3.968 \approx 4$$

$3x = 12$,

故 Fe_3C 化合物中每个晶胞内 C 原子为 4 个,Fe 原子为 12 个。

2-29　溶质原子分布于溶剂晶格间隙而形成的固溶体称为间隙固溶体。形成间隙固溶体的溶质原子通常是原子半径小于 $0.1\,nm$ 的非金属元素,如 H,B,C,N,O 等。间隙固溶体保持母相(溶剂)的晶体结构,其成分可在一定固溶度极限值内波动,不能用分子式表示。间隙相和间隙化合物属原子尺寸因素占主导地位的中间相。它们显然也是原子半径较小的非金属元素占据晶格的间隙,然而间隙相、间隙化合物的晶格与组成他们的任一组元晶格都不相同。它们的成分可在一定范围内波动,但组成它们的组元大致都具有一定的原子组成比,可用化学分子式来表示。当 $\dfrac{r_B}{r_A}<0.59$ 时,通常形成间隙相,其结构为简单晶体结构,具有极高的熔点和硬度;当 $\dfrac{r_B}{r_A}\geqslant0.59$ 时,则形成间隙化合物,其结构为复杂的晶体结构。

2-30　图 12 为 NaCl 晶体的(001)晶面的离子排列示意图。这里 r_A 代表阴离子(Cl^-)的离子半径,r_C 代表阳离子(Na^+)的离子半径。

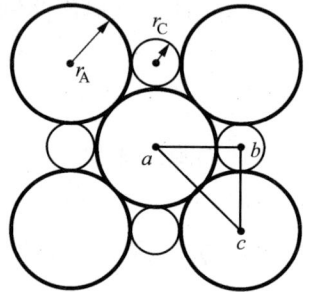

图 12

从 $\triangle abc$ 中得知

$$ac = 2r_A$$

$$ab = bc = r_A + r_C$$

而

$$(ab)^2 + (bc)^2 = (ac)^2$$

即

$$(r_A + r_C)^2 + (r_A + r_C)^2 = (2r_A)^2$$

$$r_A + r_C = \frac{2r_A}{\sqrt{2}} \quad \frac{r_C}{r_A} = \frac{2}{\sqrt{2}} - 1 = 0.414$$

2-31

$$\rho = \frac{4[A_r(Mg) + A_r(O)]}{(2r_{Mg} + 2R_0)^3 \times N_A} = \frac{4\times24.31 + 4\times16.00}{8\times(0.78 + 1.32)^3 \times 10^{-24} \times 6.023\times10^{23}} = 3.613\,(g/cm^3)$$

$$K = \frac{4\times\frac{4}{3}\pi r_{Mg}^3 + 4\times\frac{4}{3}\pi r_0^3}{(2r_{Mg} + 2r_0)^3} = \frac{\frac{16}{3}\pi\times(0.78^3 + 1.32^3)}{8\times(0.78 + 1.32)^3} = 0.627$$

2-32　① Mg,O,Li,F 的相对原子质量分别为 $24.31,16.00,6.94,19.00$。

$$w(Li^+) = \frac{0.7\times6.94}{0.3\times(24.31 + 16) + 0.7\times(6.94 + 19)} = 16\%$$

$$w(Mg^{2+}) = \frac{0.3\times24.31}{0.3\times(24.31 + 16) + 0.7\times(6.94 + 19)} = 24\%$$

$$w(F^-) = \frac{0.7\times19}{0.3\times(24.31 + 16) + 0.7\times(6.94 + 19)} = 44\%$$

$$w(O^{2-}) = \frac{0.3\times16}{0.3\times(24.31 + 16) + 0.7\times(6.94 + 19)} = 16\%$$

② 固溶体的密度

$$\rho = 0.3\times3.6 + 0.7\times2.6 = 2.9\,(g/cm^3)$$

2-33　① CsCl 型结构系离子晶体结构中最简单的一种,属立方晶系;简单立方点阵,$Pm3m$ 空间群,离子半径之比为 $\dfrac{0.167}{0.181} = 0.922\,65$,其晶体结构如图 13 所示。从图中可知,在

〈111〉方向离子相接触，〈100〉方向不接触。

② 每个晶胞有 1 个 Cs^+ 和 1 个 Cl^-。

③ 配位数均为 8。

④ $\rho = \dfrac{A_r(Cs) + A_r(Cl)}{\left[\dfrac{2(r_{Cs^+} + r_{Cl^-})}{\sqrt{3}}\right]^3 \times N_A}$

$= \dfrac{132.9 + 35.453}{\left[\dfrac{2 \times (1.67 + 1.81)}{\sqrt{3}}\right]^3 \times 6.023 \times 10^{23} \times 10^{-24}}$

$= 4.308 \, (\mathrm{g/cm^3})$

$K = \dfrac{\frac{4}{3}\pi r_{Cs^+}^3 + \frac{4}{3}\pi r_{Cl^-}^3}{\left[\dfrac{2(r_{Cs^+} + r_{Cl^-})}{\sqrt{3}}\right]^3} = \dfrac{\frac{4}{3}\pi(0.167^3 + 0.181^3)}{\left[\dfrac{2(0.167 + 0.181)}{\sqrt{3}}\right]^3} = 0.683$

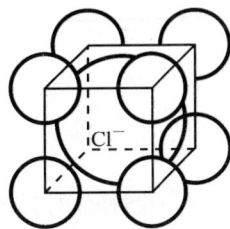

图 13

2-34

$\rho = \dfrac{A_r(K) + A_r(Cl)}{\left[\dfrac{2(r_{K^+} + r_{Cl^-})}{\sqrt{3}}\right]^3 \times N_A}$

$= \dfrac{39.102 + 35.453}{\left[\dfrac{2 \times (1.33 + 1.81)}{\sqrt{3}}\right]^3 \times 6.023 \times 10^{23} \times 10^{-24}} = 2.597 \, (\mathrm{g/cm^3})$

$K = \dfrac{\frac{4}{3}\pi r_{K^+}^3 + \frac{4}{3}\pi r_{Cl^-}^3}{\left[\dfrac{2(r_{K^+} + r_{Cl^-})}{\sqrt{3}}\right]^3} = \dfrac{\frac{4}{3}\pi(0.133^3 + 0.181^3)}{\left[\dfrac{2(0.133 + 0.181)}{\sqrt{3}}\right]^3} = 0.728$

2-35 两离子半径比为 $\dfrac{0.051}{0.132} = 0.386$。

离子晶体配位数 CN 取决于阳、阴离子半径之比，查表得知，当 $\dfrac{r_+}{r_-}$ 为 0.225～0.414 时，其 CN 为 4。负离子多面体形状为四面体形。

2-36 ① 100 个阳离子中 总电荷数 $= \dfrac{100}{7} \times (6 \times 4 + 1 \times 2) = 371.4$

故需要 $\dfrac{371.4}{2} = 185.7$ 个 O^{2-} 离子来平衡该电荷。

② 因 fcc 结构每个晶胞所含的原子数为 4，由 100 个阳离子可组成 25 个单位晶胞，而每个单位晶胞共有 8 个四面体间隙位置，故 O^{2-} 离子占据四面体间隙位置的百分率为 $\dfrac{185.7}{25 \times 8} = 92.9\%$

2-37 金刚石是最典型的共价键晶体，全部按共价键结合，其晶体结构属于复杂的 fcc 结构，每个 C 原子（$d = 0.1544 \, \mathrm{nm}$）有 4 个等距离的最近邻原子，符合 8-N 规则。而最近邻原子距离即相当于键长，根据金刚石的晶体结构可知，

$$键长 = d = \dfrac{\sqrt{3}a}{4}$$

故
$$a = \frac{4 \times 0.154\,4}{\sqrt{3}} = 0.356\,6 \text{ nm}$$

$$K = \frac{8 \times \frac{4}{3}\pi r^3}{a^3} = \frac{8 \times \frac{4}{3}\pi \left(\frac{0.154\,4}{2}\right)^3}{(0.356\,6)^3} = 0.34$$

2-38　金刚石的晶体结构为复杂的面心立方结构,每个晶胞共含有 8 个碳原子。
金刚石的密度
$$\rho = \frac{8 \times 12}{(0.357 \times 10^{-7})^3 \times 6.023 \times 10^{23}} = 3.503 \text{ g/cm}^3$$

对于 1 g 的碳,当它为金刚石结构时其体积
$$V_1 = \frac{1}{3.503} = 0.285 \text{ cm}^3$$

当它为石墨结构时其体积
$$V_2 = \frac{1}{2.25} = 0.444 \text{ cm}^3$$

故由金刚石转变为石墨结构时其体积膨胀 $= \dfrac{V_2 - V_1}{V_1} = \dfrac{0.444 - 0.285}{0.285} = 55.8\%$

2-39　由图 14 得知　$BD = \sqrt{2}a$,　$OB = OD = \frac{1}{2}BE = \frac{\sqrt{3}}{2}a$

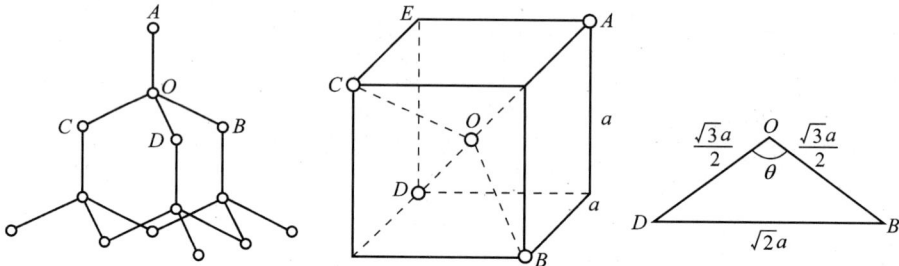

图 14

根据余弦定律:
$$(\sqrt{2}a)^2 = \left(\frac{\sqrt{3}}{2}a\right)^2 + \left(\frac{\sqrt{3}}{2}a\right)^2 - 2\left(\frac{\sqrt{3}}{2}a\right)\left(\frac{\sqrt{3}}{2}a\right)\cos\theta$$

$$\cos\theta = \frac{2 - \frac{3}{4} - \frac{3}{4}}{-2 \times \frac{3}{4}} = -\frac{1}{3}$$

故　　　　　　　　$\theta = 109°28'$

2-40　① 完全结晶态聚乙烯的密度
$$\rho = \frac{2 \times (24 + 4)}{0.74 \times 0.493 \times 0.253 \times 10^{-21} \times 6.023 \times 10^{23}} = 1.01 \text{ g/cm}^3$$

② 完全结晶态与完全非晶态以及商用聚乙烯的密度差为
$$1.01 - 0.9 = 0.11 \text{ g/cm}^3$$
$$1.01 - 0.92 = 0.09 \text{ g/cm}^3$$
$$1.01 - 0.96 = 0.05 \text{ g/cm}^3$$

因此,低密度聚乙烯的结晶体积分数

$$\eta_{低} = \frac{0.92 - 0.9}{0.11} = 18\%$$

高密度聚乙烯的结晶体积分数

$$\eta_{高} = \frac{0.96 - 0.9}{0.11} = 55\%$$

2-41　设聚丙烯晶胞内 C 原子有 x 个,则 H 原子有 $2x$ 个,而单胞体积

$$V = abc\sin\beta$$

$$\rho = \frac{x \cdot 12.011 + 2x \cdot 1.008}{(6.65 \times 10^{-8})(20.96 \times 10^{-8})(6.5 \times 10^{-8})\sin 99.3 \times 6.023 \times 10^{23}} = 0.91$$

故　$x = \dfrac{0.91 \times 6.65 \times 2.096 \times 6.5 \times \sin 99.3 \times 6.023}{12.011 + 2 \times 1.008} = 34.936 \approx 35$

$$2x = 2 \times 35 = 70$$

因此,C_3H_6 晶胞中含有 35 个 C 原子,70 个 H 原子。

2-42　所谓玻璃,是指具有玻璃化转变温度的非晶态固体。玻璃与其他非晶态的区别就在于有无玻璃化转变温度。玻璃态也指非晶态金属和合金(amorphous metal),它实际上是一种过冷状态液体金属。

　　从内部原子排列的特征来看,晶体结构的基本特征是原子在三维空间呈周期性排列,即存在长程有序,而非晶体中的原子排列却无长程有序的特点;从性能上看,晶体具有固定熔点和各向异性,而非晶体则无固定熔点,且各向同性。

2-43　根据题意,设现有 100 g 的玻璃中,有 SiO_2 为 80g 和 Na_2O 为 20g。

　　首先求其摩尔分数:

含 SiO_2 量为　$\dfrac{80}{28.09 + 2 \times 16.00} = 1.331 (\text{mol}) \Rightarrow x_{SiO_2} = 80.47\%$

含 Na_2O 量为　$\dfrac{20}{2 \times 22.99 + 16.00} = 0.323 (\text{mol}) \Rightarrow x_{Na_2O} = 19.53\%$

　　现以 100 mol 数为基准,则

$$80.47 SiO_2 = 80.47 Si + 160.94 O$$

$$19.53 Na_2O = 39.86 Na + 19.83 O$$

因为每一个 Na^+ 产生 1 个非桥氧离子,所以就有 39.06 个非桥氧原子,而搭桥的氧原子即为

$$(160.94 + 19.53) - 39.06 = 141.41$$

非搭桥的氧原子数分数则为

$$\frac{39.06}{180.47} = 0.216$$

第 3 章

3-1　空位的迁移频率

$$\nu = \nu_0 z \exp\left(\frac{-\Delta E_v}{kT}\right) \exp\left(\frac{\Delta S_m}{k}\right)$$

$$\nu_{700} = 10^{13} \cdot 12 \cdot \exp\left(\frac{-0.15 \times 10^{-18}}{1.38 \times 10^{-23} \times 700}\right) \cdot 1 = 2.165 \times 10^7 \ \text{s}^{-1}$$

$$\nu_{300} = 10^{13} \cdot 12 \cdot \exp\left(\frac{-0.15 \times 10^{-18}}{1.38 \times 10^{-23} \times 300}\right) \cdot 1 = 2.207 \times 10^{-2} \ \text{s}^{-1}$$

3-2 设空位之粒子数分数为 x，

$$\rho = \frac{2(1-x)A_r}{a^3 N_A}$$

$$x = \frac{2A_r - \rho a^3 N_A}{2A_r} = 1 - \frac{8.57 \times (3.294 \times 10^{-8})^3 \times 6.023 \times 10^{23}}{2 \times 92.91} = 7.1766 \times 10^{-3}$$

$$10^6 \times 7.1766 \times 10^{-3} = 7176.6(\text{个})$$

所以，10^6 个 Nb 中有 7 176.6 个空位。

3-3 设空位所占粒子数分数为 x，

$$\rho = \frac{4 \times (1-x)A_r}{a^3 N_A}$$

$$x = 1 - \frac{21.45 \times (3.923 \times 10^{-8})^3 \times 6.023 \times 10^{23}}{4 \times 195.09} = 0.046\%$$

3-4 $$\rho = \frac{4 \times \left(1 - \frac{1}{500}\right)63.54}{(3.615 \times 10^{-8})^3 \times 6.023 \times 10^{23}} = 8.915 \ \text{g/cm}^3$$

3-5 $$\rho_{\text{理论}} = \frac{2A_r(\text{Fe})}{a^3 N_A} = \frac{2 \times 55.85}{(2.86 \times 10^{-8})^3 \times 6.023 \times 10^{23}} = 7.9276 \ \text{g/cm}^3$$

$$\rho_{\text{实际}} = \frac{2\left(A_r(\text{Fe}) + \frac{1}{200}A_H\right)}{a^3 N_A} = \frac{2 \times \left(55.85 + \frac{1.008}{200}\right)}{(2.86 \times 10^{-8})^3 6.023 \times 10^{23}} = 7.9283 \ \text{g/cm}^3$$

$$K_{\text{理论}} = \frac{2 \times \frac{4}{3}\pi \cdot r_{\text{Fe}}^3}{a^3} = \frac{\frac{8}{3}\pi \times (0.1241)^3}{(0.286)^3} = 0.6844$$

$$K_{\text{实际}} = \frac{2 \times \left[\frac{4}{3}\pi \cdot r_{\text{Fe}}^3 + \frac{1}{200} \times \frac{4}{3}\pi r_H^3\right]}{a^3} = \frac{\frac{8}{3}\pi \times \left[(0.1241)^3 + \frac{(0.036)^3}{200}\right]}{(0.286)^3} = 0.6845$$

3-6 设单位晶胞内所含的肖特基缺陷数为 x 个，

$$\rho = \frac{(4-x) \times [A_r(\text{Mg}) + A_r(\text{O})]}{a^3 N_A}$$

$$x = 4 - \frac{\rho a^3 N_A}{A_r(\text{Mg}) + A_r(\text{O})} = 4 - \frac{3.58 \times (4.2 \times 10^{-8})^3 \times 6.023 \times 10^{23}}{24.31 + 16.00} = 0.0369$$

3-7 MgF_2 若要溶入 LiF，由 Mg^{2+} 取代 Li^+，则须引入阳离子空位，因为被取代的离子和新加入的离子，其价电荷必须相等。相反，若要使 LiF 溶入 MgF_2，由 Li^+ 取代 Mg^{2+}，则须引入阴离子空位，使电荷平衡且不破坏原来的 MgF_2 结构。

3-8 根据其固溶度，100g 固溶体中则有 10g 的 Fe_2O_3，90g 的 NiO。

$$n_{Fe^{3+}} = \frac{10}{55.85 \times 2 + 16 \times 3} \times 2 = 0.125 \ \text{mol}$$

$$n_{Ni^{2+}} = \frac{90}{58.71 + 16} = 1.205 \ \text{mol}$$

$$n_{O^{2-}} = \frac{10}{55.85 \times 2 + 16 \times 3} \times 3 + \frac{90}{58.71 + 16} = 1.393\,\text{mol}$$

因为 NiO 具有 NaCl 型结构，$CN = 6$，且 $r_{Ni^{2+}} \approx r_{Fe^{3+}}$，故可视为 $w(Fe_2O_3)$ 为 10% 时母体的 NaCl 型结构不变，因此

$$a = 2(r_{O^{2-}} + r_{Ni^{2+}}) = 2 \times (0.14 + 0.069) = 0.418\,\text{nm}$$

由于每单位晶胞含有 4 个 Ni^{2+} 和 4 个 O^{2-}，故 $1\,\text{m}^3$ 中含有氧离子数为

$$\frac{1}{(0.418 \times 10^{-9})^3} \times 4 = 5.48 \times 10^{28}\,(\text{个})$$

而在此固溶度条件下，每 $1.393\,\text{mol}$ 的氧离子同时含有 $0.125\,\text{mol}$ 的 Fe^{3+} 和 $\dfrac{0.125}{2}\,\text{mol}$ 的阳离子空位数，所以 $1\,\text{m}^3$ 固溶体中含有阳离子空位数为

$$5.48 \times 10^{28} \times \frac{\dfrac{0.125}{2}}{1.393} = 2.46 \times 10^{27}\,(\text{个})$$

3-9　① 热激活过程通常可由著名的 Arrhenius 方程来描述。令 E 为形成一个间隙原子所需的能量，因此，能量超过平均能量而具有高能量的原子数 n 与总原子数 N 之比为

$$C = \frac{n}{N} = A\mathrm{e}^{-\frac{E}{kT}}$$

式中 A 为比例常数；k 为玻尔兹曼常数；T 为绝对温度。

上式两边取对数，则有

$$\ln C = \ln A - \frac{E}{kT}$$

$$\begin{cases} \ln 10^{-10} = \ln A - \dfrac{E}{1.38 \times 10^{-23} \times 773} \\[2mm] \ln 10^{-9} = \ln A - \dfrac{E}{1.38 \times 10^{-23} \times 873} \end{cases}$$

解上述联立方程得

$$\ln A = -2.92, \quad E = 2.14 \times 10^{-19}\,(\text{J})$$

② 在 700 ℃ 时　$\ln C = \ln \dfrac{n}{N} = -2.92 - \dfrac{2.14 \times 10^{-19}}{1.38 \times 10^{-23} \times 973}$

故　　　　　$\dfrac{n}{N} = 6 \times 10^{-9}$

3-10　根据 Arrhenius 方程得知：

$$\ln \frac{n}{N} = \ln A - \frac{E}{kT}$$

将已知条件代入上式：

$$\ln 10^{-4} = \ln A - \frac{0.32 \times 10^{-18}}{1.38 \times 10^{-23} \times 1\,073}$$

得　　　　　$\ln A = 12.4$

而　　　　　$\ln 10^{-3} = 12.4 - \dfrac{0.32 \times 10^{-18}}{1.38 \times 10^{-23} \times T}$

82   材料科学基础辅导与习题

所以 $\qquad T=1\,201\,\mathrm{K}=928\,\mathrm{℃}$

3-11 $1\,\mu\mathrm{m}^3$ 体积 Al 含有阵点数为

$$N=\frac{1}{a^3}\times 4=\frac{4}{(0.405\times 10^{-6})^3}=6.021\times 10^{10}(\text{个})$$

所以 $1\,\mu\mathrm{m}^3$ 体积内的空位数

$$n_v=CN=6.021\times 10^{10}\times 2\times 10^{-6}=1.204\times 10^5(\text{个})$$

假定空位在晶体内是均匀分布的,其平均间距

$$L=\sqrt[3]{\frac{1}{n_v}}=\sqrt[3]{\frac{1}{1.204\times 10^5}}=0.020\,25(\mu\mathrm{m})=20.25\,\mathrm{nm}$$

3-12 $C=A\exp\left(\dfrac{-Q}{RT}\right)$,取 $A=1$

$$C_{850\mathrm{℃}}=1\cdot\exp\left(\frac{-104\,675}{8.31\times 1\,123}\right)=1.344\,9\times 10^{-5}$$

$$C_{20\mathrm{℃}}=1\cdot\exp\left(\frac{-104\,675}{8.31\times 293}\right)=2.134\,9\times 10^{-19}$$

$$\frac{C_{850\mathrm{℃}}}{C_{20\mathrm{℃}}}=\frac{1.344\,9\times 10^{-5}}{2.134\,9\times 10^{-19}}=6.23\times 10^{13}(\text{倍})$$

3-13

$$\frac{C_{T_1}}{C_{T_2}}=\frac{1}{10^6}=\frac{A\exp\left(\dfrac{-E_v}{kT_1}\right)}{A\exp\left(-\dfrac{E_v}{kT_2}\right)}=\mathrm{e}^{\frac{E_v}{k}\left(\frac{1}{T_2}-\frac{1}{T_1}\right)}$$

$$-\ln 10^6=\frac{E_v}{k}\left(\frac{1}{T_2}-\frac{1}{T_1}\right)$$

故 $\qquad E_v=\dfrac{-\ln 10^6\cdot k}{\dfrac{1}{873}-\dfrac{1}{573}}=\dfrac{-13.8\times 8.617\times 10^{-5}}{1.145\times 10^{-3}-1.745\times 10^{-3}}=1.98\,\mathrm{eV}$

3-14 $C=\exp\dfrac{S_v}{k}\exp\left(-\dfrac{E_v}{kT}\right)$;而 W 的晶体结构为 bcc,每个晶胞含有 2 个 W 原子,故

$C_{20}=\dfrac{1}{2\times 10^{23}}=5\times 10^{-24}$。由于升温时晶体总质量不变,即

$$\left(1+\frac{\Delta V}{V}\right)\times(1-0.000\,12)=1\qquad \frac{\Delta V}{V}\approx 0.012\%$$

而晶体从 T_1 上升至 T_2 时,体积的膨胀是由点阵原子间距增大和空位浓度增高共同引起的,对边长为 L 的立方体,从 T_1 升至 T_2 时总的体积变化率

$$\frac{\Delta V_0}{V_0}=\frac{(L+\Delta L)^3-L^3}{L^3}=3\frac{\Delta L}{L}$$

由点阵常数增大引起的体积变化率

$$\frac{\Delta V_a}{V_a}=\frac{(a+\Delta a)^3-a^3}{a^3}=3\frac{\Delta a}{a}$$

若 T_1 时空位浓度与 T_2 时相比可忽略不计,则 T_2 时的平衡空位浓度

$$C_v=\frac{\Delta V_0}{V_0}-\frac{\Delta V_a}{V_a}=3\left(\frac{\Delta L}{L}-\frac{\Delta a}{a}\right)$$

故 $\qquad C_{1020}=(0.012-3\times4\times10^{-4})\%=1\times10^{-4}$

因此，$\qquad \begin{cases} 5\times10^{-24}=\exp\dfrac{S_v}{k}\exp\left[-\dfrac{E_v}{293k}\right] \\[3mm] 1\times10^{-4}=\exp\dfrac{S_v}{k}\exp\left[-\dfrac{E_v}{1\,293k}\right] \end{cases}$

解得 $\qquad \begin{cases} E_v=1.45(\text{eV}) \\ S_v=3.3\times10^{-4}(\text{eV}) \end{cases}$

3-15 20℃时：$\dfrac{C_v}{C_i}=e^{\frac{1}{kT}(E_i-E_v)}=e^{\frac{1}{8.617\times10^{-5}\times293}(3.0-0.76)}=e^{88.72}=3.395\times10^{38}$

500℃时：$\dfrac{C_v}{C_i}=e^{\frac{1}{8.617\times10^{-5}\times773}(3.0-0.76)}=e^{33.63}=4.026\times10^{14}$

讨论：点缺陷形成能的微小变化会引起其平衡浓度产生大幅度的变化。由于 Al 晶体中空位形成能低于间隙原子形成能，从而使同一温度下空位平衡浓度大大高于间隙原子平衡浓度。温度越低，此现象越明显。随温度下降，形成能较高的间隙原子的平衡浓度下降速度要比形成能较低的空位 C_v 下降速度快得多。

3-16 由伯氏矢量回路来确定位错的伯氏矢量方法中得知，此位错的伯氏矢量将反向，但此位错的类型性质不变。根据位错线与伯氏矢量之间的夹角判断，若一个位错环的伯氏矢量垂直于位错环线上各点位错，则该位错环上各点位错性质相同，均为刃位错；但若位错环的伯氏矢量与位错线所在的平面平行，则有的为纯刃型位错，有的为纯螺型位错，有的则为混合型位错；当伯氏矢量与位错环线相交成一定角度时，尽管此位错环上各点均为混合型位错，然而各点的刃型和螺型分量不同。

3-17 由于位错的应变能与 b^2 成正比，同号螺型位错的能量又都相同，因此其伯氏矢量 $\boldsymbol{b}$ 必然相同。若它们无限靠拢时，合并为伯氏矢量为 $2\boldsymbol{b}$ 的新位错，其总能量应为 $4E_1$。但是，实际上此位错反应是无法进行的，因为合并后能量是增加的，何况同性相斥，两同号位错间的排斥力将不允许它们无限靠拢。

3-18 ① 由于扭折处于原位错所在滑移面上，在线张力的作用下可通过它们自身的滑移而去除。割阶则不然，它与原位错处于不同的面上，fcc 的易滑移面为(111)，割阶的存在对原位错的运动必定产生阻力，故也难以通过原位错的滑动来去除。

② $1'2'$ 和 $3'4'$ 段均为刃型割阶，并且在 $1'2'$ 的左侧多一排原子面，在 $3'4'$ 的右侧多一排原子面，若随着位错线 $0'5'$ 的运动，割阶 $1'2'$ 向左运动或割阶 $3'4'$ 向右运动，则沿着这两段割阶所扫过的面积会产生厚度为一个原子层的空位群。

3-19 ① 扭折；② 割阶。（参阅《材料科学基础》中图 3.19）

3-20 ① $\Delta l=b\sin45°=\dfrac{\sqrt{2}}{2}b=0.707\times2\times10^{-10}=1.414\times10^{-10}(\text{m})$

② 若全部位错都在与圆柱轴线成 45°的平面上运动，由于圆柱体中位错数目为 $n=l\cdot d\cdot\rho=10^{-2}\times\sqrt{\dfrac{4\times10^{-6}}{\pi}}\times10^{14}=1.128\times10^9$，它们全部走出圆柱晶体时所发生的总变形量 $\Delta L'=nb=1.128\times10^9\times2\times10^{-10}=0.226(\text{m})$

③ 相应的正应变 $\quad\varepsilon=\dfrac{\Delta L'\sin45°}{L}\times100\%=\dfrac{0.226\times\frac{\sqrt{2}}{2}}{10^{-2}}\times100\%=1\,598.06\%$

3-21 两位错在外力作用下将向上弯曲并不断扩大,当他们扩大相遇时,将于相互连接处断开,放出一个大的位错环。新位错源的长度为 $5x$,将之代入,F-R 源开动所需的临界切应力

$$\tau_c = \frac{Gb}{L} = \frac{Gb}{5x}$$

若两个位错 $A\text{-}B$ 和 $C\text{-}D$ 的 $\boldsymbol{b}$ 相反时,在它们扩大靠近时将相互产生斥力,从而使位错环的扩展阻力增大,并使位错环的形状发生变化。随着位错环的不断扩展,斥力愈来愈大,最后将完全抑制彼此的扩展运动而相互钉扎住。

3-22 两平行位错间相互作用力中,f_x 项为使其沿滑移面上运动的力

$$f_x = \tau_{yx} b_2$$

$$\tau_{yx} = \frac{Gb}{2\pi(1-\nu)} \cdot \frac{x(x^2-y^2)}{(x^2+y^2)^2} = \frac{Gb}{8\pi(1-\nu)} \cdot \frac{1}{h}\sin 4\theta$$

(直角坐标与圆柱坐标间换算: $x = r\cos\theta = \dfrac{h\cos\theta}{\sin\theta}, y = h$;

三角函数:$\sin^2\theta + \cos^2\theta = 1, \sin 2\theta = 2\sin\theta\cos\theta, \cos 2\theta = \cos^2\theta - \sin^2\theta$)

$$f_x = \frac{Gb_1 b_2}{8\pi(1-\nu)} \cdot \frac{1}{h}\sin 4\theta$$

求出 f_x 的零点和极值点(第一象限):

$\sin 4\theta = 0 \quad \theta = 0 \quad f_x = 0$　两位错间互不受力,处于力的平衡状态;

$\sin 4\theta = 0 \quad \theta = \dfrac{\pi}{4} \quad f_x = 0$　两位错间互不受力,处于力的平衡状态;

$\sin 4\theta = 1 \quad \theta = \dfrac{\pi}{8} \quad f_x \to \max$　同号位错最大斥力,异号位错最大引力,其值为

$$f_x = \frac{Gb_1 b_2}{8\pi(1-\nu)h}$$

$\sin 4\theta = 1 \quad \theta = \dfrac{3\pi}{8} \quad f_x \to \max$　同号位错最大斥力,异号位错最大引力,其值为

$$f_x = \frac{Gb_1 b_2}{8\pi(1-\nu)h}$$

若不考虑其他阻力,有如下结论。

(1) 对异号位错:

要做相向运动,$0 < \theta < \dfrac{\pi}{4}$ 时,不须加切应力;

$\dfrac{\pi}{4} < \theta < \dfrac{\pi}{2}$ 时,需要加切应力:$\tau > \dfrac{Gb_1 b_2}{8\pi(1-\nu)h}$,方向 $\rightleftarrows$

要做反向运动,$0 < \theta < \dfrac{\pi}{4}$ 时,需要加切应力:$\tau > \dfrac{Gb_1 b_2}{8\pi(1-\nu)h}$,方向 $\leftrightarrows$

$\dfrac{\pi}{4} < \theta < \dfrac{\pi}{2}$ 时,不须加切应力。

(2) 对同号位错(以两负刃位错为例):

要做相向运动,$0 < \theta < \dfrac{\pi}{4}$ 时,需要加切应力:$\tau > \dfrac{Gb_1 b_2}{8\pi(1-\nu)h}$

对位错 A 方向 $\rightleftarrows$,对位错 B 方向为 $\leftrightarrows$。

$\dfrac{\pi}{4}<\theta<\dfrac{\pi}{2}$ 时,不须加切应力;

要做反向运动,$0<\theta<\dfrac{\pi}{4}$ 时,不须加切应力;

$\dfrac{\pi}{4}<\theta<\dfrac{\pi}{2}$ 时,需要加切应力:$\tau>\dfrac{Gb_1b_2}{8\pi(1-\nu)h}$,

对位错 A 方向⇄,对位错 B 方向为↪。

3-23 刃位错的应力场中有两个切应力:

$$\tau_{xy}=\tau_{yx}=\frac{Gb}{2\pi(1-\nu)}\cdot\frac{x(x^2-y^2)}{(x^2+y^2)^2}$$

当 $\dfrac{1}{(x^2+y^2)^2}$ 一定时,$y=0$ 时,τ_{xy} 最大,所以最大的分切应力在滑移面上,其值随着与位错距离的增大而减小,即 $(\tau_{xy})_{\max}=$ $\dfrac{Gb}{2\pi(1-\nu)}\cdot\dfrac{1}{x}$,如图 15 所示。

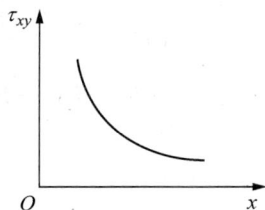
图 15

若 $x=2\,\mu\mathrm{m}$,则

$$\tau_{xy}=\frac{27\times10^9\times0.288\,8\times10^{-9}}{2\times3.141\,6\times\dfrac{2}{3}\times2\times10^{-6}}=0.93\,\mathrm{MPa}$$

3-24 首先做坐标变换(如图 16 所示),原题意可转为求位错 2 从 $y=-\infty$ 移至 $y=-a$ 处所需的能量,也即在此过程中外力为克服 y 方向的作用力所做的功。位错 2 在位错 1 应力场作用下受力为

$$f=\begin{bmatrix}\sigma_{xx}&\tau_{xy}&0\\\tau_{yx}&\sigma_{yy}&0\\0&0&\sigma_{zz}\end{bmatrix}\begin{pmatrix}0\\-b\\0\end{pmatrix}\times\boldsymbol{k}=-b\sigma_{yy}\boldsymbol{i}+b\tau_{xy}\boldsymbol{j}$$

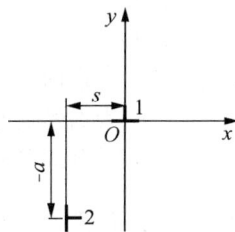
图 16

设位错线长度为 l,位错 2 在 y 方向受力为

$$f_y=bl\tau_{xy}=\frac{Glb^2}{2\pi(1-\nu)}\cdot\frac{x(x^2-y^2)}{(x^2+y^2)^2}=\frac{Glb^2}{2\pi(1-\nu)}\cdot\frac{-s(s^2-y^2)}{(s^2+y^2)^2}$$

可见,若 $|a|>|s|$,位错 2 在 $y=-\infty$ 至 $y=-a$ 范围内始终受到正向的力,如果不考虑其他阻力,则不需要外力做功便可自动到达要求的位置。若 $|a|<|s|$,将位错 2 从 $y=-\infty$ 移至 $y=-a$ 出所需的能量

$$W=\int_{-s}^{-a}\frac{Glb^2}{2\pi(1-\nu)}\cdot\frac{-s(s^2-y^2)}{(s^2+y^2)^2}dy=\frac{Glb^2}{2\pi(1-\nu)}\cdot\frac{sy}{s^2+y^2}\Big|_{-s}^{-a}$$
$$=\frac{Glb^2(s-a)^2}{4\pi(1-\nu)(s^2+a^2)}$$

3-25 根据伯氏矢量与位错线之间的关系可知,该位错为螺型位错,其应变能

$$E=\frac{Gb^2}{4\pi}\ln\frac{R}{r_0}$$

取 $r_0\approx b=\dfrac{\sqrt{2}}{2}a=0.707\times0.35\times10^{-9}=2.475\times10^{-10}\,(\mathrm{m})$

$R\approx1\times10^{-6}\,\mathrm{m}$

故　$E=\dfrac{4\times10^{10}\times(2.475\times10^{-10})^2}{4\pi}\ln\dfrac{10^{-6}}{2.475\times10^{-10}}=1.619\times10^{-9}(\text{N}\cdot\text{m/m})$

3-26　设想将两根位错线合并为一根,合并后的伯氏矢量为 $\boldsymbol{b}_3$。若合并后能量是增加的,则两根位错线是相斥的;若合并后能量是降低的,则两根位错线相吸。

根据位错应变能表达式可算得:

合并前:$E_1+E_2=2\times\dfrac{Gb_1^2}{4\pi(1-\nu)}\left(1-\nu\cos^2\dfrac{\varphi}{2}\right)\ln\dfrac{R}{r_0}$

合并后:$E_3=\dfrac{Gb_3^2}{4\pi}\ln\dfrac{R}{r_0}$

当 $(E_1+E_2)-E_3=0$ 时,可算得两位错间作用力为零时的 φ 值,即

$$2\times\dfrac{Gb_1^2}{4\pi(1-\nu)}\left(1-\nu\cos^2\dfrac{\varphi}{2}\right)\ln\dfrac{R}{r_0}-\dfrac{Gb_3^2}{4\pi}\ln\dfrac{R}{r_0}=0$$

$$\dfrac{2b_1^2}{1-\nu}\left(1-\nu\cos^2\dfrac{\varphi}{2}\right)-b_3^2=0$$

将 $b_3^2=2b_1^2+2b_1^2\cos\varphi,\nu=0.3$ 代入上式,得

$$\dfrac{1-\nu\cos^2\dfrac{\varphi}{2}}{1-\nu}-1-\cos\varphi=0$$

$$\varphi=80°$$

当 $\varphi<80°$,$(E_1+E_2)<E_3$,两位错线相斥;$\varphi>80°$,$(E_1+E_2)>E_3$,两位错线相吸。

3-27　① 令逆时针方向为位错环线的正方向,则 A 点为正刃型位错,B 点为负刃型位错,D 点为右螺旋位错,C 点为左螺旋位错,位错环上其他各点均为混合型位错。

各段位错线所受的力均为 $f=\tau b$,方向垂直于位错线并指向滑移面的未滑移区。

② 在外力 τ 和位错线的线张力 T 作用下,位错环最后在晶体中稳定不动,此时 $\tau=\dfrac{Gb}{2r_c}$,故 $r_c=\dfrac{Gb}{2\tau}$。

3-28　位错反应几何条件:

$$\boldsymbol{b}_1+\boldsymbol{b}_2=\left(\dfrac{1}{2}-\dfrac{1}{6}\right)\boldsymbol{a}+\dfrac{2}{6}\boldsymbol{b}+\left(-\dfrac{1}{2}+\dfrac{1}{6}\right)\boldsymbol{c}=\dfrac{1}{3}\boldsymbol{a}+\dfrac{1}{3}\boldsymbol{b}-\dfrac{1}{3}\boldsymbol{c}=\dfrac{a}{3}[11\bar{1}]$$

能量条件:$\left|\dfrac{a}{2}\sqrt{2}\right|^2+\left|\dfrac{a}{6}\sqrt{6}\right|^2=\left(\dfrac{a^2}{2}+\dfrac{a^2}{6}\right)>\dfrac{a^2}{3}$

因此　$\dfrac{a}{2}[10\bar{1}]+\dfrac{a}{6}[\bar{1}2\bar{1}]\rightarrow\dfrac{a}{3}[11\bar{1}]$ 位错反应能进行。

对照汤普森四面体,此位错反应相当于

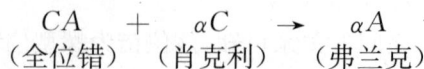

$$\begin{array}{ccccc}CA&+&\alpha C&\rightarrow&\alpha A\\(\text{全位错})&&(\text{肖克利})&&(\text{弗兰克})\end{array}$$

新位错 $\dfrac{a}{3}[11\bar{1}]$ 的位错线为 $(\bar{1}\bar{1}1)$ 和 $(11\bar{1})$ 的交线位于 (001) 面上,且系纯刃型位错。由于 (001) 面系 fcc 非密排面,故不能运动,系固定位错。

3-29　已知两平行位错之间的作用力为 $F=\dfrac{Gb_1b_2}{2\pi d}$;当一个全位错 $\dfrac{a}{2}[101]$ 分解成两个不全位

错 $\dfrac{a}{6}[112]+\dfrac{a}{6}[2\bar{1}1]$ 时,两个不全位错之间夹角为 $60°$,故它们之间的作用力为 $F=$

$\dfrac{Ga^2}{2\pi d}\dfrac{\sqrt{6}}{6}\times\dfrac{\sqrt{6}}{6}\cos 60°$,此系斥力。

由于两个不全位错之间为一堆垛层错,层错 γ 如同表面张力,有促进层错区收缩的作用,从而使两个不全位错间产生引力。当 $F=\gamma$ 时,两个不全位错到达平衡距离,令 $d=$

d_s,则 $d_s=\dfrac{Ga^2}{2\pi\gamma}\dfrac{\sqrt{6}}{6}\times\dfrac{\sqrt{6}}{6}\cos 60°=\dfrac{Ga^2}{24\pi\gamma}$,而 a 为点阵常数,$a\approx b$,故 $d_s\approx\dfrac{Gb^2}{24\pi\gamma}$。

3-30　$d_s\approx\dfrac{Gb^2}{24\pi\gamma}$,而 $b=\dfrac{a}{n}\sqrt{1^2+1^2+2^2}=\dfrac{\sqrt{6}}{6}a$,故

$$d_s\approx\dfrac{7\times10^{10}\times\dfrac{1}{6}\times(0.3\times10^{-9})^2}{24\times3.1416\times0.01}=1.3926\times10^{-9}\text{m}$$

3-31　① 位错 A,B 的应力场作用于位错 C,使其在滑移面上发生滑移的力

$$f_x=\tau_{xy}^A\cdot b+\tau_{xy}^B\cdot b=\dfrac{Gb^2}{2\pi(1-\nu)}\left[\dfrac{0.6(0.6^2-0.1^2)}{(0.6^2+0.1^2)^2}-\dfrac{0.3(0.3^2-0.2^2)}{(0.3^2+0.2^2)^2}\right]$$

$$=\dfrac{0.6464Gb^2}{2\pi(1-\nu)}>0$$

位错 C 受到 x 正方向的力,所以向右运动。

② $f_x=0$,位错 C 位置即为最终停住的位置,设停住时此位错 C 与位错 A 在 x 方向的距离为 x_t,由于

$$f_x=\dfrac{Gb^2}{2\pi(1-\nu)}\left[\dfrac{x_t(x_t^2-0.1^2)}{(x_t^2+0.1^2)^2}-\dfrac{(x_t-0.3)[(x_t-a_3)^2-0.2^2]}{[(x_t-0.3)^2+0.2^2]^2}\right]=0,$$

解此方程得 $x_t=0.76\,\mu\text{m}$,即位错 C 向右运动至 x 方向,在距位错 A 为 $0.76\,\mu\text{m}$ 时停止。

3-32　在晶体内离表面 $\dfrac{l}{2}$ 处加了螺位错 3 后,在晶体外离表面 $\dfrac{l}{2}$ 处有一符号相反的镜像螺位错 4,设受力方向由晶内向外为正,反之为负。

位错 3 与位错 1 同号时,螺位错 3 受力为

$$f=\dfrac{Gb^2}{2\pi\cdot\dfrac{l}{2}}+\dfrac{Gb^2}{2\pi\cdot\dfrac{3l}{2}}+\dfrac{Gb^2}{2\pi\cdot l}=\dfrac{Gb^2}{\pi\cdot l}\left(1+\dfrac{1}{3}+\dfrac{1}{2}\right)=\dfrac{11}{6}\cdot\dfrac{Gb^2}{\pi\cdot l},$$方向指向表面。

位错 3 与位错 1 异号时,螺位错 3 受力为

$$f=\dfrac{Gb^2}{2\pi\cdot l}-\dfrac{Gb^2}{2\pi\cdot\dfrac{3l}{2}}-\dfrac{Gb^2}{2\pi\cdot\dfrac{l}{2}}=\dfrac{Gb^2}{\pi\cdot l}\left(\dfrac{1}{2}-\dfrac{1}{3}-1\right)=\dfrac{-5}{6}\cdot\dfrac{Gb^2}{\pi\cdot l},$$方向指向晶内。

3-33　试样拉伸时的恒应变速率 $\dot{\varepsilon}=\dfrac{0.06}{3}=0.02\text{s}^{-1}$

铜晶体中单位位错 $\dfrac{a}{2}\langle110\rangle$ 的　　$b=\dfrac{\sqrt{2}}{2}a=\dfrac{\sqrt{2}}{2}\times0.36=0.2546\times10^{-7}\text{cm}$

而　　　　　　　　　　　　　$\dot{\varepsilon}=\rho\cdot v\cdot b$

故晶体中的平均位错密度

$$\rho=\dfrac{\dot{\varepsilon}}{vb}=\dfrac{0.02}{4\times10^{-3}\times0.2546\times10^{-7}}=1.964\times10^8\text{cm}^{-2}$$

3-34 ① 位错网络中两结点和它们之间的位错段可作为 F-R 源,位错增殖所需的切应力即为 F-R 源开动所需的最小切应力:$\tau = \dfrac{Gb}{D}$

② $D = \dfrac{Gb}{\tau} = \dfrac{Gb}{\dfrac{G}{100}} = 100b = 100\dfrac{\sqrt{2}}{2}a = 25.5\,\text{nm}$

③ 对三维位错网络:

$$\rho = \frac{2}{D^2} = 2\left(\frac{\tau}{Gb}\right)^2 = 2\left(\frac{42\times10^6}{50\times10^9\times2.55\times10^{-8}}\right)^2 = 2.17\times10^9\,\text{cm}^{-2}$$

3-35 如图 17 所示,有一螺型位错在(111)面上滑移(a),于某处受阻不能继续滑移,此位错的一部分就离开(111)面而沿($1\bar{1}1$)面进行交滑移,同时产生刃型位错段 AC 和 BD(b),然后 CD 又通过交滑移回到和原来滑移面平行的另一(111)面上;由于 AC 和 BD 这两段刃位错不在主滑移面上,而且 A,B,C,D 点又被钉扎住,不能移动,因此 A,B,C,D 可以起到 F-R 源结点的作用。在应力作用下,位错线 CD 可以不断地在滑移面上增殖(c),有时在第二个(111)面上扩展出来的位错圈又可以通过双交滑移转移到第三个(111)面上进行增殖,所以上述过程可使位错数目迅速增加,这就是位错增殖的双交滑移机制。

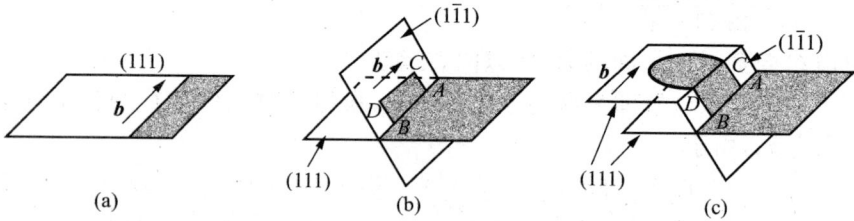

图 17

若 $L = CD = 100\,\text{nm}$,$b = 0.2\,\text{nm}$,$G = 40\,\text{GPa}$,则实现位错增殖所必需的切应力

$$\tau = \frac{Gb}{L} = \frac{40\times10^9\times0.2\times10^{-9}}{100\times10^{-9}} = 80\,\text{MPa}$$

3-36 设障碍物受到的力为 f,

位错 A 受力平衡: $\tau b + \dfrac{Gb^2}{2\pi(1-\nu)}\left(\dfrac{1}{AB} + \dfrac{1}{AB+BC}\right) - f = 0$

位错 B 受力平衡: $\tau b + \dfrac{Gb^2}{2\pi(1-\nu)}\left(\dfrac{1}{BC} - \dfrac{1}{AB}\right) = 0$

位错 C 受力平衡: $\tau b - \dfrac{Gb^2}{2\pi(1-\nu)}\left(\dfrac{1}{BC} + \dfrac{1}{AB+BC}\right) = 0$

联立上述方程得 $f = 3\tau b$, $AB = \dfrac{\sqrt{3}Gb}{2(1+\sqrt{3})\pi(1-\nu)\tau}$, $BC = \dfrac{\sqrt{3}Gb}{2\pi(1-\nu)\tau}$

故 $f = 3\times200\times10^6\times0.248\times10^{-9} = 0.15\,\text{N/m}$

$$AB = \frac{\sqrt{3}\times80\times10^9\times0.248\times10^{-9}}{2(1+\sqrt{3})\times3.1416\times\dfrac{2}{3}\times200\times10^6} = 15\,\text{nm}$$

$$BC = (1+\sqrt{3})AB = 2.732\times15 = 41\,\text{nm}$$

3-37 作图 18,令 $CF /\!/ AE$,$AF /\!/ CE$。故 AC 晶界上单位长度纵向排布的 $\perp$ 型位错数为 $\rho_\perp$:

$$\rho_\perp = \frac{\dfrac{EC-AB}{AC}}{b_\perp} = \frac{1}{b_\perp}\left(\frac{EC}{AC}-\frac{AB}{AC}\right) = \frac{1}{b_\perp}\left[\cos\left(\varphi-\frac{\theta}{2}\right)-\cos\left(\varphi+\frac{\theta}{2}\right)\right]$$

$$= \frac{2}{b_\perp}\sin\frac{\theta}{2}\sin\varphi$$

(a)

(b)

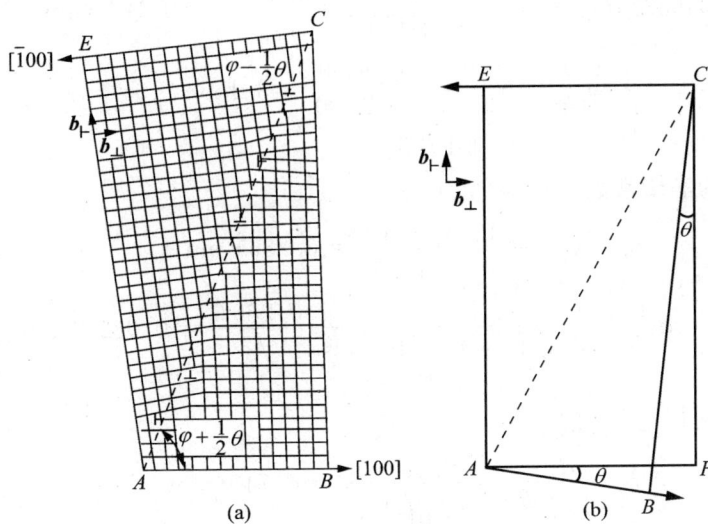

图 18   不对称倾斜晶界

当 θ 很小时，$\sin\dfrac{\theta}{2}\approx\dfrac{\theta}{2}$

$$\rho_\perp \approx \frac{2}{b_\perp}\cdot\frac{\theta}{2}\sin\varphi = \frac{\theta}{b_\perp}\sin\varphi$$

故

$$D_\perp = \frac{1}{\rho_\perp} = \frac{b_\perp}{\theta\sin\varphi}$$

同理，

$$\rho_\vdash = \frac{\dfrac{BC-AE}{AC}}{b_\vdash} = \frac{1}{b_\vdash}\left[\sin\left(\varphi+\frac{\theta}{2}\right)-\sin\left(\varphi-\frac{\theta}{2}\right)\right] = \frac{2}{b_\vdash}\sin\frac{\theta}{2}\cos\varphi \approx \frac{\theta}{b_\vdash}\cos\varphi$$

$$D_\vdash = \frac{1}{\rho_\vdash} = \frac{b_\vdash}{\theta\sin\varphi}$$

3-38   由图 19 可得 $D = \dfrac{\dfrac{b}{2}}{\sin\dfrac{\theta}{2}} \approx \dfrac{b}{\theta}$

3-39 $D = \dfrac{b}{2\sin\dfrac{\theta}{2}} \approx \dfrac{b}{\theta} = \dfrac{2\times10^{-10}}{0.087} = 23\times10^{-10}\ \mathrm{m}$

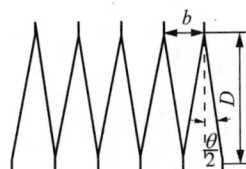

图 19

正六边形面积 $S = \dfrac{3}{2}\sqrt{3}a^2$，总边长为 $6a$。

单位面积中亚晶数目 $n = \dfrac{1}{S}$

$$\rho = 5 \times 10^{13} = \frac{1}{S} \cdot 6a \cdot \frac{1}{D} \cdot \frac{1}{2}$$

求得

$$a = 1 \times 10^{-5} \text{m}$$

3-40　(110)的晶面间距 $d_{110} = \frac{1}{2} \times \frac{a}{\sqrt{1^2 + 1^2 + 0}} = \frac{0.35238}{2\sqrt{2}} = 0.1246 \text{ nm}$

$$\sin\frac{\theta}{2} = \frac{d_{110}}{2l} = \frac{0.1246}{2 \times 2.000} = 3.115 \times 10^{-5},$$

故　　　　　　　　$\theta = 0.001785°$

3-41　α-Fe 晶体的晶格常数

$$a = \frac{4r_{\text{Fe}}}{\sqrt{3}} = \frac{4 \times 0.1241}{\sqrt{3}} = 0.2866 \text{ nm}$$

$$d_{111} = \frac{1}{2} \frac{a}{\sqrt{1^2 + 1^2 + 1^2}} = \frac{1}{2} \frac{0.2866}{\sqrt{3}} = 0.08273 \text{ nm}$$

$$\sin\frac{\theta}{2} = \frac{d_{111}}{2l}$$

故　　　　　　$l = \frac{d_{111}}{2\sin\frac{\theta}{2}} = \frac{0.08273}{2\sin\left(\frac{1}{2}\right)°} = 4.740(\text{nm})$

3-42　如图 20 所示,当平衡时

$$\frac{\gamma_{\alpha\alpha}}{\sin 100°} = \frac{\gamma_{\beta\alpha}}{\sin 130°} = \frac{\gamma_{\beta\alpha}}{\sin 130°}$$

$$\gamma_{\beta\alpha} = \gamma_{\alpha\alpha} \cdot \frac{\sin 130°}{\sin 100°} = 0.31 \times \frac{0.766}{0.985} = 0.241 \text{ J/m}^2$$

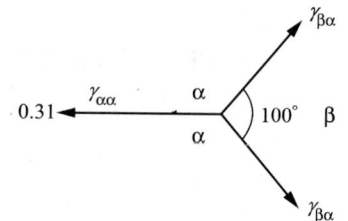

图 20

3-43　当相邻两相的晶面间距相差较大时,会出现部分共格界面,如图 21 所示。每经过一定距离,上下晶面重合,在原子间相互作用力的作用下,在中间对称位置上出现一个刃位错,位错间距

$$D = \frac{a_\beta}{a_\alpha - a_\beta} \cdot a_\alpha = \frac{a_\alpha a_\beta}{a_\alpha - a_\beta}$$

令错配度　　　　　　$\delta = \frac{a_\alpha - a_\beta}{a_\alpha}$

则　　　　　　　　$D = \frac{a_\beta}{\delta}$

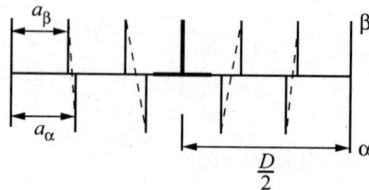

图 21

第4章

4-1 Si 为金刚石结构，每个晶胞有 8 个原子，故 10^7 个原子对应的体积

$$V=\frac{10^7}{8}\times a_0^3=\frac{10^7}{8}\times(0.5407\times10^{-9})^3=1.976\times10^{-22}\,\mathrm{m}^3$$

设 10^7 个硅原子在该端面包含的镓原子数为 x，则

$$\frac{\Delta\rho}{\Delta x}=\frac{\dfrac{x}{V}-\dfrac{2}{V}}{0.5\times10^{-3}}=2\times10^{26}$$

$$x=2+0.5\times10^{-3}\times2\times10^{26}\times1.976\times10^{-22}=21.76\approx22$$

故该端面上每 10^7 个硅原子需包含 22 个镓原子。

4-2 首先，应把溶质碳原子的含量从原子分数转换为体积分数，故必须先求出溶剂铁原子的单位体积原子数，即

$$\rho=7.63\times\frac{6.023\times10^{23}}{55.85}=8.23\times10^{22}\ \text{原子数（个）}/\mathrm{cm}^3$$

近似认为（碳原子数＋铁原子数）＝铁原子数，则有

$$\frac{\Delta\rho}{\Delta x}=\frac{(5\%-4\%)\times(8.23\times10^{22})}{1-2}\times10^6\times10^3$$

$$=-8.23\times10^{29}\ \text{原子数（个）}/\mathrm{m}^4$$

$$D_{\mathrm{C\,in\,\gamma\text{-}Fe,1000℃}}=D_0\mathrm{e}^{-\frac{Q}{RT}}=2.0\times10^{-5}\times\exp\left(\frac{-142\,000}{8.314\times1273}\right)=2.98\times10^{-11}\,\mathrm{m}^2/\mathrm{s}$$

根据菲克（Fick）第一定律：

$$J=-D\frac{\partial\rho}{\partial x}=-D\frac{\Delta\rho}{\Delta x}$$

$$=-(2.98\times10^{-11})\times(-8.23\times10^{29})$$

$$=2.45\times10^{19}\ \text{原子数（个）}/\mathrm{m}^2\mathrm{s}$$

4-3 设间隙原子通过薄膜的速率为 v，则单位面积单位时间的流量 $J=\dfrac{v}{A}$，由菲克第一定律：

$$J=-D\frac{\partial\rho}{\partial x}\approx-D\frac{\Delta\rho}{\Delta x}$$

$$D=-J\frac{\Delta x}{\Delta\rho}=-\frac{V}{A}\frac{\Delta x}{\Delta\rho}$$

$$A=1000\,\mathrm{mm}^2=10^{-3}\,\mathrm{m}^2,\quad\Delta x=0.25\times10^{-3}$$

$$D_{(1223\,\mathrm{K})}=-\frac{0.0025\times0.25\times10^{-3}}{10^{-3}(0-14.4\times10^3)}\approx4.34\times10^{-8}\,\mathrm{m}^2/\mathrm{s}$$

$$D_{(1136\,\mathrm{K})}=-\frac{0.0014\times0.25\times10^{-3}}{10^{-3}(0-19.6\times10^3)}\approx1.78\times10^{-8}\,\mathrm{m}^2/\mathrm{s}$$

设 D 符合 Arrhenius 定律，即

$$D=D_0\exp\left(-\frac{Q}{RT}\right)$$

$$\frac{D_{(1\,223\mathrm{K})}}{D_{(1\,136\mathrm{K})}} = \frac{4.34 \times 10^{-8}}{1.78 \times 10^{-8}} = \frac{\exp\left(-\dfrac{Q}{8.314} \times 1\,223\right)}{\exp\left(-\dfrac{Q}{8.314} \times 1\,136\right)}$$

$$Q = 1.2 \times 10^5\,\mathrm{J/mol}$$

4-4　① 由菲克(Fick)第二定律解得

$$\rho = \rho_s - (\rho_s - \rho_0)\,\mathrm{erf}\left(\frac{x}{2\sqrt{Dt}}\right)$$

两边同除合金密度,得

$$w = w_s - (w_s - w_0)\,\mathrm{erf}\left(\frac{x}{2\sqrt{Dt}}\right)$$

$$\frac{w_s - w}{w_s - w_0} = \mathrm{erf}\left(\frac{x}{2\sqrt{Dt}}\right)$$

$$\frac{1\% - 0.45\%}{1\% - 0.1\%} = \mathrm{erf}\left(\frac{0.05}{2\sqrt{Dt}}\right)$$

$$0.61 = \mathrm{erf}\frac{0.05}{2\sqrt{Dt}}$$

查表可得 $\dfrac{0.05}{2\sqrt{Dt}} = 0.61$,　$D = 0.2 \times \exp\left(\dfrac{-140\,000}{8.314 \times 1\,203}\right) = 1.67 \times 10^{-7}\,\mathrm{cm^2/s}$

故渗碳时间

$$t \approx 1.0 \times 10^4\,\mathrm{s}$$

② 由关系式 $x = A\sqrt{Dt}$,得

$$x_1 = A\sqrt{D_1 t_1},\quad x_2 = A\sqrt{D_2 t_2}$$

将两式相比,得

$$\frac{x_2^2}{x_1^2} = \frac{D_2 t_2}{D_1 t_1}$$

当温度相同时,$D_1 = D_2$,于是得

$$t_2 = \frac{x_2^2}{x_1^2} t_1 = \frac{(0.1)^2}{(0.05)^2} \times 1.0 \times 10^4 = 4.0 \times 10^4\,\mathrm{s}$$

③　　　　　　　　　　$$\frac{x_{930\,℃}}{x_{870\,℃}} = \frac{\sqrt{D_{930\,℃}\,t_{930\,℃}}}{\sqrt{D_{870\,℃}\,t_{870\,℃}}}$$

因为　　　　　$t_{930\,℃} = t_{870\,℃}$,　$D_{930\,℃} = 1.67 \times 10^{-7}\,(\mathrm{cm^2/s})$,

$$D_{870\,℃} = 0.2 \times \exp\left(\frac{-140\,000}{8.314 \times 1\,143}\right) = 8.0 \times 10^{-8}\,(\mathrm{cm^2/s})$$

所以　　$\dfrac{x_{930\,℃}}{x_{870\,℃}} = \dfrac{\sqrt{D_{930\,℃}}}{\sqrt{D_{870\,℃}}} = \sqrt{\dfrac{1.67 \times 10^{-7}}{8.0 \times 10^{-8}}} = 1.45$(倍)

4-5　① 由菲克第二定律得通解(假定 D 与 ρ 无关):

$$\rho = A_1 \int_0^\beta \exp(-\beta^2)\,\mathrm{d}\beta + A_2$$

初始条件　　　　　　$t = 0,\quad x \geqslant 0,\quad \rho = \rho_0$

边界条件　　$t > 0$，　$x = 0$，　$\rho = 0$；$x = \infty$，$\rho = \rho_0$

初始条件　　$t = 0$，　$x \geqslant 0$，　$\rho = \rho_0$，　$\beta = \dfrac{x}{2\sqrt{Dt}}$

$$\rho_0 = A_1 \int_0^\infty \exp(-\beta^2)\,\mathrm{d}\beta + A_2 \rightarrow \rho_0 = A_1 \frac{\sqrt{\pi}}{2} + A_2$$

边界条件　　$t > 0$，　$x = 0$，　$\rho = 0$

$$0 = A_1 \int_0^\infty \exp(-\beta^2)\,\mathrm{d}\beta + A_2 \rightarrow A_2 = 0$$

联立方程：$\rho_0 = A_1 \dfrac{\sqrt{\pi}}{2} + A_2$

　　　　　　$A_2 = 0$

解得　　　　$A_1 = \dfrac{2\rho_0}{\sqrt{\pi}}$

代入通解得：$\rho = \dfrac{2\rho_0}{\sqrt{\pi}} \int_0^\beta \exp(-\beta^2)\,\mathrm{d}\beta = \rho_0 \operatorname{erf}(\beta)$

同除合金密度，得

$$w = w_0 \operatorname{erf}(\beta)$$

②　　　　　　　　$0.80 = 0.85 \operatorname{erf}\dfrac{x}{2\sqrt{Dt}}$

$$\operatorname{erf}\left(\frac{x}{2\sqrt{Dt}}\right) = 0.94$$

故　　　　　　　　$\dfrac{x}{2\sqrt{Dt}} = 0.8163$

$$x = 2 \times 0.8163 \times \sqrt{1.1 \times 10^{-7} \times 3600}$$

$$x = 0.032\ \mathrm{cm}$$

4-6　　　　　　　$\dfrac{w_2 - w_1}{w_2 - w_0} = \operatorname{erf}\left(\dfrac{x}{2\sqrt{Dt}}\right)$

$$\frac{1.2 - 0.9}{1.2 - 0} = \operatorname{erf}\left(\frac{0.1 \times 10^{-3}}{2\sqrt{10^{-10} \times t}}\right)$$

$$\operatorname{erf}\left(\frac{5}{\sqrt{t}}\right) = 0.25$$

查表得　　　　　　$\dfrac{5}{\sqrt{t}} \approx 0.2763$

故　　　　　　　　$t \approx 327\ \mathrm{s}$

4-7　根据 Kirkendall 效应，标记移动速度

$$v_\mathrm{m} = (D_{\mathrm{Cr}} - D_{\mathrm{Fe}})\frac{\partial x}{\partial z} = (D_{\mathrm{Cr}} - D_{\mathrm{Fe}}) \times 126$$

互扩散系数

$$\overline{D} = x_{\mathrm{Cr}} D_{\mathrm{Fe}} + x_{\mathrm{Fe}} D_{\mathrm{Cr}} = 0.478 D_{\mathrm{Fe}} + 1 - 0.478 D_{\mathrm{Cr}} = 1.43 \times 10^{-9}\ \mathrm{cm^2/s}$$

根据已知条件：$\dfrac{x^2}{t}=k$

$$v_m = \frac{\mathrm{d}x}{\mathrm{d}t} = \frac{k}{2x} = \frac{x}{2t} = \frac{1.52 \times 10^{-3}}{2 \times 3\,600}\,\mathrm{cm/s}$$

联立上述三个方程，即可解得：

$$D_{Cr} = 2.23 \times 10^{-9}\,\mathrm{cm^2/s}$$
$$D_{Fe} = 0.56 \times 10^{-9}\,\mathrm{cm^2/s}$$

4-8　由 $D = D_0 \exp\left(-\dfrac{Q}{RT}\right)$，得

$$\frac{D_{873K}}{D_{298K}} = \exp\left[\frac{-83\,700}{8.314}\left(\frac{298-873}{873 \times 298}\right)\right] = 4.6 \times 10^9$$

$$\frac{D_{873K}}{D_{298K}} = \exp\left[-\frac{251\,000}{8.314}\left(\frac{298-873}{873 \times 298}\right)\right] = 9.5 \times 10^{28}$$

对于温度从 298K 提高到 873K，扩散速率 D 分别提高 4.6×10^9 倍和 9.5×10^{28} 倍，显示出温度对扩散速率的重要影响。当激活能越大，扩散速率对温度的敏感性越大。

4-9　① $D = D_0 \exp\left(\dfrac{-Q}{RT}\right)$

所以　　$\ln D = \ln D_0 - \dfrac{Q}{RT}$

改变对数形式，得

$$\lg D = \lg D_0 - \frac{Q}{2.3R} \cdot \frac{1}{T}$$

（因为 $\ln D = 2.3 \lg D$）

把表中 D 和温度（化为绝对温度）作图，如图 22 所示。

$\lg D$ 与 $\dfrac{1}{T}$ 成线性关系，故满足 $D = D_0 \exp\left(-\dfrac{Q}{RT}\right)$ 公式，其斜率为：$\dfrac{Q}{2.3R}$，且有

$$\frac{Q}{2.3R} = \frac{\lg(4.75 \times 10^{-13}) - \lg(2 \times 10^{-13})}{(9.91 - 9.5) \times 10^{-4}}$$
$$= \frac{-12.323\,3 - (-12.699\,0)}{0.41 \times 10^{-4}}$$
$$= 0.92 \times 10^4$$

因此，　$Q = 2.3 \times R \times 0.92 \times 10^4$
　　　　$= 2.3 \times 8.314 \times 0.92 \times 10^4$
　　　　$= 175.9\,\mathrm{kJ/mol}$

因为 $\lg D$ 与 $\dfrac{1}{T}$ 呈线性关系，所以 D_0 和 Q

与 T 无关。对于 $T = 1\,009\,\mathrm{K}(736℃)$，$D_{736℃} = 2 \times 10^{-13}\,\mathrm{m^2/s}$，把这些值代入：

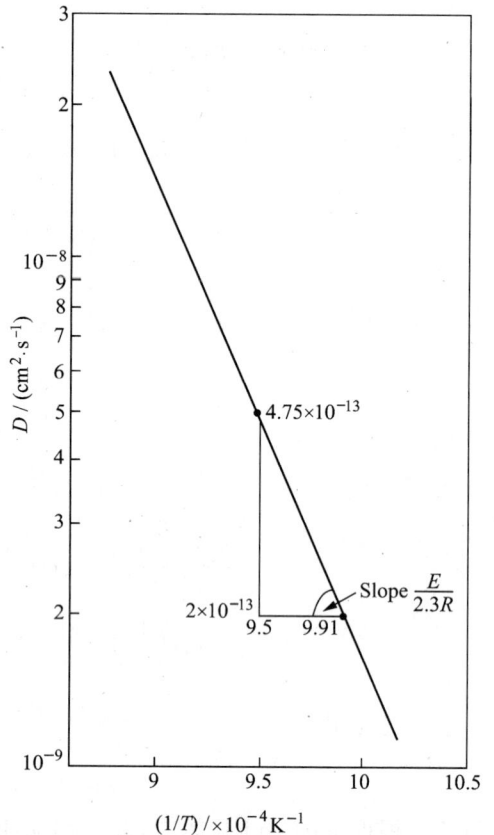

图 22

$$\lg D_0 = \lg D + \frac{Q}{2.3R} \times \frac{1}{T}$$

$$= \lg(2 \times 10^{-13}) + \frac{175\,900}{2.3 \times 8.314 \times 1\,009}$$

$$\lg D_0 \approx -3.58,$$

$$D_0 = 2.62 \times 10^{-4}\,\text{m}^2/\text{s}$$

② $\quad \lg D_{500℃} = \lg D_0 - \frac{Q}{2.3 \times R} \times \frac{1}{T}$

$$\lg D_{500℃} = \lg(2.62 \times 10^{-4}) - \frac{175.9 \times 10^3}{2.3 \times 8.314 \times 773}$$

$$= -3.58 - 11.90 = -15.48$$

则 $\quad\quad\quad D_{500℃} \approx 3.31 \times 10^{-16}\,\text{m}^2/\text{s}$

4-10 ① $4\,\text{h} = 4 \times 3\,600(\text{s})$

在 925℃时，$S = n \cdot r = \Gamma \cdot t \cdot r = 1.7 \times 10^9 \times 4 \times 3\,600 \times 2.53 \times 10^{-10} = 6\,193\,\text{m}$

② $\sqrt{\overline{R_n^2}} = \sqrt{n \cdot r} = \sqrt{1.7 \times 10^9 \times 4 \times 3\,600} \times 2.53 \times 10^{-10} = 1.25 \times 10^{-3}\,\text{m} \approx 1.3\,\text{mm}$

③ 用上述公式可分别求得在 20℃时：

$$S = \Gamma \cdot t \cdot r$$

$$= 2.1 \times 10^{-9} \times 4 \times 3\,600 \times 2.53 \times 10^{-10}$$

$$= 7.65 \times 10^{-15}\,(\text{m})$$

$$\sqrt{\overline{R_n^2}} = \sqrt{n \cdot r} = \sqrt{2.1 \times 10^{-4} \times 4 \times 3\,600} \times 2.53 \times 10^{-10}$$

$$= 1.39 \times 10^{-12}\,\text{m}$$

4-11

$$D = D_0 \exp\left(-\frac{Q}{RT}\right)$$

$$\lg D = \lg D_0 - \frac{Q}{RT}\lg e$$

$$\Delta \lg D = -\frac{Q}{R}\left(\frac{1}{T_1} - \frac{1}{T_2}\right)\lg e$$

在 700℃时，多晶体银扩散激活能为：

$$-10.72 - (-12) = -\frac{Q_1}{R}(1.10 \times 10^{-3} - 1.30 \times 10^{-3})\lg e$$

$$Q_1 = 122.4\,\text{kJ} \quad \text{（图中的扩散激活能的单位是卡）}$$

单晶体银的扩散激活能为：

$$-8 - (-14) = -\frac{Q_2}{R}\lg e(0.8 \times 10^{-3} - 1.39 \times 10^{-3})$$

$$Q_2 = 194.5\,\text{kJ}$$

单晶体的扩散是体扩散，而多晶体存在晶界，由于晶界的"短路"扩散作用，使扩散速率增大，从而扩散激活能较小。

4-12 因晶界扩散激活能 $Q_{晶界}$ 小于体内扩散激活能，所以前者的 $\ln D$-$\frac{1}{T}$ 直线的斜率小于后者，两直线必交于一点。如图 23 所示：

该点的温度就是二者扩散系数相等的温度，即 $D_B = D_L$，由 $D = D_0 \exp\left(-\dfrac{Q}{RT}\right)$，得

$\dfrac{Q_B}{T_B} = \dfrac{Q_L}{T_L}$（B：晶界，L：体内扩散）。

因为 $Q_B = 0.5Q_L$，所以 $\dfrac{1}{2}T_B = \dfrac{1}{T_L}$，　$T_B = \dfrac{T_L}{2}$。

若取 T_L 为固体中最高的扩散温度，即该材料熔点温度，则在约为熔点一半的较低温度下，由于原子在体内扩散较为困难，晶界扩散的作用突现出来，所以成为主导作用。

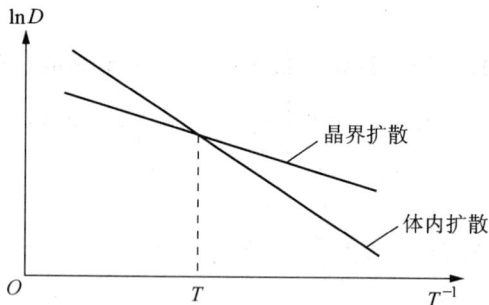

图 23

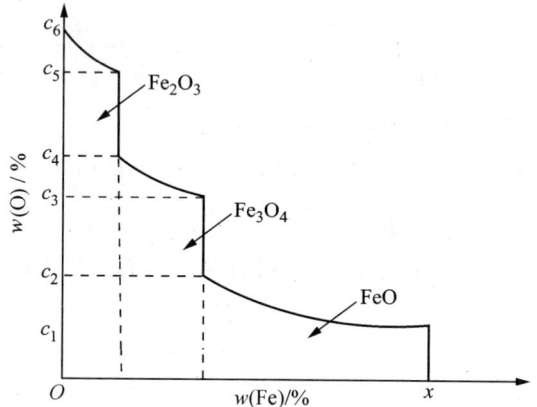

图 24

4-13 根据 Fe-O 相图，在 1 000 ℃ 下当表面氧含量达到 31% 时，则由表面向内依次出现 Fe_2O_3，Fe_3O_4，FeO 氧化层，最内侧为 γ-Fe，如图 24 所示。随着扩散的进行，氧化层逐渐增厚并向内部推进。

4-14 ① 产生阳离子（Ni）的空位。（电中性原理）

② 每个 W^{6+} 引入产生了 2 个 N^{2+} 空位。

③ 由于 W 的引入，增加了空位浓度，使空气中的氧和氧化物中 Ni^{2+} 离子在表面更容易相对地迁入和迁出，增加了氧化速度，因此抗氧化能力降低。

4-15 ①
$$D = D_0 \exp\left(\dfrac{-Q}{RT}\right)$$

铝：
$$D_{Al} = 2.8 \times 10^{-3} \cdot \exp\left(\dfrac{-477\,000}{8.314 \times 2\,000}\right)$$
$$= 9.7 \times 10^{-16}\,(\text{m}^2/\text{s})$$

氧：
$$D_O = 0.19 \cdot \exp\left(\dfrac{-636\,000}{8.314 \times 2\,000}\right)$$
$$= 4.7 \times 10^{-18}\,\text{m}^2/\text{s}$$

② 因为在 Al_2O_3 中，阳原子 Al 的离子半径小于阴离子 O 的半径，因此 Al 在 Al_2O_3 的扩散激活能小于 O 在 Al_2O_3 中激活能，故前者的扩散系数大于后者。

4-16 ① 两段折线表示有两种不同的扩散机制控制 NaCl 中 Na 的扩散。

② Cd^{2+} 取代 Na^+ 将产生 Na^+ 的空位，但在高温下（约 550 ℃）所产生热力学平衡 Na^+ 空位的浓度远大于 Cd^{2+} 所产生的空位浓度，所以本征扩散占优，而在较低温度下，热

力学平衡 Na^+ 空位随温度降低而显著减小,由 Cd^{2+} 所产生的空位起着重要作用,有效地降低了扩散的空位形成能,从而加速了扩散速率,使 D_{Na} 与 $\frac{1}{T}$ 的关系偏离线性关系。

4-17　根据原子无规则行走,可得均方根位移: $\sqrt{\overline{R^2}} = \sqrt{nl} = \sqrt{2\,000 \times 0.514} = 22.987 (nm)$,当分子链伸直时,如图所示,伸长后的长度 $L_{max} = nl\cos 35.25° = 2\,000 \times 0.514 \times \cos 35.25° = 839.508 (nm)$,

故
$$\frac{L_{max}}{\sqrt{\overline{R^2}}} = 36.5 (倍)$$

由此可见,在外力作用下,分子链通过内旋转对此作出响应,由蜷缩变为伸直,从而可产生很大的变形。

4-18　由链段与能垒(势垒)差的关系 $L_p = l \exp\left(\frac{\Delta\varepsilon}{kT}\right)$ 可知:分子链柔顺性越好,链内旋转的势垒($\Delta\varepsilon$)越低,流动单元链段也越短。按照高分子流动的分段移动机理,此时柔性分子链流动所需要的自由体积空间小,因而在比较低的温度下就可能发生黏性流动。

　　当相对分子质量越小时,分子链之间的内摩擦阻力越小,分子链的相对运动更容易些,因而黏流温度就降低。

4-19　聚乙烯的重复单元结构为: $—CH_2—CH_2—$;聚甲醛的重复单位结构为: $—CH_3—O—$,

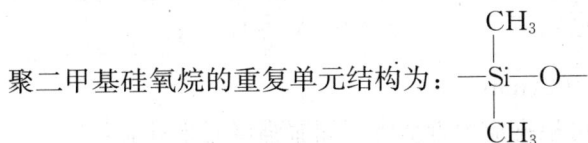

聚二甲基硅氧烷的重复单元结构为:

因 Si—O 键的内旋转比 C—O 键容易,而 C—O 键的内旋转又比 C—C 键容易,内旋转越容易,分子链柔顺性越好。由此可知随着柔顺性的提高,温度 T_g 就降低。

4-20　① 不同模量对应高分子不同的状态,如图 25(a)所示:在低温端,50%的非晶区,链段不能开动,表现为刚性,模量高;随着温度的提高,链段可运动,随之模量下降,高分子显示出晶区的强硬和非晶区的部分柔顺的综合效应,即又硬又韧的皮革态;当非晶区随温度进一步提高而链段可动性更大时,柔顺性更好,显示高弹性(即橡胶态)。此时高分子的模量主要来自晶区,模量随温度升高而下降,并在熔点以下很大范围内保持着晶区的模量。随温度继续升高,模量快速降为零,此时为黏流态。

　　② 完全非晶态和完全晶态高分子的模量-温度曲线,如图 25(b)所示。其中表示 100% 非晶态高分子随温度升高,经历玻璃态,模量约为 $10^{10} \sim 10^{11}$ Pa,高弹态,模量约为 $10^5 \sim 10^7$ Pa,黏流态时,模量几乎为零。

　　图 25(b)表示 100%晶态高分子随温度的升高,晶体结构不变,始终保持其高的模量,当温度达到熔点(T_m)时,晶态被破坏,为无规结构的黏流态,高分子模量急剧下降为零。

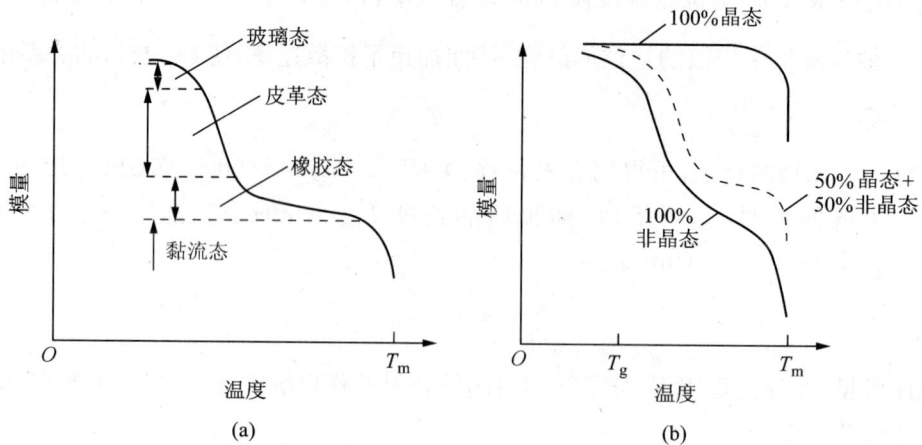

图 25

第 5 章

5-1　在弹性范围内,应力与应变符合胡克定律 $\sigma=E\varepsilon$,而 $\varepsilon=\dfrac{l-l_0}{l_0}=\dfrac{\dfrac{F}{A}}{E}$,所以

$$l=l_0+\frac{F}{EA}l_0=l_0\left(1+\frac{F}{EA}\right)=5\left[1+\frac{200}{70\times10^9\times\dfrac{\pi}{4}(3\times10^{-3})^2}\right]$$

$$=5.00202(\mathrm{m})=5002.02(\mathrm{mm})$$

5-2　① 不发生塑性变形的最大载荷可根据应力近似等于屈服强度时来计算:

$$F=\sigma A=180\times10^6\times10\times2\times10^{-6}=3600\,\mathrm{N}$$

②　　　　　　　$$\varepsilon=\frac{\sigma}{E}=\frac{180\times10^6}{45\times10^9}=0.004$$

5-3　陶瓷材料的 E 与其孔隙体积分数 φ 之间的关系可用下式表示:

$$E=E_0(1-1.9\varphi+0.9\varphi^2)$$

式中 E_0 为无孔隙材料的弹性模量。

　　将已知条件代入上式,可求得

$$E_0=\frac{E}{1-1.9\varphi+0.9\varphi^2}=\frac{370\times10^9}{1-1.9\times0.05+0.9\times(0.05)^2}=407.8\,\mathrm{GPa}$$

$$270\times10^9=407.8\times10^9(1-1.9\varphi_1+0.9\varphi_1)$$

故　　　　　　　　　　　　$$\varphi_1=19.61\%$$

5-4　冷变形度 $=\dfrac{A_0-A_F}{A_0}\times100\%$,　$25\%=\dfrac{hw-1w}{hw}\times100\%$,　$h=\dfrac{4}{3}\,\mathrm{cm}$

$$总变形度=\frac{\dfrac{4}{3}w-0.6w}{\dfrac{4}{3}w}\times100\%=55\%$$

冷轧后黄铜板强度和硬度提高,而塑性、韧性降低,这就是加工硬化现象。

5-5
$$\sigma_b = \frac{127\,600}{10 \times 10 \times 10^{-6}} = 1.276\,\text{GPa}$$

$\sigma_{0.2}$可以从拉伸的应力-应变曲线上求得,为 $1\,000\,\text{MPa}$,

$$E = \frac{\sigma}{\varepsilon} = \frac{\dfrac{86\,200}{10 \times 10 \times 10^{-6}}}{\dfrac{40.2 - 40}{40}} = 172.4\,\text{GPa}$$

$$\delta = \frac{50.2 - 40}{40} = 25.5\%$$

5-6　① 变形过程中,总的体积不变,设拉拔后的长度为 L,则

$$\pi\left(\frac{14.0}{2}\right)^2 \times 20 \times 10^3 = \pi \times \left(\frac{12.7}{2}\right)^2 \times L \times 10^3,$$

故　　　　　　　　　　　$L = 24.3\,\text{m}$

② 冷加工率即为断面收缩率

$$\psi = \frac{\pi\left(\dfrac{14.0}{2}\right)^2 - \pi\left(\dfrac{12.7}{2}\right)^2}{\pi\left(\dfrac{14.0}{2}\right)^2} = 18\%$$

5-7　① $\varepsilon_e = \dfrac{(1.1-1)L}{L} = 10\%$;　$\varepsilon_T = \ln\dfrac{1.1L}{L} = 9.5\%$

② $\varepsilon_e = \dfrac{(0.9-1)h}{h} = -10\%$;　$\varepsilon_T = \ln\dfrac{0.9h}{h} = -10.5\%$

③ $\varepsilon_e = \dfrac{(2-1)L}{L} = 100\%$;　$\varepsilon_T = \ln\dfrac{2L}{L} = 69.3\%$

④ $\varepsilon_e = \dfrac{(0.5-1)h}{h} = -50\%$;　$\varepsilon_T = \ln\dfrac{0.5h}{h} = -69.3\%$

从上得知 $\varepsilon_T \neq \varepsilon_e$,变形量越大,$\varepsilon_T$ 和 ε_e 之间的差值就越大。比较③和④,将长度为 L 的均匀试样伸长 1 倍与压缩其长度的 $\dfrac{1}{2}$,二者真实应变量的绝对值相等,而工程应变量的绝对值却不相等,所以用真实应变更能反映真实的变形特性。

5-8　① 对 $\sigma_T = k\varepsilon_T^n$,　$\mathrm{d}\sigma_T = nk\varepsilon_T^{n-1}\mathrm{d}\varepsilon_T$,所以

$$\frac{\mathrm{d}\sigma_T}{\mathrm{d}\varepsilon_T} = nk\varepsilon_T^{n-1}$$

当 $\varepsilon_T < 1$ 时,若 $0 < n < 1$,则 n 较大者,$\dfrac{\mathrm{d}\sigma_T}{\mathrm{d}\varepsilon_T}$ 也较大,所以 A 比 B 的应变硬化能力高。

② 当 $\varepsilon_T < 1$ 时,若 $0 < n < 1$,k 值大致相等,在相同的 ε_T 下,n 越大,则 σ_T 越小,又 $\sigma_T \propto \sqrt{\rho}$,所以 n 越大,ρ 越小,由于 A 的 n 值比 B 的高,所以在同样的塑性应变时,B 的位错密度高。

③ $\theta = \dfrac{\mathrm{d}\sigma_T}{\mathrm{d}\varepsilon_T} = nk\varepsilon_T^{n-1}$,将 $\sigma_T = k\varepsilon_T^n$ 代入,得

$$\theta = n\frac{\sigma_T}{\varepsilon_T^n}\varepsilon_T^{n-1} = n\frac{\sigma_T}{\varepsilon_T}$$

5-9　矢量数性积：

$$\boldsymbol{a} \cdot \boldsymbol{b} = |\boldsymbol{a}| \cdot |\boldsymbol{b}| \cos\theta \Rightarrow \cos\theta = \frac{\boldsymbol{a} \cdot \boldsymbol{b}}{|\boldsymbol{a}| \cdot |\boldsymbol{b}|}$$

$$= \frac{a_1 b_1 + a_2 b_2 + a_3 b_3}{\sqrt{a_1^2 + a_2^2 + a_3^2} \cdot \sqrt{b_1^2 + b_2^2 + b_3^2}}$$

$(111)[10\bar{1}]$滑移系：

$$\cos\lambda = \frac{-1}{1 \times \sqrt{2}} = \frac{-1}{\sqrt{2}} \quad (\text{负号不影响切应力大小，故取正号})$$

$$\cos\phi = \frac{1}{1 \times \sqrt{3}} = \frac{1}{\sqrt{3}}$$

$$\tau = \sigma \cos\lambda \cos\phi = \frac{70}{\sqrt{2} \cdot \sqrt{3}} = 28.577\,\text{MPa}$$

$(111)[\bar{1}10]$滑移系：

$$\cos\lambda = \frac{0}{1 \times \sqrt{2}} = 0, \quad \cos\phi = \frac{1}{1 \times \sqrt{3}} = \frac{1}{\sqrt{3}}$$

$$\tau = \sigma \cos\lambda \cos\phi = \frac{70 \times 0}{\sqrt{3}} = 0$$

5-10　矢量数性积：

$$\boldsymbol{a} \cdot \boldsymbol{b} = |\boldsymbol{a}| \cdot |\boldsymbol{b}| \cos\theta \Rightarrow \cos\theta = \frac{\boldsymbol{a} \cdot \boldsymbol{b}}{|\boldsymbol{a}| \cdot |\boldsymbol{b}|}$$

$$= \frac{a_1 b_1 + a_2 b_2 + a_3 b_3}{\sqrt{a_1^2 + a_2^2 + a_3^2} \cdot \sqrt{b_1^2 + b_2^2 + b_3^2}}$$

$[001]$方向：

$$\cos\lambda = \frac{1}{1 \times \sqrt{3}} = \frac{1}{\sqrt{3}}$$

$$\cos\phi = \frac{0}{1 \times \sqrt{2}} = 0$$

$$\sigma = \frac{\tau_c}{\cos\lambda \cos\phi} = \frac{60}{\frac{1}{\sqrt{3}} \times 0} = \infty$$

故在此方向上无论施加多大应力都不能产生滑移。

$[010]$方向：

$$\cos\lambda = \frac{1}{1 \times \sqrt{3}} = \frac{1}{\sqrt{3}}$$

$$\cos\varphi = \left| \frac{-1}{1 \times \sqrt{2}} \right| = \frac{1}{\sqrt{2}}$$

$$\sigma = \frac{\tau_c}{\cos\lambda \cos\phi} = \frac{60}{\frac{1}{\sqrt{3}} \times \frac{1}{\sqrt{2}}} = 146.97\,(\text{MPa})$$

5-11　如图 26 所示，AC 和 $A'C'$ 分别为拉伸前后晶体中两相邻滑移面之间的距离。因为拉伸前后滑移面间距不变，即 $AC = A'C'$，故

$$\varepsilon = \frac{A'B' - AB}{AB} = \frac{\dfrac{A'C'}{\sin 30°} - \dfrac{AC}{\sin 45°}}{\dfrac{AC}{\sin 45°}}$$

$$= \frac{2 - \sqrt{2}}{\sqrt{2}} = 41.4\%$$

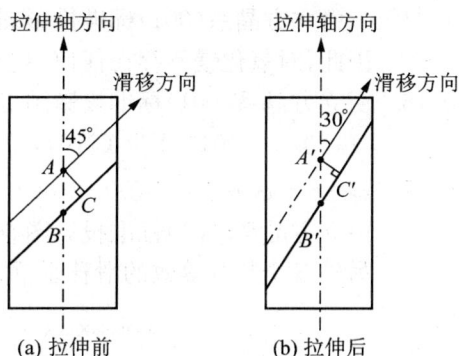

(a) 拉伸前   (b) 拉伸后

图 26

5-12 Al 系 fcc 晶体结构，其滑移系为$\{111\}\langle 110\rangle$。当外力轴为$[123]$时，根据映像规则从立方晶系的标准投影图得知，首先开动的滑移系为$(\bar{1}11)[101]$，故 ϕ 为$[123]$与$(\bar{1}11)$晶面的法线$[\bar{1}11]$之间的夹角，λ 为$[123]$与$[101]$之间的夹角，

$$\cos\phi = \frac{-1 + 2 + 3}{\sqrt{14} \times \sqrt{3}} = \frac{4}{\sqrt{42}}$$

$$\cos\lambda = \frac{1 + 0 + 3}{\sqrt{14} \times \sqrt{2}} = \frac{2}{\sqrt{7}}$$

故

$$\sigma_s = \frac{\tau_C}{\cos\phi\cos\lambda} = \frac{7.9 \times 10^5}{\dfrac{4}{\sqrt{42}} \times \dfrac{2}{\sqrt{7}}} = 1.69\,\text{MPa}$$

5-13 由已知的拉伸轴方向，根据立方晶系(001)标准投影图可以确定主滑移系为$(\bar{1}11)[101]$。设应力轴方向为$[uvw]$，从已知条件有

$$\cos 36.7° = \frac{w}{\sqrt{u^2 + v^2 + w^2}}$$

$$\cos 19.1° = \frac{v + w}{\sqrt{2}\,\sqrt{u^2 + v^2 + w^2}}$$

$$\cos 22.2° = \frac{u + v + w}{\sqrt{3}\,\sqrt{u^2 + v^2 + w^2}}$$

令 $u^2 + v^2 + w^2 = 1$，可解得 $u = 0.26$，$v = 0.54$，$w = 0.80$

所以

$$\cos\lambda = \frac{0.26 + 0.80}{\sqrt{2}} = 0.75$$

$$\cos\phi = \frac{-0.26 + 0.54 + 0.80}{\sqrt{3}} = 0.62$$

$$\tau = \sigma\cos\lambda\cos\phi = \frac{20.4}{9 \times 10^{-6}} \times 0.75 \times 0.62 = 1.01\,\text{MPa}$$

5-14 Mg 的滑移面为(0001)面（基面），由滑移面的滑移方向上的分切应力 $\tau = \sigma\cos\lambda\cos\phi$ 可知，当 ϕ 为定值$(60°)$时，λ 越小，τ 越大，所以在拉应力作用下，晶体沿与拉伸轴交成 $38°$ 的那个滑移方向滑移而产生塑性变形。因此 Mg 的临界分切应力

$$\tau_c = \sigma_s\cos\lambda\cos\phi = 2.05 \times \cos 60° \times \cos 38°$$

$$= 2.05 \times 0.5 \times 0.788 = 0.807\,7\,\text{MPa}$$

5-15 根据氧化镁结构滑移系的特点，只有沿与所有$\langle 110\rangle$都垂直的方向拉伸（或压缩）才不会引起滑移。

由立方晶系(001)标准投影图可知,不可能存在与所有⟨110⟩极点都相距 90°的极点,因此,对氧化镁不存在任何不会引起滑移的拉伸(或压缩)方向。

5-16　由立方晶系(001)标准投影图可查得,bcc 晶体其他 3 个同类型的交滑移系是:

$$(\bar{1}01)[111](\bar{1}10), \quad (011)[1\bar{1}1](110), \quad (1\bar{1}0)[\bar{1}\bar{1}1](101)$$

5-17　$\tau_c = \tau_0 + \alpha G b \sqrt{\rho_0} = 700 + 0.4 \times 42 \times 10^6 \times 0.256 \times 10^{-9} \times \sqrt{10^9} = 836\ \text{kPa}$

由立方晶系(001)标准投影图查得拉伸轴为[111]时,可开动的滑移系为$(1\bar{1}1)[011]$及另外 5 个与其等效的滑移系;可算得开动其中任一滑移系时取向因子都为

$$\cos\phi\cos\lambda = \frac{1}{3} \times \frac{2}{\sqrt{6}} = \frac{2}{3\sqrt{6}}$$

故　　　　　　　$\tau = \sigma\cos\phi\cos\lambda = 40 \times \frac{2}{3\sqrt{6}} = 10.80\ \text{MPa}$

由 $\tau = \tau_0 + \alpha G b \sqrt{\rho}$,可算得:

$$\rho = \left(\frac{\tau - \tau_0}{\alpha G b}\right)^2 = \left(\frac{10.89 \times 10^3 - 700}{0.4 \times 42 \times 10^6 \times 0.256 \times 10^{-9}}\right)^2 = 5.61 \times 10^8\ \text{cm}^{-2}$$

5-18　bcc 晶体的孪晶面为{112},孪生方向为⟨111⟩,孪生时切过距离为$\frac{1}{6}⟨111⟩$,故孪生时孪晶面沿孪生方向的切变

$$S = \frac{\frac{1}{6}⟨111⟩}{d_{(112)}} = \frac{\frac{a}{6}\sqrt{3}}{\frac{a}{\sqrt{6}}} = \frac{\sqrt{6} \cdot \sqrt{3}}{6} = 0.707$$

fcc 晶体的孪晶面为{111},孪生方向为⟨112⟩,孪生时切过距离为$\frac{1}{3}⟨112⟩$,故孪生时孪晶面沿孪生方向的切变

$$S = \frac{\frac{1}{3}⟨112⟩}{d_{(111)}} = \frac{\frac{a}{3}\sqrt{\frac{3}{2}}}{\frac{a}{\sqrt{3}}} = \frac{1}{\sqrt{2}} = 0.707$$

5-19　Cu 系 fcc 结构,其易滑移面为{111},易滑移方向为⟨110⟩。

$$d_{(111)} = \frac{a}{\sqrt{1^2 + 1^2 + 1^2}} = \frac{a}{\sqrt{3}}, \quad b = \frac{\sqrt{2}}{2}a$$

$$\tau_{\text{P-N}} = \frac{2G}{1-\nu}\exp\left[-\frac{2\pi d}{(1-\nu)b}\right] = \frac{2 \times 48\,300 \times 10^6}{1 - 0.3}\exp\left[\frac{2\pi\frac{a}{\sqrt{3}}}{(1-0.3)\frac{\sqrt{2}}{2}a}\right] = 90.45\ \text{MPa}$$

α-Fe 系 bcc 结构,其滑移面为{110},易滑移方向为⟨111⟩。

$$d_{(110)} = \frac{a}{\sqrt{1^2 + 1^2}} = \frac{a}{\sqrt{2}}, \quad b = \frac{\sqrt{3}}{2}a$$

$$\tau_{\text{P-N}} = \frac{2 \times 81\,600 \times 10^6}{1 - 0.3}\exp\left[-\frac{2\pi\frac{a}{\sqrt{2}}}{(1-0.3)\frac{\sqrt{3}}{2}a}\right] = 152.8\ \text{MPa}$$

5-20　运动位错被钉扎以后,长度为 l 的位错线段可作为位错源,所产生的分切应力即为开动此位错源所需的分切应力,即

$$\tau_c = \frac{Gb}{l},$$

$$14 \times 10^6 = \frac{40 \times 10^9 \times 0.256 \times 10^{-9}}{\rho^{-\frac{1}{2}}}$$

故　　　　　　　　　　$\rho = 1.869 \times 10^{12}\,\mathrm{m}^{-2}$

5-21　不可变形粒子的强化作用:

运动的位错与不可变形粒子相遇时,将受其阻挡,使位错线绕着它发生弯曲。由于位错具有线张力 T,故要使位错线弯曲,必须克服其线张力的作用。位错线绕过间距为 λ 的粒子时,所需切应力

$$\tau = \frac{T}{b\dfrac{\lambda}{2}} = \frac{2T}{b\lambda}$$

位错的线张力相似于液体的表面张力,可用单位长度位错的能量来表示,而单位长度位错的能量 $T = E = \dfrac{Gb^2}{4\pi k}\ln\dfrac{R}{r_0}$,代入上式,则

$$\tau = \frac{2Gb^2}{b\lambda \cdot 4\pi k}\ln\frac{R}{r_0} = \frac{Gb}{2\pi\lambda k}\ln\frac{R}{r_0} = \frac{Gb}{2\pi\lambda}B\ln\frac{\lambda}{2r_0}$$

其中 $B = \dfrac{1}{k} = \dfrac{1-\nu\cos^2\phi}{1-\nu}$

5-22　为了方便起见,计算时忽略基体相 α-Fe 中的 w_C,并忽略 Fe 与 Fe_3C 密度上的差异。对 40 钢,碳的质量分数 $w_C = 0.004$,则 Fe_3C 相所占体积分数

$$\varphi_{Fe_3C} = \frac{0.004}{0.0667} = 0.06$$

若单位体积内 Fe_3C 的颗粒数为 N_V,则

$$\varphi_{Fe_3C} = \frac{4}{3}\pi r^3 N_V,$$

$$N_V = \frac{\phi_{Fe_3C}}{\frac{4}{3}\pi r^3} = \frac{0.06}{\frac{4}{3}\pi \times (10 \times 10^{-6})^3} \approx 1.43 \times 10^{13}\,(1/\mathrm{m}^3)$$

故　　　　　$\lambda = \sqrt[3]{\dfrac{1}{N_V}} = \sqrt[3]{\dfrac{1}{1.43 \times 10^{13}}} = 4.12 \times 10^{-5}\,\mathrm{m} = 41.2\,\mu\mathrm{m}$

第二相硬质点的弥散强化效果决定于第二相的分散度,故

$$\tau = \frac{Gb}{\lambda} = \frac{G\frac{\sqrt{3}}{2}a}{\lambda} = \frac{7.9 \times 10^{10} \times \frac{\sqrt{3}}{2} \times 0.28 \times 10^{-9}}{41.2 \times 10^{-6}} = 0.465\,\mathrm{MPa}$$

5-23　$\sigma_s = \sigma_0 + kd^{-\frac{1}{2}}$

$$\begin{cases} 112.7 = \sigma_0 + k(1 \times 10^{-3})^{-\frac{1}{2}} \\ 196 = \sigma_0 + k(0.0625 \times 10^{-3})^{-\frac{1}{2}} \end{cases}$$

解得
$$\begin{cases} \sigma_0 = 84.935\,\text{MPa} \\ k = 0.878 \end{cases}$$

故　　　　$\sigma_s = 84.935 + 0.878(0.0196 \times 10^{-3})^{-\frac{1}{2}} = 283.255\,\text{MPa}$

5-24　设晶粒的平均直径为 d，每 mm^2 内的晶粒数为 N_A，可以证明：

$$d = \sqrt{\frac{8}{3\pi N_A}}$$

故

$$d_1 = \sqrt{\frac{8}{3\pi \times 18}} = 0.217\,\text{mm}$$

$$d_2 = \sqrt{\frac{8}{3\pi \times 4025}} = 1.452 \times 10^{-2}\,\text{mm}$$

$$d_3 = \sqrt{\frac{8}{3\pi \times 260}} = 5.714 \times 10^{-2}\,\text{mm}$$

代入 Hall-Petch 公式，即

$$\begin{cases} 70 = \sigma_0 + k(0.217 \times 10^{-3})^{-\frac{1}{2}} \\ 95 = \sigma_0 + k(1.452 \times 10^{-5})^{-\frac{1}{2}} \end{cases}$$

解得
$$\begin{cases} \sigma_0 = 61.3\,\text{MPa} \\ k = 0.1285 \end{cases}$$

故　　　　$\sigma_s = 61.3 + 0.1285 \times (5.714 \times 10^{-5})^{-\frac{1}{2}} = 78.3\,\text{MPa}$

5-25　总的来说，相对于金属材料和高分子材料而言，陶瓷材料显得硬而脆，这是由其原子之间键合的类型所决定的。陶瓷材料原子之间通常是由离子键、共价键所构成的。在共价键合的陶瓷中，原子之间是通过共用电子对形式进行键合的，具有方向性和饱和性，并且其键能相当高。在塑性变形时，位错的运动势必会破坏原子间的共价键合，其点阵阻力(P-N力)很大。因此，共价键合的陶瓷表现为硬而脆的特性。而对离子键合的陶瓷材料则分为两种情况：单晶体(如 NaCl，FeO 等)在室温压应力作用下，可承受较大的塑性变形，然而，对于离子键的多晶陶瓷，往往很脆，且易在晶界形成裂纹，这是因为离子晶体要求正负离子相间排列。在外力作用下，当位错运动一个原子间距时，由于存在巨大的同号离子的库仑静电斥力，致使位错沿垂直或平行于离子键方向很难运动。但若位错沿 45°方向而不是沿水平方向运动，则在滑移过程中，相邻晶面始终由库仑力保持相吸，因此具有相当好的塑性。然而，多晶体陶瓷变形时，要求相邻晶粒变形相互协调、相互制约，由于陶瓷的滑移系较少而难以实现，以至在晶界产生开裂现象，最终导致脆断。

　　另一方面，烧结合成的陶瓷材料在加热冷却过程中，由于热应力的存在，往往导致显微裂纹的产生；由于腐蚀等因素也会在其表面形成裂纹，因此在陶瓷材料中先天性裂纹或多或少地总是存在。在外力作用下，在裂纹尖端会产生严重的应力集中。按照弹性力学估算，裂纹尖端的最大应力可达到理论断裂强度；何况陶瓷晶体中可动位错少，位错运动又困难，故一旦达到屈服强度往往就脆断了。当然，在拉伸或压缩的情况下，陶瓷材料的力学特性也有明显的不同，通常陶瓷的压缩强度总是高于抗拉强度。

5-26 当拉应力 σ_m 达到材料的断裂强度 $\left(\dfrac{E}{10}\right)$ 时, Al_2O_3 断裂,因此

$$\frac{E}{10}=2\sigma_0\left(\frac{l}{r}\right)^{\frac{1}{2}} \Rightarrow r=\frac{400l\sigma_0^2}{E^2}$$

故 $\quad r_C=\dfrac{400l\sigma_0^2}{E^2}=\dfrac{400\times2\times10^{-3}\times(275)^2}{(393\times10^3)^2}=3.9\times10^{-7}\,mm=0.39\,nm$

5-27 当采用三点弯曲法检测时,对矩形断面样品,其断裂强度

$$\sigma_{fs}=\frac{3F_fL}{2bh^2}$$

式中 F_f 为断裂时负荷; L 为支点间距离; b 为截面宽度; h 为截面高度。对于圆形截面样品,则其断裂强度

$$\sigma_{fs}=\frac{F_fL}{\pi r^2}$$

式中 r 为试样截面半径。

将已知条件代入相关公式,得

$$\sigma_{fs}=\frac{F_fL}{\pi r^2}=\frac{950\times50\times10^{-3}}{\pi\times(3.5\times10^{-3})^3}=352.6\,MPa$$

故 $\quad F_f=\dfrac{2\sigma_{fs}b^3}{3L}=\dfrac{2\times352.6\times10^6\times(12\times10^{-3})^3}{3\times40\times10^{-3}}=10\,154.9\,N$

5-28

$$\begin{cases}107=\sigma_0-\dfrac{A}{4\times10^4}\\[2mm]170=\sigma_0-\dfrac{A}{6\times10^4}\end{cases}$$

解得 $\qquad\begin{cases}\sigma_0=296\,MPa\\ A=7.56\times10^6\end{cases}$

故 $\qquad \sigma_b=\sigma_0-\dfrac{A}{M_n}=296-\dfrac{7.56\times10^6}{3\times10^4}=44\,MPa$

5-29 很多高聚物在塑性变形时往往会出现均匀变形的不稳定性。如将某一高聚物样品进行单向拉伸试验,开始时应力随应变线性增加,试样被均匀地拉长,过了屈服点后,在试样某个部位的应变突然比整体应变增加得更快,使原来均匀的截面变得不均匀,出现一个或几个细颈。继续变形时,颈缩区不断扩展,沿着试样长度方向不断延伸,直到整个试样的截面都均匀变细为止,在这一变形过程中应力几乎不变。如《材料科学基础》第221 页中图 5.83 所示。这是因为超过屈服强度后,试样产生塑性变形,并在颈缩处出现了加工硬化。XRD 分析证明,高聚物中的大分子无论是非晶态还是结晶态,随着变形程度的增加,都逐渐发生沿外力方向的定向排列。由于键(主要是共价键)的方向性,在产生定向排列后发生了应变硬化。

5-30 冷加工量 $=\dfrac{\Delta A}{A}=\dfrac{A_0-A_1}{A_0}=\dfrac{\dfrac{\pi}{4}d_0^2-\dfrac{\pi}{4}\times d_1^2}{\dfrac{\pi}{4}\times d_0^2}=1-\left(\dfrac{d_1}{d_0}\right)^2=85\%$

故 $\quad d_1=\sqrt{1-0.85}\times6=2.324\,mm,\quad d_2=\sqrt{0.15}\times2.324=0.9\,mm,$

$$d_3 = \sqrt{0.15 \times 0.9} = 0.348(\text{mm})$$

因此,可先将 $\phi 6\,\text{mm}$ 的铝丝冷拔至 $\phi 2.324\,\text{mm}$,接着进行再结晶退火,以消除加工硬化,然后冷拔至 $\phi 0.9\,\text{mm}$,再进行再结晶退火,最终冷拔至 $\phi 0.5\,\text{mm}$ 即可。

5-31 $\dfrac{t_1}{t_2} = \mathrm{e}^{-\frac{Q}{R}\left(\frac{1}{T_2}-\frac{1}{T_1}\right)}$, $\quad t_2 = \dfrac{t_1}{\mathrm{e}^{-\frac{Q}{R}\left(\frac{1}{T_2}-\frac{1}{T_1}\right)}} = \dfrac{160}{\mathrm{e}^{-\frac{88\,900}{8.31}\left(\frac{1}{723}-\frac{1}{673}\right)}} = 53.3(\text{min})$

5-32 Ag 再结晶晶核自大角度晶界向变形基体移动的驱动力 F 为冷加工存储能,$F = Gb^2(\rho_1 - \rho_0)$,由于 $\rho_1 \gg \rho_0$,故 $F \approx Gb^2\rho_1$。

　　弓出后的晶界会受到指向其曲率中心的力 f 作用,当弓出的曲率半径为 R 时,$f = \dfrac{2\gamma}{R}$,f 与 F 反向,晶界弓出的最小曲率半径 $R_{\min}$ 应为 f 与 F 平衡时的半径,

$$F = f$$

$$Gb^2\rho_1 = \frac{2\gamma}{R_{\min}}$$

$$R_{\min} = \frac{2\gamma}{Gb^2\rho_1} = \frac{2 \times 0.4}{30 \times 10^9 \times (3 \times 10^{-10})^2 \times 10^{16}} = 2.9 \times 10^{-8}\,\text{m} = 29\,\text{nm}$$

5-33 在两个不同的恒定温度产生同样程度的再结晶时,

$$\frac{t_1}{t_2} = \mathrm{e}^{-\frac{Q}{R}\left(\frac{1}{T_2}-\frac{1}{T_1}\right)}$$

或

$$\ln\frac{t_1}{t_2} = -\frac{Q}{R}\left(\frac{1}{T_2} - \frac{1}{T_1}\right)$$

故

$$Q = \frac{R\ln\dfrac{t_1}{t_2}}{\dfrac{1}{T_1} - \dfrac{1}{T_2}} = \frac{8.314 \cdot \ln 10^5}{\dfrac{1}{800} - \dfrac{1}{1\,000}} = 382.87\,\text{kJ/mol}$$

$$\frac{1}{T_3} = \frac{1}{T_1} - \frac{R}{Q}\ln\frac{t_1}{t_3} = \frac{1}{800} - \frac{8.314}{382.87} \cdot \ln\frac{1}{10} = 1.3 \times 10^{-3}$$

$$T_3 = 769.23\,\text{K} = 496.23\,℃$$

5-34 ① $t_{0.95} = \left[\dfrac{2.85}{\dot{N}G^3}\right]^{\frac{1}{4}} = \left[\dfrac{2.85}{N_0 G_0^3}\right]^{\frac{1}{4}} \exp\left(\dfrac{Q_n + 3Q_g}{4kT}\right)$

　　将 $T = T_R$,$t_{0.95} = 1$ 代入,得

$$\exp\left(\frac{Q_n + 3Q_g}{4kT_R}\right) = \left[\frac{2.85}{N_0 G_0^3}\right]^{-\frac{1}{4}}, \quad \frac{Q_n + 3Q_g}{4kT_R} = -\frac{1}{4}\ln\frac{2.85}{N_0 G_0^3}$$

　　故　　$T_R = -\dfrac{Q_n + 3Q_g}{k\ln\left(\dfrac{2.85}{N_0 G_0^3}\right)}$

② 一次再结晶的驱动力是晶体经变形后的畸变能。晶体从畸变后的高能态向退火状态的低能态转变是一自发趋势。但这一能态的变化要求原子越过一势垒 ΔE,势垒的高度取决于变形后的晶格畸变能,当畸变能高时,ΔE 减小,则形核和长大激活能 Q_n,Q_g 均降低,再结晶速度便加快。因此,一切影响变形后畸变能的因素均会影响 Q_n,Q_g 及 T_R。

　　　由上述分析,在一定形变度范围内,预先变形程度越高,原始晶粒越细,则形变后畸变能越大,Q_n,Q_g 越低。　金属的纯度对 Q_n,Q_g 的影响可以从两方面考虑,一方面杂质会增加畸变能,使 Q_n,Q_g 降低;另一方面,杂质也会阻碍界面迁移,使 Q_n,Q_g 增高;两个相反的作用同时存在,看何者占主导地位。$N_0 G_0$ 只与金属的本性有关,预变形度、原始晶粒尺寸和金属纯度对其无多大影响。

③ 由②的分析可知,增大预变形度,细化原始晶粒,将使 T_R 下降。

　　　杂质对 T_R 的影响具有双重性,若杂质的存在使畸变能增大这一因素占主导地位,则纯度较低的金属,其 T_R 较低;反之,若杂质的存在使界面迁移减慢这一因素占主导地位,则纯度越高的金属,其 T_R 越低。不同的杂质原子对 T_R 的影响不同,一般来说,少量杂质原子的存在会阻碍金属的再结晶,从而使 T_R 上升,其提高的程度因杂质种类不同而异。

5-35　根据经验公式,再结晶温度　$T_{再} \approx 0.4 T_m$

故 Fe 的最低再结晶温度 $T_{再} = 0.4 \times (1\,538 + 273) = 724.4\,\text{K} = 451.4\,℃$

　　Cu 的最低再结晶温度 $T_{再} = 0.4 \times (1\,083 + 273) = 542.4\,\text{K} = 269.4\,℃$

生产中为了提高生产效率,工厂中实际再结晶退火温度通常选定为 $T_{再} + (100 \sim 200)\,℃$。

5-36　查表所得工业纯铝的再结晶温度 $T_{再} = 150\,℃$ 是指在 1 h 退火完成再结晶的温度。实际上,除了退火温度外,保温时间也对再结晶过程产生影响。对经大冷变形后的金属材料,即使在 $T < T_{再}$ 时进行退火,只要保温时间足够,同样可发生再结晶过程。可用两种方法加以判断:① 金相检验;② 将已知的 T_1,t_1,t_2,Q 代入公式 $\dfrac{t_1}{t_2} = e^{-\frac{Q}{R}\left(\frac{1}{T_1} - \frac{1}{T_2}\right)}$,求得 T_2,将其与 100 ℃ 比较,即可得知是否发生再结晶。

5-37　冷拉钢丝绳系经大变形量的冷拔钢丝绞合而成。加工过程的冷加工硬化使钢丝的强度、硬度大大提高,从而能承载很重的工件。但是当将其加热至 860 ℃ 时,其温度已远远超过钢丝绳的再结晶温度,以致产生回复再结晶现象,加工硬化效果完全消失,强度、硬度大大降低。再把它用来起重时,一旦负载超过其承载能力,必然导致钢丝绳断裂事故。

5-38　再结晶是一热激活过程,再结晶速率 $v_R = A \exp\left(-\dfrac{Q}{RT}\right)$,它与产生某一体积分数所需的时间 t 成反比,即 $v_R \propto \dfrac{1}{t}$,故

$$\frac{1}{t} = A' \exp\left(-\frac{Q}{RT}\right)$$

在两个不同的恒定温度产生同样程度的再结晶时,

$$\frac{t_1}{t_2} = e^{-\frac{Q}{R}\left(\frac{1}{T_2} - \frac{1}{T_1}\right)}$$

两边取对数得 $\ln \dfrac{t_1}{t_2} = -\dfrac{Q}{R}\left(\dfrac{1}{T_2} - \dfrac{1}{T_1}\right)$;同样　$\ln \dfrac{t_1}{t_3} = -\dfrac{Q}{R}\left(\dfrac{1}{T_3} - \dfrac{1}{T_1}\right)$

故得

$$\frac{\ln \frac{t_1}{t_2}}{\ln \frac{t_1}{t_3}} = \frac{\frac{1}{T_2} - \frac{1}{T_1}}{\frac{1}{T_3} - \frac{1}{T_1}}$$

代入相应的数据,得到

$$t_3 = 0.26\,\text{h}$$

5-39　设保温 2 h 放出的热量是由于晶粒长大、晶界总面积减小而释放的能量,而从定量金相得知,单位体积界面面积 S_v 和截面上晶粒直径 d 之间有 $S_v = \dfrac{2}{d}$ 的关系,因此,

$$Q = \left(\frac{2}{d_1} - \frac{2}{d_2}\right)\gamma, \quad \frac{1}{d_2} = \frac{1}{d_1} - \frac{Q}{2\gamma}$$

代入相应的数据,得

$$d_2 = 8.9 \times 10^{-3}\,\text{cm}$$

5-40　再结晶驱动力

$$F = Gb^2(\rho - \rho_0) \approx Gb^2\rho = 10^{11} \times (3 \times 10^{-10})^2 \times 10^{16} = 9 \times 10^7\,\text{N/m}^2$$

再结晶阻力

$$f = \frac{3\varphi}{2r}\sigma = \frac{3}{2} \times \frac{0.01}{1 \times 10^{-6}} \times 0.5 = 7.5 \times 10^3\,\text{N/m}^2$$

$F \gg f$,故这种第二相微粒的存在不能完全阻止再结晶。

5-41　影响再结晶晶粒正常长大的因素,除了温度外,弥散分布的第二相粒子的存在,对晶界迁移也起着重要作用。例如,可在钨丝中形成弥散分布的 ThO_2 第二相质点,以阻碍灯丝在高温工作过程中晶粒长大。若 ThO_2 质点的体积分数为 φ,质点半径为 r 时,则晶粒的极限尺寸为:

$$D_{\text{lim}} = \frac{4r}{3\varphi(1 + \cos\alpha)}$$

式中 α 为接触角。因此,选择合适的 φ 和 r,可使 D_{lim} 尽可能小,而且晶粒细化可提高其强度,同时保持较高水平的韧性,从而有效地延长灯丝的使用寿命。

5-42　对含有半径为 $0.05\,\mu\text{m}$,体积分数为 0.01 的 MnS 粒子的矽钢片再结晶时,其极限晶粒的平均直径

$$D_{\text{lim}} = \frac{4r}{3\varphi} = \frac{4}{3} \times \frac{0.05}{0.01} = 6.67\,\mu\text{m}$$

正因为有这种分散相粒子的存在,从而使矽钢片在 850℃ 以下退火时,当基体晶粒平均直径为 $6\,\mu\text{m}$ 时,其正常长大即行停止。

5-43　760℃ 时: $D^{\frac{1}{n}} = D_0^{\frac{1}{n}} + ct = (0.05)^{10} + 6 \times 10^{-16} \times 60 = 13.37 \times 10^{-14}$

$$D = 0.0516\,\text{mm}$$

故此晶粒基本上未长大;

870℃ 时: $\quad D^5 = (0.05)^5 + 2 \times 10^{-8} \times 60 = 1.513 \times 10^{-6}$

$$D = 0.0686\,\text{mm}$$

相对的原始晶粒直径已明显长大(约 37%)。

5-44　一次再结晶的驱动力是基体的弹性畸变能,而二次再结晶的驱动力是来自界面能的降低。再结晶温度是区分冷、热加工的分界线。动态再结晶后的组织结构虽然也是等轴晶粒,但晶界呈锯齿状,晶粒内还包含着被位错缠结所分割的亚晶粒,这与静态再结晶后所产生的位错密度很低的晶粒不同,故同样晶粒大小的动态再结晶组织的强度和硬度要比静态再结晶的高。动态再结晶后的晶粒大小与流变应力成正比。此外,应变速

率越低,形变温度越高,则动态再结晶后的晶粒越大,而且越完整。

第6章

6-1　锡的摩尔体积

$$V_m = \frac{摩尔质量}{密度} = \frac{118.7 \times 10^{-3}}{7.30 \times 10^3} = 1.626 \times 10^{-5} \, m^3/mol$$

$$\Delta V_m = 0.027 \times 1.626 \times 10^{-5}$$
$$= 4.39 \times 10^{-7} \, m^3/mol$$

假定 ΔV_m 和 ΔH_m 在所考虑温度范围内不变,且 $\Delta T \leqslant T$,

$$\frac{\Delta p}{\Delta T} = \frac{\Delta H_m}{T \cdot \Delta V_m} = \frac{7\,196}{505 \times 4.39 \times 10^{-7}}$$
$$= 3.25 \times 10^7 (N \cdot m^{-2} \cdot K^{-1})$$

则

$$\Delta T = \frac{(500-1) \times 10^5}{3.25 \times 10^7} = 1.54 \, K$$

6-2　见图 27。

(1) 首先根据已知条件作出各交点:

a 点:固体 A_1、液体和气体的三相平衡,$T=$ 8.2℃,$p=1.013 \times 10^4$ Pa。

b 点:固体 A_1,A_2 和液体的三相平衡,$T=$ 40℃, $p=1.013 \times 10^6$ Pa。

c 点:液体和气体二相平衡,$T=90$℃, $p=$ 1.013×10^5 Pa。

(2) 根据相变时的体积变化,由 $\dfrac{dp}{dT} = \dfrac{\Delta H}{T \Delta V}$ 确定各线斜率及正负。

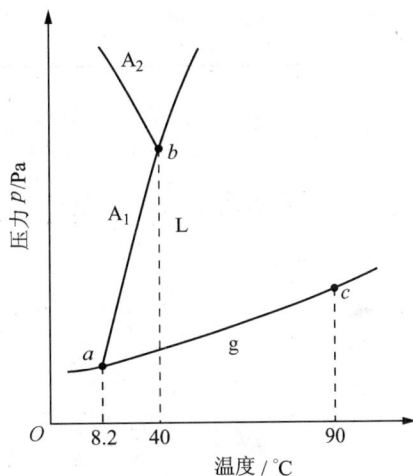

图 27

经过 b 点的 A_1 和 A_2 相界线:$A_1 \rightarrow A_2$,故 $\Delta H>0$,$\Delta V<0$,故 $\dfrac{\Delta p}{\Delta T}<0$,斜率为负;

A_1 和液相 L 的相界线:$A_1 \rightarrow L$,故 $\Delta H>0$, $\Delta V>0$,故 $\dfrac{\Delta p}{\Delta T}>0$,斜率为正;

L 和气相 g 的相界线:$L \rightarrow g$,故 $\Delta H>0$, $\Delta V>0$, 故 $\dfrac{\Delta p}{\Delta T}>0$,斜率为正。

各线的延长线也与以上相同。所作相图如图 27 所示。

6-3　① 临界晶核尺寸 $r^* = \dfrac{2\sigma T_m}{L_m \Delta T}$,因为 $\Delta T = T_m - T$ 是正值,所以 r^* 为正,将过冷度 $\Delta T = 1$℃代入,得

$$r^* = \frac{2 \times 93 \times 10^{-3} \times 933}{1.836 \times 10^9 \times 1}$$
$$= 9.45 \times 10^{-8} \, m = 94.5 \, nm$$

② 半径为 r^* 的球状晶核数

$$N_{r^*} = \frac{4}{3}\pi r^{*3} \times \frac{1}{V_0} = \frac{\frac{4}{3}\pi \times (94.5 \times 10^{-9})^3}{1.66 \times 10^{-29}} = 2.12 \times 10^8 (\text{个})$$

③ $\Delta G_V = \frac{-L_m \Delta T}{T_m} = -\frac{1.836 \times 10^9 \times 1}{933} = -1.97 \times 10^6\,\text{J/m}^3$

④ 处于临界尺寸 r^* 的晶核的自由能

$$\Delta G_r^* = \frac{4}{3}\pi r^{*3} \Delta G_V + 4\pi r^{*2}\delta$$

$$= \frac{4}{3}\pi (94.5 \times 10^{-9})^3 \times (-1.97 \times 10^6) + 4\pi (94.5 \times 10^{-9})^2 \times 93 \times 10^{-3}$$

$$= 3.43 \times 10^{-15}\,\text{J}$$

同理,可得 $\Delta T = 10,100$ 和 $200℃$ 的结果,见下表:

	ΔT			
	1℃	10℃	100℃	200℃
r^*/nm	94.5	9.45	0.945	0.472
N_{r^*}/个	2.12×10^8	2.13×10^5	2.13×10^2	26.5
ΔG_V/(J/m³)	-1.97×10^6	-1.97×10^7	-1.97×10^8	-3.93×10^8
ΔG_r^* /J	3.43×10^{-15}	3.51×10^{-17}	3.43×10^{-19}	0.87×10^{-19}

6-4　① 由于 $r^* = \dfrac{2\sigma}{\Delta G_V} = \dfrac{2\sigma T_m}{L_m \Delta T} = \dfrac{2\sigma T_m V}{\Delta H_m \Delta T}$

因为凝固,$\Delta G_V = \dfrac{L_m \Delta T}{T_m}$

所以

$$\sigma = \frac{r^* \Delta G_V}{2} = \frac{r^* \Delta H_m \Delta T}{2VT_m} = \frac{1 \times 10^{-7} \times 18\,075 \times 319}{2 \times 1\,726 \times 6.6}$$

$$= 2.53 \times 10^{-5}\,\text{J/cm}^2 = 0.253(\text{J/m}^2)$$

$$\Delta G^* = \frac{16\pi\sigma^3 T_m^2 V_s^2}{3\Delta H_m^2 \Delta T^2} = \frac{16 \times 3.14 \times (2.53 \times 10^{-5})^3 \times 1\,726^2 \times 6.6^2}{3 \times 18\,075^2 \times 319^2}$$

$$= 1.06 \times 10^{-18}\,\text{J}$$

② 要在 $1726K$ 发生均匀形核,就必须有 $319℃$ 的过冷度,为此必须增加压力,才能使纯镍的凝固温度从 $1\,726K$ 提高到 $2\,045K$:

$$\frac{\mathrm{d}P}{\mathrm{d}T} = \frac{\Delta H}{T\Delta V}$$

对上式积分:

$$\int_{1.013 \times 10^5\,\text{Pa}}^{P} \mathrm{d}P = \int_{1\,726K}^{2\,045K} \frac{\Delta H}{T\Delta V}\mathrm{d}T$$

$$P - 1.013 \times 10^5 = \frac{\Delta H}{\Delta V}\ln\frac{2\,045}{1\,726} = \frac{18\,075}{0.26} \times 9.87 \times 10^5 \times \ln\frac{2\,045}{1\,726}$$

$$= 116\,366 \times 10^5\,(\text{Pa})$$

即 $P = 116\,366 \times 10^5 + 1.013 \times 10^5 = 116\,367 \times 10^5\,(\text{Pa})$时,才能在 $2\,045K$ 时发生均匀形核。

6-5

$$\dot{N} = A\exp\left(-\frac{\Delta G^*}{kT}\right)\exp\left(-\frac{Q}{kt}\right)$$

$$= 10^{35} \times 10^{-2} \times \exp\left(-\frac{16\pi\sigma^3}{3\Delta G_V^2 kT}\right)$$

$$= 10^{33} \times \exp\left(-\frac{16\pi\sigma^3 T_m^2 V^2}{3kT\Delta H^2 \Delta T^2}\right)$$

① $\Delta T = 20℃$时，

$$\dot{N} = 10^{33}\exp\left[-\frac{16 \times 3.14 \times (2 \times 10^{-5})^3 \times 1\,000^2 \times 6^2}{3 \times 1.38 \times 10^{-23} \times 980 \times 12\,600^2 \times 20^2}\right]$$

$$= 10^{33}\exp(-5\,615.8) \approx 0$$

$\Delta T = 200℃$时，

$$\dot{N} = 10^{33}\exp\left[-\frac{16 \times 3.14 \times (2 \times 10^{-5})^3 \times 1\,000^2 \times 6^2}{3 \times 1.38 \times 10^{-23} \times 800 \times 12\,600^2 \times 200^2}\right]$$

$$= 10^{33}\exp(-68.79) = 1.33 \times 10^3 (\mathrm{cm^{-3} \cdot s^{-1}})$$

② $\theta = 60°$：非均匀形核自由能

$$\Delta G_{in}^* = \Delta G^*\left(\frac{2 - 3\cos60° + \cos^3 60°}{4}\right) = 0.156\Delta G^*$$

$\Delta T = 20℃$时， $\dot{N} = 10^{33}\exp(-0.156 \times 5\,615.8) = 0$

$\Delta T = 200℃$时， $\dot{N} = 10^{33}\exp(-0.156 \times 68.79) = 2.2 \times 10^{28}(\mathrm{cm^{-3} \cdot s^{-1}})$

设过冷度为 $\Delta T = T_m - \Delta T$，根据给定条件，有

$$1 = 10^{33}\exp\left(-\frac{16 \times 3.14 \times 200^3 \times 1\,000^2 \times 6^2}{3 \times 1.38 \times 10^{-16} \times (12\,600 \times 10^7)^2 (1\,000 - \Delta T)\Delta T^2} \times 0.156\right)$$

或

$$10^{-33} = \exp\left(-\frac{3.43 \times 10^8}{(1\,000 - \Delta T)\Delta T^2}\right)$$

等式两边取对数，得

$$75.98 = \frac{3.43 \times 10^8}{(1\,000 - \Delta T)\Delta T^2}$$

$$(1\,000 - \Delta T)\Delta T^2 = 4.51 \times 10^6$$

故 $\Delta T \approx 70℃$

③

$$r^* = \frac{2\sigma}{\Delta G_V} = \frac{2\sigma T_m V}{\Delta H \Delta T}$$

$$\frac{\Delta T}{T_m} = \frac{2\sigma V}{\Delta H r^*}$$

$r^* = 1\,\mathrm{nm}$时，

$$\frac{\Delta T}{T_m} = \frac{2 \times 200 \times 6}{12\,600 \times 10^7 \times 1 \times 10^{-7}} = 0.19$$

6-6 $r^* = \frac{2\sigma}{\Delta G_V}$，得球形核胚的临界形核功

$$\Delta G_b^* = -\frac{4}{3}\pi\left(\frac{2\sigma}{\Delta G_V}\right)^3 \Delta G_V + 4\pi\left(\frac{2\sigma}{\Delta G_V}\right)^3 \sigma = \frac{16}{3}\frac{\pi\sigma^3}{\Delta G_V^2}$$

边长为 a 的立方形晶核的临界形核功

$$\Delta G_t^* = \left(\frac{2\sigma}{\Delta G_V}\right)^3 \Delta G_V + 6\left(\frac{2\sigma}{\Delta G_V}\right)^2 \sigma = \frac{32\sigma^3}{\Delta G_V^2}$$

将两式相比较,得

$$\frac{\Delta G_b^*}{\Delta G_t^*} = \frac{\dfrac{16}{3}\dfrac{\pi\sigma^3}{\Delta G_V^2}}{\dfrac{32\sigma^3}{\Delta G_V^2}} = \frac{\pi}{6} \approx \frac{1}{2}$$

可见形成球形晶核的临界形核功仅为形成立方形晶核的 $\dfrac{1}{2}$。

6-7　证明:均匀形核自由能变化

$$\Delta G = Ar^3 \Delta G_V + Br^2 \sigma \tag{1}$$

式中 A 和 B 为晶核的形状因子。

对(1)求极值,即 $\dfrac{\mathrm{d}(\Delta G)}{\mathrm{d}r} = 0$,得

临界晶核半径: $\quad r^* = \dfrac{-2B\sigma}{3A\Delta G_V} \tag{2}$

临界晶核体积: $\quad V^* = A(r^*)^3 = \dfrac{-8B^3\sigma^3}{27A^2\Delta G_V^3} \tag{3}$

将(2)式代入(1)式,得

$$\Delta G^* = A(r^*)^3 \Delta G_V + B(r^*)^2 \sigma$$

$$= \frac{-8B^3\sigma^3 + 12B^3\sigma^3}{27A^2\Delta G_V^2} = \frac{4B^3\sigma^3}{27A^2\Delta G_V^2}$$

$$\frac{\Delta G^*}{V^*} = -\frac{\Delta G_V}{2}$$

即

$$\Delta G^* = -\frac{V^*}{2}\Delta G_V$$

对于非均匀形核,可证明上式仍成立。

6-8　① $\lg p = A - \dfrac{B}{T}$

将数据代入得

$$\lg p = 13 - \frac{12 \times 10^4}{T}$$

$$\lg p_{e蒸发} = 13 - \frac{12 \times 10^4}{2\,000} = 3 \Rightarrow p_{e蒸发} = 10^3\,\mu\text{mHg}$$

$$= 0.133 \times 10^3\,\text{Pa} = 133\,\text{Pa}$$

$$\lg p_{e凝聚} = 13 - \frac{12 \times 10^4}{300} = -53.67 \Rightarrow p_{e蒸发} = 10^{-53.67}\,\mu\text{mHg}$$

$$= 0.133 \times 10^{-53.67}\,\text{Pa} \approx 0\,\text{Pa}$$

② $\Delta G = nRT\ln\dfrac{p}{p_e}$

蒸发的条件为 $\Delta G < 0$,即 $nRT\ln\dfrac{p}{p_e} < 0 \Rightarrow \ln\dfrac{p}{p_e} < 0 \Rightarrow \dfrac{p}{p_e} < 1 \Rightarrow p < p_e$,即 $p < p_{e蒸发}$

凝固的条件为 $\Delta G > 0$，即 $nRT\ln\dfrac{p}{p_e} > 0 \Rightarrow \ln\dfrac{p}{p_e} > 0 \Rightarrow \dfrac{p}{p_e} > 1 \Rightarrow p < p_e$，即 $p > p_{e凝固}$

所以真空罩中的压强应该满足：$0 < p < 13\,\text{Pa}$

6-9　设聚对二甲酸乙二酯未结晶体积分数为 ϕ_U，则由公式 $\phi_U = \exp(-kt^n)$ 得到如下的关系：

$$\lg(-\ln\phi_u) = \lg k + n\lg t$$

根据题意，将所列的数据按 $\lg(-\ln\phi_u)$ 与 $\lg t$ 关系作图（见图 28），结果得到如下的直线：

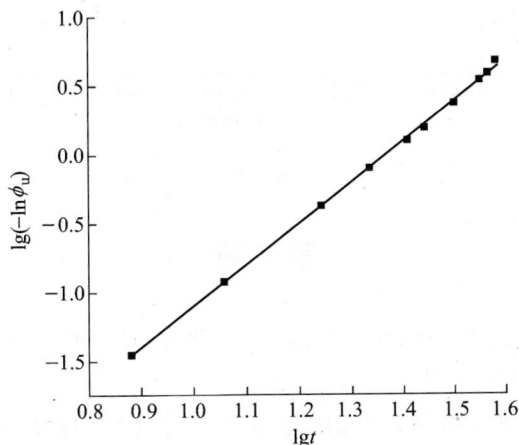

图 28

由图可得，该直线斜率为 3.01，即 $n = 3.01$，直线截距为 -4.11248，即 $\lg k = -4.11248$，得结晶常数 $k = 7.7 \times 10^{-5}$。再由公式 $k = \dfrac{\ln 2}{t_{\frac{1}{2}}^n}$，可以得到半结晶期 $t_{\frac{1}{2}} = \sqrt{\dfrac{\ln 2}{k}} = 20.5\,\text{min}$。

6-10　由于高分子在较低的温度下结晶时，分子链的活动能力差，形成的晶体较不完善，而且完善的程度差别也较大，因此缺陷较多的晶体将在较低的温度下熔融，而缺陷较少的晶体将在较高的温度下熔融，导致较宽的熔限。反之，高分子在较高温度下结晶时，分子链活动能力较强，形成的结晶较完善，不同晶体完善程度的差异也较小，因此，熔限较窄。

6-11　由公式 $T_{m,1} = T_{m,\infty}\left(1 - \dfrac{2\sigma_e}{l\Delta H}\right)$ 可以得到如下的关系：

$$T_{m,1} = T_{m,\infty} - T_{m,\infty}\frac{2\sigma_e}{l\Delta H}$$

上式中，$T_{m,\infty}$，σ_e，ΔH 均为常数，因而可知 $T_{m,1}$ 与 l 的倒数呈直线关系，由所列数据得到如图 29 所示的曲线。

由图可得，直线的斜率为 $-381.73\,℃\cdot\text{nm}$，截距为 144.9，即 $T_{m,\infty} = 144.9\,℃$。当 $\Delta H = 280\,\text{J/cm}^3$ 时，可以得到表面能

$$\sigma_e = 0.37\,\text{J/m}^2$$

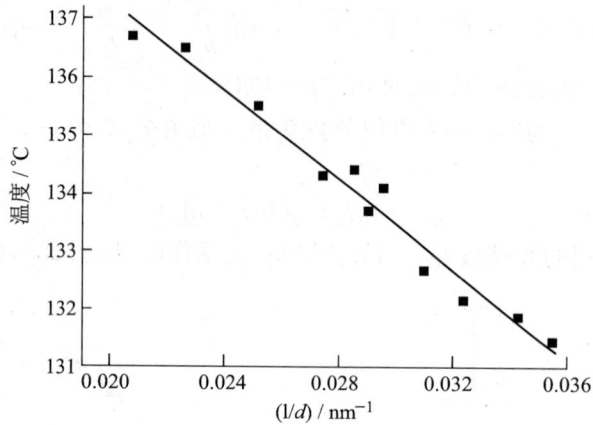

图 29

第 7 章

7-1　① 在合金成分线与液相线相交点作水平线,此线与固相线交点的合金成分即为首先凝
　　　固出来的固体成分:$w(B)=85\%$。

　　　② 作 $w(B)=60\%$ 垂直线与 α 固相线相交点的水平线,此线与液相线 L 相交点的成分
　　　即为合金成分:$w(B)=15\%$。

　　　③ 原理同上:合金成分 $w(B)=20\%$。

　　　④ 利用杠杆定律:

$$液体所占的比例 = \frac{80-50}{80-40} \times 100\% = 75\%$$

$$固体所占的比例 = 1 - 75\% = 25\%$$

7-2　见图 30。

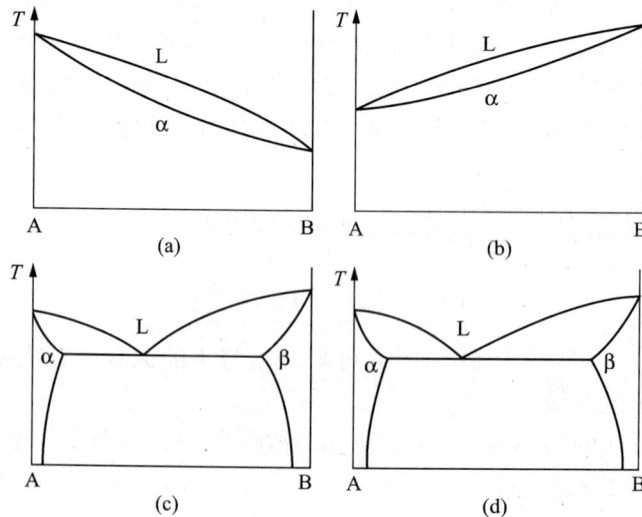

图 30

① 任何温度下所作的连接线两端必须分别相交于液相线和固相线,不能相交于单一液相线或单一固相线。

② A 组元的凝固温度恒定,所以液、固相线在 A 成分处相交于一点。

③ 在两元系的三相平衡反应中,三相的成分是唯一的。

④ 在两元系只能出现三相平衡反应。

7-3 根据已知条件,由杠杆定律得先共晶相的质量分数分别为:

$$\alpha_{先} = \frac{23.5 - C_1}{23.5}$$

$$\beta_{先} = \frac{C_2 - 23.5}{54.6 - 23.5}$$

由题意,$\alpha_{先} = \beta_{先}$,联立上述两式可解得:

$$C_2 = 54.6 - 1.323 C_1 \tag{1}$$

令 C_1 中 α 总量为 $\alpha_{总}^1$,则

$$\alpha_{总}^1 = \frac{54.6 - C_1}{54.6}$$

令 C_2 中 α 总量为 $\alpha_{总}^2$,则

$$\alpha_{总}^2 = \frac{54.6 - C_2}{54.6}$$

由题意

$$\alpha_{总}^1 = 2.5 \alpha_{总}^2$$

即

$$\frac{54.6 - C_1}{54.6} = \frac{54.6 - C_2}{54.6} \times 2.5 \tag{2}$$

将(1)式代入(2)式,可解得:

$$C_1 = w(Ni) = 12.7\%$$

$$C_2 = w(Ni) = 37.8\%$$

7-4 ① 作相图如图 31 所示。

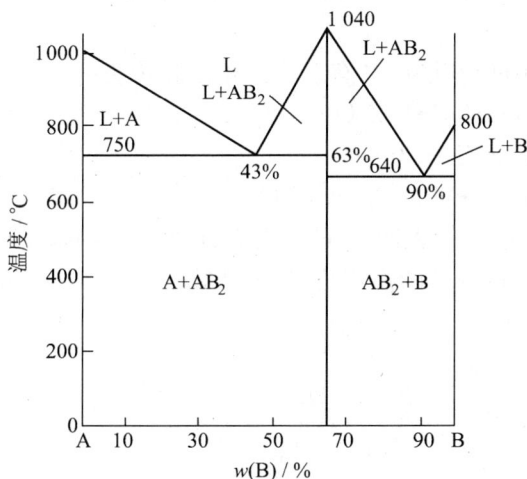

图 31

A：原子数 $=\dfrac{(100-63)}{28}\times 6.02\times 10^{23}$

B：原子数 $=\dfrac{63}{24}\times 6.02\times 10^{23}$

$$\dfrac{A\ 原子数}{B\ 原子数}=\dfrac{37\times 24}{28\times 63}=0.5$$

得中间化合物的分子式为 AB_2。

② 由杠杆定律，得

$$分离出的纯 A=\dfrac{43-20}{43}\times 100=53.5\ kg$$

7-5 有 $w(SiO_2)=90\%$ 及 $w(Na_2O)=10\%$，故

$w(O):w(Si)=(0.9\times 2+0.1):0.9=2.111$

因为 $w(O):w(Si)=2.111<2.5$，故有良好的玻璃化形成的趋势。

设 Na_2O 的最大含量为 x，SiO_2 的含量 $=1-x$，

$$\dfrac{x+2(1-x)}{1-x}\leqslant 2.5$$

$$\dfrac{2-x}{1-x}\leqslant 2.5$$

$$\Rightarrow 1+\dfrac{1}{1-x}\leqslant 2.5 \Rightarrow \dfrac{1}{1-x}\leqslant 1.5$$

$$1-x\geqslant \dfrac{1}{1.5}$$

故 $$x\leqslant \dfrac{1}{3}$$

7-6 ① 由题目图 7-6 中可知：耐热材料所占比例 $=\dfrac{72-45}{72-10}=43.5\%$，会熔化。

② 因熔化的百分比超过 20%，故选用此材料不正确。

7-7 见图 32。

① 所示的 ZrO_2—CaO 相图中共有三个三相恒温转变：

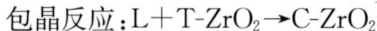

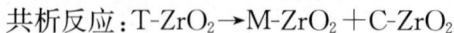

包晶反应：$L+T\text{-}ZrO_2\rightarrow C\text{-}ZrO_2$

共晶反应：$L\rightarrow C\text{-}ZrO_2+ZrCaO_3$

共析反应：$T\text{-}ZrO_2\rightarrow M\text{-}ZrO_2+C\text{-}ZrO_2$

其中 L 代表液相，T 代表四方，C 代表立方，M 代表单斜。

② 由摩尔分数和质量分数的换算公式，可计算 $w(CaO)=4\%$ 所对应的摩尔分数

$$x_A=\dfrac{\dfrac{w_A}{A_{rA}}}{\dfrac{w_A}{A_{rA}}+\dfrac{w_B}{A_{rB}}}$$

$$=\dfrac{\dfrac{4}{40+16}}{\dfrac{4}{40+16}+\dfrac{96}{91+16\times 2}}\approx 0.08$$

所以质量分数为 4% 的 CaO 其摩尔分数为 8%，而且从图中可见在 $900\ ℃$ 以下的溶

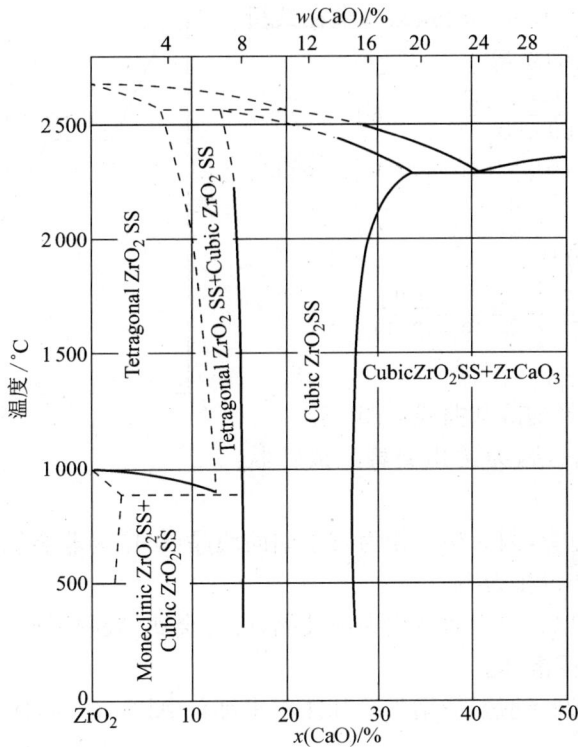

图 32

解限变化不大,得

$$单斜相的百分比 = \frac{x_{cub} - x}{x_{cub} - x_{mono}} \times 100\%$$

$$= \frac{15 - 8}{15 - 2} \times 100\% = 53.8\%$$

$$立方相的百分比 = \frac{x - x_{mono}}{x_{cub} - x_{mono}} \times 100\%$$

$$= \frac{8 - 2}{15 - 2} \times 100\% = 46.2\%$$

7-8 ① $w(C) = 2.11\%$ 时,Fe_3C_{II} 的析出量

$$= \frac{2.11 - 0.77}{6.69 - 0.77} = 22.6\%$$

由铁碳相图可知奥氏体的成分为 2.11%,可得到最大的 Fe_3C_{II} 析出量。

$w(C) = 4.30\%$ 时,

共晶中奥氏体的量

$$= \frac{6.69 - 4.30}{6.69 - 2.11} = 0.5218$$

则共晶中奥氏体可析出 Fe_3C_{II} 的量

$$= 0.5218 \times \frac{2.11 - 0.77}{6.69 - 0.77}$$

$$= 11.8\%$$

或者先求 $w(C)=4.30\%$ 时铁碳合金在共析反应前的渗碳体的总量

$$(Fe_3C)_t = \frac{4.3-0.77}{6.69-0.77} = 0.60$$

然后从 $(Fe_3C)_t$ 中减去共晶中 Fe_3C 的量，即得

Fe_3C_{II} 百分比

$$=\frac{4.3-0.77}{6.69-0.77} - \frac{4.3-2.11}{6.69-2.11}$$

$$=11.8\%$$

② $w(C)=4.30\%$ 的冷却曲线见图 33。

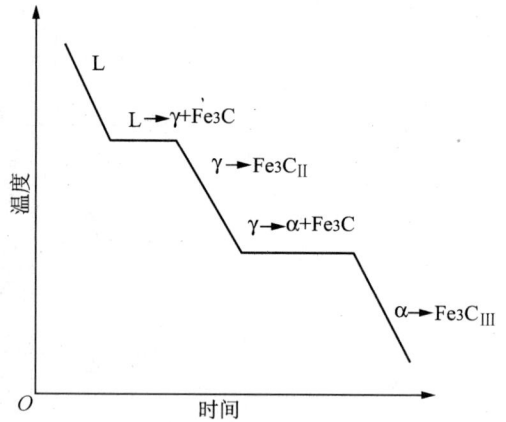

图 33

7-9 (1) ① 共晶组织，因为两相交替生成针状组织；

　　② 过共晶组织，因为初生相为有小刻面块晶形，应为非金属结晶特征，故此过共晶合金的初生相为 Si。

　　③ 亚共晶组织，因为初生相为树枝晶，应为金属结晶特征，故为亚共晶合金的初生相 $\alpha(Al)$ 固溶体。

(2) 可采用变质剂(钠盐)或增加冷却速率来细化 Al-Si 合金的铸态组织。

7-10 证明如下：

$k_0 < 1$ 时的正常凝固方程为

$$\rho_s = \rho_0 k_0 (1-g)^{k_0-1}$$

固相中的溶质总量 $M = \rho_s g$，则

$$dM = \rho_s dg = k_0 \rho_0 (1-g)^{k_0-1} dg$$

$$M = k_0 \rho_0 \int_0^g (1-g)^{k_0-1} dg$$

$$= -k_0 \rho_0 \left[\frac{(1-g)^{k_0}}{k_0} - \frac{1}{k_0} \right]$$

$$= \rho_0 [1-(1-g)^{k_0}]$$

由积分中值定理：

$$M = \overline{\rho_s} g$$

所以

$$\overline{\rho_s} = \frac{\rho_0}{g} [1-(1-g)^{k_0}]$$

7-11 ① 见图 34。

证：任意成分 W_0 在任意温度 T 时，固(S)、液(L)两相平衡相的成分分别为 w_S 和 w_L。因为 L 线为直线，斜率为常数，$m_L = \dfrac{T_A-T}{w_L}$，同理，S 线的 $m_S = \dfrac{T_A-T}{w_S}$，

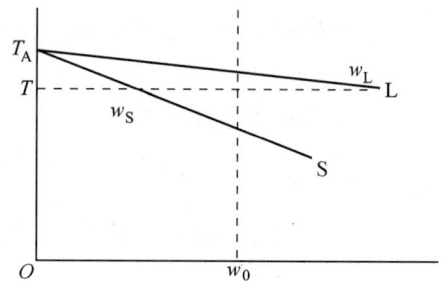

图 34

故
$$\frac{w_S}{w_L} = \frac{\dfrac{T_A - T}{m_S}}{\dfrac{T_A - T}{m_L}} = \frac{m_L}{m_S} = k_0 \text{（常数）}$$

② 证明如下：
$$\Delta T = T_1 - T_2 = (T_A - T_2) - (T_A - T_1)$$
$$= mw_L - mw_0 = m\frac{w_0}{k_0} - mw_0$$
$$= mw_0\left(\frac{1}{k_0} - 1\right)$$
$$= mw_0\left(\frac{1 - k_0}{k_0}\right)$$

故
$$\frac{G}{R} = mw_0\frac{1 - k_0}{Dk_0} = \Delta\left(\frac{T}{D}\right)$$

7-12 证明：$G = \dfrac{Rmw_0}{D} \cdot \dfrac{1 - k_0}{k_0} = \dfrac{Rm}{D}\left(\dfrac{w_0}{k_0} - w_0\right)$

液相完全不混合，$\dfrac{w_0}{k_0} = (w_L)_B = w_e$，故 $G = \dfrac{Rm}{D}(w_e - w_0)$

7-13 根据已知条件，由相图解得：
$$k_0 = \frac{w_S}{w_L} = \frac{5.65}{35.2} = 0.16$$
$$m = \frac{660.37 - 548}{0.352} = 320$$

① 由正常凝固方程：$\rho_S = \rho_0 k_0\left(1 - \dfrac{x}{L}\right)^{k_0-1}$，等式两边同除合金密度 ρ，得
$$w_S = w_0 k_0\left(1 - \frac{x}{L}\right)^{k_0-1} = 0.01 \times 0.16(1 - 0.5)^{0.16-1} = 0.286\%$$

② 由区域熔化方程得
$$w_S = w_0\left[1 - (1 - k_0)\exp\left(-\frac{k_0 x}{L}\right)\right]$$
$$= 0.01 \times \left[1 - (1 - 0.16)\exp\left(-\frac{0.16 \times 5}{0.5}\right)\right] = 0.83\%$$

③ 显微组织中出现轻微胞状，可视作发生成分过冷的临界条件，即
$$\frac{G}{R} = \frac{mw_0}{D}\frac{1 - k_0}{k_0}$$
$$w_0 = \frac{GD}{Rm}\frac{k_0}{1 - k_0} = \frac{30 \times 3 \times 10^{-5} \times 0.16}{3 \times 10^{-4} \times 320 \times (1 - 0.16)} = 0.18\%$$

7-14 ① 计算：
$$T = T_0 - m\frac{w_0}{k_0} = 660.37 - 320 \times \frac{0.005}{0.16} = 650.37℃$$

② 保持平面界面凝固的临界条件为：
$$G \geqslant \frac{mw_0 R(1 - k_0)}{Dk_0} = \frac{320 \times 0.005 \times 3 \times 10^{-4} \times (1 - 0.16)}{3 \times 10^{-5} \times 0.16} = 84℃/cm$$

③ 当 $w(Cu)＝2\%$ 时,将 0.02 替换上述①和②中的 0.005,经计算得出:
ⓐ $T＝620.37℃$;ⓑ $G\geqslant336℃/cm$。

7-15 ① 在不平衡凝固条件下,首先将形成树枝状的 α 晶体;随着凝固的进行,当液体中溶质富集处达到包晶成分时,将产生包晶转变: $L＋\alpha\rightarrow\beta$,从而在枝晶间形成 β 相;如果冷速不是特别快,可能继续冷却至 586℃ 时发生共析反应: $\beta\rightarrow\alpha＋\gamma$;甚至冷却至 520℃ 时再次发生共析反应: $\gamma\rightarrow\alpha＋\delta$,因此铸件的最后组织将是在 α 的枝晶间分布着 β 相,或者分布着 $(\alpha＋\gamma)$ 共析体,也可能为共析体 $(\alpha＋\delta)$ 。

② Cu-30%Zn 合金的凝固温度范围窄,不容易产生宽的成分过冷区,即以"壳状"方式凝固,液体的流动性好,易补缩,容易获得致密的铸件,铸件组织主要为平行排列的柱状晶。

　Cu-10%Zn 合金具有宽的凝固温度范围,容易形成宽的成分过冷区,即以"糊状"方式凝固,液体的流动性差,不易补缩,这是使铸件产生分散砂眼的主要原因,铸件的致密性差,铸件组织主要由树枝状柱状晶和中心等轴晶组成。

③ Cu-2%Sn 合金为单相 α 组织,塑性好,易于进行压力加工;Cu-11%Sn,Cu-15%Sn 合金的铸态组织中含有硬而质脆的 β,δ 等中间相组织,不易塑性变形,适合用于铸造法来制造耐磨机件。

7-16 (1) 合金的冷却曲线及凝固组织如图 35 所示:

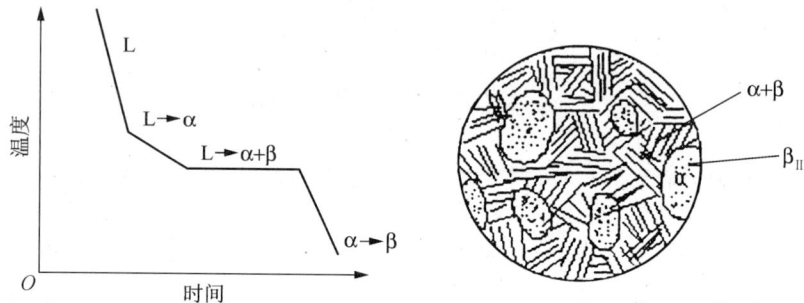

图 35

室温平衡组织: $\alpha_{初}＋(\alpha＋\beta)_{共}＋\beta_{II}$,或 $\alpha_{初}＋(\alpha＋\beta)_{共}$

(2) 合金发生共晶反应后的组织组成体为 $\alpha_{初}$ 和 $(\alpha＋\beta)_{共}$,各自的含量为

$$\alpha_{初}＝\frac{61.9－50}{61.9－19}\times100\%\approx28\%$$

$$(\alpha＋\beta)_{共}＝(1－\alpha_{初})\%＝72\%$$

合金发生共晶反应后的相组成为 α 相和 β 相,各自的含量为

$$\alpha＝\frac{97.5－50}{97.5－19}\times100\%＝60.5\%$$

$$\beta＝(1－\alpha)\%＝39.5\%$$

(3) α 相的晶胞体积为: $v_1＝a_{pb}^3＝0.390^3＝0.0593\ nm^3$

每个晶胞中有 4 个原子,每个原子占据的体积为 $\dfrac{0.0593}{4}＝0.01483\ nm^3$

β 相的晶胞体积: $v_2＝a_{Sn}^2 c_{Sn}＝0.5832^2\times0.318＝0.10808\ nm^3$

每个晶胞 4 个原子,每个原子占据的体积为:$\dfrac{0.108\,08}{4}=0.027\,02\,\text{nm}^3$

在共晶组织中,两相各自所占的质量分数分别为:

$$\alpha_{\text{共}}=\dfrac{97.5-61.9}{97.5-19}\times100\%=45.35\%$$

$$\beta_{\text{共}}=(1-\alpha_{\text{共}})\%=54.65\%$$

设共晶组织共有 100g,则其中 $\alpha=45.35\text{g},\beta=54.65\text{g}$

α 的体积为:$\dfrac{45.35}{207}\times N_A\times0.014\,83=0.003\,25\,N_A$

β 的体积为:$\dfrac{54.65}{119}\times N_A\times0.027\,02=0.012\,41\,N_A$

$$\dfrac{\alpha}{\alpha+\beta}=\dfrac{0.003\,25N_A}{0.003\,25+0.012\,41}N_A=20.75\%$$

即 α 相占共晶体总体积的 20.75%。由于 α 相的含量小于 27.6%,在不考虑层片的界面能时,该共晶组织应为棒状。

7-17 由一种单体聚合而成的高分子(聚合物)称为均聚物,由两种或两种以上单体聚合而成的高分子称为共聚物。一种单体进行加聚反应,此反应称为均加聚反应,简称均加聚,由此得到的高分子具有同其单体相同的成分。由两种或两种以上的单体所进行的缩聚反应称为共缩聚反应,简称共缩聚,由此得到的高分子成分与单体不同。

7-18 由 $\Delta G=\Delta H-T\Delta S$ 可知,自由能 ΔG 必须小于零,结晶过程才能自发进行。物质从非晶态到晶态,其中分子的排列是从无序到有序的过程,熵总是减小的,即 $\Delta S<0$,此时 $-T\Delta S>0$,而 $\Delta H<0$(放热)。要使 $\Delta G<0$,必须 $|\Delta H|>T|\Delta S|$。若某些高分子从非晶相到晶相,$|\Delta S|$ 很大,而结晶的热效应 ΔH 都很小,要使 $|\Delta H|>T|\Delta S|$ 只有两种途径:降低 T 或降低 $|\Delta S|$。但过分降低温度则分子流动困难,可能变成玻璃态而不结晶。若降低 $|\Delta S|$,可采用在结晶前对高分子进行拉伸,使高分子链在非晶相中已经具有一定的有序性,这样,结晶时相应的 $|\Delta S|$ 变小,使结晶能够进行。所以对结晶高分子,拉伸有利于提高结晶度。例如:天然橡胶在常温下结晶需要几十年,而拉伸时只要几秒钟就能结晶。

7-19 高分子合金是由两种以上组元聚合的复合体。

高分子合金的制备方法可以分为物理方法和化学方法。物理共混法包括干粉共混、熔融共混及乳凝共混等方法,最常用的是熔融共混。化学共混法主要有共聚-共混法和互穿聚合物网络法。

高分子通过合金化,可克服单组元高分子(均聚物)的某些性能的弱点,例如:聚丙烯(PP)低温容易脆裂,但通过与顺丁胶(BR)共混合可明显提高聚丙烯的韧性;还可拓宽高分子的用途,例如:以不同密度的聚乙烯(PE)共混,能得到多种性能的泡沫塑料。

7-20 对于高分子多相共混体,当分散相的尺寸与可见光的波长相当时(即几百纳米),可用散射光强法测定。当可见光通过这类材料时,就会产生强烈的光散射,出现混浊。当单相时,不会出现散射光强的突变。因此,当成分为 w_1 的二元高分子时,若其低温时是单相,加热到某一温度 T_1 出现的相变成为两相,此时散射光强随温度变化的曲线会发生突变,该突变点的温度常称为"浊点",即相变温度。同理,可测出 w_2 对应的 T_2,w_3 对应的 T_3 等。将不同成分的共混物的浊点对成分作图,就可获得相界线。

第 8 章

8-1　由已知条件作图 36,温度 T_1 时组元 B、液相 L 和合金 K 应在一条直线上,则由杠杆定律可得:

$$\frac{w_B}{w_L} = \frac{x_B - 0.4}{1 - x_B} = 2$$

$$x_B - 0.4 = 2(1 - x_B), x_B = 80\%$$

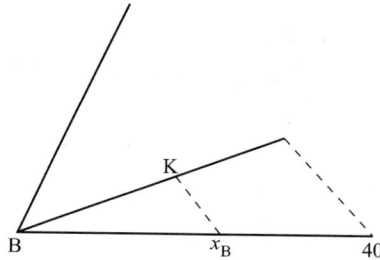

图 36

合金 K 中 $w(B) = 80\%$,又已知: $w(A) + w(C) = 100\% - 80\% = 20\%$ 和 $w(A) = 3w(B)$。由此解得:A,C 的质量分数分别为 15%,5%。

即 K 合金成分为:A,B,C 的质量分数分别为 15%,80%,5%。

8-2　① 根据已知条件分别作 AB,AC 和 BC 二元相图,并假设液相线和固相线是光滑的,然后在三个二元相图上作 950℃的割线,可在 AB 二元相图上得到与液相线相交点的 B,A 的质量分数约为 70%,30%,在 AC 二元相图上与液相线相交点的 C,A 的质量分数约为 35%,65%,而在 BC 相图上则不与液相线相交。最后在三元投影图上,用光滑曲线连接两个二元成分,即为 950℃液相线的近似投影,同理可得 850℃的液相线投影。(见图 37)

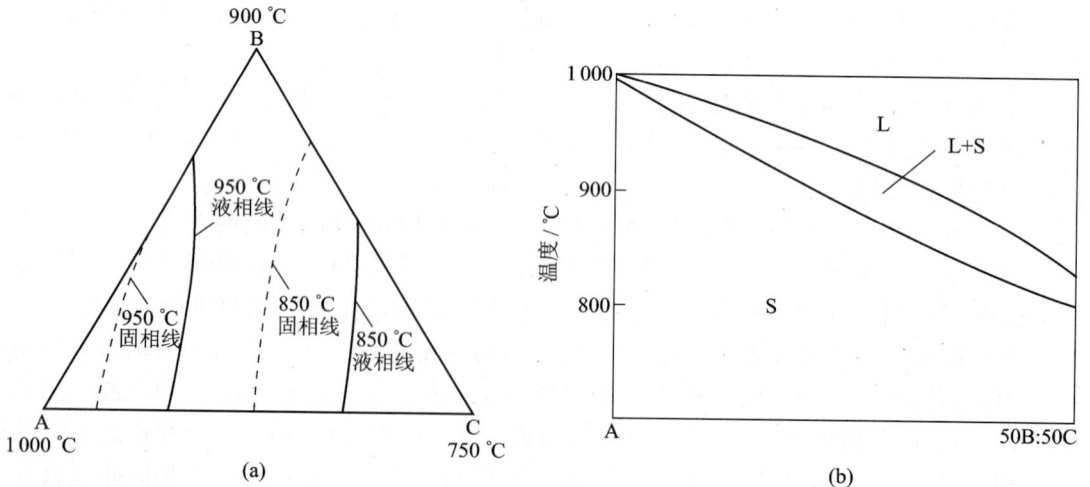

(a)　　　　　　　　　(b)

图 37

② 作图同上,如图 37(a)中虚线所示。

③ 如图 37(b)所示。

8-3 ①

$$A_初\% = \frac{Oa}{Aa} = \frac{80-60}{100-60} = 50\%$$

$$L\% = \frac{AO}{Aa} = \frac{100-80}{100-60} = 50\%$$

$$(A+B)\% = 50\% \times \frac{40-20}{40-0} = 25\%$$

$$(A+B+C)\% = L\% \times \frac{20-0}{40-20} = 25\%$$

② Ⅰ合金:$B+(A+B+C)_{共晶}$

P合金:$(B+C)_{共晶}+(A+B+C)_{共晶}$

8-4 首先作一浓度三角形,如图 38 所示,然后标上各相成分,合金成分点为:

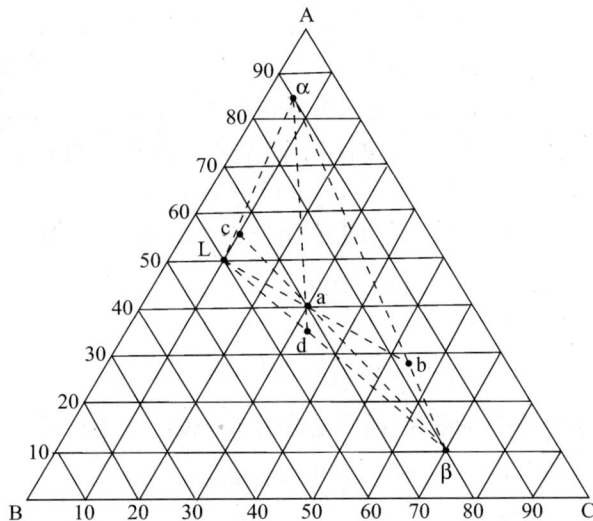

图 38

①

$$w(L) = \frac{ab}{Lb} = \frac{57-30}{57-10} \times 100\% = 57.4\%$$

$$w(\alpha) = \frac{ad}{\alpha d} = \frac{40-35}{85-35} \times 100\% = 10\%$$

$$w(\beta) = 100\% - 57.4\% - 10\% = 32.6\%$$

② 设合金成分为 x,并必定在 α-β 相成分点的连线上,由杠杆定律得:

$$\frac{\alpha}{\beta} = \frac{x-10\%}{85\%-x} = 1$$

故

$$x = w(A) = 47.5\%$$

再从浓度三角形上查得 $w(B)=14.5\%$,$w(C)=38\%$。

8-5 见图 39。

① 在 600℃时合金 P 由 $\alpha+\beta$ 相组成;合金 Q 由 $\beta+\gamma$ 相组成;合金 T 由 α 相组成。

② 设所求合金中铜、锡、锌的质量分数分别为 $w(Cu)$,$w(Sn)$,$w(Zn)$。根据已知条件,

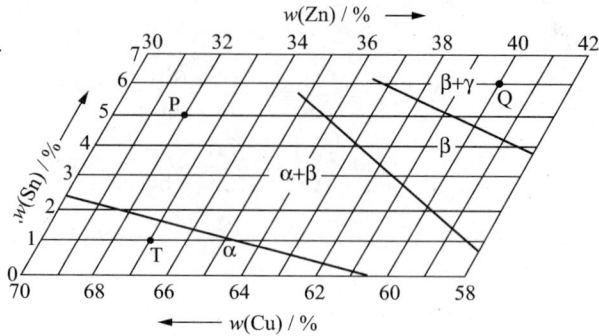

图 39

P，Q，T 合金分别占新合金中的质量分数为 25%，25%，50%，由重心定律可得：

$$w(Ca) = 25\% \times 63\% + 25\% \times 54\% + 50\% \times 66\% = 62.25\%$$

$$w(Sn) = 25\% \times 5\% + 25\% \times 6\% + 50\% \times 1\% = 3.25\%$$

$$w(Zn) = 25\% \times 62\% + 25\% \times 40\% + 50\% \times 33\% = 34.5\%$$

即新合金的成分 Cu，Sn，Zn 的质量分数分别为 62.25%，3.25%，34.5%。

8-6　如图 8-6 所示，X 成分的合金经过四相平衡温度时会发生如下反应：

$$R + U + Q \rightarrow U + V + Q$$

反应前 U 相和 Q 相的相对量为（用重心定律在 $\triangle QRU$ 上计算）

$$U = \frac{Xu_1}{Uu_1} \times 100\%$$

$$Q = \frac{Xq_1}{Qq_1} \times 100\%$$

反应后 U 相和 Q 相的相对量为（用重心定律在 $\triangle QUV$ 上计算）

$$U' = \frac{Xu_2}{Uu_2} \times 100\%$$

$$Q' = \frac{Xq_2}{Qq_2} \times 100\%$$

显然，反应后 U 相和 Q 相的量都增加，故为生成相；同时，反应前后 R 相从有到无，故为反应相；V 相从无到有，也为生成相。所以这一反应可以简化为 $R \rightarrow Q + U + V$。同理，在四相平面所包含的任一部分，都可以证明：经过四相平衡温度时会发生 $R \rightarrow Q + U + V$ 类反应。

8-7　如图 8-7 所示，X 成分的合金经过四相平衡温度时会发生如下反应：

$$R + U + Q \rightarrow U + V + Q$$

反应前，U 相和 Q 相的相对量为（用重心定律在 $\triangle QRU$ 上计算）

$$U = \frac{Xu_1}{Uu_1} \times 100\%$$

$$Q = \frac{Xq_1}{Qq_1} \times 100\%$$

反应后，U 相和 Q 相的相对量为（用重心定律在 $\triangle QUV$ 上计算）

$$U' = \frac{Xu_2}{Uu_2} \times 100\%$$

$$Q' = \frac{Xq_2}{Qq_2} \times 100\%$$

显然,反应后 Q 相的量减少,故为反应相;U 相的量增加,故为生成相;同时,反应前后的 R 相从有到无,故为反应相;V 相从无到有,故为生成相;所以这一反应可以简化为 R+Q→U+V。同理,在四相平面所包含的任一部分都可以证明:经过四相平衡温度时会发生 R+Q→U+V 类反应。

8-8 四相反应如下:

2 755 ~2 400℃时:$L+W_5C_3 \to WC+W_2C$,其液相成分变温线的温度走向如图 8-8 所示。

　　　　~2 400℃时:$L+W_2C \to WC+W$

　　　　~1 700℃时:$L+WC+W \to M_6C$

　　　　~1 500℃时:$L+W \to M_6C+Fe_3W_2$

　　　　1 380℃时:$L+Fe_3W_2 \to M_6C+\alpha$

　　　　1 335℃时:$L+\alpha \to \gamma+M_6C$

　　　　~1 200℃时:$L+M_6C \to WC+\gamma$

　　　　1 085℃时:$L \to \gamma+Fe_3C+WC$

其液相成分变温线的温度走向如图 40 所示。

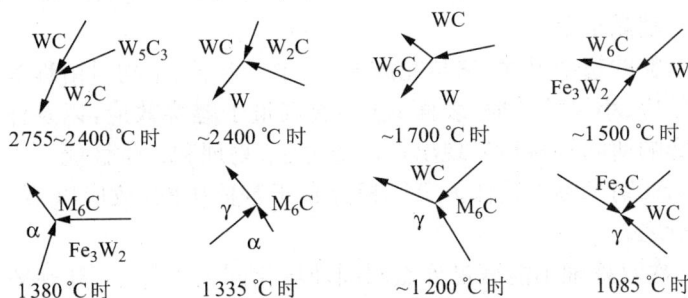

图 40

8-9 ① 在 P 点发生的反应:$L+MnAl_3 \to MnAl_4+Mg_5Al_8$

　　　在 E_T 点发生的反应:$L \to Al+MnAl_4+Mg_5Al_8$

　② 成分 I 的合金冷却时首先结晶出 Al,然后剩余液相成分达到 E_T 点,发生 $L \to MnAl_4+Al+Mg_5Al_8$ 三元共晶反应。

　　　成分 II 的合金冷却时首先结晶出 Mg_5Al_8,随后发生 $L \to MnAl_3+Mg_5Al_8$ 的共晶反应。这合金继续冷却剩余液相成分达到 P 点,经过第一个四相平面,发生 $L+MnAl_3 \to MnAl_4+Mg_5Al_8$ 四相反应,反应后余下 $L+MnAl_4+Mg_5Al_8$ 三相,当液相成分从 P 点到达 E_T,发生 $L \to Al+MnAl_4+Mg_5Al_8$ 四相反应(第二个四相平面),最后进入 $Al+MnAl_4+Mg_5Al_8$ 三相区直至室温。

8-10 ① 如图 41 所示。

　② 当三元系存在两个以上的稳定化合物时,把三元系简化划分的方法就不止一种,如图所示,在 A-B 二元系中有一个 A_mB_n 稳定的化合物,在 B-C 二元系中有一个 B_lC_k

稳定的化合物,划分简化三元系时即可按图中实线,也可按图中虚线加上两个化合物的连线划分。但不可能同时存在这两种划分方法,它们是不相容的,只有一种划分方法是真实的。如果两种划分都是可能的话,则在实线和虚线的交点成分可以在一个温度范围存在四相,这是不可能的。至于哪一种方法是正确的,可用简单的方法实际测定。例如对图中的 M 成分,待它平衡后检验它存在什么相,如果存在 A_mB_n 相,则实线是正确的;如果存在 B_lC_k 相,则虚线是正确的。

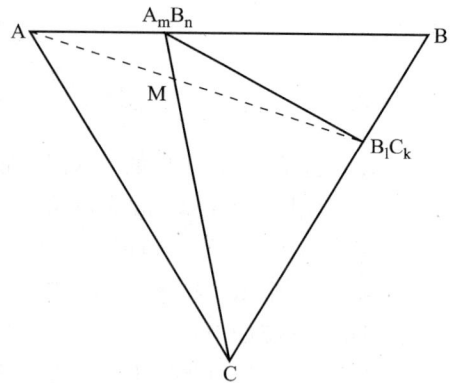

图 41

第 9 章

9-1　纳米材料是指在三维空间中至少有一维处于纳米尺度范围或由它们作为基本单元构成的性能有突变的材料。按维数分,纳米材料的基本单元可分为 3 类:(1) 零维,指在空间三维尺寸均处在纳米尺度,如纳米粉体材料;(2) 一维,指在空间有二维处于纳米尺度,如纳米丝、纳米棒、纳米管等;(3) 二维,指在三维空间中有一维处在纳米尺度,如超薄膜、多层膜、超晶格等。

　　由于纳米微粒的超细尺寸,它与光波波长、中子波长、平均自由程等为同一数量级,因此量子尺寸效应、小尺寸效应、表面效应、宏观量子隧穿效应,以及体积分数超过 50% 晶界结构的影响使纳米材料呈现出特殊的力学、物理和化学性能。

9-2　此例中的 Ni_3Al 纳米颗粒是作为第二相分布于基体中的,故应以第二相微粒的弥散强化机制来分析之。

9-3　5 次或高于 6 次对称轴不能满足阵点周围环境相同的条件,不具有平移对称性,不能实现有规则周期排列的晶体结构。

9-4　准晶系不具有平移对称性,然而是呈一定周期性有序排列的类似于晶态的一种原子聚集态固体。在三维空间中,它们除了具有 5 次对称轴外,还有 8,10 或 12 次对称轴,其衍射花样呈现出非晶体学对称性。大多数准晶相是亚稳的,只能用快速凝固的方法获得。众所周知,用正三角形、正方或正六边形可做平面的周期拼砌,然而用正五边形来拼砌,不能无重叠或无任何间隙铺满整个平面。因此,准晶态结构不能如同晶体那样取一个晶胞来代表其结构,即无法通过平移操作实现周期性。目前较常用的是拼砌花砖方式的模型来表征准晶结构。例如:5 次对称的准周期结构可用边长相等、角度分别为 36°和 144°(窄),以及 72°和 108°(宽)的两种菱形,遵照特别的匹配法将其构造出来。

9-5　按表中数据作 $\ln\dfrac{T_x}{a}\sim\dfrac{1}{T_x}$ 图(见图 42),近似于直线,利用最小二乘法拟合出各直线方程为

$$\ln\frac{T_x}{a} = \frac{46}{T_x} - 53$$

$$\ln\frac{T_x}{a} = \frac{49}{T_x} - 57$$

从直线斜率求得 α-Fe 预晶化相析出阶段的激活能为 $(382\sim407)\,\mathrm{kJ/mol}$。

9-6　非晶态的线性高聚物在不同温度下按力学性质分为
玻璃态、高弹态和黏流态 3 种。当温度较低时，分子
热运动能力有限，不仅使整个大分子链无法运动，就
是链段甚至个别链节也不能运动，使整个大分子失
去柔韧性，这时高聚物类似于过冷液体的普通硅酸
盐玻璃，因此称这种状态为玻璃态。高聚物呈现玻
璃态的最高温度（T_g）称为玻璃化温度，即高聚物由
高弹态向玻璃态的转变温度。在玻璃化转变时，除
了高聚物的弹性模量 E 等力学性能数据发生不连

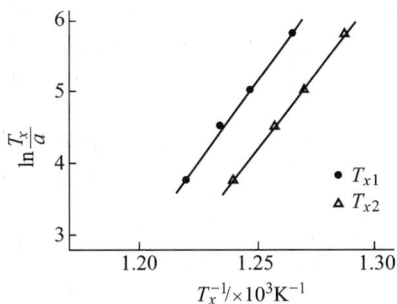

图 42

续的明显变化外，聚合物的膨胀系数、热容、介电常数等也均将发生显著的变化。故玻
璃化转变不是热力学相变，而是非平衡条件下的状态转变，这可看作一种体积松弛过
程。玻璃化温度是高分子材料极重要的性质，是塑料和橡胶的分界线。

　　影响玻璃化温度的因素很多，通常有：①链的柔顺性；②分子间力的影响；③共聚的影
响；④增塑剂的影响等。

9-7　① 结晶态聚合物的密度

$$\rho = \varphi\rho_c + (1-\varphi)\rho_a$$

其中，ρ_c 和 ρ_a 分别为聚合物结晶和非结晶部分的密度；φ 为结晶部分所占的体积
分数。

解联立方程　$\begin{cases} 2.144 = 51.3\%\rho_c + (1-51.3\%)\rho_a \\ 2.215 = 74.2\%\rho_c + (1-74.2\%)\rho_a \end{cases}$

得　　　　　$\rho_c = 2.296\,\mathrm{g/cm^3}, \quad \rho_a = 1.984\,\mathrm{g/cm^3}$

② $2.26 = 2.296\varphi + (1-\varphi)1.984$

故　$\varphi = 88.5\%$

9-8　根据扩散原理，扩散系数可写成：

$$D = B_i RT\left[1 + \left(\frac{\mathrm{d}\ln\gamma_i}{\mathrm{d}\ln C_i}\right)\right]$$

其中，C_i 是 i 组元在固溶体中摩尔分数；γ_i 是 i 组元的活度系数；B_i 为 i 组元的迁移率。

对二元系有　　　　$\mathrm{d}G = u_A\mathrm{d}C_A + u_B\mathrm{d}C_B$

而 $C_A = 1 - C_B$，则　　$\dfrac{\mathrm{d}^2G}{\mathrm{d}C_B^2} = \dfrac{\mathrm{d}u_B}{\mathrm{d}C_B} - \dfrac{\mathrm{d}u_A}{\mathrm{d}C_B}$

由于　　　　　　$u_i = u_i^0 + RT\ln C_i\gamma_i$

$$\frac{\mathrm{d}u_B}{\mathrm{d}C_B} = RT\left(\frac{1}{C_B} + \frac{\mathrm{d}\ln\gamma_B}{\mathrm{d}C_B}\right)$$

$$\frac{\mathrm{d}u_A}{\mathrm{d}u_B} = RT\left(\frac{-1}{C_A} + \frac{\mathrm{d}\ln\gamma_A}{\mathrm{d}C_B}\right)$$

代入上式，得

$$\frac{\mathrm{d}^2G}{\mathrm{d}^2G} = RT\left[\frac{1}{C_B} + \frac{\mathrm{d}\ln\gamma_B}{\mathrm{d}C_B} + \frac{1}{C_A} - \frac{\mathrm{d}\ln\gamma_A}{\mathrm{d}C_B}\right]$$

$$= RT\left[\frac{1}{C_A C_B} + \frac{\mathrm{d}\ln\gamma_B - \mathrm{d}\ln\gamma_A}{\mathrm{d}C_B}\right]$$

因为
$$\frac{\mathrm{d}\ln\gamma_A}{\mathrm{d}\ln C_A} = \frac{\mathrm{d}\ln\gamma_B}{\mathrm{d}\ln C_B}$$

故
$$\frac{\mathrm{d}^2 G}{\mathrm{d}C_B^2} = RT\left[\frac{1}{C_A C_B} + \frac{\mathrm{d}\ln\gamma_B - \dfrac{\mathrm{d}\ln\gamma_B}{\mathrm{d}\ln C_B}\mathrm{d}\ln C_A}{\mathrm{d}C_B}\right]$$

$$= RT\left[\frac{1}{C_A C_B} + \frac{\mathrm{d}\ln\gamma_B}{\mathrm{d}\ln C_B}\left(\frac{\mathrm{d}\ln C_B - \mathrm{d}\ln C_A}{\mathrm{d}C_B}\right)\right]$$

$$= RT\left[\frac{1}{C_A C_B} + \frac{1}{C_A C_B}\frac{\mathrm{d}\ln\gamma_B}{\mathrm{d}\ln C_B}\right]$$

代入原式得
$$D = B_i C_A C_B\left(\frac{\mathrm{d}^2 G}{\mathrm{d}C_B^2}\right)$$

对脱溶分解：$\dfrac{\mathrm{d}^2 G}{\mathrm{d}C^2} > 0$，即有 $D > 0$；

对 Spinodal 分解：$\dfrac{\mathrm{d}^2 G}{\mathrm{d}C^2} < 0$，即有 $D < 0$。

　　二者形成析出相最重要的区别在于形核驱动力和新相的成分变化。在脱溶转变时，形成新相要有较大的浓度起伏，新相与母相的成分有突变，因而产生界面能，需要较大的形核驱动力以克服界面能，以及需要较大的过冷度。而对 Spinodal 分解，没有形核过程，没有成分的突变，任意小的浓度起伏都能形成新相而长大。

9-9　当 $R(\lambda) = 0$ 时，

$$C - C_0 = \cos\frac{2\pi}{\lambda}Z$$

此时成分波动不随时间变化，即不发生调幅分解。只有当 $R(\lambda) > 0$ 时，才能发生调幅分解，即 $R(\lambda) = 0$ 时的 λ 值为临界波长 λ_c。因此，

$$G'' + 2\eta Y + \frac{8\pi^2 K}{\lambda_c^2} = 0$$

$$\lambda_c = \left[\frac{-8\pi^2 K}{G'' + 2\eta Y}\right]^{\frac{1}{2}}$$

9-10　Al-Cu 合金淬火后，合金中 Cu 的扩散系数

$$D = \frac{x^2}{t} = \frac{(1.5\times10^{-6})^2}{3\times3\,600} = 2.08\times10^{-16}\,\mathrm{cm}^2/\mathrm{s}$$

此扩散系数比正常扩散系数大，扩大的倍数为 $\dfrac{2.08\times10^{-16}}{2.3\times10^{-25}} = 9.04\times10^8$（倍）

Cu 在 Al 中系置换型溶质，若按空位机制扩散，可以认为增大的倍数完全是淬火过饱和空位的贡献。

　　根据空位浓度

$$C_v = C_0\exp\left(-\frac{Q_v}{RT}\right)$$

则
$$\frac{C_v(525℃)}{C_v(27℃)} = \exp\left[-\frac{Q_v}{R}\left(\frac{300-793}{793\times300}\right)\right] = 9.04\times10^8$$

$$Q_{\mathrm{v}} = 82.811(\mathrm{kJ/mol}),$$

$$C_{\mathrm{v}} = 2.3\exp\left(-\frac{82\,811}{8.314 \times 793}\right) = 8.069 \times 10^{-6}$$

9-11 ① 假设每一个 θ 相粒子体积为 5 nm³,则 θ 粒子数为

$$\frac{1}{(5 \times 10^{-7})^3} = 8 \times 10^{18}(\text{个 /cm}^3)$$

② fcc 结构每单位晶胞有 4 个原子,

$$a = \frac{4r}{\sqrt{2}} = \frac{4 \times 0.143}{\sqrt{2}} = 0.404 \text{ nm}$$

由于 $x(\mathrm{Cu}) = 2\%$,故每 cm³ 中的 Cu 原子数 $= 0.02 \times \dfrac{4}{(4.04 \times 10^{-8})^3} = 1.213 \times$

$10^{21}(\text{个/cm}^3)$,所以,每个 θ 相粒子中含 Cu 原子数 $= 1.213 \times \dfrac{10^{21}}{8} \times 10^{18} = 151.6(\text{个/}$

cm³)

9-12

$$\text{速率} = A\exp\left(-\frac{Q}{RT}\right)$$

$$\ln t = A + \frac{Q}{RT}$$

代入数据,解得

$$Q = 4.24 \times 10^4 \text{ J/mol}$$

再代入,解得

$$T = 243\mathrm{K}(-30℃)$$

9-13 ① 球状晶核的形核功

$$\Delta G^*_{\text{共格}} = \frac{16\pi\sigma^3}{3(\Delta G_{\mathrm{B}} - \varepsilon)^2}$$

若截面为非共格,则可忽略应变能,形核功

$$\Delta G^*_{\text{共格}} = \frac{16\pi\sigma^3}{3\Delta G_{\mathrm{B}}^2}$$

$$\frac{\Delta G^*_{\text{共格}}}{\Delta G^*_{\text{非共格}}} = \frac{\Delta G_{\mathrm{B}}^2 \sigma^3}{(\Delta G_{\mathrm{B}} - \varepsilon)^2 \sigma^3_{\text{非共格}}}$$

$$= \frac{\left(200 \times \dfrac{50}{1\,000}\right)^2 \times (4.0 \times 10^{-6})^3}{\left(200 \times \dfrac{50}{1\,000} - 4\right)^2 \times (4.0 \times 10^{-5})^3} = 2.777 \times 10^{-3}$$

②

$$\Delta G^*_{\text{共格}} = \Delta G^*_{\text{非共格}}$$

$$\frac{(4.0 \times 10^{-6})^3}{\left(200 \times \dfrac{\Delta T}{1\,000} - 4\right)^2} = \frac{(4.0 \times 10^{-5})^3}{\left(200 \times \dfrac{\Delta T}{1\,000}\right)^2}$$

解得

$$\Delta T = 20.653℃$$

由此可见,当相变过冷度较大时,新相与母相一般形成共格界面,当过冷度较小时,则易形成非共格界面。

9-14　(1) α＋珠光体(α 先形成于 γ 晶界处)；

　　　 (2) 细片珠光体(屈氏体)；

　　　 (3) 屈氏体＋马氏体(屈氏体先形成于 γ 晶界处)；

　　　 (4) 上贝氏体＋马氏体(贝氏体呈羽毛状,从晶界向晶内生长)；

　　　 (5) 马氏体组织。

9-15　180℃回火：马氏体针叶中开始分解出微细碳化物,易浸蚀,呈暗色。

　　　 300℃回火：残留奥氏体发生分解,转变成 α＋细碳化物,马氏体也分解成 α＋细碳化物,原马氏体形态不太明显。

　　　 680℃回火：碳化物呈粒状分布于铁素体基体中,组织为粒状珠光体。

9-16　若半共格界面能忽略不计,马氏体片生长时系统自由能变化为

$$\Delta F_f = -\Delta F \pi r^2 h + G\phi^2 h^2 \left(\frac{4}{3}\pi r^3 - \pi r^2 h \right) \frac{1}{2r^2}$$

已知 r＝constant,令 $\dfrac{\mathrm{d}\Delta F_f}{\mathrm{d}h} = 0$

$$-\Delta F \pi r^2 + \frac{4}{3}G\phi^2 \pi r h_0 - \frac{3}{2}G\varphi^2 h_0^2 \pi = 0$$

$$\Delta F r^2 = \frac{1}{6}G\phi^2 h_0 [8r - 9h_0]$$

9-17　① 奥氏体的晶胞体积

$$V_A = a \cdot \frac{a}{\sqrt{2}} \cdot \frac{a}{\sqrt{2}} = \frac{a^3}{2} = \frac{1}{2}(0.3548)^3 = 22.33 \times 10^{-3}\,\mathrm{nm}^3$$

　　　 马氏体晶胞体积

$$V_M = \left(\frac{a}{\sqrt{2}} \right)^2 (1+12\%)^2 \times a(1-18\%)$$

$$= \frac{1}{2}a^3 \times (1.12)^2 \times 0.82 = 22.97 \times 10^{-3}\,\mathrm{nm}^3$$

$$\frac{V_M - V_A}{V_A} = \frac{22.97 - 22.33}{22.33} = 2.87\%$$

②
$$\frac{\Delta l}{l} = \frac{1}{3}\frac{\Delta V}{V} = \frac{2.87 \times 10^{-2}}{3} = 0.96\%$$

③
$$\sigma = E\varepsilon = 200 \times 10^9 \times 0.96\% = 192 \times 10^7\,\mathrm{Pa}$$

9-18　9Mn2V 钢在淬火低温回火处理后,得到的主要是片状马氏体的回火组织,由于片状马氏体的亚结构为孪晶,且在形成时有微裂纹存在,故脆性较大。硝盐等温淬火得到的是下贝氏体,其基体铁素体的亚结构是高密度的位错,且无微裂纹存在,故脆性大为减小。

第 10 章

10-1　① Cu 只有一个价电子,因此,材料中价电子的数目与 Cu 原子的数目一样。Cu 的点阵常数为 3.6151×10^{-8}。Cu 是面心立方,每个晶胞有 4 个原子。

　　　 Cu 的电阻率

$$\rho = 1/\sigma = 1/(5.98 \times 10^5) = 1.67 \times 10^{-6}\,\Omega \cdot \mathrm{cm}$$

故　$n = \dfrac{4 \times 1}{(3.6151 \times 10^{-8})^3} = 8.466 \times 10^{22}$（个电子 $/cm^3$）

$q = 1.6 \times 10^{-19} C$

$\mu = \dfrac{\sigma}{nq} = \dfrac{1}{\rho nq} = \dfrac{1}{(1.67 \times 10^{-6})(8.466 \times 10^{22})(1.6 \times 10^{-19})}$

$= 44.2\ cm^2/(\Omega \cdot C) = 44.2\ cm^2/(V \cdot s)$

② 电场强度

$$E = \frac{V}{l} = \frac{10}{100} = 0.1\ V/cm$$

电子迁移率为 $44.2\ cm^2/(V \cdot s)$，因此电子迁移速率

$$\bar{v} = \mu E = 44.2 \times 0.1 = 4.42\ cm/s$$

10-2　① $n = \dfrac{\sigma}{q(\mu_n + \mu_p)} = \dfrac{0.023}{(1.6 \times 10^{-19})(3\,900 + 1\,900)} = 2.5 \times 10^{13}$（个电子$/cm^3$）

即 Ge 在室温时有 2.5×10^{13} 个电子$/cm^3$ 和 2.5×10^{13} 个空穴$/cm^3$ 参与电荷传导。

② Ge 的晶格类型为金刚石型，其点阵常数为 $5.657\,5 \times 10^{-8}\ cm$。故其价带上：

$$总电子数 = \frac{8 \times 4}{(5.657\,5 \times 10^{-8})^3} = 1.77 \times 10^{23}$$

$$激发的分数 = \frac{2.5 \times 10^{13}}{1.77 \times 10^{23}} = 1.41 \times 10^{-10}$$

10-3　Cu 的原子序数为 29，所以每个 Cu 原子中有 29 个电子。Cu 的点阵常数为 $3.615\,1\ \text{Å}$。因此，

$$Z = \frac{4 \times 29}{(6.615\,1 \times 10^{-10})^3} = 2.46 \times 10^{30}$$（个电子 $/m^3$）

$P = Zqd = (2.46 \times 10^{30}) \times (1.6 \times 10^{-19})(10^{-8}\ \text{Å})(10^{-10}\ m/\text{Å}) = 3.94 \times 10^{-7}\ C/m^2$

10-4　① 饱和磁化强度是单位原子玻尔磁子数（上述为 0.60）、玻尔磁子大小和单位体积（m^3）原子数 N 的乘积，即

$$M_s = 0.60\,\mu_B N$$

而单位体积（m^3）原子数取决于 Ni 的密度 ρ、原子质量 A_{Ni} 和阿伏加德罗常数 N_A，如下式：

$$N = \frac{\rho N_A}{A_{Ni}} = \frac{(8.90 \times 10^6) \times (6.023 \times 10^{23})}{58.71} = 9.13 \times 10^{28}\ 原子数\ /m^3$$

所以，饱和磁化强度

$M_s = 0.6 \times (9.27 \times 10^{-24}) \times (9.13 \times 10^{28}) = 5.1 \times 10^5\ A/m$

② 饱和磁通密度

$$B_s = \mu_0 M_s = (4\pi \times 10^7) \times (5.1 \times 10^5) = 0.64\ T$$

10-5　由于未成对电子的自旋，每个 Fe 原子中有 4 个电子可以看成磁偶极子。体心立方 Fe 每 m^3 含有的原子数为：

$$Fe\ 原子数/m^3 = \frac{2}{(2.866 \times 10^{-10})^3} = 8.48 \times 10^{28}\ 原子数/m^3$$

最大体积磁化强度(M_{sat})等于单位体积总磁矩：

$$M_{sat} = (8.48 \times 10^{28}) \times (9.27 \times 10^{-24}) \times 4 = 3.15 \times 10^6 \, A/m$$

将饱和磁化强度 M 转化为饱和磁通密度 $B(T)$ 须计算 $\mu_0 M$。在铁磁材料中 $\mu_0 M \gg \mu_0 H$，故 $B \approx \mu_0 M$。即

$$B_{sat} \approx \mu_0 M_{sat}$$

$$B_{sat} \approx (4\pi \times 10^{-7}) \times (3.15 \times 10^6) = 3.95 \, Wb/m^2 = 3.95 \, T$$

可以看出，这个值几乎是实验值 2.1 T 的两倍。如果以 2.1 T 倒推回去，可以得到每个 Fe 原子只有约 2.2 个玻尔磁子而不是 4 个。这个差别来自晶体中原子和单个原子不同的特性。在 Fe 中，这个差别就是由于 3 d 电子轨道磁矩在晶体中被破坏了。

10-6
$$H = \frac{nI}{l} = \frac{10 \times 0.01}{0.01} = 10 \, A/m$$

$$H = 10 \times (4\pi \times 10^{-3}) = 0.126 \, Oe$$

如果磁感强度 B 至少要达到 2 000 G，那么芯材的磁导率应有下值：

$$\mu = \frac{B}{H} = \frac{2\,000}{0.126} = 15\,873 \, G/Oe$$

而芯材的相对磁导率至少应有下值：

$$\mu_r = \frac{\mu}{\mu_0} = \frac{15\,873}{1} = 15\,873 < 80\,000$$

故可以采用 Fe-48%Ni 合金作为线圈内的磁性材料。

10-7 W 的比热容为 0.032 cal/(g·K)，故需要的热量：

$$W = 0.032 \times 250 \times (650 - 25) = 5\,000 \, cal$$

同样，Al 的比热容为 0.215 Cal/(g·k)，故需要的热量：

$$W = 0.215 \times 250 \times (650 - 25) = 33\,593.75 \, cal$$

10-8 为了最终得到特定尺寸的铸件，注入液态 Al 的型腔必须比铸件尺寸大。纯 Al 会在 660℃开始凝固，随着温度降低到室温，固态铸件尺寸会收缩。如果计算出了收缩量就可以得到型腔的最初尺寸。

Al 的线膨胀系数为 $25 \times 10^{-6}/℃$。从 Al 的凝固点到室温（25℃）的温度变化为 $660 - 25 = 635℃$。尺寸变化可以由下式给出：

$$\Delta l = l_0 - l_f = \alpha l_0 \Delta T$$

对于 25 cm 的尺寸，$l_f = 25$ cm。求 l_0：

$$l_0 - 25 = (25 \times 10^{-6})(l_0)(635)$$

$$l_0 - 25 = 0.015\,875 \, l_0$$

$$0.984 \, l_0 = 25$$

$$l_0 = 25.40 \, cm$$

对于 3 cm 的尺寸，$l_f = 3$ cm。求 l_0：

$$l_0 - 3 = (25 \times 10^{-6})(l_0)(635)$$

$$l_0 - 3 = 0.015\,875 \, l_0$$

$$0.984 \, l_0 = 3$$

$$l_0 = 3.05 \, cm$$

所以,型腔尺寸应设计为 25.40 cm×25.40 cm×3.05 cm,这样铸件就会收缩到所需要的尺寸。

10-9 (1) 入射光强度为 I_0,则在材料前表面由于反射引起的强度损失为 RI_0。而实际进入材料的入射束强度为

$$I_0 - RI_0 = (1-R)I_0$$

$$I_{\text{reflected at front surface}} = RI_0$$

$$I_{\text{after reflection}} = (1-R)I_0$$

(2) 进入材料的光束又会被吸收掉一部分。穿过长度为 l 的材料后,光束强度

$$I_{\text{after absorption}} = (1-R)I_0 \exp(-\beta l)$$

(3) 吸收后剩余的光束会从材料后表面射出并再次反射。到达材料后表面并被反射的光束强度

$$I_{\text{reflected at back surface}} = R(1-R)I_0 \exp(-\beta l)$$

(4) 所以,完全通过材料的透射束强度

$$I_{\text{transmitted}} = I_{\text{after absorption}} - I_{\text{reflected at back surface}}$$

$$= (1-R)I_0 \exp(-\beta l) - R(1-R)I_0 \exp(-\beta l)$$

故

$$I_t = (1-R)^2 I_0 \exp(-\beta l)$$

思考、讨论题

(1) 根据元素周期表来分析研究元素性质、原子结构和该元素在周期表中的位置三者之间的关系。

(2) 原子(或分子)间键合分类和特点。

(3) 为什么掌握原子的电子结构既有助于对材料进行分类，又有助于从根本上了解材料的力学和物理、化学特性？

(4) 如何快速、准确地确定已知晶面指数和晶向指数在晶胞中的位置，以及它们之间的位向关系？

(5) 三种典型晶体结构的晶体学特征。

(6) 离子晶体的结构规则。

(7) 聚合物的晶态结构。

(8) 非晶态结构。

(9) 点缺陷的运动及其平衡浓度。

(10) 伯氏矢量的物理意义与守恒性。

(11) 分析、归纳刃型和螺型位错的异同点。

(12) 位错的运动和增殖。

(13) 位错的弹性性质。

(14) 实际晶体结构中的位错。

(15) 晶界、孪晶界和相界的结构与特征。

(16) 菲克第一定律和菲克第二定律。

(17) 扩散方程的解。

(18) 扩散机制和影响扩散的因素。

(19) 弹性变形的本质和弹性的不完整性。

(20) 塑性变形的两种主要形式：滑移和孪生，以及它们的异同点。

(21) 塑性变形的位错机制。

(22) 多晶体塑性变形的特点。

(23) 屈服现象、加工硬化和应变时效现象。

(24) 陶瓷和聚合物变形的特点。

(25) 简述回复、再结晶和晶粒长大三个阶段及其影响因素。

(26) 一次再结晶、二次再结晶，以及静态再结晶与动态再结晶的异同点。

(27) 相平衡条件、相律、杠杆定律及重心定律。

(28) 结晶的热力学和动力学条件。

(29) 晶体形核和长大过程及其影响。

(30) 分析匀晶、共晶和包晶二元相图中几种典型成分合金随温度变化的结晶凝固过程和组织结构。

（31）Fe-C 合金相图。

（32）三元相图的截面图和投影图。

（33）分析固态有限互溶的三元共晶相图。

（34）复杂三元相图的分析方法。

（35）纳米材料结构和性能特点。

（36）准晶结构和性能。

（37）非晶的形成和性能。

（38）马氏体、贝氏体转变。

上海交通大学 2000～2007 年硕士研究生入学考试《材料科学基础》试题及其参考解答

2000 年硕士研究生入学考试试题

1. 由图计算出单晶体银和多晶体银在低于 700℃时的扩散激活能，并说明两者扩散激活能差异的原因。

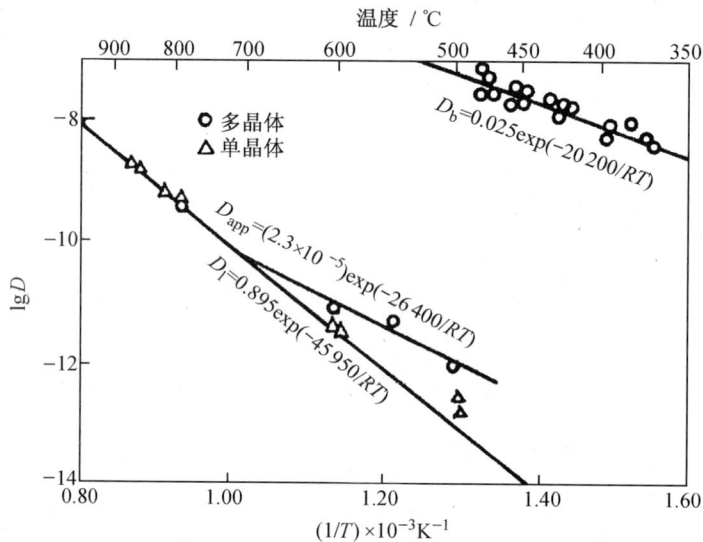

2. 在如下左图所示的二元合金系中，写出在整个成分范围内反应扩散在 T_1 温度下进行时可能出现的相，并画出浓度（B%）随扩散距离 x 的变化曲线。

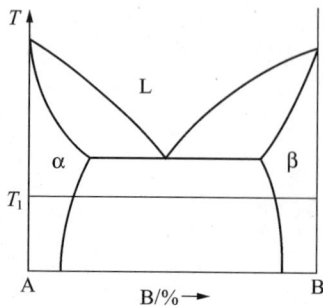

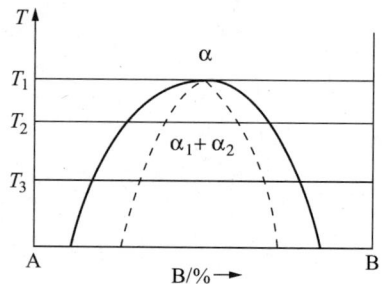

3. 画出如右上图所示混溶间隙相图中三个温度的自由能-成分曲线。

4. 试求出 8%B 二元合金在定向凝固中保持平面型液-固界面推移的凝固速度 R。已知温度梯度 $G=225℃/cm$，B 组元扩散系数 $D=2\times10^{-4}\,cm^2/s$，平衡分配系数 $k_0=0.3$，二元合金液相斜率 $m=0.142℃/\%B$（即每增加 1%B 溶质浓度所降低的温度为 $0.142℃$）。

5. 在如图所示成分三角形中，
   1) 确定组元 C 为 80%，而 A 和 B 组元浓度比等于 S 成分的合金成分；
   2) 确定用 10kgP 成分合金与 10kgS 成分合金熔化混合后的合金成分，写出作图的步骤。

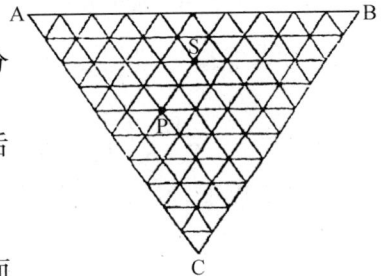

6. 试求理想密排六方结构晶体的轴比 c/a，并指出其密排面和密排方向。

7. 晶体滑移面上有一位错环，在其伯氏矢量方向加切应力 τ，问位错环要在晶体中稳定，其最小半径是多少？

8. 在铜晶体中 (111) 面上的 $a/2[10\bar{1}]$ 位错与 $(11\bar{1})$ 面上的 $a/2[011]$ 位错发生位错反应时：
   1) 写出位错反应方程并判明反应进行的方向；
   2) 说明新位错的性质。

9. 什么是晶体滑移的临界分切应力？试说明测定晶体临界分切应力的试验方法。

10. 冷加工金属中的位错密度为 $10^{10}/cm^2$，设单位长度位错的能量为 $10^{-10}\,J/cm$，晶界能为 $5\times10^{-5}\,J/cm^2$，晶界二侧位错密度为 $10^{10}/cm^2$ 及 0。求金属在加热时再结晶的临界晶粒尺寸。

2000 年硕士研究生入学考试试题参考答案

1. $D = D_0 \exp\left(-\dfrac{Q}{RT}\right)$

$\lg D = \lg D_0 - \dfrac{Q}{RT}\lg e = \lg D_0 - \dfrac{Q}{2.3RT}$

$\Delta \lg D = -\dfrac{Q}{2.3R}\left(\dfrac{1}{T_1} - \dfrac{1}{T_2}\right)$

700℃ 以下,多晶体银的扩散激活能:

由式

$$-10.72 - (-12) = -\dfrac{Q_1}{2.3R}(1.10 \times 10^{-3} - 1.30 \times 10^{-3})$$

得 $\qquad\qquad\qquad Q_1 = 122.4\text{kJ}$

单晶体银的扩散激活能:

由式

$$-8 - (-14) = -\dfrac{Q_2}{2.3R}(0.8 \times 10^{-3} - 1.39 \times 10^{-3})$$

得 $\qquad\qquad\qquad Q_2 = 194.5\text{kJ}$

在 700℃ 以下,多晶体银比单晶体银的扩散激活能小,这是因为多晶体银晶界起着"短路"扩散作用。

2.

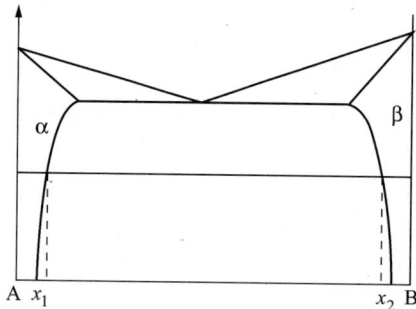 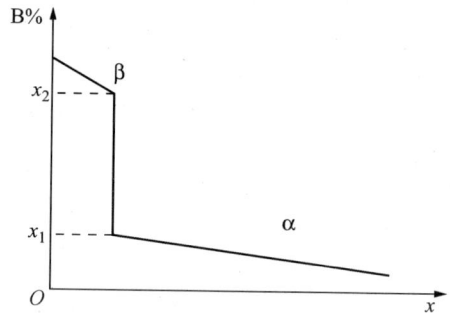

可能出现 α 相和 β 相,无 α 和 β 相混合区。

3.

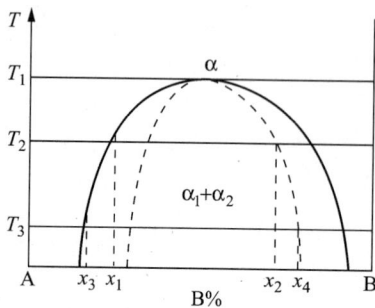 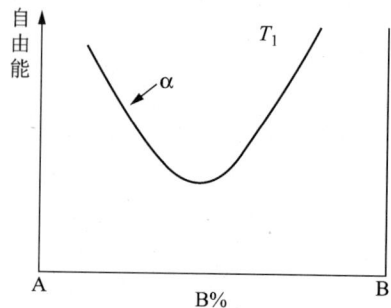

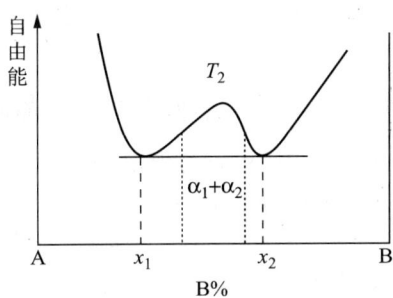

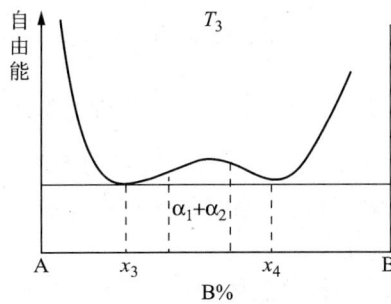

4. 由

$$\frac{G}{R}\geqslant\frac{mW_0}{D}\cdot\frac{1-k_0}{k_0}$$

得

$$R\leqslant\frac{GD}{mW_0}\cdot\frac{k_0}{1-k_0}\leqslant\frac{225\times2\times10^{-4}\times0.3}{0.142\times8\times(1-0.3)}\leqslant0.017\,\text{cm/s}$$

即当凝固速度小于或等于 0.017cm/s 时，才能保持液/固界面为平直界面。

5. 1)

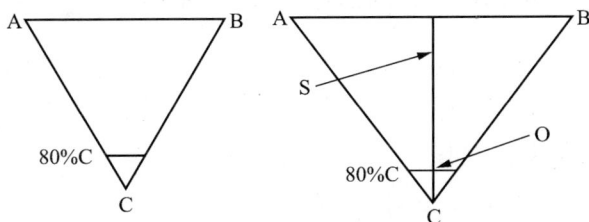

上图中 O 点为所求的合金成分(10％A,10％B,80％C)，它位于 CS 线与 80％C 浓度线的交点上。

2) 由杠杆定律可得 O′位于 P 和 S 连线的中点，成分为 (40％A,30％B,30％C)

6. 通过密排六方刚球模型可以证明：$c/a=\sqrt{\dfrac{8}{3}}=1.633$；密排面为$\{0001\}$；密排方向为$(11\bar{2}0)$。

7. ds 弧段位错线所受的力：$\tau\cdot b\cdot\mathrm{d}s$；

同时位错线上线张力：$T\approx\alpha\cdot G\cdot b^2$，其中水平分力：$2(\alpha Gb^2)\sin\dfrac{\mathrm{d}\theta}{2}$

所以

$$\mathrm{d}s=r\mathrm{d}\theta,\quad\sin\frac{\mathrm{d}\theta}{2}\approx\frac{\mathrm{d}\theta}{2}$$

上述两力达到平衡时二者相等，即

$$\tau\cdot b\cdot\mathrm{d}s=2(\alpha Gb^2)\frac{\mathrm{d}\theta}{2}$$

$$\tau\cdot b\cdot r_c\cdot\mathrm{d}\theta=\alpha Gb^2\mathrm{d}\theta$$

所以

$$r_c=\frac{\alpha Gb}{\tau}$$

8. 1) $\dfrac{a}{2}[10\bar{1}]+\dfrac{a}{2}[011]\rightarrow\dfrac{a}{2}[110]$

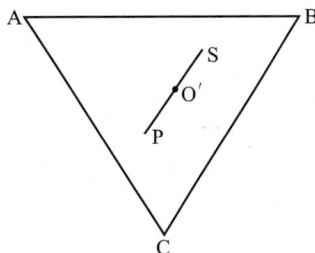

$$\frac{a^2}{2}+\frac{a^2}{2}>\frac{a^2}{2}, 反应向右进行$$

2）新位错 $\boldsymbol{b}=\dfrac{a}{2}[110]$，为面心立方的单位位错；位错线方向为（111）和（11$\bar{1}$）二晶面的交线方向$[\bar{1}10]$，故位错是刃型的；滑移面为（001），不是密排面，故为固定位错。

9. 晶体中等滑移系交替滑移所需的最小切分应力，称为临界切分应力。

实验方法：

　　1）选择单晶体中合适取向，使晶体的初始滑移为单滑移。

　　2）测定晶体的拉伸方向的取向来获得取向因子。

　　3）利用 $\tau_c=\sigma_s\cos\phi\cos\lambda$ 和拉伸曲线上的 σ_s，以及取向因子，计算出 τ_c、晶体的类型、纯度、试验温度、应变速率等因素影响的分切应力 τ_c 值。

10. 界面弓出形核的能量条件：

$$\Delta G=-E_s+\gamma_b\frac{\mathrm{d}A}{\mathrm{d}V}<0$$

式中 E_s 为冷变形晶粒中单位体积的储存能；γ_b 为晶界的比表面能，

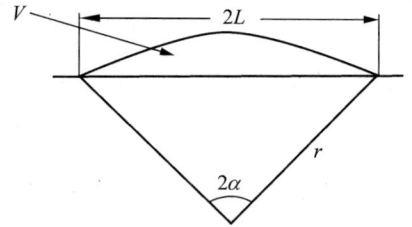

故　　　　　　　　　　$E_s>\gamma_b\dfrac{\mathrm{d}A}{\mathrm{d}V}$

按球冠来进行计算，$\dfrac{\mathrm{d}A}{\mathrm{d}V}=\dfrac{\mathrm{d}(4\pi r^2)}{\mathrm{d}\left(\dfrac{4}{3}\pi r^3\right)}=\dfrac{2}{r}=\dfrac{2\sin\alpha}{L}$

$$E_s>\frac{2r_b\sin\alpha}{L}$$

$$L>\frac{2r_b\sin\alpha}{E_s}$$

当核为半球状后，晶界将自发推移；核为半球状时，

$$2\alpha=180°,\quad\alpha=90°$$

故 $\sin\alpha=1, L>\dfrac{2r_b}{E_s}=2\times500/(10^{10}\times10^{-3})=10^{-4}\ \mathrm{cm}=1\ \mu\mathrm{m}$

因此临界尺寸为 $1\ \mu\mathrm{m}$。

2001 年硕士研究生入学考试试题

一、选择题(本大题共 20 小题,每题 3 分,共 60 分。请将答案写在选择题答卷中)

1. 氯化铯(CsCl)为有序体心立方结构,它属于_____。
   - (A) 体心立方点阵
   - (B) 面心立方点阵
   - (C) 简单立方点阵

2. 六方晶系中($11\bar{2}0$)晶面间距_____($10\bar{1}0$)晶面间距。
   - (A) 小于
   - (B) 等于
   - (C) 大于

3. 立方晶体中的[001]方向是_____。
   - (A) 二次对称轴
   - (B) 四次对称轴
   - (C) 六次对称轴

4. 理想密排六方结构金属的 c/a 为_____。
   - (A) 1.6
   - (B) $2\sqrt{\dfrac{2}{3}}$
   - (C) $\sqrt{\dfrac{2}{3}}$

5. 任一合金的有序结构形成温度_____无序结构形成温度。
   - (A) 低于
   - (B) 高于
   - (C) 可能低于或高于

9. 在晶体中形成空位的同时又产生间隙原子,这样的缺陷称为_____。
   - (A) 肖特基缺陷
   - (B) 弗仑克尔缺陷
   - (C) 线缺陷

7. 在体心立方结构中,伯氏矢量为 $a[100]$ 的位错_____分解为 $\dfrac{a}{2}[111]+\dfrac{a}{2}[11\bar{1}]$。
   - (A) 不能
   - (B) 能
   - (C) 可能

8. 面心立方晶体的孪晶面是_____。
   - (A) {112}
   - (B) {110}
   - (C) {111}

9. 菲克第一定律描述了稳态扩散的特征,即浓度不随_____变化。
   - (A) 距离
   - (B) 时间
   - (C) 温度

10. 在置换型固溶体中,原子扩散的方式一般为_____。
    - (A) 原子互换机制
    - (B) 间隙机制
    - (C) 空位机制

11. 原子扩散的驱动力是_____。
    - (A) 组元的浓度梯度
    - (B) 组元的化学势梯度
    - (C) 温度梯度

12. 在柯肯达尔效应中,标记漂移主要原因是扩散偶中_____。
    - (A) 两组元的原子尺寸不同
    - (B) 仅一组元的扩散
    - (C) 两组元的扩散速率不同

13. 形成临界晶核时体积自由能的减少只能补偿表面能的_____。
    - (A) 1/3
    - (B) 2/3
    - (C) 3/4

14. 合金在凝固时产生成分过冷的条件是_____。(其中 T_L 是成分为 C_L 的合金开始凝固温度)
    - (A) $\left.\dfrac{\mathrm{d}T_L}{\mathrm{d}C}\right|_{C=0}>G$
    - (B) $\left.\dfrac{\mathrm{d}T_L}{\mathrm{d}C}\right|_{C=0}<G$
    - (C) $\left.\dfrac{\mathrm{d}T_L}{\mathrm{d}C}\right|_{C=0}=G$

15. 有效分配系数 K_e 表示液相的混合程度,其值范围是_____。(其中 K_0 是平衡分配系数)

        (A) $1<K_e<K_o$ (B) $K_o<K_e<1$ (C) $K_e<K_o<1$

16. 铸铁与碳钢的区别在于有无_____。

        (A) 莱氏体   (B) 珠光体   (C) 铁素体

17. 在二元系合金相图中,计算两相相对量的杠杆法则只能用于_____。

        (A) 单相区中   (B) 两相区中   (C) 三相平衡水平线上

18. 在三元系浓度三角形中,凡成分位于_____上的合金,它们含有另两个顶角所代表的两组元含量相等。

        (A) 通过三角形顶角的中垂线

        (B) 通过三角形顶角的任一直线

        (C) 通过三角形顶角与对边成 45°的直线

19. 在三元系相图中,三相区的等温截面都是一个连接的三角形,其顶点触及_____。

        (A) 单相区   (B) 两相区   (C) 三相区

20. 根据三元相图的垂直截面图,可以_____。

        (A) 分析相成分的变化规律   (B) 分析合金的凝固过程

        (C) 用杠杆法则计算各相的相对量

选择题答卷(只有一个正确选项,请用"√"表示):

	1	2	3	4	5	6	7	8	9	10
A										
B										
C										
	11	12	13	14	15	16	17	18	19	20
A										
B										
C										

二、综合题(本大题共 4 小题,每题 10 分,共 40 分)

1. 马氏体相变中,马氏体(α)和奥氏体(γ)之间存在如下的取向关系:

$$\{011\}\alpha /\!/ \{111\}\gamma \qquad \langle 1\bar{1}1\rangle\alpha /\!/ \langle \bar{1}01\rangle\gamma$$

奥氏体为面心立方结构,马氏体假设为体心立方结构,

(1) 分别画出奥氏体的 $(111)\gamma$、$[\bar{1}01]\gamma$ 与马氏体的 $(110)\alpha$、$[\bar{1}11]\alpha$ 晶面和晶向。

(2) 对于不同的 $\{111\}\gamma$ 等效晶面,试各写出一组满足上述取向关系的晶面和晶向指数。例如:其中一种取向关系的晶面和晶向指数为 $(110)\alpha /\!/ (111)\gamma$、$[\bar{1}11]\alpha /\!/ [\bar{1}10]\gamma$,并且 $[\bar{1}11]\alpha$ 和 $[\bar{1}10]\gamma$ 晶向分别在 $(110)\alpha$ 和 $(111)\gamma$ 晶面上。

2. 面心立方(fcc)结构密排面 $\{111\}$ 按 ABCABC……顺序堆垛而成,密排六方(hcp)结构密排面 $\{0001\}$ 按 ABABAB……顺序堆垛而成。试说明在面心立方结构中以怎样的方式和引入什么性质的位错可使 fcc 结构转变为 hcp 结构。

3. 面心立方金属单晶体沿 $[001]$ 拉伸可有几个等效滑移系? 沿 $[111]$ 拉伸可有几个等效

滑移系？并具体写出各滑移系的指数。

4. 已知 Cu-30％Zn 合金的再结晶激活能为 250kJ/mol，此合金在 400℃的恒温下完成再结晶需要 1 小时，试求此合金在 390℃的恒温下完成再结晶需要多少小时？

2001 年硕士研究生入学考试试题参考答案

一、选择题

	1	2	3	4	5	6	7	8	9	10
A		✓			✓		✓			
B			✓	✓		✓			✓	
C	✓							✓		✓

	11	12	13	14	15	16	17	18	19	20
A				✓		✓	✓	✓	✓	
B	✓		✓		✓					✓
C		✓								

二、综合题

1. （1）各晶面及晶向如下图所示：

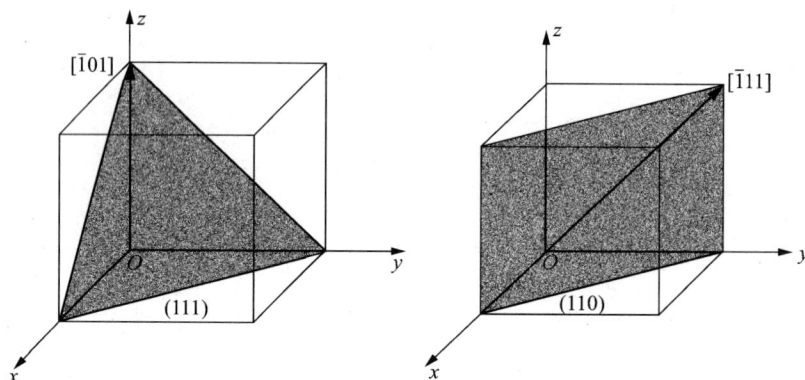

（2）在 α 中{011}等效面共 6 个，即

(011),(101),(110),(0$\bar{1}$1),($\bar{1}$01),($\bar{1}$10)

在 γ 中{111}等效晶面共 4 个，即

(1$\bar{1}$1),($\bar{1}$11),(1$\bar{1}$ $\bar{1}$),(111)

因此,满足题述取向关系的晶面和晶向应该共有 24 种,现举满足题意要求的四组为例:

(011)α//(1$\bar{1}$1)γ,[1$\bar{1}$1]α//[011]γ,

(101)α//($\bar{1}$11)γ,[$\bar{1}$11]α//[101]γ,

(110)α//(1$\bar{1}$ $\bar{1}$)γ,[$\bar{1}$11]α//[0$\bar{1}$1]γ,

(0$\bar{1}$1)α//(111)γ,[$\bar{1}$11]α//[$\bar{1}$10]γ。

2. 面心立方结构(fcc)以密排{111}堆垛顺序为 ABCABC……,密排六方结构(hcp)的{0001}密排面的原子配置与面心立方结构的{111}相同,但堆垛方式不同,堆垛顺序为 ABAB……。

当 $\dfrac{a}{b}\langle 112\rangle$ 不全位错在面心立方结构扫过时，可引起堆垛顺序的变化，

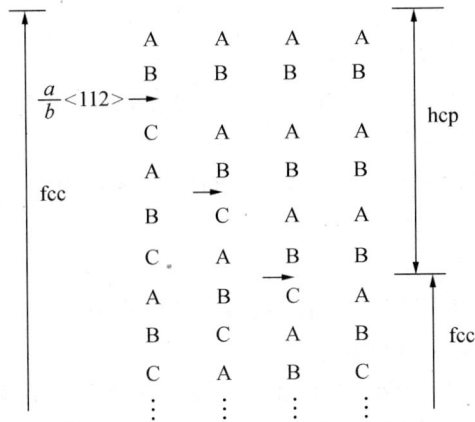

综上所述，可知在 $\{111\}$ 中的某个面上每隔一层引入一个 $\dfrac{a}{b}\langle 112\rangle$ 不全位错，可使面心立方结构转变为密排六方结构。

3. 当 fcc 结构的晶体沿 $[001]$ 轴拉伸时，其等效滑移系共有 8 个，分别是：

$(111)[0\bar{1}1]$，$(111)[\bar{1}01]$，$(\bar{1}11)[0\bar{1}1]$，$(\bar{1}11)[101]$，

$(\bar{1}\,\bar{1}1)[011]$，$(\bar{1}\,\bar{1}1)[101]$，$(1\bar{1}1)[\bar{1}01]$，$(1\bar{1}1)[011]$；

当沿 $[111]$ 方向拉伸时，其等效滑移系有 6 个，分别是：

$(1\bar{1}1)[011]$，$(1\bar{1}1)[110]$，$(11\bar{1})[011]$，

$(11\bar{1})[101]$，$(\bar{1}11)[101]$，$(\bar{1}11)[110]$。

4. 由公式 $\qquad \dfrac{t_2}{t_1}=\mathrm{e}^{-\frac{Q}{R}\left(\frac{1}{T_1}-\frac{1}{T_2}\right)}$，

故

$$\begin{aligned}
\frac{t_2}{t_1}&=\exp\left[-\frac{Q}{R}\left(\frac{1}{T_1}-\frac{1}{T_2}\right)\right]\\
&=\exp\left[-\frac{250\times10^3}{8.314}\left(\frac{1}{400+273}-\frac{1}{390+273}\right)\right]\\
&=1.962
\end{aligned}$$

所以 $\qquad t_2=t_1\times1.962=1.962$（小时）

2002 年硕士研究生入学考试试题

1. 对 fcc 结构的晶体(点阵常数为 a)

   (1) 分别计算原子在 $[100]$、$[110]$ 和 $[111]$ 晶向上的原子密度,并说明哪个晶向是密排方向;

   (2) 计算原子在 (100)、(110) 和 (111) 晶面上的原子密度和三个面的面间距,并指出面间距最大的晶面。

2. 在 fcc 晶体中存在两个位错 d_1 和 d_2,若 d_1 的位错线方向 $l_1 // [11\bar{2}]$,伯氏矢量 $b_1 = a/2[110]$,d_2 的分别为:$l_2 // [111]$,$b_2 = a/2[110]$。

   (1) 判断哪个位错为纯刃型位错,并求出其半原子面指数及滑移面指数;

   (2) 该刃型位错如果发生分解形成扩展位错,试写出可能的位错反应并图示;

   (3) 另外一个位错伯氏矢量的刃型和螺型分量模各为多少?

3. 对某简单立方单晶体,其拉伸应力方向如图所示。该晶体的滑移系为 $\langle 100 \rangle \{100\}$。

   (1) 求出每个滑移系的分切应力;

   (2) 判定哪几组滑移系最容易开动?

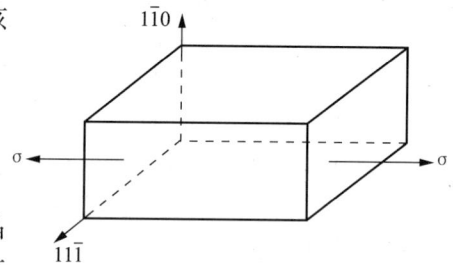

4. 有一合金试样其晶界能为 $0.5 \mathrm{J/m^2}$,在退火前原始晶粒直径为 $2.16 \times 10^{-3} \mathrm{cm}$,屈服强度为 108MPa。对该合金在 700℃退火 2 小时处理后其屈服强度降低为 82MPa。在退火过程中保温 1 小时时测得该合金放出热量为 $0.021 \mathrm{J/cm^3}$,继续保温 1 小时测得该合金又放出热量 $0.014 \mathrm{J/cm^3}$。求如果该合金只在 700℃保温 1 小时后的屈服强度。

   (已知合金单位体积内界面面积 S_v 与晶粒直径 d 之间得关系为 $S_v = 2/d$,且放出的热量完全由于晶粒长大、晶界总面积减小所致。)

5. Fe-3%Si 合金(bcc 结构)的点阵常数 $a = 0.3 \mathrm{nm}$,经形变后,研究其回复再结晶机制。回复退火时材料发生多边化过程,观察到三个亚晶交于 O 点如图所示。经蚀坑法测得三段亚晶界(OA,OB 和 OC,其长度均为 0.2mm)的刃型位错总数为 1.198×10^4,设它们均匀分布构成亚晶界($\alpha = 120°$,$\beta = 80°$)。

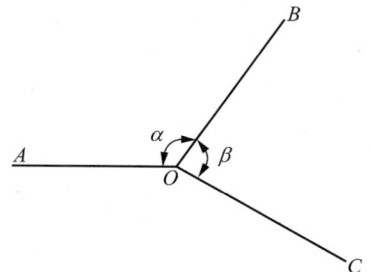

   (1) 求相邻亚晶间的位向差 θ;

   (2) 若经再结晶后这些亚晶界在原来位置转变为大角度晶界,且测得 OA 的晶界能为 $0.8 \mathrm{J/m^2}$,求其他两个晶界的晶界能。

6. 渗碳可提高钢的表面硬度。若在 1000℃对 γ-Fe 渗碳,已知在距表面 1mm 至 2mm 之间,碳浓度从 5at％（原子分数）降到 4at％。估算碳进入该区域的扩散通量 J（原子个数/$m^2 \cdot s$）。（已知 γ-Fe 在 1 000℃时的密度为 7.63 g/cm^3，扩散常数 $D_0 = 2.0 \times 10^{-5}$ m^2/s，激活能 $Q = 142$kJ/mol，Fe 的相对原子质量为 55.85）。

7. 根据图示 A-B 二元共晶相图（共晶温度为 600℃），将 $w(B) = 10\%$ 的合金，用同样成分的籽晶在固相无扩散、液相完全不混合的条件下进行定向凝固制成单晶，为了保持液-固界面在整个凝固过程中处于平直状态，试计算界面处液相所需的最小温度梯度(G)。（已知凝固速度 $R = 1$cm/h.，$D = 2 \times 10^{-5}$ cm^2/s）

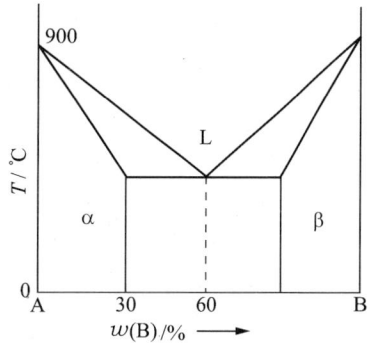

8. 画出线型非晶态高分子形变-温度曲线，从分子运动的观点简述其三种力学状态产生的起因。

9. 根据 Ag-Cu 二元相图（如图所示），
   (1) 写出图中的液相、固相线、α 和 β 相的溶解度曲线及三相恒温转变线；
   (2) 计算 $w(Cu) = 60\%$ 的 Ag-Cu 合金（$y'y$ 线）在 M 点对应温度下液相和 β 相的相对量；
   (3) 画出上述合金的冷却曲线及室温组织示意图。

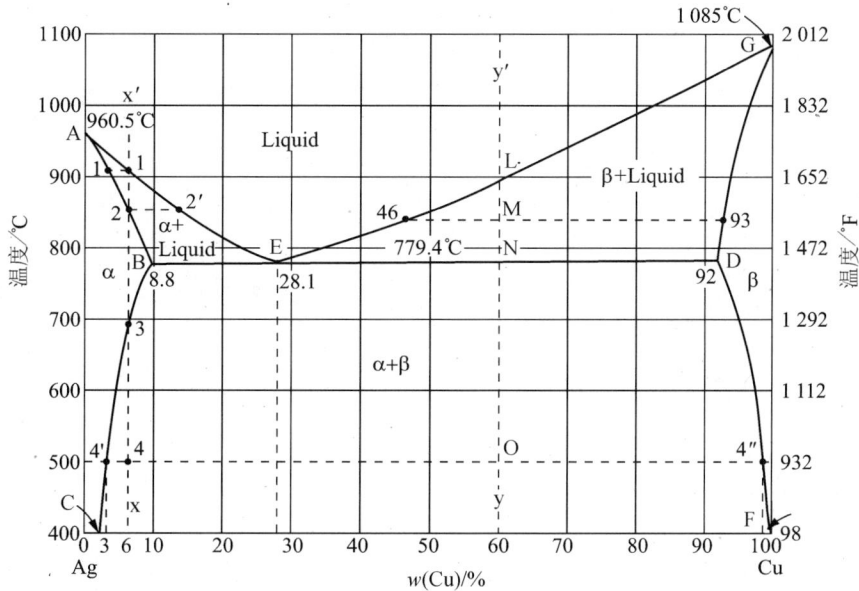

10. 在图示的固态完全不互溶的三元共晶相图中，a,b,c 分别是组元 A,B,C 的熔点，e_1,e_2,e_3 分别是 A-B,B-C,A-C 二元共晶转变点，E 为三元共晶转变点（已知 $T_a > T_c > T_b > T_{e_3} > T_{e_1} > T_{e_2} > T_E$），
    (1) 画出以下不同温度（T）下的水平截面图：
    a) $T_c > T > T_b$　　　b) $T_{e_3} > T > T_{e_1}$　　　c) $T_{e_2} > T > T_E$　　　d) $T \leqslant T_E$
    (2) 写出图中 O 合金的凝固过程及其室温组织。

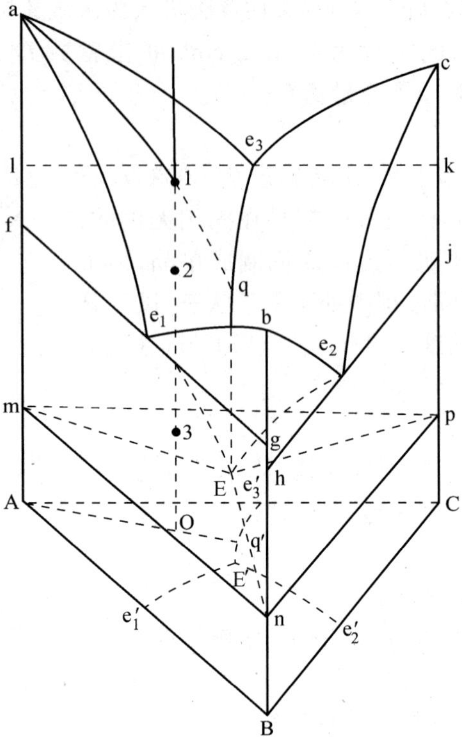
a
c
e3
l
1
k
f
j
2
q
e1
b
e2
m
p
3
g
h
E
e3'
A
C
O
q'
E'
e1'
n
e2'
B

2002 年硕士研究生入学考试试题参考答案

1. （1）原子直径：$d=0.707a$

　　　　[100]方向：$\rho=d/a=0.707$

　　　　[110]方向：$\rho=d/d=1$　密排方向

　　　　[111]方向：$\rho=d/1.732a=0.408$

（2）(100)面间距：a

　　　(110)面间距：$1.414a/2=0.707a$

　　　(111)面间距：$1.732a/3=0.577a$

　　　所以(100)的面间距最大。

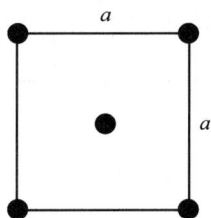

(100) 面的原子密度
面积 $S=a^2$，共 2 个原子
$\rho=(\pi d^2)/(2a^2)=\pi/4=78.5\%$

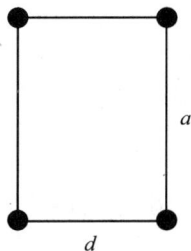

(110) 面的原子密度
面积 $S=0.707a^2$，共 1 个原子
$\rho=(\pi d^2/4)/(0.707a^2)=1.414\pi/8=55.5\%$

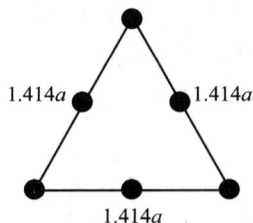

(111) 面的原子密度
面积 $S=a^2\sin60°=0.866a^2$，共 2 个原子
$\rho=(\pi d^2/2)/(0.866a^2)=90.7\%$

2. （1）$b_1 \cdot l_1=0$　纯刃型位错

　　　$b_2 \cdot l_2 \neq 0$

　　　d_1 的半原子面指数为 $\bar{1}10$

　　　$b_1 \cdot l_1=111$，滑移面指数

（2）分解反应：　$a/2[\bar{1}10]\rightarrow a/6[\bar{1}2\bar{1}]+a/6[\bar{2}11]$

　　　　　　　　　　　　　　　　　↑　　　　　↑
　　　　　　　　　　　　　　　　b_{p1}　　　b_{p2}

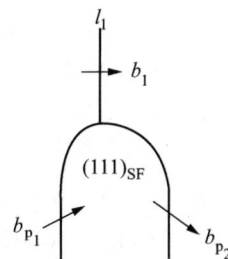

(3) $\cos\theta = b_2 \cdot l_2/(|b_2| \cdot |l_2|) = 0.816$

刃型分量：$|b_e| = |b_2|\sin\theta = 0.409a$

螺型分量：$|b_s| = |b_2|\cos\theta = 0.577a$

3. σ 方向：$[1\bar{1}0] \times [11\bar{1}] = 112$

可滑移面：$(100),(010),(001)$

可滑移方向：$[100],[010],[001]$

滑移系：$[100](010)$ 和 $[100](001)$

$[010](100)$ 和 $[010](001)$

$[001](100)$ 和 $[001](010)$

与(112)的夹角 $\psi/(°)$	(100)	(010)	(001)
	65.9	65.9	35.3
与[112]的夹角 $\lambda/(°)$	[100]	[010]	[001]
	65.9	65.9	35.3

对上述滑移系的 Schmid 因子分三种情况讨论：

$\psi = 65.9°$，　$\lambda = 65.9°$　$(100)[010],(010)[100]$

$\cos\psi\cos\lambda = 0.167$

$\psi = 65.9°$，　$\lambda = 35.3°$　$(100)[001],(010)[001]$

$\cos\psi\cos\lambda = 0.333$

$\psi = 35.3°$，　$\lambda = 65.9°$　$(001)[100],(001)[010]$

$\cos\psi\cos\lambda = 0.333$

Schmid 因子为 0.333 的四组滑移系最容易开动。

4. 退火 2 小时：　$Q = 2(1/d_2 - 1/d_1)\gamma$

$d_1 = 2.16 \times 10^{-3}\,\text{cm}$，　$Q = 0.0035\,\text{J/cm}^2$，　$\gamma = 0.5 \times 10^{-4}\,\text{J/cm}^2$

求得 $d_2 = 8.9 \times 10^{-3}\,\text{cm}$

由 $\sigma = \sigma_0 + kd^{-1/2}$ 可得到 $\sigma_0 = 55.62$，　$k = 2.39$

退火 1 小时：$d_2 = 3.95 \times 10^{-3}\,\text{cm}$，得到 $\sigma = 96.65\,\text{MPa}$

5. (1) $D = 0.6/(1.194 \times 10^4) = 50\,\text{nm}$

$b = a/2\langle111\rangle = 0.26\,\text{nm}$

$\theta = b/D = 0.0052(\text{rad}) = 0.298°$

(2) $\gamma_{AO}/\sin\beta = \gamma_{CO}/\sin\alpha = \gamma_{BO}/\sin(360° - \beta - \alpha)$

$\gamma_{CO} = 0.70\,\text{J/m}^2$

$\gamma_{BO} = 0.28\,\text{J/m}^2$

6. $\Delta C/\Delta x = (5\% - 4\%)/(1 - 2) = -1\,\text{at}\%/\text{mm}$

$\rho = 7.63 \times (6.023 \times 10^{23})/55.85 = 8.23 \times 10^{22}\,\text{at/cm}^3$

$\Delta C/\Delta x = (0.01 \times \rho)/1 \times 10^6 \times 10^3 = -8.23 \times 10^{29}\,\text{at/m}^4$

$D = D_0\exp(-Q/RT) = (2 \times 10^{-5})\exp[(142\,000)/(8.314 \times 1\,273)] = 2.98 \times 10^{-11}\,\text{m}^2/\text{s}$

$J = -D(\Delta C/\Delta x) = 2.45 \times 10^{19}\,\text{at}/(\text{m}^2 \cdot \text{s})$

7. $G = (RMW_0/D)(1 - k_0)/k_0$

$M=(900-600)/0.6=500$

$k_0=30/60=0.5$

$$G=\frac{\dfrac{1}{3\,600}\times500\times0.1}{2\times10^{-5}}\times\frac{1-0.5}{0.5}\approx694\ ℃/cm$$

8. (1) 玻璃态：

T_g 温度以下，分子动能小，难以克服主链内旋的势垒，因此只有链节、侧基等能运动，由于链段不能运动，因此形变回复时产生应力-应变的瞬时响应；应力与应变关系满足胡克定律，材料具有高的模量。

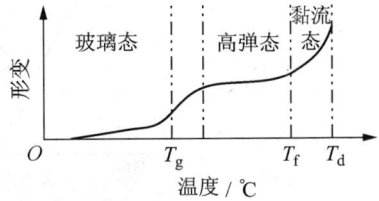

(2) 高弹态：

$T_g<T<T_f$，高分子材料所具有的特殊状态。此温度可激活链段运动，但尚不能激活分子链的质心位移，产生大的可恢复形变，回复时应变（构象变化）滞后于应力，模量较低。

(3) 黏流态：

$T_f<T<T_d$，由于分子的动能很大，许多链段可同时或相继向一定方向运动，导致整个高分子链质心的相对位移。这种运动为不可逆的形变，即黏性流动，此时高分子为黏性液体。

9. (1) 液相线：AE、EG

固相线：AB、GD

α 相的溶解度曲线：BC

β 相的溶解度曲线：DF

三相恒温转变线：BED

(2) 液相的相对量：$(93-60)/(93-46)=70.2\%$

β 相的相对量：$(60-46)/(93-46)=29.8\%$

(3)

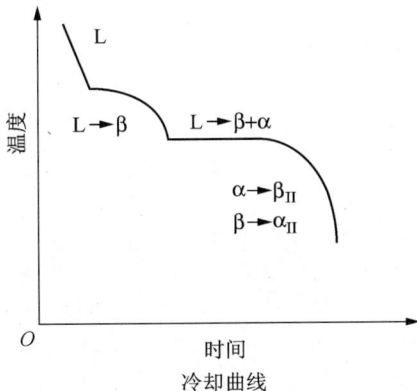

冷却曲线

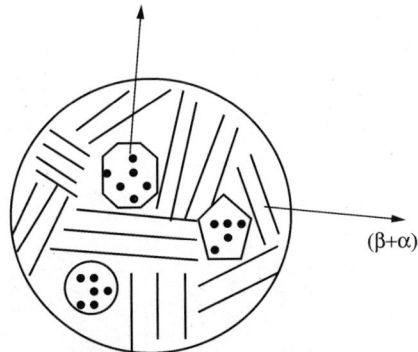

$\beta+\alpha_{II}$（其中 α_{II} 从 β 中脱溶析出的二次相，图中以点表示）

$(\beta+\alpha)$

室温组织：$\beta_{初}+(\alpha+\beta)_{共}+\alpha_{II}+\beta_{II}$，一般共晶体中 α 析出 β_{II} 在光镜下不可见，故室温组织可写为：

$\beta_{初}+(\alpha+\beta)_{共}+\alpha_{II}$

10.（1）

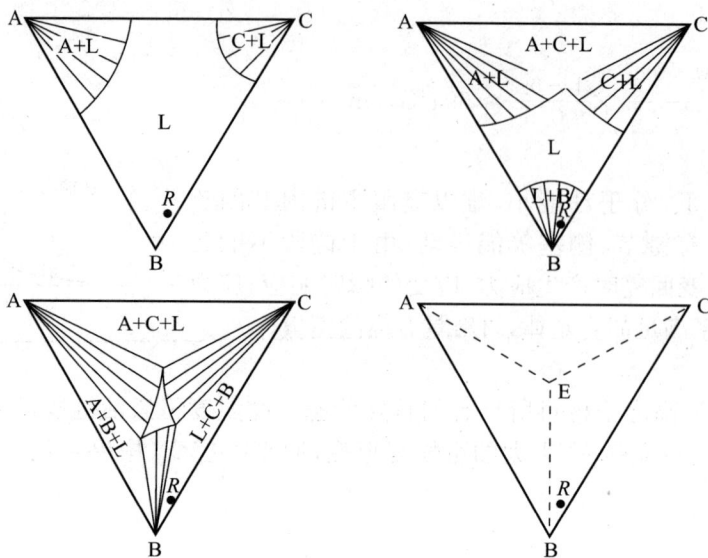

（2）L→A，L→A+C，L→A+C+B；室温组织 A+(A+C)$_共$+(A+C+B)$_共$。

2003 年硕士研究生入学考试试题

一、单选题(每题 3 分,共 75 分)

1. 聚乙烯高分子材料中 C—H 化学键属于_____。
   (A) 金属键　　　　(B) 离子键　　　　(C) 共价键　　　　(D) 氢键

2. 面心立方(fcc)结构的铝晶体中,每个铝原子在本层(111)面上的原子配位数为_____。
   (A) 12　　　　　　(B) 6　　　　　　(C) 4　　　　　　(D) 3

3. 某单质金属从高温冷却到室温的过程中发生同素异构转变时体积膨胀,则低温相的原子配位数比高温相_____。
   (A) 低　　　　　　(B) 高　　　　　　(C) 相同

4. 简单立方晶体的致密度为_____。
   (A) 100%　　　　 (B) 65%　　　　 (C) 52%　　　　 (D) 58%

5. 立方晶体中(110)和(211)面同属于_____晶带。
   (A) [110]　　　　(B) [100]　　　　(C) [211]　　　　(D) [$\bar{1}$11]

6. 在离子晶体中,如在局部区域形成 Schottky 缺陷,则这个区域中阳离子空位的浓度与_____相等。
   (A) 阴离子空位浓度　　　　　　　(B) 间隙阴离子浓度
   (C) 间隙阳离子浓度

7. 两平行螺型位错,当伯氏矢量同向时,其相互作用力_____。
   (A) 为零　　　　　(B) 相斥　　　　　(C) 相吸

8. 能进行交滑移的位错必然是_____。
   (A) 刃型位错　　　(B) 螺型位错　　　(C) 混合位错

9. 不能发生攀移运动的位错是_____。
   (A) 肖克利不全位错　　　　　　　(B) 弗兰克不全位错
   (C) 刃型全位错

10. 置换型固溶合金中溶质原子的扩散是通过_____实现。
    (A) 原子互换机制　　　　　　　　(B) 间隙扩散机制
    (C) 空位机制

11. 材料中能发生扩散的根本原因是_____。
    (A) 温度的变化　　　　　　　　　(B) 存在浓度梯度
    (C) 存在化学势梯度

12. A 和 A-B 合金焊合后发生柯肯达尔效应,测得界面向 A 试样方向移动,则_____。
    (A) A 组元的扩散速率大于 B 组元　　(B) 与(A)相反
    (C) A、B 两组元的扩散速率相同

13. 高分子材料是否具有柔顺性主要决定于_____的运动能力。
    (A) 主链链节　　　(B) 侧基　　　　(C) 侧基内的官能团或原子

14. fcc、bcc、hcp 三种晶体结构的材料中,塑性形变时最容易生成孪晶的是_____。

     (A) fcc   (B) bcc   (C) hcp

15. _____,位错滑移的派-纳力越小。

     (A) 位错宽度越大   (B) 滑移方向上的原子间距越大

     (C) 相邻位错的距离越大

16. 形变后的材料再升温时发生回复和再结晶现象,则点缺陷浓度下降明显发生在_____。

     (A) 回复阶段   (B) 再结晶阶段   (C) 晶粒长大阶段

17. 退火孪晶出现的几率与晶体的层错能的关系为_____。

     (A) 无关,只与退火温度和时间有关

     (B) 层错能低的晶体出现退火孪晶的几率高

     (C) 层错能高的晶体出现退火孪晶的几率高

18. 三种组元组成的试样在空气中用X射线衍射(XRD)分析其随温度变化而发生相变的情况,则最多可记录到_____共存。

     (A) 2 相   (B) 3 相   (C) 4 相   (D) 5 相

19. 凝固时在形核阶段,只有核胚半径等于或大于临界尺寸时才能成为结晶的核心。当形成的核胚其半径等于临界尺寸时,体系的自由能变化_____。

     (A) 大于零   (B) 等于零   (C) 小于零

20. 测定某种晶体凝固时生长速度(v_g)与液固相界面前端动态过冷度(ΔT_K)的关系为 v_g 正比于 ΔT_K^2,则该晶体的属于_____方式。

     (A) 连续长大   (B) 藉螺型位错生长   (C) 二维形核

21. 铸锭凝固时如大部分结晶潜热可通过液相散失时,则固态显微组织主要为_____。

     (A) 树枝晶   (B) 柱状晶   (C) 球晶

22. A 和 B 组成的二元系中出现 α 和 β 两相平衡时,两组的成分(x)-自由能(G)的关系为_____。

     (A) $G^\alpha = G^\beta$ (B) $dG^\alpha / dx = dG^\beta / dx$

     (C) $G_A = G_B$

23. 根据三元相图的垂直截面图_____。

     (A) 可分析相成分变化规律   (B) 可分析材料的平衡凝固过程

     (C) 可用杠杆定律计算各相的相对量

24. 高分子合金中难以形成单相组织的主要原因是合金中_____。

     (A) 混合熵较小   (B) 与(A)相反   (C) 混合热较小

25. 离子晶体中阳离子比阴离子扩散速率_____。

     (A) 快   (B) 慢   (C) A,B 答案均不对

二、在 fcc 晶体中的(111)和($11\bar{1}$)面上各存在一个伯氏矢量为 $1/2[1\bar{1}0]$ 和 $1/2[011]$ 的全位错。当它们分解为扩展位错时,其领先位错分别为 $1/6[2\bar{1}\,\bar{1}]$ 和 $1/6[\bar{1}21]$。 (10 分)

(1) 试求它们可能的位错分解反应,并用结构条件和能量条件判别分解的可能性;

(2) 当两领先位错在各自的滑移面上运动从而相遇时发生新的位错反应,求可能的位错反应。

三、Ge(锗)晶体生长机制为二维形核模型时,如果在液固界面形
　　成的核胚为圆柱形,每个核的高度 $h=0.25$ nm,求临界核的
　　直径 d^*。(已知熔点 $T_m=1\,231$K,熔化热为750 000 kJ/m³,
　　单位面积表面能为 5.5×10^{-2} J/m²,凝固时过冷度 $\Delta T=$
　　$0.01T_m$)　(10 分)

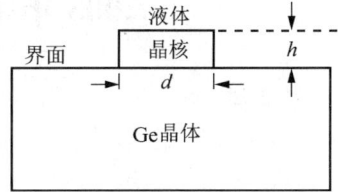

四、碳原子在 800℃时扩散进入纯铁材料表面 0.1 cm 处需要 10 个小时,求在 900℃时要获得
　　同样的碳深度需多少时间。(碳原子在 fcc 铁中的扩散激活能为 137 520 J/mol)　(10 分)

五、图示并解释高分子晶体的熔融升温现象。　(10 分)

六、根据 A-B 二元相图(左图)　(15 分)
　　(1) 写出左下图中的液相、固相线、α 和 β 相的溶解度曲线、所有的两相区及三相恒温转
　　　　变线;
　　(2) 平衡凝固时,计算 $w(B)=25\%$ 的 A-B 合金($y'y$ 线)凝固后初晶 β 相在铸锭中的相
　　　　对量;
　　(3) 画出上述合金的冷却曲线及室温组织示意图。

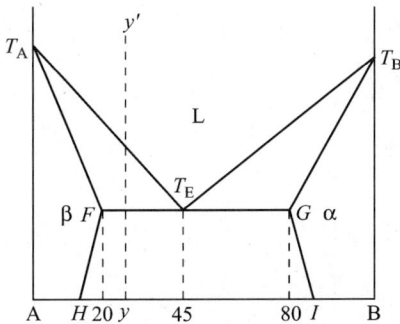

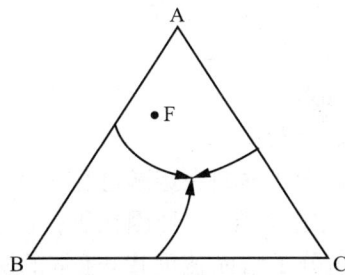

七、右上图为某三元固态互不溶解共晶系的投影图,当成分为 F 的材料从高温液相冷却到室
　　温的过程中,画出冷却曲线及标明可能的反应;列出计算初晶 A 相相对含量的公式;指出
　　二元共晶线和三元共晶点。　(10 分)

八、形变后的材料经恒温退火,再结晶结束后继续保温以使晶粒长大。当退火 30 分钟时测得
　　材料的晶粒直径为 $23\,\mu m$,其对应的屈服强度为 112 MPa;退火 60 分钟时测得屈服强度为
　　103 MPa;求退火 90 分钟时材料的屈服强度。(设完成再结晶所需要的时间以及再结晶结
　　束时的晶粒尺寸可忽略不计)　(10 分)

2003 年硕士研究生入学考试试题参考答案

一、单选题

1. C	2. B	3. A	4. C	5. D	6. A	7. B
8. B	9. A	10. C	11. C	12. A	13. A	14. C
15. A	16. A	17. B	18. C	19. A	20. B	21. A
22. B	23. B	24. A	25. A			

二、(1) (111)面上的位错反应为 $1/2[1\bar{1}0](b_1) \rightarrow 1/6[2\bar{1}\,\bar{1}](b_2) + 1/6[1\bar{2}1]b_3$

能量条件：$b_1{}^2 = 1/2$，$b_2{}^2 + b_3{}^2 = 1/3$，$b_1{}^2 > b_2{}^2 + b_3{}^2$，分解可行；

(2) 同理，$(11\bar{1})$ 面上可能的位错反应为 $1/2[011](b_4) \rightarrow 1/6[\bar{1}21](b_5) + 1/6[112](b_6)$

当 b_2 和 b_4 相遇发生反应时：$b_2 + b_5 \rightarrow 1/6[110]$，为压杆位错。

三、$\Delta G = \pi(d/2)^2 h \Delta G_V + \pi dh\sigma$

$\partial \Delta G / \partial d = 0$

得 $\pi(d/2)h\Delta G_V + \pi h\sigma = 0$

$d^* = -2\sigma/\Delta G_V$

又因 　　　　　　　　　　　　　　$\Delta G_V = -L_m \Delta T / T_m$

所以 　　　　　　　　　　　　　　$d^* = 2\sigma T_m / (L_m \Delta T)$

代入数字得 　　　　　　　　　　　$d^* = 14.7\,\text{nm}$

四、因 $D = D_0 \exp(-Q/RT)$

代入数字得 　　　　　　　　　　　$D_{800℃} / D_{900℃} = 0.27$

渗层深度 　　　　　　　　　　　　$x^2 / (4Dt) = $ 常数

代入数字得 　　　　　　　　　　　$t_{900℃} = 2.7\text{h}$

五、结晶高分子材料在熔融过程中存在一个较宽的熔融温度范围(熔限)。原因在于：

(1) 高分子结晶速度慢,通常的降温速度难以保证高分子中的链段充分扩散来结晶出较完善的晶体。

(2) 升高温度时较不完善的晶体因为晶片薄和内含大量缺陷而在低温时先融化,而较完善的则在较高温度范围融化。因此出现熔融升温现象。

(3) 结晶时较慢的冷却速度可缩小熔限范围。

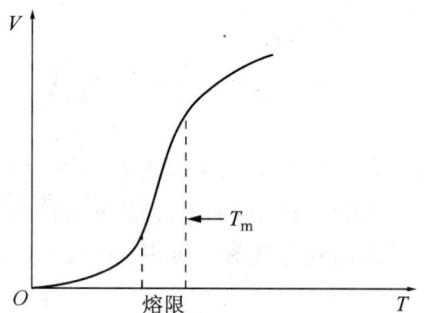

六、(1) 液相线：$T_A T_E$，$T_B T_E$；　固相线：$T_A F$，$T_B G$；　三相恒温线：$FT_E G$；其余两条为溶解度曲线 FH，GI；$T_A T_E$ 和 $T_A F$ 线间为 L+β 区；$T_B T_E$ 和 $T_B G$ 区为 L+α 区；两固溶度曲线间为 β+α 区。

(2) 运用杠杆定律：

$$W_\beta = (45-25)/(45-20) = 80\%$$

（3）

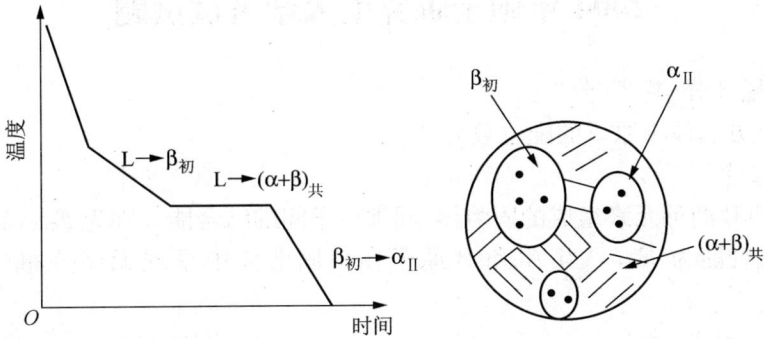

七、$W_A = FD/AD$

E 为三元共晶点，

三条带箭头的线为二元共晶线。

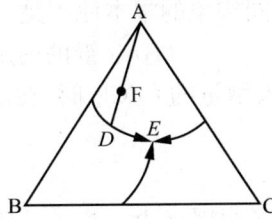

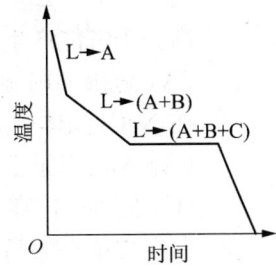

八、据晶粒直径与退火时间关系：

$$d^2 = kt$$

得 $\qquad k = 17.6$

所以退火时间为 60 分钟时 $d = 32.5\,\mu m$

退火时间为 90 分钟时 $d = 39.8\,\mu m$

根据 Hall-Petch 公式：$\sigma = \sigma_0 + kd^{-1/2}$

得 $\qquad k = 272, \sigma_0 = 55.3$

所以退火 90 分钟时

$$\sigma = 98.4\,MPa$$

2004 年硕士研究生入学考试试题

一、单选题(每题 3 分,共 75 分)

1. 简单立方晶体中原子的配位数为_____。

 (A) 12 个 (B) 6 个 (C) 8 个

2. 由 A 和 B 两种元素组成的固溶体,同类原子间的结合能分别为 E_{AA},E_{BB},而异类原子间的结合能为 E_{AB}。当 A 和 B 原子在该固溶体中呈现无序分布(随机分布)时,则_____。

 (A) $E_{AA} \approx E_{BB} \approx E_{AB}$ (B) $(E_{AA} + E_{BB}/2) < E_{AB}$

 (C) $(E_{AA} + E_{BB})/2 > E_{AB}$

3. 高分子链能产生不同构象的根本原因是_____。

 (A) 氢键的内旋转 (B) π 键的内旋转 (C) σ 键的内旋转

4. 在 NaCl 晶体中加入微量的 $CdCl_2$ 时,在晶体中最可能形成的缺陷是_____。

 (A) Na^+ 离子空位 (B) 间隙 Cd^{2+} 离子

 (C) 间隙 Cl^- 离子 (D) Cl^- 离子空位

5. 存在皮革态的高分子材料必由_____高分子链组成。

 (A) 全部非晶态 (B) 部分结晶态和非晶态

 (C) 全部晶态

6. 已知 fcc 结构中原子在(111)面上的堆垛方式为 ABCABC…,则在(001)面上的堆垛方式为_____。

 (A) ABCABC… (B) ABAB… (C) ABCDEFAB…

7. 能进行攀移的位错可能是_____。

 (A) 弗兰克位错 (B) 肖克利位错 (C) 螺型全位错

8. 下述有关自扩散的描述中正确的为_____。

 (A) 自扩散系数由浓度梯度引起 (B) 自扩散又称为化学扩散

 (C) 自扩散系数随温度升高而增加

9. Cu-Al 合金和 Cu 焊接成的扩散偶发生柯肯达尔效应,发现原始标记面向 Al-Cu 合金一侧漂移,则两元素的扩散通量关系为_____。

 (A) $J_{Cu} > J_{Al}$ (B) $J_{Cu} < J_{Al}$ (C) $J_{Cu} = J_{Al}$

10. 对 Fe-Cr-C 三元系合金进行渗 C 的反应扩散,则该合金中不能出现_____。

 (A) 单相区 (B) 两相区 (C) 三相区

11. 处于高弹态的线型非晶态高分子材料,其力学状态主要决定于_____。

 (A) 链节的运动 (B) 链段的运动 (C) 分子链质心的流动

12. 在 fcc、bcc 和 hcp 三种单晶材料中,形变时各向异性行为最显著的是_____。

 (A) fcc (B) bcc (C) hcp

13. 面心立方金属发生形变孪生时,则孪晶面为_____。

 (A) {111} (B) {110} (C) {112}

14. 再结晶结束后发生晶粒长大时的驱动力主要来自_____。

(A) 高的外加温度　　　　　　　　　　　　(B) 高的材料内部应变能

(C) 高的总晶界能

15. 形变后的材料在低温回复阶段时其内部组织发生显著变化的是＿＿＿＿＿。

(A) 点缺陷的明显下降　　　　　　　　　　(B) 形成亚晶界

(C) 位错重新运动和分布

16. 晶体凝固时若以均匀形核方式进行,则当形成临界晶核时＿＿＿＿＿。

(A) 升高　　　　　　　(B) 降低　　　　　　　(C) 不变

17. 在单元系的 p(压强)-T(温度)相图内,当高温相向低温度相转变时体积收缩,则根据 Clausius-Clapeyron 方程,＿＿＿＿＿。

(A) $\dfrac{\mathrm{d}p}{\mathrm{d}T}>0$　　　　　(B) $\dfrac{\mathrm{d}p}{\mathrm{d}T}=0$　　　　　(C) $\dfrac{\mathrm{d}p}{\mathrm{d}T}<0$

18. 凝固时不能有效降低晶粒尺寸的是以下哪种方法?＿＿＿＿＿。

(A) 加入形核剂　　　　(B) 减小液相的过冷度　　(C) 对液相实施搅拌

19. 结构单元相同的高分子链,其结晶能力最高的异构体为＿＿＿＿＿。

(A) 全同立构　　　　　(B) 间同立构　　　　　(C) 无规立构

20. 特定成分的 Pb-Sn 合金在室温能形成共晶组织 α(富含 Pb)＋β(富含 Sn)原因的描述正确的为＿＿＿＿＿。

(A) α 相和 β 相的自由能相等

(B) α 内 Pb 原子的化学势与 β 内 Pb 原子的化学势相等

(C) α 内 Pb 原子的化学势与 β 内 Sn 原子的化学势相等

21. 在 MgO 离子化合物中,最可能取代 Mg^{2+} 的阳离子是(已知各离子的半径分别为 Mg^{2+}:0.066nm,Ca^{2+}:0.099nm,Li^{+}:0.066nm,Fe^{2+}:0.074nm)＿＿＿＿＿。

(A) Ca^{2+}　　　　　　(B) Li^{+}　　　　　　(C) Fe^{2+}

22. 对离异共晶和伪共晶的形成原因,下述说法正确的是＿＿＿＿＿。

(A) 离异共晶只能经非平衡凝固获得

(B) 伪共晶只能经非平衡凝固过程获得

(C) 形成离异共晶的原始液相成分接近共晶成分

23. 调幅分解(spinodal decomposition)是经过＿＿＿＿＿方式形成。

(A) 形核长大过程　　　　　　　　　　　　(B) 组元的上坡扩散

(C) 前面两个答案都不对

24. fcc 结构中分别在 (111) 和 (11 $\bar{1}$) 面上的两个肖克利位错(分别是 1/6$[2\,\bar{1}\,\bar{1}]$ 和 1/6$[\bar{1}21]$)相遇时发生位错反应,将生成＿＿＿＿＿。

(A) 刃型全位错　　　　　　　　　　　　　(B) 刃型弗兰克位错

(C) 刃型压杆位错　　　　　　　　　　　　(D) 螺型压杆位错

25. fcc 晶体中存在一刃型全位错,其伯氏矢量为 1/2$[1\,\bar{1}0]$,滑移面为 (111),则位错线方向平行于＿＿＿＿＿。

(A) $[111]$　　　　　　(B) $[11\,\bar{2}]$　　　　　(C) $[100]$

二、渗碳体(Fe_3C)晶胞为正交结构,其点阵常数 $a=0.452$nm(沿$[100]$方向),$b=0.509$nm(沿

[010]方向),c=0.674nm(沿[001]方向)。试求

(1) 渗碳体晶体内($1\bar{1}0$)晶面与(110)晶面的夹角;

(2) 垂直(111)晶面是晶向;

(3) [111]晶向与[110]晶向的夹角。(15 分)

三、假设纯晶体凝固时形成的核为球形,试用结晶动力学的 Johnson-Mehl 方程计算结晶速率最快时对应的固体含量。(10 分)

四、单晶 Cu(fcc)结构在室温时的位错滑移的临界分切应力 τ_c=0.98MPa。若在室温时将单晶 Cu 试样做成拉伸样品,其拉伸轴平行[123]晶向,求引起该样品屈服所需的外加应力。

(10 分)

五、图(a)为固态互不溶解的三元共晶相图的浓度三角形,其中三元共晶点 E 的成分为 $w(A)$=20%,$w(B)$=30%,$w(C)$=50%。图(b)为某一温度(高于 T_E)的水平截面图。

(1) A,B 和 C 三组元的熔点谁最低?

(2)若有一液态成分为 $w(A)$=60%,$w(B)$=15%,$w(C)$=25%的合金(其 B/C 成分比三元共晶合金相同)平衡凝固到室温,试画出平衡冷却曲线和室温平衡组织。

(3) 计算该合金中共晶组织在铸锭中的质量分数。(15 分)

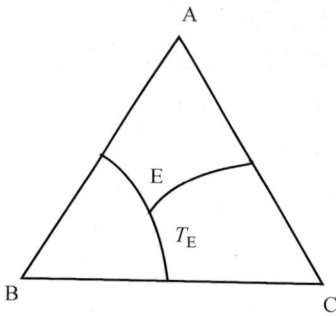

图(a)

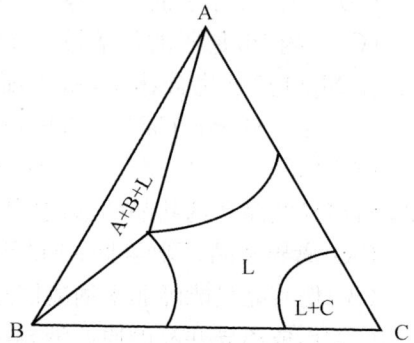

图(b)

六、右为三叉晶界示意图,试推导晶界能公式:

$$\frac{\gamma_{AO}}{\sin\beta}=\frac{\gamma_{BO}}{\sin\theta}=\frac{\gamma_{CO}}{\sin\alpha}$$

其中,γ_{AO}、γ_{BO} 和 γ_{CO} 分别为三条晶界的晶界能(J/m^2)。
(10 分)

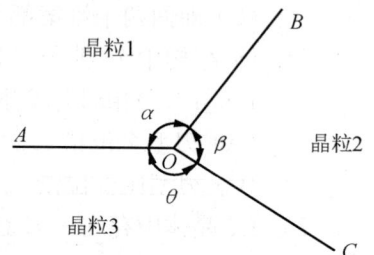

七、γ 铁在 925℃渗碳,碳原子的跃迁频率 Γ=1.7×10⁹s⁻¹,而在 1025℃时碳原子的跃迁频率 F=5×10⁹s⁻¹。若碳原子的跃迁步长为 2.53×10⁻¹⁰ m,求扩散常数 D_0 和扩散激活能 Q(假定 D_0 与 Q 均与温度无关)。(15 分)

2004 年硕士研究生入学考试试题参考答案

一、单选题

	1	2	3	4	5	6	7	8	9	10	11	12	13
A		✓		✓			✓						✓
B	✓				✓	✓			✓		✓		
C			✓					✓		✓		✓	

	14	15	16	17	18	19	20	21	22	23	24	25
A		✓	✓	✓		✓						
B					✓		✓		✓	✓		✓
C	✓							✓			✓	

二、(1) $(1\bar{1}0)$ 在为 $ADHEA$，(110) 面为 $BCGFB$

两面交线夹角为

$\angle AOB = 2[90° - \arctan(b/a)] = 83.2°$

(2) (111)面为 AFG 三角形,垂直该三角形的

面必然垂直 AF 和 AG 线,晶向：

$AF: [a, 0, -c]$，$AG: [0, b, -c]$

根据晶带定律可算出(111)面的垂线方

向为：

$[bc, ac, ab]$，代入数据得

$[0.343066, 0.304648, 0.230\cdot068]$

或 $[1.49, 1.32, 1]$

(3) [111]和[110]的夹角为

$(a^2 + b^2)/\mathrm{sqrt}[(a^2 + b^2 + c^2)(a^2 + b^2)] = 44.7°$

三、$\varphi_r = 1 - \exp(-\pi N v^3 t^4 / 3)$，转变速率最大要求二阶导数为 0，即

$\varphi_r^{(2)} = [4\pi N v^3 t^2 - (4\pi N v^3 t^3/3)^2] \exp(-\pi N v^3 t^4/3) = 0$

即 $t^4 = 9/(4\pi N v^3)$，代入 J-M 方程得 $\varphi_{\mathrm{rmax}} = 52.8\%$

四、根据计算知,首先开动的滑移系列 $(\bar{1}11)[101]$，所以 Schmid 因子为：

$$\cos\Phi\cos\lambda = (4/\mathrm{sqrt}(42))(2/\mathrm{sqrt}(7))$$

外加应力

$$\sigma = \frac{\tau_{\mathrm{C}}}{\cos\phi\cos\lambda} = 2.1\,\mathrm{MPa}$$

五、(1) C 最低

(2)

[001]

[010]

[100]

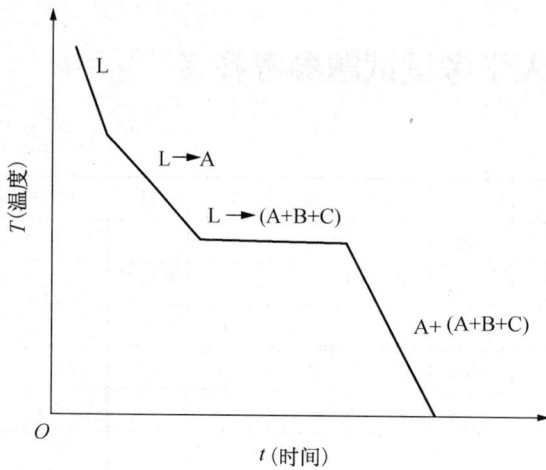

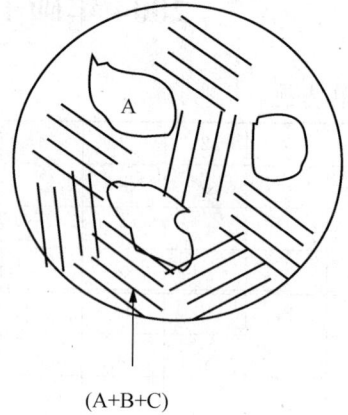

(A+B+C)

(3) w(共晶组织)$=20/60=33.3\%$

六、根据张力平衡可得 $\gamma_{AO}+\gamma_{BO}\cos\theta+\gamma_{CO}\cos\alpha=0$,可证。

七、$D=D_0\exp(-Q/RT)$

设扩散时间均为 t,跃迁步长为 r,则在 1198K 时:

$$\mathrm{sqrt}(\Gamma_1 t)r=A\,\mathrm{sqrt}(D_1 t) \tag{1}$$

$$\mathrm{sqrt}(\Gamma_2 t)r=A\,\mathrm{sqrt}(D_2 t) \tag{2}$$

由(1)/(2)得到

$\Gamma_1/\Gamma_2=D_1/D_2$,代入数据得 $Q=139.471\mathrm{kJ/mol}$

由于是三维跃迁,$A=\mathrm{sqrt}(6)$

代入数据得 $D_0=2.19\times10^{-5}$

2005 年硕士研究生入学考试试题

一、单选题(每题 3 分,共 75 分)

1. 化学键中既无方向性又无饱和性的为_____。

    (A) 共价键　　　　　　(B) 金属键　　　　　　(C) 离子键

2. 立方结构的(112)与(113)晶面同属于_____晶带轴。

    (A) $[\bar{1}10]$　　　　　　(B) $[11\bar{1}]$　　　　　　(C) $[21\bar{1}]$

3. 晶体的对称轴中不存在_____。

    (A) 3 次对称轴　　　　(B) 4 次对称轴　　　　(C) 5 次对称轴

4. 半结晶期是指_____。

    (A) 结晶时间进行到一半时对应的时间　　(B) 固相量为一半时对应的时间

    (C) 上述(A)和(B)均不对

5. fcc 晶体若以 $\{100\}$ 面为外表面,则表面上每个原子的最邻近原子数为_____个。

    (A) 12　　　　　　　　(B) 6　　　　　　　　(C) 8

6. 最难以形成非晶态结构的是_____。

    (A) 陶瓷　　　　　　　(B) 金属　　　　　　　(C) 聚合物

7. 下面关于 Schottky 和 Frenkel 缺陷的表述中,错误的为_____。

    (A) Schottky 缺陷同时包含空位和间隙原子

    (B) Frenkel 缺陷的形成能通常较 Schottky 缺陷大

    (C) 同温度下,通常 Schottky 缺陷的浓度大于 Frenkel 缺陷

8. 下列 Burgers 矢量可能表示了简单立方晶体中的全位错:

    (A) $[100]$　　　　　　(B) $1/2[110]$　　　　　(C) $1/3[111]$

9. 下面关于位错应力场的表述中,正确的是_____。

    (A) 螺型位错的应力场中正应力分量全为零

    (B) 刃型位错的应力场中正应力分量全为零

    (C) 刃型位错的应力场中切应力分量全为零

10. 能进行滑移的位错为_____。

    (A) 肖克利不全位错　　(B) 弗兰克不全位错　　(C) 面角位错

11. 铁素体(bcc,点阵常数 $a_b=0.287$ nm)与奥氏体(fcc,点阵常数 $a_f=0.365$ nm)间可形成 K-S 关系($[111]_b$ // $[110]_f$,$(1\bar{1}0)_b$ // $(1\bar{1}1)_f$),则在 $(1\bar{1}0)_b$ 半共格界面上沿 $[111]_b$ 方向上的位错间距为_____。

    (A) 1.34 nm　　　　　(B) 6.74 nm　　　　　(C) 3.85 nm

12. 共晶层片$(\alpha+\beta)_{共}$ 在特定过冷度下生长时,扩散所消耗的驱动力约为_____。

    (A) 固相与液相自由能差的全部　　　　(B) 固相与液相自由能差的 1/2

    (C) 上述(A)和(B)均不对

13. 由纯 A 和 A-B 固溶体形成的互扩散偶(柯肯达尔效应),以下表述正确的是_____。

    (A) 侯野面两侧的扩散原子其化学势相等:$\mu_A^A=\mu_{A-B}^A$,$\mu_A^B=\mu_{A-B}^B$

    (B) 该扩散为上坡扩散

(C) 空位迁移方向与标记面漂移方向一致

14. 高分子材料存在不同构象的主要原因是主链上的碳原子可以_____。

(A) π 键的自旋转　　　　(B) σ 键的自旋转　　　(C) 氢键的自旋转

15. 离子化合物中,阳离子比阴离子扩散能力强的原因在于_____。

(A) 阴离子的半径较大　　　　　　　　　(B) 阳离子更容易形成电荷缺陷

(C) 阳离子的原子价与阴离子不同

16. 室温下橡胶与塑料的不同柔顺性表明_____。

(A) 塑料的链段可动性比橡胶低　　　　　(B) 塑料的链节比橡胶长

(C) 塑料比橡胶的相对分子质量大

17. 包辛格效应属于_____。

(A) 塑性形变现象　　　(B) 弹性的不完整性现象 (C) 黏弹性现象

18. 单晶材料压缩时若发生扭折,则以下表述错误的为_____。

(A) 扭折区域的 Schmid 因子最大

(B) hcp 结构较 fcc 结构容易产生扭折

(C) 扭折区域可能产生孪晶

19. 多晶体塑性变形时,至少需要_____独立的滑移系。

(A) 3 个　　　　　　　(B) 8 个　　　　　　　(C) 5 个

20. 下面关于回复与再结晶机制的差别中,正确的为_____。

(A) 回复不需要孕育期,而再结晶需要孕育期

(B) 回复不需要激活能,而再结晶需要激活能

(C) 回复不能降低形变态的应变能,而再结晶将降低形变态的应变能

21. 下面关于对再结晶温度影响的说法中,错误的为_____。

(A) 冷形变程度越小则再结晶温度越高

(B) 在同样的冷变形程度下,原始晶粒尺寸越小则再结晶温度越低

(C) 第二相粒子分布越弥散则再结晶温度越低

22. 晶体长大时如生长速率与动态过冷度成正比,则_____

(A) 该晶体与液相的界面为粗糙界面

(B) 该晶体与液相的界面为光滑界面

(C) 该晶体藉螺型位错长大

23. 由 A-B-C 组元形成的三元相图,其等边成分三角形(ABC)内平行于 AB 的直线上任意一点表示_____。

(A) C 组元的浓度为定值　　　　　　　　(B) B 与 A 组元的浓度比为定值

(C) 上述(A)和(B)均不对

24. 包晶成分的的合金在平衡凝固时($L+\alpha \rightarrow \beta$)_____。

(A) 高熔点组元由 α 向 β 内扩散　　　　(B) 高熔点组元由 L 向 α 内扩散

(C) 高熔点组元由 L 向 β 内扩散

25. 高分子材料结晶时,晶片越厚,则熔点_____。

(A) 不变　　　　　　　(B) 越低　　　　　　　(C) 越高

二、VC 为 NaCl 晶体结构，其晶胞的点阵常数 $a=0.426$ nm，试计算其密度(已知 V 的相对原子质量为 51，C 的相对原子质量为 12)；试举该晶体在哪个晶面上全为 V 离子或全为 C 离子？(15 分)

三、若金属中的空位形成能 E_V 与温度无关，试证明空位的组态熵(S)随温度的升高而增加。已知微观状态数 $W=(N+n)!/(N!\,n!)$。(15 分)。

四、某 fcc 晶体中(点阵常数 $a=0.354$ nm)，刃位错 $\boldsymbol{b}=a/2[\bar{1}10]$ 在(111)面上分解形成 Shockley 不全位错。
(1) 试指出该全位错在分解前多余的半原子面指数。
(2) 试根据几何条件和能量条件写出分解反应。
(3) 若该金属的层错能为 0.02 J/m^2，剪切模量为 7×10^{10} Pa，求层错宽度。(15 分)

五、下图为 A-B 两组元形成的相图。
(1) 图示在共晶反应温度(T_E)时的成分-自由能曲线。
(2) 画出原始成分为 30% B 的合金(yy 虚线)经平衡冷却到室温时的组织。
(3) 若该合金在共晶反应开始前为正常凝固，而在共晶反应时为平衡凝固，求共晶反应刚结束后 α 相在固体内的相对量(百分含量)。(15 分)

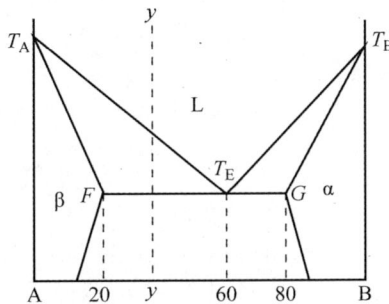

六、试用高分子分子运动理论定性解释室温下塑料、橡胶和涂料的力学行为。(15 分)

2005 年硕士研究生入学考试试题参考答案

一、选择题

1	2	3	4	5	6	7	8	9	10	11	12	13	14
B	A	C	B	C	B	A	A	A	A	A	B	C	B

15	16	17	18	19	20	21	22	23	24	25			
A	A	B	A	C	A	C	A	A	C				

二、密度 $=(51+12)\times 4/6.02/10^{23}/(4.26\times 10^{-10})^3 = 5\,414.7\,\mathrm{kg/m^3}$

　　(111)面

三、空位浓度 $c=A\exp(-E/(kT))$，T 升高，c 升高。因为 $S=k\ln W$，W 升高，所以 S 升高。

四、(1) 半原子面指数 $(\bar{1}10)$。

　　(2) 分解 $1/2[\bar{1}10]=1/6[\bar{2}11]+1/6[1\,\bar{2}1]$。

　　(3) $d=Gb_1b_2/(2\pi\gamma)$，计算得：约 5.8 nm。

五、(3) $k_0=1/3$；$\rho_L=\rho_0\left(1-\dfrac{x}{L}\right)^{k_0-1}$，因 $\rho_L=60$，$\rho_0=30$，可解得 $x/L=0.646\,4$，所以平衡反应的液相体积为 0.35，经杠杆定律求得共晶中 α 相为 2/3，所以相对含量为 23%。

六、略

2006 年硕士研究生入学考试试题

一、选择题(80 分)

1. 四元合金在常压下,其恒温转变时应为_____平衡。

   (A) 4 相 　　　　　　(B) 5 相 　　　　　　(C) 3 相

2. 在面心立方晶体中原子层沿[111]堆垛时,_____的堆垛成为孪晶。

   (A) ABCACBA 　　　(B) ABCBCAB 　　　(C) ABABCAB

3. 当液体的混合程度为_____,该合金不会出现成分过冷。

   (A) $k_e=1$ 　　　　(B) $k_e=k_0$ 　　　(C) $k_0<k_e<1$

4. 高分子中能产生结晶的结构类型是_____。

   (A) 线型 　　　　　(B) 支化型 　　　　(C) 交联型

5. 在合金非平衡凝固中将会产生各种成分偏析,其中最难消除的偏析是_____。

   (A) 正常偏析 　　　(B) 枝晶偏析 　　　(C) 胞状偏析

6. 在金属-金属型共晶合金中,当某一相的体积分数小于 27.65％时,_____形成棒状共晶。

   (A) 一定能 　　　　(B) 可能 　　　　　(C) 不能

7. 体型高分子不可能出现_____。

   (A) 玻璃态 　　　　(B) 高弹态 　　　　(C) 黏流态

8. 铁碳合金中莱氏体在冷却过程中,该组织中的奥氏体_____后称为变态莱氏体。

   (A) 转变为珠光体 　(B) 析出铁素体 　　(C) 析出二次渗碳体

9. 高分子的熔点随其晶片厚度的增加而_____。

   (A) 降低 　　　　　(B)升高 　　　　　(C)不变

10. 非均匀形核所需的过冷度是合金结晶温度 T_m 的_____倍。

    (A) 2 　　　　　　(B) 0.2 　　　　　(C) 0.02

11. 不易产生交滑移的晶体结构为_____。

    (A) 密排六方 　　　(B) 体心立方 　　　(C) 面心立方

12. 在纯铁的温度-压力相图中,斜率为负的相界线是_____的相界线。

    (A) α-Fe 和 γ-Fe 　(B) γ-Fe 和 δ-Fe 　(C) δ-Fe 和液相

13. 从高分子的重复结构单元的对称性可知,最易结晶的是_____。

    (A) 聚丙烯 　　　　(B) 聚乙烯 　　　　(C) 聚苯乙烯

14. 冷变形金属的回复温度_____再结晶温度。

    (A) 高于 　　　　　(d) 低于 　　　　　(C) 等于

15. 伯氏矢量为_____的位错属于不可滑移位错。

    (A) $a/3<111>$ 　　(B) $a/6<112>$ 　　(C) $a/2<110>$

16. 三元合金相图中,共晶反应的三相平衡的连接三角形应为_____。

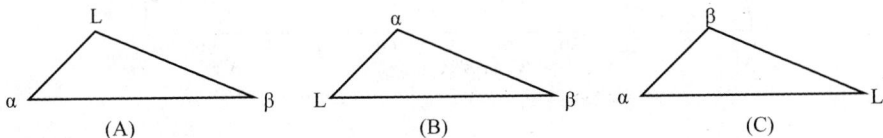

　　　(A) 　　　　　　　　　　(B) 　　　　　　　　　　(C)

17. Johnson- Mehl 动力学方程与 Avrami 方程相比,具有_____适用范围。

　　(A) 更宽的　　　　　　　(B) 更窄的　　　　　　(C) 相同的

18. 在 A-B 二元合金中,其共晶合金的强度_____其固溶体的强度。

　　(A) 大于　　　　　　　　(B) 等于　　　　　　　　(C) 小于

19. 高分子的主链结构对单键内旋转有重要影响。下列最易单键内旋转的主链结构是_____。

　　(A) Si—O 键　　　　　　(B) C—C 键　　　　　　(C) C—O 键

20. 某元素加入到合金后,使该合金的扩展位错的宽度增加,说明该元素是_____。

　　(A) 增加层错能　　　　(B) 降低层错能　　　　(C) 增加孪晶能

二、综合题(70 分)

1. a) 画出面心立方晶体中的(111)晶面和该面上可能的<110>方向;

　　b) 画出体心立方晶体中的(101)晶面和该面上可能的<111>方向;

　　c) 计算上述晶面的面间距。(15 分)

2. 由 A 组元棒和 B 组元棒焊接成的扩散偶(如图所示),并在焊缝处用 Mo 丝做标记,在 773 K 扩散足够的时间,试问:

　　a) 标记在焊接面何侧?

　　b) 扩散中的空位最终聚集在何侧?

　　(已知 A 组元在 B 组元构成的晶体中的扩散常数(D_0)和激活能(Q)分别为 2.1×10^{-5} m^2/s,1.7×10^5 J/mol,而 B 组元在 A 组元构成的晶体中的扩散常数(D_0)和激活能(Q)分别为 0.8×10^{-5} m^2/s,1.4×10^5 J/mol)(20 分)

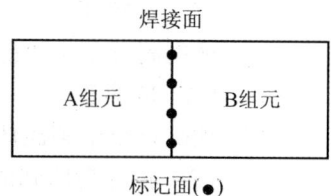

焊接面

A组元　　B组元

标记面(●)

3. 计算某金属的空位浓度比室温(300 K)空位浓度大 1 000 倍时的温度。已知 Cu 的空位形成能为 1.7×10^{19} J/mol。(15 分)

4. 根据所示的 Al-Zn 二元相图,

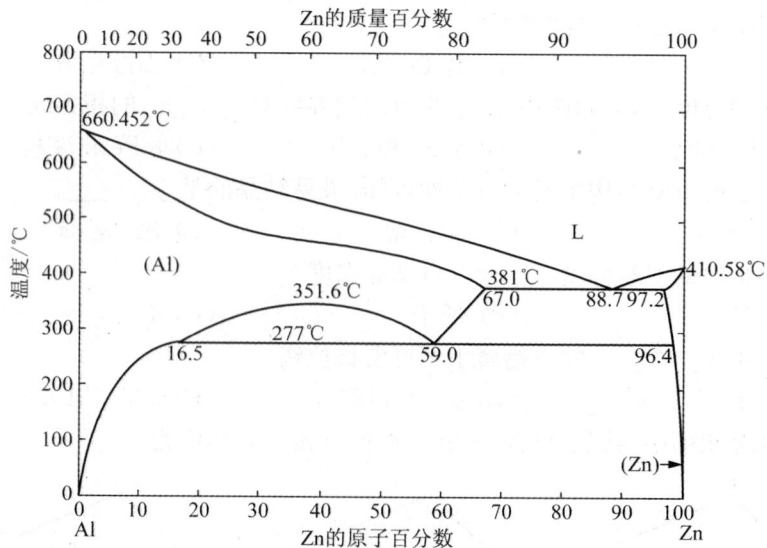

a) 画出 Al-40at％Zn 合金的冷却曲线和写出最终的平衡组织；

b) 分别计算上述合金在共析转变后初生相和共析组织的相对量。已知共析反应为 (Al)(59 at％ Zn)→(Al)(16.5 at％ Zn)＋(Zn)(96.4 at％ Zn)(20 分)

2006 年硕士研究生入学考试试题参考答案

一、选择题

1	2	3	4	5	6	7	8	9	10	11	12	13	14
B	A	B	A	A	B	C	A	B	C	A	A	B	B

15	16	17	18	19	20
A	A	B	A	A	B

二、综合题

1. a)

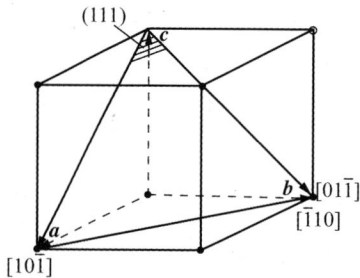

b)

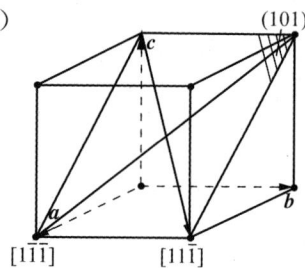

c) $d_{(111)} = \dfrac{a}{\sqrt{h^2+k^2+l^2}} = \dfrac{a}{\sqrt{1+1+1}} = \dfrac{a}{\sqrt{3}}$

$d_{(101)} = \dfrac{a}{\sqrt{h^2+k^2+l^2}} = \dfrac{a}{\sqrt{1+0+1}} = \dfrac{a}{\sqrt{2}}$

2. a) $D_{A\to B} = D_0 \exp\left(-\dfrac{Q}{RT}\right) = 2.1\times10^{-5}\times\exp\left(-\dfrac{1.7\times10^5}{8.314\times773}\right)$

$\qquad\qquad = 2.1\times10^{-5}\times\exp(-26.452)$

$\qquad\qquad = 6.827\,5\times10^{-17}\,\mathrm{m^2/s}$

$\quad D_{B\to A} = D_0 \exp\left(\times\dfrac{Q}{RT}\right) = 0.8\times10^{-5}\times\exp\left(-\dfrac{1.4\times10^5}{8.314\times773}\right)$

$\qquad\qquad = 0.8\times10^{-5}\times\exp(-21.784)$

$\qquad\qquad = 2.769\,5\times10^{-15}\,\mathrm{m^2/s}$

由于 $D_{B\to A} > D_{A\to B}$，所以标记面右移。

b) 空洞形成在右侧。

3. 空形浓度为　　　$c = A\exp\left(-\dfrac{Q}{kT}\right)$

则 300 K 与 T 时的浓度分别为：

$\qquad\qquad c_{300\,K} = A\exp\left(-\dfrac{Q}{300\,k}\right)$ 　　　①

$\qquad\qquad c_T = A\exp\left(-\dfrac{Q}{kT}\right)$ 　　　②

②/①相比得

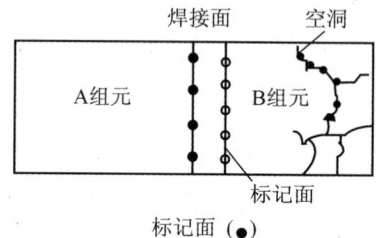

$$1\,000 = \exp\left[-\frac{Q}{k}\left(\frac{1}{T}-\frac{1}{300}\right)\right]$$

其中，$Q = 1.7 \times 10^{-19}$，$k = 1.38 \times 10^{-23}$，代入得

$$T = 360.67\,\text{K}$$

4. a)

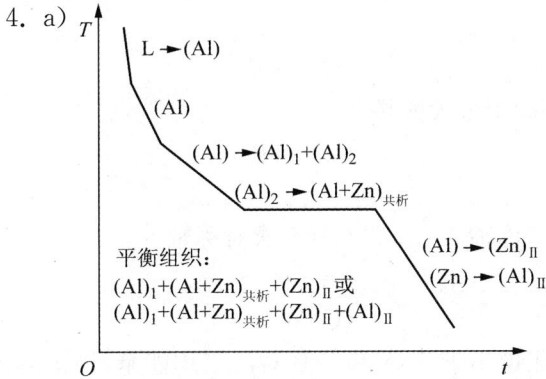

b) 原子比算法：初生相 $(\text{Al})_1$ at% $= \dfrac{59-40}{59-16.5} \times 100\% = 44.71\%$

共析组织 $(\text{Al}+\text{Zn})_{\text{共析}}$ at% $= 1-44.71\% = 55.29\%$

或质量比算法：（根据图中对应坐标取估计值）

初生相 $(\text{Al})_1$ wt% $= \dfrac{77.8-60.9}{77.8-33.7} \times 100\% = 38.32\%$

共析组织 $(\text{Al}+\text{Zn})_{\text{共析}}$ wt% $= 1-38.32\% = 61.68\%$

2007 年硕士研究生入学考试试题

一、单选题(每题 3 分,共 60 分)

1. 立方晶体中含有[111]晶向的晶面为_____。
   (A) (110)　　　　　　(B) (101)　　　　　　(C) (Ī01)

2. 立方晶体中(111),(112),(110)晶面间距最大的是_____。
   (A) (111)　　　　　　(B) (112)　　　　　　(C) (110)

3. 在四方晶体中[100]晶向是_____。
   (A) 2 次对称轴　　　(B) 4 次对称轴　　　(C) 3 次对称轴

4. 面心立方(111)密排面的面配位数为_____。
   (A) 3　　　　　　　　(B) 12　　　　　　　(C) 6

5. 在 A-B 二元固溶体中,当 A-B 对的能量小于 A-A 和 B-B 对的平均能量,该固溶体最易形成为_____。
   (A) 无序固溶体　　　(B) 有序固溶体　　　(C) 偏聚态固溶体

6. 在金属、陶瓷和高分子中最易结晶的是_____。
   (A) 高分子　　　　　(B) 陶瓷　　　　　　(C) 金属

7. 在一定温度下具有一定平衡浓度的缺陷是_____。
   (A) 位错　　　　　　(B) 空位　　　　　　(C) 晶界

8. 在面心立方晶体中(111)密排面抽取一层将形成_____。
   (A) 肖克利不全位错　(B) 弗兰克不全位错　(C) 混合位错

9. 重合位置点阵是用于描述_____。
   (A) 小角度晶界　　　(B) 大角度晶界　　　(C) 任何晶界

10. 在 Kirkendall 效应中,Zn 的扩散通量在通过_____时大于 Cu 的通量扩散通量。
    (A) 原始涂层(焊接)面　(B) 侯野面　　　　(C) 标记面

11. 肖特基(Schottky)型空位表示形成_____的无序分布缺陷。
    (A) 等量的阳离子和阴离子空位　　　　　　(B) 双空位
    (C) 等量的间隙阳离子和间隙阴离子

12. 作为塑料使用的高分子,在室温使用应处在_____。
    (A) 高弹态　　　　　(B) 玻璃态　　　　　(C) 黏流态

13. 金属 Mg 的滑移系为_____。
    (A) {111}/<110>　　(B) {112}/<111>　　(C) {0001}/<1120>

14. 在低碳钢的应力-应变曲线中出现上屈服点和下屈服的的现象,可用_____解释。
    (A) 位错交滑移　　　(B) 位错的分解　　　(C) Cottrell 气团

15. 冷形变金属在回复阶段可消除_____。
    (A) 微观内应力　　　(B) 宏观内应力　　　(C) 宏观内应力和微观内应力

16. 在 Fe-C 合金中能在室温得到 $P+Fe_3C_{II}+L_d'$ 平衡组织的合金是_____。
    (A) 共析钢　　　　　(B) 共晶合金　　　　(C) 亚共晶合金

17. 在定向凝固中,希望获得最大程度的提纯,有效分配系数应该_____。

　　(A) $k_e \rightarrow k_0$　　　　　　　(B) $k_e \rightarrow 1$　　　　　　　(C) $k_0 < k_e < 1$

18. 铸锭中的_____属宏观偏析。

　　(A) 枝晶偏析　　　　　　(B) 晶界偏析　　　　　　(C) 比重偏析

19. 在三元共晶水平截面图的三角形区中,存在_____平衡。

　　(A) 两相　　　　　　　　(B) 单相　　　　　　　　(C) 三相

20. 在三元共晶合金中最多可以获得_____平衡。

　　(A) 三相　　　　　　　　(B) 四相　　　　　　　　(C) 五相

二、综合题

1. 在面心立方点阵中画出菱方(形)点阵,并说明为什么在这样的点阵排列中应取面心立方点阵而不取菱方点阵(20 分)。

2. 画出应力下螺型位错通过双交滑移形成弗兰克-里德位错源的过程,并画出通过弗兰克-里德位错源使位错增殖的过程(及位错环的形成过程),并对上述过程加以简单说明(20 分)。

3. 超细晶粒的制备已成为提高材料强韧性的主要手段之一。通过凝固的快冷(即增加过冷度)是获得细晶铸件的重要方法。已知铜的凝固温度 $T_m = 1356\,\text{K}$,溶化热 $L_m = 1628 \times 10^6\,\text{J/m}^2$,比表面能 $\sigma = 177 \times 10^{-3}\,\text{J/m}^2$,

　　1) 试求欲在均匀形核条件下获得半径为 2 nm 晶粒所需的过冷度;

　　2) 试写出其他三种可能获得细晶的方法。(20 分)

4. 假设内部原子从 A 处迁移到 B 处,在 500℃时的跳跃频率(Γ)为 5×10^8 次/s,800℃时的跳跃频率为 8×10^8 次/s,计算扩散激活能 Q。(20 分)

5. 从所示 NiO-MgO 二元相图

　　1) 确定某成分范围的材料,在 2 600℃完全熔化,而使它们在 2 300℃不熔化;

　　2) 计算 NiO-20 mole％MgO 陶瓷在 2 200℃时 NiO 的相对量(直接用相图中的摩尔分数计算)(10 分)。

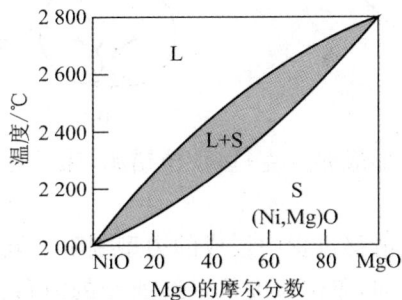

2007 年硕士研究生入学考试试题参考答案

一、单选题

1	2	3	4	5	6	7	8	9	10	11	12	13	14
C	C	A	C	B	C	B	B	B	C	A	B	C	C

15	16	17	18	19	20
B	C	A	C	C	B

二、综合题

1.

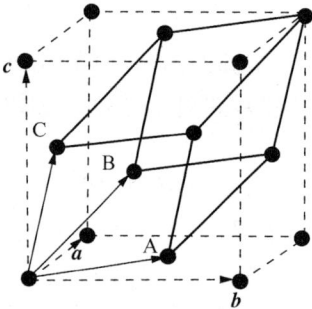

单胞选取原则：①所选单胞应具有最高的对称性；②单胞在最高对称性下具有最小的体积。所以这样的点阵排列不取菱方点阵，这是因为菱方点阵晶胞虽然体积较立方晶胞点阵小，但其对称性低，不能充分反映所取单胞具有的最高对称性。

2.

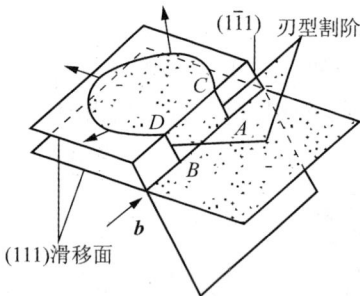

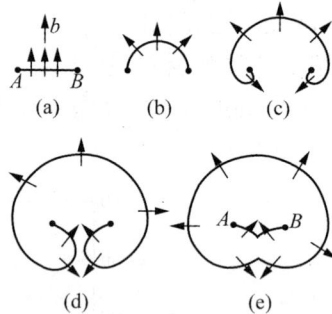

螺型位错双交滑移形成弗兰克-里德位错源，弗兰克-里德位错源使位错增殖过程见上图。

　　由于螺型位错双交滑移过程中形成的刃型割阶不能滑移，即 A，B 两端被固定，所以只能使位错线发生弯曲，单位长度位错线所受的滑移力 F 总是与位错线本身垂直，所以弯曲后的位错每一小段继续受到 F 的作用，沿它的法线方向向外扩展，其两端分别绕节点 A，B 发生旋转。当两端弯出来的线段相互靠近时，由于该两线段平行于 b，但位错线方向相反，分别属于左螺旋和右螺旋位错，互相抵消，形成一闭合的位错环和位错环内的一小段弯曲位错线。只要外加应力继续，位错线便继续向外扩张，同时环内的弯曲位错在线张力作用下又被拉直，恢复到原始状态，并重复以前的运动，从而造成位错的增殖。

3. （1）由公式 $r^* = \dfrac{2\sigma T_{\mathrm{m}}}{L_{\mathrm{m}}\Delta T}$ 得 $\Delta T = \dfrac{2\sigma T_{\mathrm{m}}}{L_{\mathrm{m}}r^*} = \dfrac{2\times 177\times 10^{-3}\times 1\,356}{1\,628\times 10^6\times 2\times 10^{-9}} = 147.4\ \mathrm{K}$

　（2）可能获得细晶的方法：塑性变形，再结晶，凝固时添加形核剂，凝固时施加振动促进形核。

4. 由公式 $D = Pd^2\Gamma = D_0\exp\left(\dfrac{-Q}{RT}\right)$ 得

$$Pd^2\Gamma_1 = D_0\exp\left(\dfrac{-Q}{RT_1}\right) \tag{1}$$

$$Pd^2\Gamma_2 = D_0\exp\left(\dfrac{-Q}{RT_2}\right) \tag{2}$$

由(1)，(2)式可得：

$$\frac{\Gamma_1}{\Gamma_2} = \exp\left(\dfrac{-Q}{RT_1} - \dfrac{-Q}{RT_2}\right) \tag{3}$$

将 $\Gamma_1 = 5\times 10^8$，$T_1 = 773\ \mathrm{K}$，$\Gamma_2 = 8\times 10^8$，$T_2 = 1\,073\ \mathrm{K}$，$R = 8.314$ 代入上式，得

$$Q = 1.34\times 10^4\ \mathrm{J/mol}$$

5. （1）由作图法可知，符合此条件的材料的成分范围是 NiO-47%～60%MgO。

　（2）由杠杆定理可得 2 200℃ 液相的相对量为：

$$L\% \approx \frac{34-20}{34-17}\times 100\% = 82.35\%$$

上海交通大学 2001 年(港、澳、台地区)硕士研究生入学考试《材料科学基础》试题及其参考解答

2001 年硕士研究生入学考试《材料科学基础》试题(港、澳、台地区)

一、选择题(本大题共 20 小题,每题 3 分,共 60 分。请将唯一的答案写在答卷中)

1. 氯化铯(CsCl)为有序体心立方结构,它属于_____。
   - (A) 体心立方点阵
   - (B) 面心立方点阵
   - (C) 简单立方点阵

2. 六方晶系中($11\bar{2}0$)晶面间距_____($10\bar{1}0$)晶面间距。
   - (A) 小于
   - (B) 等于
   - (C) 大于

3. 立方晶体中的[001]方向是_____。
   - (A) 二次对称轴
   - (B) 四次对称轴
   - (C) 六次对称轴

4. 理想密排六方结构金属的 c/a 为_____。
   - (A) 1.6
   - (B) $2\sqrt{\dfrac{2}{3}}$
   - (C) $\sqrt{\dfrac{2}{3}}$

5. 在 SiO_2 七种晶型(polymorphic form)转变中,存在两种转变方式:一种为位移转变(displacive transformation),另一种为重构转变(reconstructive transformation),位移转变需要的激活能(activation energy)_____重构转变的激活能。
   - (A) 大于
   - (B) 小于
   - (C) 等于

6. 在晶体中形成空位的同时又产生间隙原子,这样的缺陷称为_____。
   - (A) 肖特基缺陷(Schottky defect)
   - (B) 弗仑克尔缺陷(Frenkel defect)
   - (C) 间隙缺陷(interstitial defect)

7. 在点阵常数为 a 的体心立方结构中,伯氏矢量(Burgers vector)为 $a[100]$ 的位错(dislocation)_____分解为 $\dfrac{a}{2}[111]+\dfrac{a}{2}[1\bar{1}\bar{1}]$
   - (A) 不能
   - (B) 能
   - (C) 可能

8. 面心立方晶体的孪晶面(twinning plane)是_____。
   - (A) {112}
   - (B) {110}
   - (C) {111}

9. 菲克第一定律(Fick's first law)描述了稳态扩散(steady-state diffusion)的特征,即浓度不随_____变化。
   - (A) 距离
   - (B) 时间
   - (C) 温度

10. 在置换型固溶体(substitutional solid solution)中,原子扩散的方式一般为_____。

(A) 原子互换机制(atom exchange mechanism)

(B) 间隙机制(interstitial diffusion mechanism)

(C) 空位机制(vacancy diffusion mechanism)

11. 在 TiO_2 中,当一部分 Ti^{4+} 还原成 Ti^{3+},为了平衡电荷就出现_____。

  (A) 氧离子空位   (B) 钛离子空位   (C) 阳离子空位

12. 在柯肯达尔效应(Kirkendall effect)中,标记漂移(marker shift)主要原因是扩散偶 (diffusion couple)中 _____。

  (A) 两组元的原子尺寸不同   (B) 仅一组元的扩散

  (C) 两组元的扩散速率不同

13. 形成临界晶核(critical nucleus)时体积自由能(volume free energy)的减少只能补偿 表面能(surface energy)的_____。

  (A) 1/3   (B) 2/3   (C) 3/4

14. 在 MgO 离子化合物中,最可能取代化合物中 Mg^{2+} 的正离子(已知各正离子半径 (nm) 分别是:(Mg^{2+}) 0.066、(Ca^{2+}) 0.099、(Li^+) 0.066、(Fe^{2+}) 0.074) 是_____。

  (A) Ca^{2+} (B) Li^+ (C) Fe^{2+}

15. 从高分子(polymer)的重复结构单元(mer)的对称性可知,最易结晶(crystallization) 的是_____。

  (A) 聚丙烯(polypropylene)   (B) 聚乙烯(polyethylene)

  (C) 聚苯乙烯(polystyrene)

16. 铸铁(cast iron)与碳钢(carbon steel)的区别在于有无_____。

  (A) 莱氏体(ledeburite) (B) 珠光体(pearlite) (C) 铁素体(ferrite)

17. 在二元相图(binary phase diagrams)中,计算两相相对量(amounts of two phase)的 杠杆法则(lever law)只能用于_____。

  (A) 单相区中   (B) 两相区中   (C) 三相平衡水平线上

18. 在三元相图(ternary phase diagram)浓度三角形(equilateral triangle)中,凡成分 (composition)位于_____上的合金,它们含有另两个顶角所代表的两组元 (component)含量相等。

  (A) 通过三角形顶角的中垂线

  (B) 通过三角形顶角的任一直线

  (C) 通过三角形顶角与对边成 45°的直线

19. 由 Clausius-Clapeyron 方程可知,随着压力的增加,γ-Fe 转变成 α-Fe 的温 度_____。

  (A) 升高   (B) 降低   (C) 不变

20. 网络型高分子(network polymers)不可能出现_____。

  (A) 玻璃态(glass state)   (B) 橡胶态(rubbery state)

  (C) 黏流态(viscous flow state)

二、综合题(本大题共 5 小题,每题 8 分,共 40 分)

1. (a) 画出面心立方晶体的(111)晶面(plane)和 $[\bar{1}01]$、$[0\bar{1}1]$ 及 $[\bar{1}10]$ 晶向(direction);

(b) 面心立方金属单晶体沿[001]拉伸可有几个等效滑移系(slip system)？沿[111]拉伸可有几个等效滑移系？并具体写出各滑移系的指数。

2. 根据右图所示的包晶相图，分别画出 T_1、T_2、T_3 温度下的自由能-成分曲线。

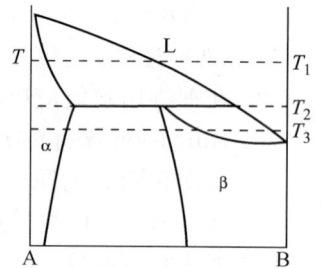

3. $w(C)=0.1\%$ 的低碳钢，置于 $w(C)=1.2\%$ 渗碳气氛中，在 920℃下进行渗碳。如果要求离表层 0.2cm 处含碳的质量分数为 0.45%，问需要多少渗碳时间？
已知：碳在 γ-Fe 中 920℃时的扩散激活能为 133 984J/mol，$D_0=0.23\text{cm}^2/\text{s}$，erf(0.71)=0.68。

4. Al_2O_3-ZrO_2 系相图如右图所示，成分为 $w(ZrO_2)=42.6\%$ 的陶瓷材料。试求：(a) 材料平衡凝固后共晶组织中两相的相对重量；(b) 共晶组织中 Al、Zr 和 O 各自的质量分数；(c) $w(ZrO_2)=42.6\%$ 对应的摩尔分数。（相对原子质量：Al 为 27；Zr 为 91；O 为 16）

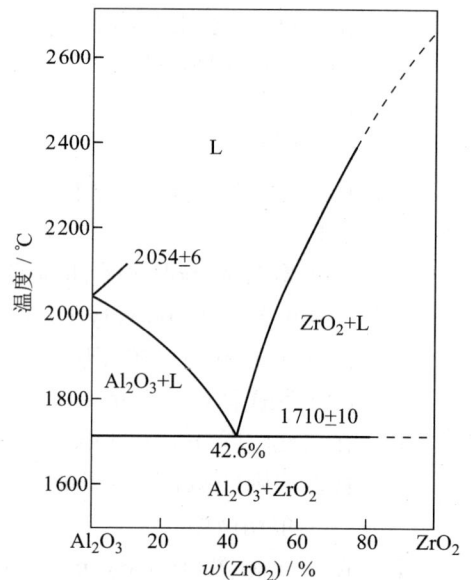

5. 面心立方(fcc)结构密排面{111}按 ABCABC……顺序堆垛而成，密排六方(hcp)结构密排面{0001}按 ABABAB……顺序堆垛而成。试说明在面心立方结构中以怎样的方式和引入什么性质的位错，可使 fcc 结构全部转变为 hcp 结构？

2001 年硕士研究生入学考试《材料科学基础》试题参考答案
(港、澳、台地区)

一、选择题

	1	2	3	4	5	6	7	8	9	10
A		✓					✓			
B			✓	✓	✓	✓			✓	
C	✓							✓		✓

	11	12	13	14	15	16	17	18	19	20
A	✓					✓		✓		
B		✓		✓			✓		✓	
C			✓		✓					✓

二、综合题

1.（a）各晶面及晶向如下图所示。

（b）当 fcc 结构的晶体沿[001]轴拉伸时,其等效
滑移系共有 8 个,分别是:
$(111)[0\bar{1}1]$,$(111)[\bar{1}01]$,$(\bar{1}11)[0\bar{1}1]$,
$(\bar{1}11)[101]$,$(\bar{1}\,\bar{1}1)[011]$,$(\bar{1}\,\bar{1}1)[101]$,
$(1\bar{1}1)[\bar{1}01]$,$(1\bar{1}1)[011]$。
当 fcc 结构的晶体沿[111]方向拉伸时,其等
效滑移系有 6 个,分别是:
$(1\bar{1}1)[011]$,$(1\bar{1}1)[110]$,$(11\bar{1})[011]$,
$(11\bar{1})[101]$,$(\bar{1}11)[101]$,$(\bar{1}11)[110]$。

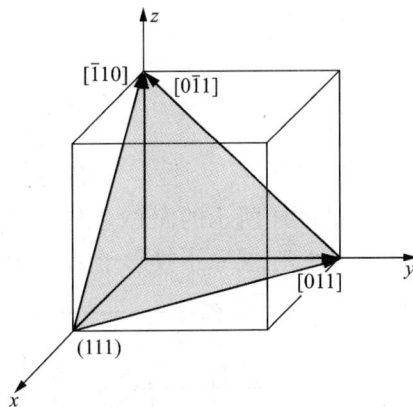

2. 自由能-成分曲线如图示:

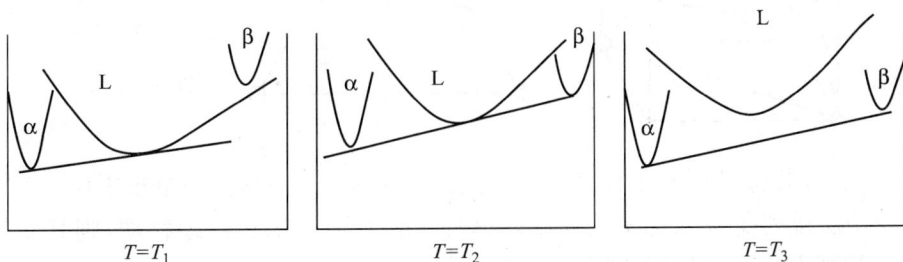

3. 扩散系数:$D=D_0\exp\left(-\dfrac{Q}{RT}\right)$

故 $D=0.23\times\exp\left(-\dfrac{133\,984}{8.314\times(273+920)}\right)=3.12\times10^{-7}\,\mathrm{cm^2/s}$

根据渗碳方程:

$$\rho(x,t) = \rho_s - (\rho_s - \rho_0)\,\mathrm{erf}\!\left(\frac{x}{2\sqrt{Dt}}\right)$$

得　　　　　　$\mathrm{erf}\!\left(\dfrac{x}{2\sqrt{Dt}}\right) = \dfrac{\rho_s - \rho(x,t)}{\rho_s - \rho_0} = \dfrac{1.2 - 0.45}{1.2 - 0.1} = 0.682$

故　　　　　　$\dfrac{x}{2\sqrt{Dt}} = 0.71$

因　　　　　　此 $t = \dfrac{\left(\dfrac{x}{2\times 0.71}\right)^2}{D} = \dfrac{\left(\dfrac{0.2}{2\times 0.71}\right)^2}{D} = 17.7\,\mathrm{h}$

即所需的渗碳时间为 17.7 小时。

4. (a)　　　　　$\dfrac{w_{Al_2O_3}}{w_{ZrO_2}} = \dfrac{100 - 42.6}{42.6} = 1.35$

$$w_{Al_2O_3} = 57.4\%$$

$$w_{ZrO_2} = 42.6\%$$

(b) Al：　　　　$\dfrac{2\times 27}{2\times 27 + 3\times 16} \times 57.4\% = 30.4\%$

Zr：　　　　$\dfrac{91}{91 + 2\times 16} \times 42.6\% = 31.5\%$

O：　　　　$1 - 30.4\% - 31.5\% = 38.1\%$

(c)　　　　$\dfrac{\dfrac{42.6}{91 + 2\times 16}}{\dfrac{42.6}{91 + 2\times 16} + \dfrac{57.4}{2\times 27 + 3\times 16}} = 38.1\%$

5. 如图 1 所示的面心立方晶体(111)面中，原子层按照 ABCABC……堆垛，现将图示 A，B，C 三层原子投影于 A 面上，如图 2 所示。

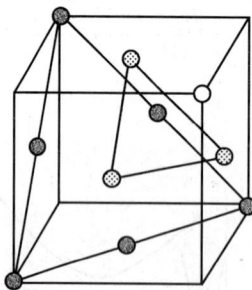
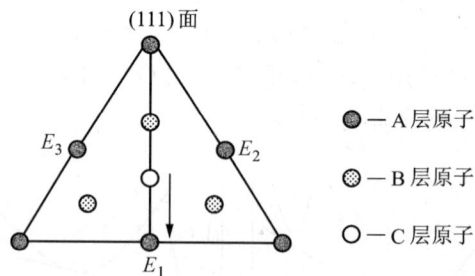

图1　　　　　　　　　　　　　　图2

　　据此，若将 C 层原子移动到 E_1 位置(或者 E_2，E_3 位置，均指投影位置)上，可以使 C 原子层排列变为 A 原子层的排列。若此时 B 原子层相应地移动，则其变为 C 层的原子排列方式，A 层原子则变为 B 层的排列方式。

　　因此，在 ABCABC……排列中的第 2 层引入不全位错 $\dfrac{a}{6}(11\bar{2})$（或者是 $\dfrac{a}{6}(1\bar{2}1)$，$\dfrac{a}{6}(\bar{2}11)$ 亦可），使其扫过第 3 层及其后的各层，能使原子排列变为 ABABCABC……，然后再在第 4 层引入同样的位错进行相同的处理，可使原子排列变为 ABABABCABC……，依此进行下去,可得到 ABABAB……的排列结构。

综上所述,分别在 fcc 结构 ABCABC……的第 $2n$ 层(111)面($n=1,2,3,\cdots$)中引入不全位错 $\frac{a}{6}(11\bar{2})$ $\left(\text{或者是 } \frac{a}{6}(1\bar{2}1), \frac{a}{6}(\bar{2}11) \text{亦可}\right)$,即在(111)面每隔一层引入一个不全位错,可使其排列结构变为 ABABAB……,即变成了 hcp 的排列结构。

附　　录

附录A　常用物理常数

物理量	符号	数值
阿伏伽德罗常数	N_A	$6.023 \times 10^{23} \, \text{mol}^{-1}$
玻尔兹曼常数	k	$1.381 \times 10^{-23} \, \text{J/K}$
		$8.62 \times 10^{-5} \, \text{eV/K}$
普朗克常数	h	$6.626 \times 10^{-34} \, \text{J} \cdot \text{s}$
气体常数	R	$8.314 \, \text{J/(mol} \cdot \text{K)}$
法拉第常数	F	$9.649 \times 10^4 \, \text{C/mol}$
真空介电常数	ε_0	$8.854 \times 10^{-12} \, \text{F/m}$
玻尔磁子	μ_B	$9.27 \times 10^{-24} \, \text{A} \cdot \text{m}^2$
真空光速	c	$3 \times 10^8 \, \text{m/s}$
真空磁导率	u_0	$4\pi \times 10^{-7} \, \text{H/m}$
电子电荷	e	$1.602 \times 10^{-19} \, \text{C}$
原子质量常量	m_u	$1.661 \times 10^{-27} \, \text{kg}$
电子质量	m_e	$9.109 \times 10^{-31} \, \text{kg}$
质子质量	m_p	$1.673 \times 10^{-27} \, \text{kg}$
中子质量	m_a	$1.675 \times 10^{-27} \, \text{kg}$

附录B　国家法定计量单位

我国法定计量单位是以国际单位制(SI①)单位为基础,加上我国选定的一些非国际单位制的单位构成的。具体来说,包括以下5个部分:

(1) 国际单位制的基本单位(见表B1);

(2) 包括辅助单位在内的具有专门名称的国际单位制导出单位(见表B2);

(3) 可与国际单位制单位并用的我国法定计量单位(见表B3);

(4) 由以上单位构成的组合形式的单位;

(5) 由国际单位制词头(见表B4)与以上单位构成的十进倍数和分数单位。

法定单位的定义、使用方法等,详见国家标准 GB 3100~3102—93 量和单位。

---

① SI是国际单位制(Le Système International d'Unités)的法文缩写。国际单位制及其法文缩写于1960年第11届国际计量大会(CGPM)通过。

表 B1　国际单位制(SI)的基本单位

量的名称	单位名称	单位符号
长　　度	米	m
质　　量	千克(公斤)	kg
时　　间	秒	s
电　　流	安[培]	A
热力学温度	开[尔文]	K
物 质 的 量	摩[尔]	mol
发 光 强 度	坎[德拉]	cd

表 B2　包括辅助单位在内的具有专门名称的国际单位制导出单位

量的名称	单位名称	单位符号	其他表示式例
[平面]角	弧度	rad	
立体角	球面度	sr	
频率	赫[兹]	Hz	s^{-1}
力	牛[顿]	N	$kg \cdot m/s^2$
压力,压强,应力	帕[斯卡]	Pa	N/m^2,　$kg/(m \cdot s^2)$
能[量],功,热[量]	焦[耳]	J	$N \cdot m$,　$kg \cdot m^2/s^2$
功率,辐[射能]通量	瓦[特]	W	J/s,　$kg \cdot m^2/s^3$
电荷[量]	库[仑]	C	$A \cdot s$
电压,电动势,电位	伏[特]	V	W/A,　$kg \cdot m^2/(A \cdot s^3)$
电容	法[拉]	F	C/V,　$A^2 \cdot s^4/(kg \cdot m^2)$
电阻	欧[姆]	Ω	V/A,　$kg \cdot m^2/(A^2 \cdot s^3)$
电导	西[门子]	S	A/V,　$A^2 \cdot s^3/(kg \cdot m^2)$
磁通[量]	韦[伯]	Wb	$V \cdot s$,　$kg \cdot m^2/(A \cdot s^2)$
磁通[量]密度,磁感应强度	特[斯拉]	T	Wb/m^2,　$kg/(A \cdot s^2)$
电感	亨[利]	H	Wb/A,　$kg \cdot m^2/(A^2 \cdot s^2)$
摄氏温度	摄氏度	℃	
光通量	流[明]	lm	$cd \cdot sr$
[光]照度	勒[克斯]	lx	lm/m^2,　$cd \cdot sr/m^2$
[放射性]活度	贝可[勒尔]	Bq	s^{-1}
吸收剂量,比授[予]能,比释动能	戈[瑞]	Gy	J/kg,　m^2/s^2
剂量当量	希[沃特]	Sv	J/kg,　m^2/s^2

表 B3　可与国际单位制单位并用的我国法定计量单位

量的名称	单位名称	单位符号	换算关系和说明
时间	分	min	$1\text{min}=60\text{s}$
	[小]时	h	$1\text{h}=60\text{min}=3\,600\text{s}$
	日,(天)	d	$1\text{d}=24\text{h}=86\,400\text{s}$
[平面]角	[角]秒	(″)	$1''=(\pi/648\,000)\text{rad}$
	[角]分	(′)	$1'=60''=(\pi/10\,800)\text{rad}$
	度	(°)	$1°=60'=(\pi/180)\text{rad}$
旋转速度	转每分	r/min	$1\text{r/min}=(1/60)\text{s}^{-1}$
长度	海里	n mile	$1\text{n mile}=1\,852$(只用于航程)
质量	吨	t	$1\text{t}=10^3\text{kg}$
	原子质量单位	u	$1\text{u}\approx1.\,660\,540\,2\times10^{-27}\text{kg}$
体积	升	L,(l)	$1\text{L}=1\text{dm}^3=10^{-3}\text{m}^3$
能	电子伏	eV	$1\text{eV}\approx1.\,602\,177\,33\times10^{-19}\text{J}$
级差	分贝	dB	
线密度	特[克斯]	tex	$1\text{tex}=1\text{g/km}$
土地面积	公顷	hm²	$1\text{hm}^2=10\,000\text{m}^2$
速度	节	kn	$1\text{kn}=1\text{n mile/h}=(1\,852/3\,600)\text{m/s}$(只用于航行)

表 B4　国际单位制词头

因数	词头名称		词头符号
	英文	中文	
10^{24}	yotta	尧[它]	Y
10^{21}	zetta	泽[它]	Z
10^{18}	exa	艾[可萨]	E
10^{15}	peta	拍[它]	P
10^{12}	tera	太[拉]	T
10^{9}	giga	吉[咖]	G
10^{6}	mega	兆	M
10^{3}	kilo	千	k
10^{2}	hecto	百	h
10^{1}	deca	十	da
10^{-1}	deci	分	d
10^{-2}	centi	厘	c
10^{-3}	milli	毫	m
10^{-6}	micro	微	μ
10^{-9}	nano	纳[诺]	n
10^{-12}	pico	皮[可]	p
10^{-15}	femto	飞[母托]	f
10^{-18}	atto	阿[托]	a

（续表）

因数	词头名称		词头符号
	英文	中文	
10^{-21}	zepto	仄[普托]	z
10^{-24}	yocto	幺[科托]	y

注(表 B1~表 B4)：

1. 周、月、年(年的符号为 a,法文 année)为一般常用时间单位.
2. [　]内的字,是在不致混淆的情况下,可以省略的字.
3. (　)内的字为前者的同义词.
4. 角度单位度、分、秒的符号不处于数字后时,用括号.
5. 升的符号中,小写字母 l 为备用符号.
6. r 为"转"的符号.
7. 在人民生活和贸易中,质量习惯称为重量.
8. 公里为千米的俗称,符号为 km.
9. 公顷的国际通用符号为 ha.
10. 10^4 称为万,10^8 称为亿,10^{12} 称为万亿,这类数词的使用不受词头名称的影响,但不应与词头混淆.

附录 C　与国际单位制(SI)有关的内容

表 C1　空间与时间的国际单位制(SI)单位

量的名称	单位名称	单位符号		备注
		中文	国际	
面　积	平方米	米^2	m^2	
体　积	立方米	米^3	m^3	
速　度	米每秒	米/秒	m/s	
加速度	米每秒平方	米/秒^2	m/s^2	
角速度	弧度每秒	弧度/秒	rad/s	
角加速度	弧度每秒平方	弧度/秒^2	rad/s^2	

表 C2　周期现象的国际单位制(SI)单位

量的名称	单位名称	单位符号		备注
		中文	国际	
频　率	赫兹	赫	Hz	$1Hz=1s^{-1}$
转　数	1 每秒	1/秒	s^{-1}	
波　数	1 每米	1/米	m^{-1}	

表 C3　力学的国际单位制(SI)单位

量的名称	单位名称	单位符号		备注
		中文	国际	
密　度	千克(公斤)每立方米	千克(公斤)/米^3	kg/m^3	
线密度	千克每米	千克/米	kg/m	
重力,力	牛顿	牛	N	1 牛＝1 千克・米/秒^2
力　矩	牛顿米	牛・米	N・m	

（续表）

量的名称	单位名称	单位符号		备注
		中文	国际	
动　量	千克米每秒	千克·米/秒	kg·m/s	
压强,压力	帕斯卡	帕	Pa	1帕=1牛/米^2
应　力	帕斯卡	帕	Pa	
能量,功	焦耳	焦	J	1焦=1牛·米
功　率	瓦特	瓦	W	1瓦=1焦/秒
体积流量	立方米每秒	米^3/秒	m^3/s	
质量流量	千克每秒	千克/秒	kg/s	

表 C4　热学的国际单位制(SI)单位

量的名称	单位名称	单位符号		备注
		中文	国际	
热力学温度	开尔文	开	K	
摄氏温度	摄氏度	摄氏度	℃	摄氏温度由下式定义:$t=T-T_0$,式中T是热力学温度,t是摄氏温度,$T_0=273.15$K,摄氏度与开尔文相等
温度差	开尔文	开	K	亦可用摄氏度
线胀系数	1每开尔文	1/开	K^{-1}	亦可用摄氏度代替开尔文
热　量	焦耳	焦	J	
热流量	瓦特	瓦	W	

表 C5　电磁学的国际单位制(SI)单位

量的名称	单位名称	单位符号		备注
		中文	国际	
电　量	库仑	库	C	
电荷面密度	库仑每平方米	库/米^2	C/m^2	
电场强度	伏特每米	伏/米	V/m	
电压、电势(位)、电动势	伏特	伏	V	1伏=1瓦/安
电　容	法拉	法	F	1法=1库/伏
电　阻	欧姆	欧	Ω	1欧=1伏/安
电　导	西门子	西	S	1西=1安/伏
电导率	西门子每米	西/米	S/m	
磁场强度	安培每米	安/米	A/m	
磁位差 磁通势	安培	安	A	
磁通量	韦伯	韦	Wb	1韦=1伏·秒
磁感强度 磁通密度	特斯拉	特	T	1特=1韦/米^2
电感	亨利	亨	H	1亨=1韦/安

表 C6　原子物理学与光、电磁学的国际单位制(SI)单位

量的名称	单位名称	单位符号		备注
		中文	国际	
能级宽度	焦耳	焦	J	
截　面	平方米	米^2	m^2	
光通量	流明	流	lm	1 流=1 坎·球面度
光照度	勒克斯	勒	lx	1 勒=1 流/米^2
辐照量	库仑每千克	库/千克	C/kg	
辐照率	库仑每千克秒	库/(千克·秒)	C/(kg·s)	
吸收剂量	戈瑞	戈	Gy	1 戈=1 焦/千克
剂量当量	希沃特	希	Sv	1 希=1 焦/千克
活　度	贝可勒尔	贝可	Bq	1 贝克=1　1/秒

表 C7　英制常用单位与国际单位制(SI)单位换算表

英制单位		国际单位制(SI)单位		换算关系
名称	符号	名称	符号	
英寸	in	米	m	1in=0.025 44m
英尺	ft			1ft=0.304 8m
码	yd			1yd=0.914 4m
英里	mile			1mile=1 609m
平方码	yd^2	平方米	m^2	1yd^2=0.836 127m^2
英亩	acre			1acre=4 046.86m^2
平方英里	mile^2			1mile^2=2.589 99km^2
立方码	yd^3	立方米	m^3	1yd^3=0.764 6m^3
美加仑	US gal			1US gal=3.785×10^{-3}m^3
英加仑	UK gal			1UK gal=4.546×10^{-3}m^3
英夸脱	UK qt			1UK qt=1.137×10^{-3}m^3
英品脱	UK pt			1UK pt=5.683×10^{-4}m^3
英及尔	UK gi			1UK gi=1.421×10^{-4}m^3
英液盎司	UK fl oz			1UK fl oz=2.841×10^{-5}m^3
英液打兰	UK fl dr			1UK fl dr=3.552×10^{-6}m^3
磅	lb	千克	kg	1lb=453.592g
英吨	tom			1ton=1 016kg
盎司(常衡)	oz			1oz=28.349 5g
盎司(药衡)	oz			1oz=31.103 5g
华氏度	°F	开尔文	K	1°F=0.555 556K
兰氏度	°R	摄氏度	℃	1°R=1.25℃
磅力	lbf	牛顿	N	1lbf=4.448 22N
盎司力	ozf			1ozf=0.278 014N
英吨力	tozf			1tozf=996 4.02N

（续表）

英制单位		国际单位制(SI)单位		换算关系
名称	符号	名称	符号	
托	Torr	帕斯卡	Pa	$1Torr=133.322Pa$
磅力每平方英寸	psi			$1psi=6.8947kPa$
泊	P	帕秒	Pa·s	$1P=0.1Pa·s$
斯托克斯	St	平方米每秒	m^2/s	$1St=10^{-4}m^2/s$
Btu(英国热量单位)	Btu	焦耳	J	$1Btu=1.055056\times10^3J$
Btu/h	Btu/h	瓦特	W	$1Btu/h=0.2930711W$
英制马力	hp			$1hp=745.7W$
辐透	ph	勒克斯	lx	$1ph=10^4lx$
英尺烛光	fc			$1fc=10.76lx$
熙提	sb	坎每平方米	cd/m^2	$1sb=10^4cd/m^2$

表 C8　若干废弃单位与国际单位制(SI)单位的关系

单位名称	单位符号	换算关系
丝		$1丝=0.1mm$
忽		$1忽=10\mu m$
微	μ	$1\mu=1\mu m$
埃	Å	$1Å=0.1nm$
费密	Fermi	$1Fermi=10^{-15}m=1fm$
达因	dyn	$1dyn=10^{-5}N$
千克力	kgf	$1kgf=9.80665N$
吨力	tf	$1tf=9.80665KN$
公斤(力)/毫米^2	kg(f)/mm^2	$1kg(f)/mm^2=9.80665Pa$
标准大气压	atm	$1atm=101.325kPa$
工程大气压	at	$1at=9.80665\times10^4Pa$
托	Tor	$1Torr=133.322Pa$
巴	bar	$1bar=10^5Pa$
毫米汞柱	mmHg	$1mmHg=133.322Pa$
毫米水柱	mmH$_2$O	$1mmH_2O=9.80665Pa$
西西	cc	$1cc=1mL$
[米制]克拉	carat	$1carat=200mg$
尔格	erg	$1erg=10^{-7}J$
卡	cal	$1cal=4.1868J$
大卡,千卡	kcal	$1kcal=4.1868kJ$
度		$1度=1kW·h$
[米制]马力		$1马力=735.499W$
伦琴	R	$1R=2.58\times10^{-4}c/kg$
尼特(亮度)	nt	$1nt=1cd/m^2$
屈光度	D	$1D=1m^{-1}$
奥斯特	Oe	$1Oe\triangleq79.578A/m$

单位名称	单位符号	换算关系
高斯	Gs	$1Gs \triangleq 10^{-4}T$
麦克斯韦	Mx	$1Mx \triangleq 10^{-8}Wb$
体积克分子浓度	M	$1M = 1mol/L$

附录 D　应力和压强国际单位制(SI)单位与英制单位的转换

中间一行的数字是被转换单位的读数(MPa 或 klb/in²)，如果从 klb/in² 转换到 MPa，那么 MPa 的读数等于中间读数指向 MPa 的读数；如果从 MPa 转换到 klb/in²，klb/in² 的读数等于中间数字指向 klb/in² 的读数，$1klb/in^2 = 6.894757MPa$，$1klb/in^2 = 6.894757kPa$

klb/in²		MPa	klb/in²		MPa	klb/in²		MPa	klb/in²		MPa
0.145 04	1	6.895	5.221 4	36	248.21	10.298	71	489.53	23.206	160	1 103.2
0.290 08	2	13.790	5.366 2	37	255.11	10.443	72	496.42	24.656	170	1 172.1
0.435 11	3	20.684	5.511 4	38	262.00	10.588	73	503.32	26.107	180	1 241.1
0.580 15	4	27.579	5.656 5	39	268.90	10.733	74	510.21	27.557	190	1 310.0
0.725 19	5	34.474	5.801 5	40	275.79	10.878	75	517.11	29.008	200	1 379.0
0.870 23	6	41.369	5.946 5	41	282.69	11.023	76	524.00	30.458	210	1 447.9
1.015 3	7	48.263	6.091 6	42	289.58	11.168	77	530.90	31.908	220	1 516.8
1.160 3	8	55.158	6.236 6	43	296.47	11.313	78	537.79	33.359	230	1 585.8
1.305 3	9	62.053	6.381 7	44	303.37	11.458	79	544.69	34.809	240	1 654.7
1.450 4	10	68.948	6.526 7	45	310.26	11.608	80	551.58	36.259	250	1 723.7
1.595 4	11	75.842	6.671 7	46	317.16	11.748	81	558.48	37.710	260	1 792.6
1.740 5	12	82.737	6.816 8	47	324.05	11.893	82	565.37	39.160	270	1 861.6
1.885 5	13	89.632	6.961 8	48	330.95	12.038	83	572.26	40.611	280	1 930.5
2.030 5	14	96.527	7.106 8	49	337.84	12.183	84	579.16	42.061	290	1 999.5
2.175 6	15	103.42	7.251 9	50	344.74	12.328	85	586.05	43.511	300	2 068.4
2.320 6	16	110.32	7.396 9	51	351.63	12.473	86	592.95	44.962	310	2 137.4
2.465 6	17	117.21	7.542 0	52	358.53	12.618	87	599.84	46.412	320	2 206.3
2.610 7	18	124.11	7.687 0	53	365.42	12.763	88	606.74	47.862	330	2 275.3
2.755 7	19	131.00	7.832 0	54	372.32	12.909	89	613.63	49.313	340	2 344.2
2.900 8	20	137.90	7.977 1	55	379.21	13.053	90	620.53	50.763	350	2 413.2
3.045 8	21	144.79	8.122 1	56	386.11	13.198	91	627.42	52.214	360	2 482.1
3.190 8	22	151.68	8.267 2	57	393.00	13.343	92	634.32	53.664	370	2 551.1
3.335 9	23	158.58	8.412 2	58	399.90	13.489	93	641.21	55.114	380	2 620.0
3.480 9	24	165.47	8.557 2	59	406.79	13.634	94	648.11	56.565	390	2 689.0
3.625 9	25	172.37	8.702 3	60	413.69	13.779	95	655.00	58.015	400	2 757.9
3.771 0	26	179.26	8.847 3	61	420.58	13.924	96	661.90	59.465	410	2 826.9
3.916 0	27	186.16	8.992 3	62	427.47	14.069	97	668.79	60.916	420	2 895.8
4.061 1	28	193.05	9.137 4	63	434.37	14.214	98	675.69	62.366	430	2 964.7
4.206 1	29	199.95	9.282 4	64	441.26	14.359	99	682.58	63.817	440	3 033.7
4.351 1	30	206.84	9.427 5	65	448.16	14.504	100	689.48	65.267	450	3 102.6
4.496 2	31	213.74	9.572 5	66	455.05	15.954	110	758.42	66.717	460	3 171.6
4.641 2	32	220.63	9.717 5	67	461.95	17.405	120	827.37	66.168	470	3 240.5
4.786 2	33	227.53	9.862 6	68	468.84	18.855	130	896.32	69.618	480	3 309.5
4.931 3	34	234.42	10.008	69	475.74	20.305	140	965.27	71.068	490	3 378.4
5.076 3	35	241.32	10.153	70	482.63	21.756	150	1 034.2	72.519	500	3 447.4

klb/in²		MPa	klb/in²		MPa	klb/in²		MPa	klb/in²		MPa
73.969	510	—	124.73	860	—	205.95	1420	—	307.48	2120	—
75.420	520	—	126.18	870	—	208.85	1440	—	310.38	2140	—
76.870	530	—	127.63	880	—	211.76	1460	—	313.28	2160	—
78.320	540	—	129.08	890	—	214.66	1480	—	316.18	2180	—
79.771	550	—	130.53	900	—	217.56	1500	—	319.08	2200	—
81.221	560	—	131.98	910	—	220.46	1520	—	321.98	2220	—
82.672	570	—	133.43	920	—	223.36	1540	—	324.88	2240	—
84.122	580	—	134.89	930	—	226.26	1580	—	327.79	2260	—
85.572	590	—	136.34	940	—	229.16	1580	—	330.69	2280	—
87.023	600	—	137.79	950	—	232.06	1600	—	333.59	2300	—
88.473	610	—	139.24	960	—	234.96	1620	—	336.49	2320	—
89.923	620	—	140.69	970	—	237.86	1640	—	339.39	2340	—
91.374	630	—	142.14	980	—	240.76	1660	—	342.29	2360	—
92.824	640	—	143.59	990	—	243.66	1680	—	345.19	2380	—
94.275	650	—	145.04	1000	—	246.56	1700	—	348.09	2400	—
95.725	660	—	147.94	1020	—	249.46	1720	—	350.99	2420	—
97.175	670	—	150.84	1040	—	252.37	1740	—	353.89	2440	—
98.626	680	—	153.74	1060	—	255.27	1760	—	356.79	2460	—
100.08	690	—	156.64	1080	—	258.17	1780	—	359.69	2480	—
101.53	700	—	159.54	1100	—	261.07	1800	—	362.59	2500	—
102.98	710	—	162.44	1120	—	263.97	1820	—			
104.43	720	—	165.34	1140	—	266.87	1840	—			
105.88	730	—	168.24	1160	—	269.77	1860	—			
107.33	740	—	171.14	1180	—	272.67	1880	—			
108.78	750	—	174.05	1200	—	275.57	1900	—			
110.23	760	—	176.95	1220	—	278.47	1920	—			
111.68	770	—	179.85	1240	—	281.37	1940	—			
113.13	780	—	182.75	1260	—	284.27	1960	—			
114.58	790	—	185.65	1280	—	287.17	1980	—			
116.03	800	—	188.55	1300	—	290.08	2000	—			
117.48	810	—	191.45	1320	—	292.98	2020	—			
118.93	820	—	194.35	1340	—	295.88	2040	—			
120.38	830	—	197.25	1360	—	298.78	2060	—			
121.83	840	—	200.15	1380	—	301.68	2080	—			
123.28	850	—	203.05	1400	—	304.58	2100	—			

附录 E　摄氏与华氏温度对照表

本转换表的总体布局是由 Sauveur 和 Boylston 设计的。中间一行的数字是被转换的°F或℃温度读数。由华氏转换到摄氏时，摄氏的读数等于中间行读数指向的"℃"的读数。当由摄氏转换到华氏的，华氏的读数等于中间行读数指向的"°F"的读数

°F		℃	°F		℃	°F		℃	°F		℃
—	−458	−272.22	—	−378	−227.78	—	−298	−183.33	−360.4	−218	−138.89
—	−456	−271.11	—	−376	−226.67	—	−296	−182.22	−356.8	−216	−137.78
—	−454	−270.00	—	−374	−225.56	—	−294	−181.11	−353.2	−214	−136.67
—	−452	−268.89	—	−372	−224.44	—	−292	−180.00	−349.6	−212	−135.56
—	−450	−267.78	—	−370	−223.33	—	−290	−178.89	−346.0	−210	−134.44
—	−448	−266.67	—	−368	−222.22	—	−288	−177.78	−342.4	−208	−133.33
—	−446	−265.56	—	−366	−221.11	—	−286	−176.67	−338.8	−206	−132.22
—	−444	−264.44	—	−364	−220.00	—	−284	−175.56	−335.2	−204	−131.11
—	−442	−263.33	—	−362	−218.89	—	−282	−174.44	−331.6	−202	−130.00
—	−440	−262.22	—	−360	−217.78	—	−280	−173.33	−328.0	−200	−128.89
—	−438	−261.11	—	−358	−216.67	—	−278	−172.22	−324.4	−198	−127.78
—	−436	−260.00	—	−356	−215.56	—	−276	−171.11	−320.8	−198	−126.67
—	−434	−258.89	—	−354	−214.44	—	−274	−170.00	−317.2	−194	−125.56
—	−432	−257.78	—	−352	−213.33	−457.6	−272	−168.89	−313.6	−192	−124.44
—	−430	−256.67	—	−350	−212.22	−454.0	−270	−167.78	−310.0	−190	−123.33
—	−428	−255.56	—	−348	−211.11	−450.4	−268	−166.67	−306.4	−188	−122.22
—	−426	−254.44	—	−346	−210.00	−446.8	−266	−165.56	−302.8	−186	−121.11
—	−424	−253.33	—	−344	−208.89	−443.2	−264	−164.44	−299.2	−184	−120.00
—	−422	−252.22	—	−342	−207.78	−439.6	−262	−163.33	−295.6	−182	−118.89
—	−420	−251.11	—	−340	−206.67	−436.0	−260	−162.22	−292.0	−180	−117.78
—	−418	−250.00	—	−338	−205.56	−432.4	−258	−161.11	−288.4	−178	−116.67
—	−416	−248.89	—	−336	−204.44	−428.8	−256	−160.00	−284.8	−176	−115.56
—	−414	−247.78	—	−334	−203.33	−425.2	−254	−158.89	−281.2	−174	−114.44
—	−412	−246.67	—	−332	−202.22	−421.6	−252	−157.78	−277.6	−172	−113.33
—	−410	−245.56	—	−330	−201.11	−418.0	−250	−156.67	−274.0	−170	−112.22
—	−408	−244.44	—	−328	−200.00	−414.4	−248	−155.56	−270.4	−168	−111.11
—	−406	−243.33	—	−326	−198.89	−410.8	−246	−154.44	−266.8	−166	−110.00
—	−404	−242.22	—	−324	−197.78	−407.2	−244	−153.33	−263.2	−164	−108.89
—	−402	−241.11	—	−322	−196.67	−403.6	−242	−152.22	−259.6	−162	−107.78
—	−400	−240.00	—	−320	−195.56	−400.0	−240	−151.11	−256.0	−160	−106.67
—	−398	−238.89	—	−318	−194.44	−396.4	−238	−150.00	−252.4	−158	−105.56
—	−396	−237.78	—	−316	−193.33	−392.8	−236	−148.89	−248.8	−156	−104.44
—	−394	−236.67	—	−314	−192.22	−389.2	−234	−147.78	−245.2	−154	−103.33
—	−392	−235.56	—	−312	−191.11	−385.6	−232	−146.67	−241.6	−152	−102.22
—	−390	−234.44	—	−310	−190.00	−382.0	−230	−145.56	−238.0	−150	−101.11
—	−388	−233.33	—	−308	−188.89	−378.4	−228	−144.44	−234.4	−148	−100.00
—	−386	−232.22	—	−306	−187.78	−374.8	−226	−143.33	−230.8	−146	−98.89
—	−384	−231.11	—	−304	−186.67	−371.2	−224	−142.22	−227.2	−144	−97.78
—	−382	−230.00	—	−302	−185.56	−367.6	−222	−141.11	−223.6	−142	−96.67
—	−380	−228.89	—	−300	−184.44	−364.0	−220	−140.00	−220.0	−140	−95.56

（续表）

℉		℃	℉		℃	℉		℃	℉		℃
−216.4	−138	−94.44	−54.4	−48	−44.44	107.6	42	5.56	269.6	132	55.56
−212.8	−136	−93.33	−50.8	−46	−43.33	111.2	44	6.67	273.2	134	56.67
−209.2	−134	−92.22	−47.2	−44	−42.22	114.8	46	7.78	276.8	136	57.78
−205.6	−132	−91.11	−43.6	−42	−41.11	118.4	48	8.89	280.4	138	58.89
−202.0	−130	−90.00	−40.0	−40	−40.00	122.0	50	10.00	284.0	140	60.00
−198.4	−128	−88.89	−36.4	−38	−38.89	125.6	52	11.11	287.6	142	61.11
−194.8	−126	−87.78	−32.8	−36	−37.78	129.2	54	12.22	291.2	144	62.22
−191.2	−124	−86.67	−29.2	−34	−36.67	132.8	56	13.33	294.8	146	63.33
−187.6	−122	−85.56	−25.6	−32	−35.56	136.4	58	14.44	298.4	148	64.44
−184.0	−120	−84.44	−22.0	−30	−34.44	140.0	60	15.56	302.0	150	65.56
−180.4	−118	−83.33	−18.4	−28	−33.33	143.6	62	16.67	305.6	152	66.67
−176.8	−116	−82.22	−14.8	−26	−32.22	147.2	64	17.78	309.2	154	67.78
−173.2	−114	−81.11	−11.2	−24	−31.11	150.8	66	18.89	312.8	156	68.89
−169.6	−112	−80.00	−7.6	−22	−30.00	154.4	68	20.00	316.4	158	70.00
−166.0	−110	−78.89	−4.0	−20	−28.89	158.0	70	21.11	320.0	160	71.11
−162.4	−108	−77.78	−0.4	−18	−27.78	161.6	72	22.22	323.6	162	72.22
−158.8	−106	−76.67	+3.2	−16	−26.67	165.2	74	23.33	327.2	164	73.33
−155.2	−104	−75.56	+6.8	−14	−25.56	168.8	76	24.44	330.8	166	74.44
−151.6	−102	−74.44	+10.4	−12	−24.44	172.4	78	25.56	334.4	168	75.56
−148.0	−100	−73.33	+14.0	−10	−23.33	176.0	80	26.67	338.0	170	76.67
−144.4	−98	−72.22	+17.6	−8	−22.22	179.6	82	27.78	341.6	172	77.78
−140.8	−96	−71.11	+21.2	−6	−21.11	183.2	84	28.89	345.2	174	78.89
−137.2	−94	−70.00	+24.8	−4	−20.00	186.8	86	30.00	348.8	176	80.00
−133.6	−92	−68.89	+28.4	−2	−18.89	190.4	88	31.11	352.4	178	81.11
−130.0	−90	−67.78	+32.0	±0	−17.78	194.0	90	32.22	356.0	180	82.22
−126.4	−88	−66.67	+35.6	+2	−16.67	197.6	92	33.33	359.6	182	83.33
−122.8	−86	−65.56	+39.2	+4	−15.56	201.2	94	34.44	363.2	184	84.44
−119.2	−84	−64.44	+42.8	+6	−14.44	204.8	96	35.56	366.8	186	85.56
−115.6	−82	−63.33	+46.4	+8	−13.33	208.4	98	36.67	370.4	188	86.67
−112.0	−80	−62.22	+50.0	+10	−12.22	212.0	100	37.78	374.0	190	87.78
−108.4	−78	−61.11	+53.6	+12	−11.11	215.6	102	38.89	377.6	192	88.89
−104.8	−76	−60.00	+57.2	+14	−10.00	219.2	104	40.00	381.2	194	90.00
−101.2	−74	−58.89	+60.8	+16	−8.89	222.8	106	41.11	384.8	196	91.11
−97.6	−72	−57.78	+64.4	+18	−7.78	226.4	108	42.22	388.4	198	92.22
−94.0	−70	−56.67	+68.0	+20	−6.67	230.0	110	43.33	392.0	200	93.33
−90.4	−68	−55.56	+71.6	+22	−5.56	233.6	112	44.44	395.6	202	94.44
−86.8	−66	−54.44	+75.2	+24	−4.44	237.2	114	45.56	399.2	204	95.56
−83.2	−64	−53.33	+78.8	+26	−3.33	240.8	116	46.67	402.8	206	96.67
−79.6	−62	−52.22	+82.4	+28	−2.22	244.4	118	47.78	406.4	208	97.78
−76.0	−60	−51.11	+86.0	+30	−1.11	248.0	120	48.89	410.0	210	98.89
−72.4	−58	−50.00	+89.6	+32	±0.00	251.6	122	50.00	413.6	212	100.00
−68.8	−56	−48.89	+93.2	+34	+1.11	255.2	124	51.11	417.2	214	101.11
−65.2	−54	−47.78	+96.8	+36	+2.22	258.8	126	52.22	420.8	216	102.22
−61.6	−52	−46.67	+100.4	+38	+3.33	262.4	128	53.33	424.4	218	103.33
−58.0	−50	−45.56	+104.0	+40	+4.44	266.0	130	54.44	428.0	220	104.44

°F		°C	°F		°C	°F		°C	°F		°C
431.6	222	105.56	593.6	312	155.56	755.6	402	205.56	917.6	492	255.56
435.2	224	106.67	597.2	314	156.67	759.2	404	206.67	921.2	494	256.67
438.8	226	107.78	600.8	316	157.78	762.8	406	207.78	924.8	496	257.78
442.4	228	108.89	604.4	318	158.89	766.4	408	208.89	928.4	498	258.89
446.0	230	110.00	608.0	320	160.00	770.0	410	210.00	932.0	500	260.00
449.6	232	111.11	611.6	322	161.11	773.6	412	211.11	935.6	502	261.11
453.2	234	112.22	615.2	324	162.22	777.2	414	212.22	939.2	504	262.22
456.8	236	113.33	618.8	326	163.33	780.8	416	213.33	942.8	506	263.33
460.4	238	114.44	622.4	328	164.44	784.4	418	214.44	946.4	508	264.44
464.0	240	115.56	626.0	330	165.56	788.0	420	215.56	950.0	510	265.56
467.6	242	116.67	629.6	332	166.67	791.6	422	216.67	953.6	512	266.67
471.2	244	117.78	633.2	334	167.78	795.2	424	217.78	957.2	514	267.78
474.8	246	118.89	636.8	336	168.89	798.8	426	218.89	960.8	516	268.89
478.4	248	120.00	640.4	338	170.00	802.4	428	220.00	964.4	518	270.00
482.0	250	121.11	644.0	340	171.11	806.0	430	221.11	968.0	520	271.11
485.6	252	122.22	647.6	342	172.22	809.6	432	222.22	971.6	522	272.22
489.2	254	123.33	651.2	344	173.33	813.2	434	223.33	975.2	524	273.33
492.8	256	124.44	654.8	346	174.44	816.8	436	224.44	978.8	526	274.44
496.4	258	125.56	658.4	348	175.56	820.4	438	225.56	982.4	528	275.56
500.0	260	126.67	662.0	350	176.67	824.0	440	226.67	986.0	530	276.67
503.6	262	127.78	665.6	352	177.78	827.6	442	227.78	989.6	532	277.78
507.2	264	128.89	669.2	354	178.89	831.2	444	228.89	993.2	534	278.89
510.8	266	130.00	672.8	356	180.00	834.8	446	230.00	996.8	536	280.00
514.4	268	131.11	676.4	358	181.11	838.4	448	231.11	1000.4	538	281.11
518.0	270	132.22	680.0	360	182.22	842.0	450	232.22	1004.0	540	282.22
521.6	272	133.33	683.6	362	183.33	845.6	452	233.33	1007.6	542	283.33
525.2	274	134.44	687.2	364	184.44	849.2	454	234.44	1011.2	544	284.44
528.8	276	135.56	690.8	366	185.56	852.8	456	235.56	1014.8	546	285.56
532.4	278	136.67	694.4	368	186.67	856.4	458	236.67	1018.4	548	286.67
536.0	280	137.78	698.0	370	187.78	860.0	460	237.78	1022.0	550	287.78
539.6	282	138.89	701.6	372	188.89	863.6	462	238.89	1040.0	560	293.33
543.2	284	140.00	705.2	374	190.00	867.2	464	240.00	1058.0	570	298.89
546.8	286	141.11	708.8	376	191.11	870.8	466	241.11	1076.0	580	304.44
550.4	288	142.22	712.4	378	192.22	874.4	468	242.22	1094.0	590	310.00
554.0	290	143.33	716.0	380	193.33	878.0	470	243.33	1112.0	600	315.56
557.6	292	144.44	719.6	382	194.44	881.6	472	244.44	1130.0	610	321.11
561.2	294	145.56	723.2	384	195.56	885.2	474	245.56	1148.0	620	326.67
564.8	296	146.67	726.8	386	196.67	888.8	476	246.67	1166.0	630	332.22
568.4	298	147.78	730.4	388	197.78	892.4	478	247.78	1184.0	640	337.78
572.0	300	148.89	734.0	390	198.89	896.0	480	248.89	1202.0	650	343.33
575.6	302	150.00	737.6	392	200.00	899.6	482	250.00	1220.0	660	348.89
579.2	304	151.11	741.2	394	201.11	903.2	484	251.11	1238.0	670	354.44
582.8	306	152.22	744.8	396	202.22	906.8	486	252.22	1256.0	680	360.00
586.4	308	153.33	748.4	398	203.33	910.4	488	253.33	1274.0	690	365.56
590.0	310	154.44	752.0	400	204.44	914.0	490	254.44	1292.0	700	371.11

（续表）

°F		℃	°F		℃	°F		℃	°F		℃
1 310.0	710	376.67	2 120.0	1 160	626.67	2 930.0	1 610	876.67	3 740.0	2 060	1 126.7
1 328.0	720	382.22	2 138.0	1 170	632.22	2 948.0	1 620	882.22	3 758.0	2 070	1 132.2
1 346.0	730	387.78	2 156.0	1 180	637.78	2 966.0	1 630	887.73	3 776.0	2 080	1 137.8
1 364.0	740	393.33	2 174.0	1 190	643.33	2 984.0	1 640	893.33	3 794.0	2 090	1 143.3
1 382.0	750	398.89	2 192.0	1 200	648.89	3 002.0	1 650	898.89	3 812.0	2 100	1 148.8
1 400.0	760	404.44	2 210.0	1 210	654.44	3 020.0	1 660	904.44	3 830.0	2 110	1 154.4
1 418.0	770	410.00	2 228.0	1 220	660.00	3 038.0	1 670	910.00	3 848.0	2 120	1 160.0
1 436.0	780	415.56	2 246.0	1 230	665.56	3 056.0	1 680	915.56	3 866.0	2 130	1 163.8
1 454.0	790	421.11	2 264.0	1 240	671.11	3 074.0	1 690	921.11	3 884.0	2 140	1 171.1
1 472.0	800	426.67	2 282.0	1 250	676.67	3 092.0	1 700	926.67	3 902.0	2 150	1 176.7
1 490.0	810	432.22	2 300.0	1 260	682.22	3 110.0	1 710	932.22	3 920.0	2 160	1 182.2
1 508.0	820	437.78	2 318.0	1 270	687.78	3 128.0	1 720	937.78	3 938.0	2 170	1 187.3
1 526.0	830	443.33	2 336.0	1 280	693.33	3 146.0	1 730	943.33	3 956.0	2 180	1 193.2
1 544.0	840	448.89	2 354.0	1 290	698.89	3 164.0	1 740	948.89	3 974.0	2 190	1 198.9
1 562.0	850	454.44	2 372.0	1 300	704.44	3 182.0	1 750	954.44	3 992.0	2 200	1 204.4
1 580.0	860	460.00	2 390.0	1 310	710.00	3 200.0	1 760	960.00	4 010.0	2 210	1 210.0
1 598.0	870	465.56	2 408.0	1 320	715.56	3 218.0	1 770	965.56	4 028.0	2 220	1 215.6
1 616.0	880	471.11	2 426.0	1 330	721.11	3 236.0	1 780	971.11	4 046.0	2 230	1 221.1
1 634.0	890	476.67	2 444.0	1 340	726.67	3 254.0	1 790	976.67	4 064.0	2 240	1 226.7
1 652.0	900	482.22	2 462.0	1 350	732.22	3 272.0	1 800	982.22	4 082.0	2 250	1 232.2
1 670.0	910	487.78	2 480.0	1 360	737.78	3 290.0	1 810	987.78	4 100.0	2 260	1 237.8
1 688.0	920	493.33	2 498.0	1 370	743.33	3 308.0	1 820	993.33	4 118.0	2 270	1 243.3
1 706.0	930	498.89	2 516.0	1 380	748.89	3 326.0	1 830	998.89	4 136.0	2 280	1 248.9
1 724.0	940	504.44	2 534.0	1 390	754.44	3 344.0	1 840	1 004.4	4 154.0	2 290	1 254.4
1 742.0	950	510.00	2 552.0	1 400	760.00	3 362.0	1 850	1 010.0	4 172.0	2 300	1 260.0
1 760.0	960	515.56	2 570.0	1 410	765.56	3 380.0	1 860	1 015.6	4 190.0	2 310	1 265.6
1 778.0	970	521.11	2 588.0	1 420	771.11	3 398.0	1 870	1 021.1	4 208.0	2 320	1 271.1
1 796.0	980	526.67	2 606.0	1 430	776.67	3 416.0	1 880	1 026.7	4 226.0	2 330	1 276.7
1 814.0	990	532.22	2 624.0	1 440	782.22	3 434.0	1 890	1 032.2	4 244.0	2 340	1 282.2
1 832.0	1 000	537.78	2 642.0	1 450	787.78	3 452.0	1 900	1 037.8	4 262.0	2 350	1 287.8
1 850.0	1 010	543.33	2 660.0	1 460	793.33	3 470.0	1 910	1 043.3	4 280.0	2 360	1 293.3
1 868.0	1 020	548.89	2 678.0	1 470	798.89	3 488.0	1 920	1 048.9	4 298.0	2 370	1 298.9
1 886.0	1 030	554.44	2 696.0	1 480	804.44	3 506.0	1 930	1 054.4	4 316.0	2 380	1 304.4
1 904.0	1 040	560.00	2 714.0	1 490	810.00	3 524.0	1 940	1 060.0	4 334.0	2 390	1 310.0
1 922.0	1 050	565.56	2 732.0	1 500	815.56	3 542.0	1 950	1 065.6	4 352.0	2 400	1 315.6
1 940.0	1 060	571.11	2 750.0	1 510	821.11	3 560.0	1 960	1 071.1	4 370.0	2 410	1 321.1
1 958.0	1 070	576.67	2 768.0	1 520	826.67	3 578.0	1 970	1 076.7	4 388.0	2 420	1 326.7
1 976.0	1 080	582.22	2 786.0	1 530	832.22	3 596.0	1 980	1 082.2	4 406.0	2 430	1 332.3
1 994.0	1 090	587.78	2 804.0	1 540	837.78	3 614.0	1 990	1 087.8	4 424.0	2 440	1 337.8
2 012.0	1 100	593.33	2 822.0	1 550	843.33	3 632.0	2 000	1 093.3	4 442.0	2 450	1 343.3
2 030.0	1 110	598.89	2 840.0	1 560	848.89	3 650.0	2 010	1 098.9	4 460.0	2 460	1 348.9
2 048.0	1 120	604.44	2 858.0	1 570	854.41	3 668.0	2 020	1 104.4	4 478.0	2 470	1 354.4
2 066.0	1 130	610.00	2 876.0	1 580	860.00	3 686.0	2 030	1 110.0	4 496.0	2 480	1 360.0
2 084.0	1 140	615.56	2 894.0	1 590	865.56	3 704.0	2 040	1 115.6	4 514.0	2 490	1 365.6
2 102.0	1 150	621.11	2 912.0	1 600	871.11	3 722.0	2 050	1 121.1	4 532.0	2 500	1 371.1

（续表）

°F		℃	°F		℃	°F		℃	°F		℃
4 550.0	2 510	1 376.7	5 090.0	2 810	1 543.3	5 702.0	3 150	1 732.2	8 402.0	4 650	2 565.5
4 568.0	2 520	1 382.2	5 108.0	2 820	1 548.9	5 792.0	3 200	1 760.0	8 492.0	4 700	2 593.3
4 586.0	2 530	1 387.8	5 126.0	2 830	1 554.4	5 882.0	3 250	1 787.7	8 582.0	4 750	2 621.1
4 604.0	2 540	1 393.3	5 144.0	2 840	1 560.0	5 972.0	3 300	1 815.5	8 672.0	4 800	2 648.8
4 622.0	2 550	1 398.9	5 162.0	2 850	1 565.6	6 062.0	3 350	1 843.3	8 762.0	4 850	2 676.6
4 640.0	2 560	1 404.4	5 180.0	2 860	1 571.1	6 152.0	3 400	1 871.1	8 852.0	4 900	2 704.4
4 658.0	2 570	1 410.0	5 198.0	2 870	1 576.7	6 242.0	3 450	1 898.8	8 942.0	4 950	2 732.2
4 676.0	2 580	1 415.6	5 216.0	2 880	1 582.2	6 332.0	3 500	1 926.6	9 032.0	5 000	2 760.0
4 694.0	2 590	1 421.1	5 234.0	2 890	1 587.8	6 422.0	3 550	1 954.4	9 122.0	5 050	2 787.7
4 712.0	2 600	1 426.7	5 252.0	2 900	1 593.3	6 512.0	3 600	1 982.2	9 212.0	5 100	2 815.5
4 730.0	2 610	1 432.2	5 270.0	2 910	1 598.9	6 602.0	3 650	2 010.0	9 302.0	5 150	2 843.3
4 748.0	2 620	1 437.8	5 288.0	2 920	1 604.4	6 692.0	3 700	2 037.7	9 392.0	5 200	2 871.1
4 766.0	2 630	1 443.3	5 306.0	2 930	1 610.0	6 782.0	3 750	2 065.5	9 482.0	5 250	2 898.8
4 784.0	2 640	1 448.9	5 324.0	2 940	1 615.6	6 872.0	3 800	2 093.3	9 572.0	5 300	2 926.6
4 802.0	2 650	1 454.4	5 342.0	2 950	1 621.1	6 962.0	3 850	2 121.1	9 662.0	5 350	2 954.4
4 820.0	2 660	1 460.0	5 360.0	2 960	1 626.7	7 052.0	3 900	2 148.8	9 752.0	5 400	2 932.2
4 838.0	2 670	1 465.6	5 378.0	2 970	1 632.2	7 142.0	3 950	2 176.6	9 842.0	5 450	3 010.0
4 856.0	2 680	1 471.1	5 396.0	2 980	1 637.8	7 232.0	4 000	2 204.4	9 932.0	5 500	3 037.7
4 874.0	2 690	1 476.7	5 414.0	2 990	1 643.3	7 322.0	4 050	2 232.2	10 022.0	5 550	3 065.5
4 892.0	2 700	1 482.2	5 432.0	3 000	1 648.9	7 412.0	4 100	2 260.0	10 112.0	5 600	3 093.3
4 910.0	2 710	1 487.8	5 450.0	3 010	1 654.4	7 502.0	4 150	2 287.7			
4 928.0	2 720	1 493.3	5 468.0	3 020	1 660.0	7 592.0	4 200	2 315.5			
4 946.0	2 730	1 498.9	5 486.0	3 030	1 665.6	7 682.0	4 250	2 343.3			
4 964.0	2 740	1 504.4	5 504.0	3 040	1 671.1	7 772.0	4 300	2 371.1			
4 982.0	2 750	1 510.0	5 522.0	3 050	1 676.7	7 862.0	4 350	2 398.8			
5 000.0	2 760	1 515.6	5 540.0	3 060	1 682.2	7 952.0	4 400	2 426.6			
5 018.0	2 770	1 521.1	5 558.0	3 070	1 687.8	8 042.0	4 450	2 454.4			
5 036.0	2 780	1 526.7	5 576.0	3 080	1 693.3	8 132.0	4 500	2 482.2			
5 054.0	2 790	1 532.2	5 594.0	3 090	1 698.9	8 222.0	4 550	2 510.0			
5 072.0	2 800	1 537.8	5 612.0	3 100	1 704.4	8 312.0	4 600	2 537.7			

附录 F　元素周期表

周期 \ 族	IA	IIA	IIIB	IVB	VB	VIB	VIIB	VIII			IB	IIB	IIIA	IVA	VA	VIA	VIIA	0	电子层	0族电子数
1	1 H 氢 $1s^1$ 1.008																	2 He 氦 $1s^2$ 4.003	K	2
2	3 Li 锂 $2s^1$ 6.941	4 Be 铍 $2s^2$ 9.012											5 B 硼 $2s^22p^1$ 10.81	6 C 碳 $2s^22p^2$ 12.01	7 N 氮 $2s^22p^3$ 14.01	8 O 氧 $2s^22p^4$ 16.00	9 F 氟 $2s^22p^5$ 19.00	10 Ne 氖 $2s^22p^6$ 20.18	L K	8 2
3	11 Na 钠 $3s^1$ 22.99	12 Mg 镁 $3s^2$ 24.31											13 Al 铝 $3s^23p^1$ 26.98	14 Si 硅 $3s^23p^2$ 28.09	15 P 磷 $3s^23p^3$ 30.97	16 S 硫 $3s^23p^4$ 32.06	17 Cl 氯 $3s^23p^5$ 35.45	18 Ar 氩 $3s^23p^6$ 39.95	M L K	8 8 2
4	19 K 钾 $4s^1$ 39.10	20 Ca 钙 $4s^2$ 40.08	21 Sc 钪 $3d^14s^2$ 44.96	22 Ti 钛 $3d^24s^2$ 47.90	23 V 钒 $3d^34s^2$ 50.94	24 Cr 铬 $3d^54s^1$ 52.00	25 Mn 锰 $3d^54s^2$ 54.94	26 Fe 铁 $3d^64s^2$ 55.85	27 Co 钴 $3d^74s^2$ 58.93	28 Ni 镍 $3d^84s^2$ 58.70	29 Cu 铜 $3d^{10}4s^1$ 63.55	30 Zn 锌 $3d^{10}4s^2$ 65.38	31 Ga 镓 $4s^24p^1$ 69.72	32 Ge 锗 $4s^24p^2$ 72.59	33 As 砷 $4s^24p^3$ 74.92	34 Se 硒 $4s^24p^4$ 78.96	35 Br 溴 $4s^24p^5$ 79.90	36 Kr 氪 $4s^24p^6$ 83.80	N M L K	8 18 8 2
5	37 Rb 铷 $5s^1$ 85.47	38 Sr 锶 $5s^2$ 87.62	39 Y 钇 $4d^15s^2$ 88.91	40 Zr 锆 $4d^25s^2$ 91.22	41 Nb 铌 $4d^45s^1$ 92.91	42 Mo 钼 $4d^55s^1$ 95.94	43 Tc 锝 $4d^55s^2$ [97]	44 Ru 钌 $4d^75s^1$ 101.1	45 Rh 铑 $4d^85s^1$ 102.9	46 Pd 钯 $4d^{10}$ 106.4	47 Ag 银 $4d^{10}5s^1$ 107.9	48 Cd 镉 $4d^{10}5s^2$ 112.4	49 In 铟 $5s^25p^1$ 114.8	50 Sn 锡 $5s^25p^2$ 118.7	51 Sb 锑 $5s^25p^3$ 121.8	52 Te 碲 $5s^25p^4$ 127.6	53 I 碘 $5s^25p^5$ 126.9	54 Xe 氙 $5s^25p^6$ 131.3	O N M L K	8 18 18 8 2
6	55 Cs 铯 $6s^1$ 132.9	56 Ba 钡 $6s^2$ 137.3	57—71 La—Lu 镧系	72 Hf 铪 $5d^26s^2$ 178.5	73 Ta 钽 $5d^36s^2$ 180.9	74 W 钨 $5d^46s^2$ 183.9	75 Re 铼 $5d^56s^2$ 186.2	76 Os 锇 $5d^66s^2$ 190.2	77 Ir 铱 $5d^76s^2$ 192.2	78 Pt 铂 $5d^96s^1$ 195.1	79 Au 金 $5d^{10}6s^1$ 197.0	80 Hg 汞 $5d^{10}6s^2$ 200.6	81 Tl 铊 $6s^26p^1$ 204.4	82 Pb 铅 $6s^26p^2$ 207.2	83 Bi 铋 $6s^26p^3$ 209.0	84 Po 钋 $6s^26p^4$ [209]	85 At 砹 $6s^26p^5$ [210]	86 Rn 氡 $6s^26p^6$ [222]	P O N M L K	8 18 32 18 8 2
7	87 Fr 钫 $7s^1$ [223]	88 Ra 镭 $7s^2$ 226.0	89—103 Ac—Lr 锕系	104 * $(6d^27s^2)$ [261]	105 * $(6d^37s^2)$ [262]	106 * $(6d^47s^2)$ [263]														

镧系

57 La 镧 $5d^16s^2$ 138.9	58 Ce 铈 $4f^15d^16s^2$ 140.1	59 Pr 镨 $4f^36s^2$ 140.9	60 Nd 钕 $4f^46s^2$ 144.2	61 Pm 钷 $4f^56s^2$ [147]	62 Sm 钐 $4f^66s^2$ 150.4	63 Eu 铕 $4f^76s^2$ 152.0	64 Gd 钆 $4f^75d^16s^2$ 157.3	65 Tb 铽 $4f^96s^2$ 158.9	66 Dy 镝 $4f^{10}6s^2$ 162.5	67 Ho 钬 $4f^{11}6s^2$ 164.9	68 Er 铒 $4f^{12}6s^2$ 167.3	69 Tm 铥 $4f^{13}6s^2$ 168.9	70 Yb 镱 $4f^{14}6s^2$ 173.0	71 Lu 镥 $4f^{14}5d^16s^2$ 175.0

锕系

89 Ac 锕 $6d^17s^2$ 227.0	90 Th 钍 $6d^27s^2$ 232.0	91 Pa 镤 $5f^26d^17s^2$ 231.0	92 U 铀 $5f^36d^17s^2$ 238.0	93 Np 镎 $5f^46d^17s^2$ 237.0	94 Pu 钚 $5f^67s^2$ [244]	95 Am 镅* $5f^77s^2$ [243]	96 Cm 锔* $5f^76d^17s^2$ [247]	97 Bk 锫* $5f^97s^2$ [247]	98 Cf 锎* $5f^{10}7s^2$ [251]	99 Es 锿* $5f^{11}7s^2$ [254]	100 Fm 镄* $(5f^{12}7s^2)$ [257]	101 Md 钔* $(5f^{13}7s^2)$ [258]	102 No 锘* $(5f^{14}7s^2)$ [259]	103 Lr 铹* $(5f^{14}6d^17s^2)$ [260]

说明（图例）：

92 U ← 原子序数　元素符号,红色指放射性元素
铀 ← 元素名称　注*的是人造元素
$5f^36d^17s^2$ ← 外围电子层排布,括号指可能的电子层排布
238.0 ← 原子量

□ 金属　□ 非金属　□ 惰性气体　□ 过渡元素

注:
1. 原子量录自1977年国际原子量表,并全部取4位有效数字。
2. 原子量加括号的为放射性元素的半衰期最长的同位素的质量数。

附录 G　元素的电子结构

原子序数	元素	符号	电子数																	
			$1s$	$2s$	$2p$	$3s$	$3p$	$3d$	$4s$	$4p$	$4d$	$4f$	$5s$	$5p$	$5d$	$5f$	$6s$	$6p$	$6d$	$6f$	$7s$
1	氢 Hydrogen	H	1																		
2	氦 Helium	He	2																		
3	锂 Lithium	Li	2	1																	
4	铍 Beryllium	Be	2	2																	
5	硼 Boron	B	2	2	1																
6	碳 Carbon	C	2	2	2																
7	氮 Nitrogen	N	2	2	3																
8	氧 Oxygen	O	2	2	4																
9	氟 Fluorine	F	2	2	5																
10	氖 Neon	Ne	2	2	6																
11	钠 Sodium	Na	2	2	6	1															
12	镁 Magnesium	Mg	2	2	6	2															
13	铝 Aluminum	Al	2	2	6	2	1														
14	硅 Silicon	Si	2	2	6	2	2														
15	磷 Phosphorus	P	2	2	6	2	3														
16	硫 Sulfur	S	2	2	6	2	4														
17	氯 Chlorine	Cl	2	2	6	2	5														
18	氩 Argon	Ar	2	2	6	2	6														
19	钾 Potassium	K	2	2	6	2	6	—	1												
20	钙 Calcium	Ca	2	2	6	2	6	—	2												
21	钪 Scandium	Sc	2	2	6	2	6	1	2												
22	钛 Titanium	Ti	2	2	6	2	6	2	2												
23	钒 Vanadium	V	2	2	6	2	6	3	2												
24	铬 Chromium	Cr	2	2	6	2	6	5	1												
25	锰 Manganese	Mn	2	2	6	2	6	5	2												
26	铁 Iron	Fe	2	2	6	2	6	6	2												
27	钴 Cobalt	Co	2	2	6	2	6	7	2												
28	镍 Nickel	Ni	2	2	6	2	6	8	2												
29	铜 Copper	Cu	2	2	6	2	6	10	1												
30	锌 Zinc	Zn	2	2	6	2	6	10	2												
31	镓 Gallium	Ga	2	2	6	2	6	10	2	1											
32	锗 Germanium	Ge	2	2	6	2	6	10	2	2											
33	砷 Arsenic	As	2	2	6	2	6	10	2	3											
34	硒 Selenium	Se	2	2	6	2	6	10	2	4											
35	溴 Bromine	Br	2	2	6	2	6	10	2	5											
36	氪 Krypton	Kr	2	2	6	2	6	10	2	6											
37	铷 Rubidium	Rb	2	2	6	2	6	10	2	6	—	—	1								
38	锶 Strontium	Sr	2	2	6	2	6	10	2	6	—	—	2								
39	钇 Yttrium	Y	2	2	6	2	6	10	2	6	1	—	2								
40	锆 Zirconium	Zr	2	2	6	2	6	10	2	6	2	—	2								
41	铌 Niobium	Nb	2	2	6	2	6	10	2	6	4	—	1								
42	钼 Molybdenum	Mo	2	2	6	2	6	10	2	6	5	—	1								
43	锝 Technetium	Tc	2	2	6	2	6	10	2	6	5	—	2								
44	钌 Ruthenium	Ru	2	2	6	2	6	10	2	6	7	—	1								

（续表）

原子序数	元素	符号	电子数																		
			1s	2s	2p	3s	3p	3d	4s	4p	4d	4f	5s	5p	5d	5f	6s	6p	6d	6f	7s
45	铑 Rhodium	Rh	2	2	6	2	6	10	2	6	8	—	1								
46	钯 Palladium	Pd	2	2	6	2	6	10	2	6	10	—	0								
47	银 Silver	Ag	2	2	6	2	6	10	2	6	10	—	1								
48	镉 Cadmium	Cd	2	2	6	2	6	10	2	6	10	—	2								
49	铟 Indium	In	2	2	6	2	6	10	2	6	10	—	2	1							
50	锡 Tin	Sn	2	2	6	2	6	10	2	6	10	—	2	2							
51	锑 Antimony	Sb	2	2	6	2	6	10	2	6	10	—	2	3							
52	碲 Tellurium	Te	2	2	6	2	6	10	2	6	10	—	2	4							
53	碘 Iodine	I	2	2	6	2	6	10	2	6	10	—	2	5							
54	氙 Xenon	Xe	2	2	6	2	6	10	2	6	10	—	2	6							
55	铯 Cesium	Cs	2	2	6	2	6	10	2	6	10	—	2	6	—	—	1				
56	钡 Barium	Ba	2	2	6	2	6	10	2	6	10	—	2	6	—	—	2				
57	镧 Lanthanum	La	2	2	6	2	6	10	2	6	10	—	2	6	1	—	2				
58	铈 Cerium	Ce	2	2	6	2	6	10	2	6	10	2	2	6	—	—	2				
59	镨 Praesodymium	Pr	2	2	6	2	6	10	2	6	10	3	2	6	—	—	2				
60	钕 Neodymium	Nd	2	2	6	2	6	10	2	6	10	4	2	6	—	—	2				
61	钷 Promethium	Pm	2	2	6	2	6	10	2	6	10	5	2	6	—	—	2				
62	钐 Samarium	Sm	2	2	6	2	6	10	2	6	10	6	2	6	—	—	2				
63	铕 Europium	Eu	2	2	6	2	6	10	2	6	10	7	2	6	—	—	2				
64	钆 Gadolinium	Gd	2	2	6	2	6	10	2	6	10	7	2	6	1	—	2				
65	铽 Terbium	Tb	2	2	6	2	6	10	2	6	10	9	2	6	—	—	2				
66	镝 Dysprosium	Dy	2	2	6	2	6	10	2	6	10	10	2	6	—	—	2				
67	钬 Holmium	Ho	2	2	6	2	6	10	2	6	10	11	2	6	—	—	2				
68	铒 Erbium	Er	2	2	6	2	6	10	2	6	10	12	2	6	—	—	2				
69	铥 Thulium	Tm	2	2	6	2	6	10	2	6	10	13	2	6	—	—	2				
70	镱 Ytterbium	Yb	2	2	6	2	6	10	2	6	10	14	2	6	—	—	2				
71	镥 Lutetium	Lu	2	2	6	2	6	10	2	6	10	14	2	6	1	—	2				
72	铪 Hafnium	Hf	2	2	6	2	6	10	2	6	10	14	2	6	2	—	2				
73	钽 Tantalum	Ta	2	2	6	2	6	10	2	6	10	14	2	6	3	—	2				
74	钨 Tungsten	W	2	2	6	2	6	10	2	6	10	14	2	6	4	—	2				
75	铼 Rhenium	Re	2	2	6	2	6	10	2	6	10	14	2	6	5	—	2				
76	锇 Osmium	Os	2	2	6	2	6	10	2	6	10	14	2	6	6	—	2				
77	铱 Iridium	Ir	2	2	6	2	6	10	2	6	10	14	2	6	7	—	2				
78	铂 Platinum	Pt	2	2	6	2	6	10	2	6	10	14	2	6	9	—	1				
79	金 Gold	Au	2	2	6	2	6	10	2	6	10	14	2	6	10	—	1				
80	汞 Mercury	Hg	2	2	6	2	6	10	2	6	10	14	2	6	10	—	2				
81	铊 Thallium	Tl	2	2	6	2	6	10	2	6	10	14	2	6	10	—	2	1			
82	铅 Lead	Pb	2	2	6	2	6	10	2	6	10	14	2	6	10	—	2	2			
83	铋 Bismuth	Bi	2	2	6	2	6	10	2	6	10	14	2	6	10	—	2	3			
84	钋 Polonium	Po	2	2	6	2	6	10	2	6	10	14	2	6	10	—	2	4			
85	砹 Astatine	At	2	2	6	2	6	10	2	6	10	14	2	6	10	—	2	5			
86	氡 Radon	Rn	2	2	6	2	6	10	2	6	10	14	2	6	10	—	2	6			
87	钫 Francium	Fr	2	2	6	2	6	10	2	6	10	14	2	6	10	—	2	6	—	—	1
88	镭 Radium	Ra	2	2	6	2	6	10	2	6	10	14	2	6	10	—	2	6	—	—	2
89	锕 Actinium	Ac	2	2	6	2	6	10	2	6	10	14	2	6	10	—	2	6	1	—	2
90	钍 Thorium	Th	2	2	6	2	6	10	2	6	10	14	2	6	10	—	2	6	2	—	2

原子序数	元素	符号	电子数																		
			1s	2s	2p	3s	3p	3d	4s	4p	4d	4f	5s	5p	5d	5f	6s	6p	6d	6f	7s
91	镤 Protactinium	Pa	2	2	6	2	6	10	2	6	10	14	2	6	10	2	2	6	1	—	2
92	铀 Uranium	U	2	2	6	2	6	10	2	6	10	14	2	6	10	3	2	6	1	—	2
93	镎 Neptunium	Np	2	2	6	2	6	10	2	6	10	14	2	6	10	4	2	6	1	—	2
94	钚 Plutonium	Pu	2	2	6	2	6	10	2	6	10	14	2	6	10	6	2	6	—	—	2
95	镅 Americium	Am	2	2	6	2	6	10	2	6	10	14	2	6	10	7	2	6	—	—	2
96	锔 Curium	Cm	2	2	6	2	6	10	2	6	10	14	2	6	10	7	2	6	1	—	2
97	锫 Berkelium	Bk	2	2	6	2	6	10	2	6	10	14	2	6	10	9	2	6	—	—	2
98	锎 Californium	Cf	2	2	6	2	6	10	2	6	10	14	2	6	10	10	2	6	—	—	2
99	锿 Einsteinium	Es	2	2	6	2	6	10	2	6	10	14	2	6	10	11	2	6	—	—	2
100	镄 Fermium	Fm	2	2	6	2	6	10	2	6	10	14	2	6	10	12	2	6	—	—	2
101	钔 Mendelevium	Md	2	2	6	2	6	10	2	6	10	14	2	6	10	13	2	6	—	—	2
102	锘 Nobelium	No	2	2	6	2	6	10	2	6	10	14	2	6	10	14	2	6	—	—	2
103	铹 Lawrencium	Lw	2	2	6	2	6	10	2	6	10	14	2	6	10	14	2	6	1	—	2

附录 H　7个晶系和14种布拉维点阵

晶系	点阵常数	晶格	结构符号	阵胞内节点数	节点坐标
三斜	$a \neq b \neq c$ $\alpha \neq \beta \neq \gamma \neq 90°$	简单	aP	1	000
单斜	$a \neq b \neq c$ $\alpha = \gamma = 90° \neq \beta$	简单	mP	1	000
		底心	mC	2	$000, \frac{1}{2}\frac{1}{2}0$
正交	$a \neq b \neq c$ $\alpha = \beta = \gamma = 90°$	简单	oP	1	000
		底心	oC	2	$000, \frac{1}{2}\frac{1}{2}0$
		体心	oI	2	$000, \frac{1}{2}\frac{1}{2}\frac{1}{2}$
		面心	oF	4	$000, \frac{1}{2}\frac{1}{2}0, \frac{1}{2}0\frac{1}{2}, 0\frac{1}{2}\frac{1}{2}$
正方（四方）	$a = b \neq c$ $\alpha = \beta = \gamma = 90°$	简单	tP	1	000
		体心	tI	2	$000, \frac{1}{2}\frac{1}{2}\frac{1}{2}$
六方	$a = b \neq c$ $\alpha = \beta = 90°, \gamma = 120°$	简单	hP	1	000
菱方	$a = b = c$ $\alpha = \beta = \gamma \neq 90°$	简单	hR	1	000
立方	$a = b = c$ $\alpha = \beta = \gamma = 90°$	简单	cP	1	000
		体心	cI	2	$000, \frac{1}{2}\frac{1}{2}\frac{1}{2}$
		面心	cF	4	$000, \frac{1}{2}\frac{1}{2}0, \frac{1}{2}0\frac{1}{2}, 0\frac{1}{2}\frac{1}{2}$

附录 I　32 种空间点群

晶族	晶系	点群的国际符号		三个主要晶向（依次）
		全写	简写	
低　级 （无高次轴）	三　斜 （只有一次轴）	1 $\bar{1}$	1 $\bar{1}$	只有 1 和 $\bar{1}$ 两个点群，不选取特殊方向
	单　斜 （有 1 个二次轴）	2 m $\dfrac{2}{m}$	2 m $\dfrac{2}{m}$	b
	正　交 （有 3 个二次轴）	$2mm$ 222 $\dfrac{2}{m}\dfrac{2}{m}\dfrac{2}{m}$	mm 222 mmm	a,b,c
中　级 （有 1 个高次轴）	正　方 （有 1 个四次轴）	$\bar{4}$ 4 $\dfrac{4}{m}$ $\bar{4}\,2m$ $4mm$ 422 $\dfrac{4}{m}\dfrac{2}{m}\dfrac{2}{m}$	$\bar{4}$ 4 $\dfrac{4}{m}$ $\bar{4}\,2m$ $4mm$ 42 $\dfrac{4}{m}mm$	$c,a,a+b$
	六　方 （有 1 个六次轴）	$\bar{6}$ 6 $\dfrac{6}{m}$ $\bar{6}\,2m$ $6mm$ 622 $\dfrac{6}{m}\dfrac{2}{m}\dfrac{2}{m}$	$\bar{6}$ 6 $\dfrac{6}{m}$ $\bar{6}\,2m$ $6mm$ 62 $\dfrac{6}{m}mm$	$c,a,2a+b$
	菱　方 （有 1 个六次轴）	3 $\bar{3}$ $3m$ 32 $3\dfrac{2}{m}$	3 $\bar{3}$ $3m$ 32 $\bar{3}m$	$c,a,2a+b$
高　级 （2 个以上高次轴）	立　方 （有 4 个三次轴）	23 $\dfrac{2}{m}\bar{3}$ $\bar{4}\,3m$ 432 $\dfrac{4}{m}\bar{3}\dfrac{2}{m}$	23 $m3$ $\bar{4}\,3m$ 43 $m3m$	$a,a+b+c,a+b$

附录 J　230 个晶体空间群

空间群序号	Schoenflies 符号	全 Herrmann-Mauguin 符号	空间群序号	Schoenflies 符号	全 Herrmann-Mauguin 符号
三斜系			**点群 mm2**		
点群 1			38	C_{2v}^{14}	$Amm2$
1	C_1^1	$P1$	39	C_{2v}^{15}	$Abm2$
点群 $\bar{1}$(holohedry)			40	C_{2v}^{16}	$Ama2$
2	C_1^1	$P\bar{1}$	41	C_{2v}^{17}	$Aba2$
单斜系		$[100],[010],[001]$	42	C_{2v}^{18}	$Fmm2$
点群 2			43	C_{2v}^{19}	$Fdd2$
3	C_2^1	$P121$	44	C_{2v}^{20}	$Imm2$
4	C_2^2	$P12_11$	45	C_{2v}^{21}	$Iba2$
5	C_2^3	$C121$	46	C_{2v}^{22}	$Ima2$
点群 m			**点群 $2/m2/m2/m$(holohedry)**		
6	C_s^1	$P1m1$	47	D_{2h}^1	$P2/m2/m2/m$
7	C_s^2	$P1c1$	48	D_{2h}^2	$P2/n2/n2/n$
8	C_s^3	$C1m1$	49	D_{2h}^3	$P2/c2/c2/m$
9	C_s^4	$C1c1$	50	D_{2h}^4	$P2/b2/a2/n$
点群 $2/m$(holohedry)			51	D_{2h}^5	$P2_1/m2/m2/a$
10	C_{2h}^1	$P12/m1$	52	D_{2h}^6	$P2/n2_1/n2/a$
11	C_{2h}^2	$P12_1/m1$	53	D_{2h}^7	$P2/m2/n2_1/a$
12	C_{2h}^3	$C12/m1$	54	D_{2h}^8	$P2_1/c2/c2/a$
13	C_{2h}^4	$P12/c1$	55	D_{2h}^9	$P2_1/b2_1/a2/m$
14	C_{2h}^5	$P12_1/c1$	56	D_{2h}^{10}	$P2_1/c2_1/c2/n$
15	C_{2h}^6	$C12/c1$	57	D_{2h}^{11}	$P2/b2_1/c2_1/m$
正交系		$[100],[010],[001]$	58	D_{2h}^{12}	$P2_1/n2_1/n2/m$
点群 222			59	D_{2h}^{13}	$P2_1/m2_1/m2/n$
16	C_2^1	$P222$	60	D_{2h}^{14}	$P2_1/b2/c2_1/n$
17	C_2^2	$P222_1$	61	D_{2h}^{15}	$P2_1/b2_1/c2_1/a$
18	C_2^3	$P2_12_12$	62	D_{2h}^{16}	$P2_1/n2_1/m2_1/a$
19	C_2^4	$P2_12_12_1$	63	D_{2h}^{17}	$C2/m2/c2_1/m$
20	C_2^5	$C222_1$	64	D_{2h}^{18}	$C2/m2/c2_1/a$
21	C_2^6	$C222$	65	D_{2h}^{19}	$C2/m2/m2/m$
22	C_2^7	$F222$	66	D_{2h}^{20}	$C2/c2/c2/m$
23	C_2^8	$I222$	67	D_{2h}^{21}	$C2/m2/m2/a$
24	C_2^9	$I2_12_12_1$	68	D_{2h}^{22}	$C2/c2/c2/a$
点群 $mm2$			69	D_{2h}^{23}	$F2/m2/m2/m$
25	C_{2v}^1	$Pmm2$	70	D_{2h}^{24}	$F2/d2/d2/d$
26	C_{2v}^2	$Pmc2_1$	71	D_{2h}^{25}	$I2/m2/m2/m$
27	C_{2v}^3	$Pcc2$	72	D_{2h}^{26}	$I2/b2/a2/m$
28	C_{2v}^4	$Pma2$	73	D_{2h}^{27}	$I2_1/b2_1/c2_1/a$
29	C_{2v}^5	$Pca2_1$	74	D_{2h}^{28}	$I2_1/m2_1/m2_1/a$
30	C_{2v}^6	$Pnc2$	**四方系**		$[001],[100],[1\bar{1}0]$
31	C_{2v}^7	$Pmn2_1$	点群 4		
32	C_{2v}^8	$Pba2$	75	C_4^1	$P4$
33	C_{2v}^9	$Pna2_1$	76	C_4^2	$P4_1^b$
34	C_{2v}^{10}	$Pnn2$	77	C_4^3	$P4_2$
35	C_{2v}^{11}	$Cmm2$	78	C_4^4	$P4_3$
36	C_{2v}^{12}	$Cmc2_1$	79	C_4^5	$I4$
37	C_{2v}^{13}	$Ccc2$	80	C_4^6	$I4_1$

（续表）

空间群序号	Schoenflies 符号	全 Herrmann-Mauguin 符号	空间群序号	Schoenflies 符号	全 Herrmann-Mauguin 符号
点群 $\bar{4}$			点群 $4/m2/m/2m$（holohedry）		
81	S_4^1	$P\bar{4}$	123	D_{4h}^1	$P4/m2/m2/m$
82	S_4^2	$I\bar{4}$	124	D_{4h}^2	$P4/m2/c2/c$
点群 $4/m$			125	D_{4h}^3	$P4/n2/b2/m$
83	S_{4h}^1	$P4/m$	126	D_{4h}^4	$P4/n2/n2/c$
84	S_{4h}^2	$P4_2/m$	127	D_{4h}^5	$P4/m2_1/b2/m$
85	S_{4h}^3	$P4/n$	128	D_{4h}^6	$P4/m2_1/n2/c$
86	S_{4h}^4	$P4_2/n$	129	D_{4h}^7	$P4/n2_1/m2/m$
87	S_{4h}^5	$I4/m$	130	D_{4h}^8	$P4/n2_1/c2/c$
88	S_{4h}^6	$I4_1/a$	131	D_{4h}^9	$P4_2/m2/m2/c$
点群 422			132	D_{4h}^{10}	$P4_2/m2/c2/m$
89	D_4^1	$P422$	133	D_{4h}^{11}	$P4_2/n2/b2/c$
90	D_4^2	$P42_12$	134	D_{4h}^{12}	$P4_2/n2/n2/m$
91	D_4^3	$P4_122^b$	135	D_{4h}^{13}	$P4_2/m2_1/b2/c$
92	D_4^4	$P4_12_12^b$	136	D_{4h}^{14}	$P4_2/m2_1/n2/m$
93	D_4^5	$P4_222$	137	D_{4h}^{15}	$P4_2/n2_1/m2/c$
94	D_4^6	$P4_22_12$	138	D_{4h}^{16}	$P4_2/n2_1/c2/m$
95	D_4^7	$P4_322$	139	D_{4h}^{17}	$I4/m2/m2/m$
96	D_4^8	$P4_32_12$	140	D_{4h}^{18}	$I4/m2/c2/m$
97	D_4^9	$I422$	141	D_{4h}^{19}	$I4_1/a2/m2/d$
98	D_4^{10}	$I4_122$	142	D_{4h}^{20}	$I4_1/a2/c2/d$
点群 $4mm$			菱方系		$[001],[100],[1\bar{1}0]$
99	C_{4v}^1	$P4mm$	点群 3		
100	C_{4v}^2	$P4bm$	143	C_3^1	$P3$
101	C_{4v}^3	$P4_2cm$	144	C_3^2	$P3_1{}^b$
102	C_{4v}^4	$P4_2nm$	145	C_3^3	$P3_2$
103	C_{4v}^5	$P4cc$	146	C_3^4	$R3$
104	C_{4v}^6	$P4nc$	点群 $\bar{3}$		
105	C_{4v}^7	$P4_2mc$	147	C_{3i}^1	$P\bar{3}$
106	C_{4v}^8	$P4_2bc$	148	C_{3i}^2	$R\bar{3}$
107	C_{4v}^9	$I4mm$	点群 32		
108	C_{4v}^{10}	$I4cm$	149	D_3^1	$P312$
109	C_{4v}^{11}	$I4_1md$	150	D_3^2	$P321$
110	C_{4v}^{12}	$I4_1cd$	151	D_3^3	$P3_112^b$
点群 $\bar{4}2m$			152	D_3^4	$P3_121^b$
111	D_{2d}^1	$P\bar{4}2m$	153	D_3^5	$P3_212$
112	D_{2d}^2	$P\bar{4}2c$	154	D_3^6	$P3_221$
113	D_{2d}^3	$P\bar{4}2_1m$	155	D_3^7	$R32$
114	D_{2d}^4	$P\bar{4}2_1c$	点群 $3m$		
115	D_{2d}^5	$P\bar{4}m2$	156	C_{3v}^1	$P3m1$
116	D_{2d}^6	$P\bar{4}c2$	157	C_{3v}^2	$P31m$
117	D_{2d}^7	$P\bar{4}b2$	158	C_{3v}^3	$P3c1$
118	D_{2d}^8	$P\bar{4}n2$	159	C_{3v}^4	$P31c$
119	D_{2d}^9	$I\bar{4}m2$	160	C_{3v}^5	$R3m$
120	D_{2d}^{10}	$I\bar{4}c2$	161	C_{3v}^6	$R3c$
121	D_{2d}^{11}	$I\bar{4}2m$			
122	D_{2d}^{12}	$I\bar{4}2d$			

（续表）

空间群序号	Schoenflies 符号	全 Herrmann-Mauguin 符号	空间群序号	Schoenflies 符号	全 Herrmann-Mauguin 符号
点群 $\bar{3}2/m$（holohedry）			立方系		$[100],[111],[1\bar{1}0]$
162	D_{3d}^1	$P\bar{3}12/m$	点群 23		
163	D_{3d}^2	$P\bar{3}12/c$	195	T^1	$P23$
164	D_{3d}^3	$P\bar{3}2/m1$	196	T^2	$F23$
165	D_{3d}^4	$P\bar{3}2/c1$	197	T^3	$I23$
166	D_{3d}^5	$R\bar{3}2/m$	198	T^4	$P2_13$
167	D_{3d}^6	$R\bar{3}2/c$	199	T^5	$I2_13$
六方系		$[001],[100],[1\bar{1}0]$	点群 $2/m\bar{3}$		
点群 6			200	T_h^1	$P2/m\bar{3}$
168	D_6^1	$P6$	201	T_h^2	$P2/n\bar{3}$
169	D_6^2	$P6_1^b$	202	T_h^3	$F2/m\bar{3}$
170	D_6^3	$P6_5$	203	T_h^4	$F2/d\bar{3}$
171	D_6^4	$P6_2^b$	204	T_h^5	$I2/m\bar{3}$
172	D_6^5	$P6_4$	205	T_h^6	$P2_1/a\bar{3}$
173	D_6^6	$P6_3$	206	T_h^7	$I2_1/a\bar{3}$
点群 $\bar{6}$			点群 432		
174	C_{3h}^1	$P\bar{6}$	207	O^1	$P432$
点群 $6/m$			208	O^2	$P4_232$
175	C_{6h}^1	$P6/m$	209	O^3	$F432$
176	C_{6h}^2	$P6_3/m$	210	O^4	$F4_132$
点群 622			211	O^5	$I432$
177	D_6^1	$P622$	212	O^6	$P4_332^b$
178	D_6^2	$P6_122^b$	213	O^7	$P4_132$
179	D_6^3	$P6_522$	214	O^8	$I4_132$
180	D_6^4	$P6_222^b$	点群 $\bar{4}3m$		
181	D_6^5	$P6_422$	215	T_d^1	$P\bar{4}3m$
182	D_6^6	$P6_322$	216	T_d^2	$F\bar{4}3m$
点群 $6mm$			217	T_d^3	$I\bar{4}3m$
183	C_{6v}^1	$P6mm$	218	T_d^4	$P\bar{4}3n$
184	C_{6v}^2	$P6cc$	219	T_d^5	$F\bar{4}3c$
185	C_{6v}^3	$P6_3cm$	220	T_d^6	$I\bar{4}3d$
186	C_{6v}^4	$P6_3mc$	点群 $4/m\bar{3}2/m$（holohedry）		
点群 $\bar{6}2m$			221	O_h^1	$P4/m\bar{3}2/m$
187	D_{3h}^1	$P\bar{6}m2$	222	O_h^2	$P4/n\bar{3}2/n$
188	D_{3h}^2	$P\bar{6}c2$	223	O_h^3	$P4_2/m\bar{3}2/n$
189	D_{3h}^3	$P\bar{6}2m$	224	O_h^4	$P4_2/n\bar{3}2/m$
190	D_{3h}^4	$P\bar{6}2c$	225	O_h^5	$F4/m\bar{3}2/m$
点群 $6/m2/m2/m$（holohedry）			226	O_h^6	$F4/m\bar{3}2/c$
191	D_{6h}^1	$P6/m2/m2/m$	227	O_h^7	$F4_1/d\bar{3}2/m$
192	D_{6h}^2	$P6/m2/c2/c$	228	O_h^8	$F4_1/d\bar{3}2/c$
193	D_{6h}^3	$P6_3/m2/c2/m$	229	O_h^9	$I4/m\bar{3}2/m$
194	D_{6h}^4	$P6_3/m2/m2/c$	230	O_h^{10}	$I4_1/a\bar{3}2/d$

注：根据 7 个晶系，再根据 32 个点群将空间群排列成组和子组，除了指明晶系之外，Herrmann-Mauguin 符号表征是关于括号中给定的方向依次给出；b11 对对映空间群。

$$(x_4 y_4 z_4) = (\bar{x}\,\bar{y}z) \cdot \begin{pmatrix} 0 & 1 & 0 \\ \bar{1} & 0 & 0 \\ 0 & 0 & \bar{1} \end{pmatrix} = (y\bar{x}\,\bar{z})$$

附录 K 晶体的晶面间距与晶面夹角的计算公式

晶系	d	$\cos\varphi$
立方	$\dfrac{a}{\sqrt{h^2+k^2+l^2}}$	$\dfrac{h_1h_2+k_1k_2+l_1l_2}{\sqrt{h_1^2+k_1^2+l_1^2}\cdot\sqrt{h_2^2+k_2^2+l_2^2}}$
正方	$\dfrac{ac}{\sqrt{c^2(h^2+k^2)+a^2l^2}}$	$\dfrac{c^2(h_1h_2+k_1k_2)+a^2l_1l_2}{\sqrt{c^2(h_1^2+k_1^2)+a^2l_1^2}}\cdot\dfrac{1}{\sqrt{c^2(h_2^2+k_2^2)+a^2l_2^2}}$
正交	$\dfrac{abc}{\sqrt{b^2c^2h^2+c^2a^2k^2+a^2b^2l^2}}$	$\dfrac{b^2c^2h_1h_2+c^2a^2k_1k_2+a^2b^2l_1l_2}{\sqrt{b^2c^2h_1^2+c^2a^2k_1^2+a^2b^2l_1^2}}\cdot\dfrac{1}{\sqrt{b^2c^2h_2^2+c^2a^2k_2^2+a^2b^2l_2^2}}$
六方	$\dfrac{ac}{\sqrt{\dfrac{3}{4c^2(h^2+hk+k^2)+3a^2l^2}}}$	$\dfrac{2c^2(2h_1h_2+2k_1k_2+k_1h_2+h_1k_2)+3a^2l_1l_2}{\sqrt[4]{c^2(h_1^2+h_1k_1+k_1^2)+3a^2l_1^2}}$ $\cdot\dfrac{1}{\sqrt{c^2(h_2^2+h_2k_2+k_2^2)+3a^2l_2^2}}$
菱方	$a\sqrt{\dfrac{1+\cos\alpha-2\cos^2\alpha}{(1+\cos\alpha)(h^2+k^2+l^2)-2\cos\alpha(hk+kl+lh)}}$	略
单斜	$\dfrac{abc\cdot\sin\beta}{\sqrt{b^2c^2h^2+a^2c^2k^2\sin^2\beta+a^2b^2l^2-2ab^2c\cdot lh\cdot\cos\beta}}$	略
三斜	$\dfrac{V}{\sqrt{S_{11}h^2+S_{22}k^2+S_{33}l^2+2S_{12}hk+2S_{23}kl+2S_{31}lh}}$	略

注：表中：$V^2=abc\sqrt{1-\cos^2\alpha-\cos^2\beta-\cos^2\gamma-2\cos\alpha\cos\beta\cos\gamma}$

$S_{11}=b^2c^2\sin^2\alpha\quad S_{12}=abc^2(\cos\alpha\cos\beta-\cos\gamma)$

$S_{22}=c^2a^2\sin^2\beta\quad S_{23}=a^2bc(\cos\beta\cos\gamma-\cos\alpha)$

$S_{33}=a^2b^2\sin^2\gamma\quad S_{31}=ab^2c(\cos\gamma\cos\alpha-\cos\beta)$

附录 L 元素的晶体结构

元素符号	元素名称	晶格类型	单位晶胞中的原子数目	配位数	晶格常数 0.1 nm			原子间距（最近的）0.1 nm	原子半径 0.1 nm
					a	b	c		
Ag	银	面心立方	4	12	4.085 6	—	—	2.888	1.44
Al	铝	面心立方	4	12	4.049 0	—	—	2.862	1.43
As	砷	菱形($\alpha=53°49'$)	2	3.3	4.159	—	—	2.51	1.43
Au	金	面心立方	4	12	4.078 3	—	—	2.884	1.44
B	硼	针状正方	—	—	8.75	—	5.04	}1.75	(0.97)
		片状正斜	—	—	17.90	8.95	10.15		
Ba	钡	体心立方	2	8	5.025	—	—	4.35	2.24
Be	铍	密集六方	2	6.6	2.285 4	—	3.584 1	2.225	1.13
Bi	铋	菱形($\alpha=57°14'$)	2	3.3	4.735 6	—	—	3.111	1.82
C(金刚石)	碳	立方(钻石型)	8	4	3.568	—	—	1.544	(0.77)

（续表）

元素符号	元素名称	晶格类型	单位晶胞中的原子数目	配位数	晶格常数　0.1nm			原子间距（最近的）0.1nm	原子半径 0.1nm
					a	b	c		
C(石墨)-α	碳	六方	4	6	2.4614	—	6.7014	1.42	(0.77)
C(石墨)-β	碳	斜方	—	—	2.461	—	10.064	—	(0.77)
Ca(<464℃)	钙	面心立方	4	12	5.582	—	—	3.94	1.97
Ca(>464℃)	钙	体心立方	2	—	4.48(500℃)	—	—	—	—
Cd	镉	密集六方	—	6.6	2.9787	—	5.617	2.979	1.52
Ce(<730℃)	铈	面心立方			5.1612			3.65	1.82
Co-ε(<400℃)	钴	密集六方	2	—	2.507	—	4.069	2.506	1.25
Co-α 或 γ(>400℃)	钴	面心立方	4	—	3.552			2.511	—
Cr	铬	体心立方	2	8	2.8850(78K)	—	—	2.498	1.28
Cs	铯	体心立方		8	6.067			5.25	2.70
Cu	铜	面心立方	4	12	3.6153	—	—	2.556	1.28
Fe-α(<910℃)	铁	体心立方	2	—	2.8664	—	—	2.481	1.27
Fe-γ(910~1390℃)	铁	面心立方	4	—	3.656	—	—	2.585	—
Fe-δ(>1390℃)	铁	体心立方	—	—	2.94(1425℃)	—	—	—	—
In	铟	面心正方	4	4.8	4.594	—	4.951	3.25	1.57
Ir	铱	面心立方	4	—	3.8389	—	—	2.714	1.36
K	钾	体心立方	2	—	5.344	—	—	4.627	2.38
La-α(<330℃)	镧	密集六方	2	6.6	3.770	—	12.159	3.739	1.88
La-β(330~864℃)	镧	面心立方	4	12	5.31	—	—	—	—
Li	锂	体心立方	2	8	3.5089	—	—	3.039	1.57
Mg	镁	密集六方	2	6.6	3.2092	—	5.2103	3.196	1.60
Mn-α(<727℃)	锰	复杂立方	58	—	8.912	—	—	2.24	1.30
Mn-β(727~1095℃)	锰	复杂立方	20	—	6.313	—	—	2.373	—
Mn-γ(1095~1133℃)	锰	面心正方	4	—	3.862(1095℃)	—	—	2.731	—
Mn-δ(>1133℃)	锰	体心立方	—	—	3.080(1134℃)	—	—	—	—
Mo	钼	体心立方		8	3.1466			2.725	1.40
Na	钠	体心立方	2	8	4.2906	—	—	3.715	1.92
Nb	铌	体心立方	2	8	3.3007	—	—	2.859	1.47
Ni	镍	面心立方	4	—	3.5238	—	—	2.491	1.25
Os	锇	密集六方	2	—	2.733	—	4.319	2.675	1.35
P(金属磷)	磷	正斜	8	3.3	3.32	4.39	10.52	2.18	1.3
Pb	铅	面心立方	4	12	4.9495	—	—	3.499	1.75
Pd	钯	面心立方	4	—	3.8902	—	—	2.750	1.37
Pt	铂	面心立方	4	—	3.9237	—	—	2.775	1.39

（续表）

元素符号	元素名称	晶格类型	单位晶胞中的原子数目	配位数	晶格常数　0.1 nm			原子间距（最近的）0.1 nm	原子半径 0.1 nm
					a	b	c		
Rb	铷	体心立方	2	8	5.710	—	—	4.996	2.57
Re	铼	密集六方	2	—	2.7609	—	4.4583	2.740	1.37
Rh-α	铑	立方	48	—	3.8034	—	—	2.689	1.34
Ru	钌	密集六方	2	—	2.7038	—	4.2816	2.649	1.34
S-α(黄的)	硫	正斜	128	—	10.44	12.84	24.37	2.04	—
S-β	硫	单斜	—	—	—	—	—	—	—
Sb	锑	斜方(α=57.1°)	—	—	4.5064	—	—	2.903	1.61
Se	硒	六方	3	2.4	4.3640	—	4.9594	2.32	1.6
Si	硅	立方(钻石型)	8	4	5.4282	—	—	2.351	1.34
Sn-α(<13℃)	灰锡	立方(钻石型)	8	—	6.491	—	—	2.81	1.58
Sn-β(>13℃)	白锡	体心正方	4	4.2	5.8311	—	3.1817	3.022	—
Sr-α(<215℃)	锶	面心立方		12	6.085	—	—	4.31	2.15
Sr-β(215~605℃)	锶	密集六方	—	—	4.32	—	7.06	—	—
Sr-γ(>605℃)	锶	体心立方			4.85	—	—		
Ta	钽	体心立方	2	8	3.3026	—	—	2.860	1.47
Te	碲	六方	3	2.4	4.4559	—	5.9268	2.87	1.7
Th-α(<1400℃)	钍	面心立方	4	12	5.0843	—	—	3.595	1.8
Th-β(>1400℃)	钍	体心立方	—	—	4.12	—	—		
Ti-α(<882.5℃)	钛	密集六方	2	6.6	2.9504	—	4.6833	2.89	1.47
Ti-β(>882.5℃)	钛	体心立方	—	—	3.306	—	—		
Tl-α(<234℃)	铊	密集六方	2	6.6	3.4564	—	5.531	3.407	1.71
Tl-β(>234℃)	铊	体心立方	4	12	3.882	—	—		
U-α(<660℃)	铀	正斜	—	—	2.858	5.877	4.955	2.77	—
U-β(660~775℃)	铀	正方	—	—	10.758	—	5.656		
V	钒	体心立方	2	8	3.039	—	—	2.632	1.36
W	钨	体心立方	2	—	3.1648	—	—	2.739	1.41
Zn	锌	密集六方	—	6.6	2.664	—	4.945	2.664	1.37
Zr-α(<865℃)	锆	密集六方		6.6	3.230	—	5.133	3.17	1.60
Zr-β(>865℃)	锆	体心立方	—	8	3.62	—	—	—	—

附录 M　元素的物理性能

元素符号	元素名称	原子序数	密度 γ(20℃) g/cm³	熔点 ℃	沸点 ℃	比热容 c 4187J/(kg·K)	熔化热 4187J/kg	热导率 λ 418.7W/(m·K)	线膨胀系数 $a_l\times10^6$ (0~100℃)1/℃	电阻率 ρ (0℃) $10^{-8}\Omega\cdot m$	电阻温度系数 $\alpha\times10^3$(0℃)1/℃	磁化率 χ_d (18℃) $10^{-6}cm^3/g$	弹性模量 E 9.81Pa	元素符号
Ac	锕	89	10.07	1 051	3 200	—	—	—	—	—	4.23	—	—	Ac
Ag	银	47	10.49	961.93	2 210	0.055 9	25	1.0	19.7	1.5	4.29	-0.1813	7 000~8 200	Ag
Al	铝	13	2.698 4	660.37	2 500	0.215	94.6	0.53	23.6	2.655	4.23	+0.62	6 900~7 200	Al
Am	镅	95	11.7	996	~2 500	—	—	—	50.8	145	—	—	—	Am
Ar	氩	18	1.784×10^{-3}	-189.33	-185.7	0.125	6.7	0.406×10^{-4}	4.7	—	3.9	-0.45	—	Ar
As	砷	33	5.73	814(36atm)	613(升华)	0.082	88.5	0.71	4.7	35.0	3.5	-0.31	790	As
Au	金	79	19.32	1 064.43	2 966	0.031 2	16.1	0.71	14.2	2.065	—	-0.142	7 900~8 000	Au
B	硼	5	2.34	2 103	3 675	0.309	260	—	8.3(40℃)	1.8×10^{12}	—	-0.63	—	B
Ba	钡	56	3.5	729	1 640	0.068	12.5	0.35	19.0	50	6.7	+0.9	1 290	Ba
Be	铍	4	1.84	1 289	2 970	0.45	260	—	11.6(20~60℃)	6.6	4.2	-1.00	31 500~28 980	Be
Bi	铋	83	9.80	271.442	1 420	0.029 4	12.5	0.020	13.4	106.8	—	-1.35	3 234	Bi
Br	溴	35	3.12(液态)	-7.25	58.4	0.070	16.2	0.057	—	6.7×10^7	—	-0.39	—	Br
C	碳	6	3.25(石墨)	3 836	4 830	0.165	52	—	0.6~4.3	1375	0.6~1.2	-0.49	490	C
Ca	钙	20	1.55	840	1 440	0.155	52	0.3	22.3	3.6	3.33	+1.1	2 000~2 600	Ca
Cd	镉	48	8.65	321.108	765	0.055	13.2	0.22	31.0	7.51	4.24	-0.182	5 350	Cd
Ce	铈	58	6.90	799	3 468	0.042	8.5	0.026	8.0	75.3(25℃)	0.87	+17.5	3 060	Ce
Cl	氯	17	3.214×10^{-3}	-100.97	-33.9	0.116	21.6	0.172×10^{-4}	—	10×10^9	—	-0.57	—	Cl
Co	钴	27	8.9	1 494	2 870	0.099	58.4	0.165	12.4	5.06(α)	6.6	铁磁性(α)	21 406	Co
Cr	铬	24	7.19	1 863	2 642	0.11	96	0.16	6.2	12.9	2.5	+2.65	25 900	Cr
Cs	铯	55	1.90	28.39	685	0.052	3.8	—	97	—	4.96	+0.1	—	Cs
Cu	铜	29	8.96	1 084.5	2 580	0.092	50.6	0.94	17.0	1.67~1.68(20℃)	4.3	-0.086	11 700~12 650	Cu
Dy	镝	66	8.56	1 411	2 500	0.041	25.2	0.024	7.7	56.0	1.19	铁磁性	6 435	Dy
Er	铒	68	9.16	1 524	~2 600	0.04	24.5	0.023	10.0	107	2.01	铁磁性	7 475	Er
Eu	铕	63	5.30	818	~1 430	0.039	16.5	—	0.0~10.0	81.3	4.30	低温时为铁磁性	—	Eu
F	氟	9	1.696×10^{-3}	-219.67	-188.2	0.18	10.1	—	—	—	—	—	—	F
Fe	铁	26	7.87	1 538	2 930	0.11	65.5	0.18	11.76	9.7(20℃)	6.0	铁磁性	20 000~21 550	Fe
Ga	镓	31	5.91	29.75	2 260	0.079	19.16	0.07	18.3	13.7	3.9	-0.225	—	Ga
Gd	钆	64	7.87	1 314	~2 700	0.057 4	23.5	0.021	—	134.5	1.76	铁磁性	5 730	Gd
Ge	锗	32	5.323	938.3	2 880	0.073	7.3	0.14	5.92	$0.86\times10^6\sim52\times10^6$	1.4	-0.12	—	Ge
H	氢	1	0.0899×10^{-3}	-259.347	-252.6	3.45	15.0	4.06×10^{-4}	—	—	—	-1.97	—	H
He	氦	2	0.1785×10^{-3}	-271.39 (0.95atm)	-268.9	1.25	0.825	3.32×10^{-4}	—	—	10.21(20℃)	-0.47	—	He

（续表）

元素符号	元素名称	原子序数	密度 γ(20℃) g/cm³	熔点 ℃	沸点 ℃	比热容 c 4187J/(kg·K)	熔化热 4187J/kg	热导率 λ 418.7W/(m·K)	线膨胀系数 $\alpha_l\times10^6$ (0~100℃)1/℃	电阻率 ρ (0℃) $10^{-8}\Omega\cdot$m	电阻温度系数 $\alpha\times10^3$(0℃)1/℃	磁化率 χ_d (18℃) 10^{-6}cm³/g	弹性模量 E 9.81Pa	元素符号
Hf	铪	72	13.28	2231	5400	0.0351	—	3.223	5.9	32.7~43.9	4.43	—	9800~14060	Hf
Hg	汞	80	13.546(液态)	−38.862	356.58	0.033	2.8	0.0196	182	94.07	0.99	−0.177	—	Hg
Ho	钬	67	8.8	1472	~2300	0.039	24.9	—	—	87.0	1.71	—	6840	Ho
I	碘	53	4.93	113.6	183	0.052	14.2	10.4×10^{-4}	93	1.3×10^{15}	—	−0.36	—	I
In	铟	49	7.31	156.634	2050	0.057	6.8	0.057	33.0	8.2	4.9	−0.11	1070~1125	In
Ir	铱	77	22.4	2447	5300	0.0323	—	0.14	6.5	4.85	4.1	+0.133	52500~53830	Ir
K	钾	19	0.87	63.2	765	0.177	14.5	0.24	83	6.55	5.4	+0.455(30℃)	—	K
Kr	氪	36	3.743×10^{-3}	−157.38	−153.25	—	—	0.21×10^{-4}	—	—	−0.39	—	—	Kr
La	镧	57	6.18	921	3470	0.048	17.3	0.033	5.1	56.8(20℃)	2.18	+1.04	3820~3920	La
Li	锂	3	0.531	180.5	1347	0.79	104.2	0.17	56	8.55	4.6	+0.50	500	Li
Lu	镥	71	9.74	1665	1930	0.037	26.29	—	—	79.0	2.40	—	—	Lu
Mg	镁	12	1.74	649	1108	0.245	88±2	0.367	24.3	4.47	4.1	+0.49	4570	Mg
Mn	锰	25	7.43	1246	2150	0.115	63.7	0.0119(−192℃)	37	185(20℃)	1.7	+9.9	20160	Mn
Mo	钼	42	10.22	2623	4800	0.66	~69.8	0.34	4.9	5.17	4.71	+0.04	32200~35000	Mo
N	氮	7	1.25×10^{-3}	−210.01	−195.8	0.247	6.2	5×10^{-5}	—	—	—	+0.8	—	N
Na	钠	11	0.9712	97.8	892	0.295	27.5	0.32	71	4.27	5.47	+0.51~+0.66	—	Na
Nb	铌	41	8.57	2471	5130	0.065	69	0.125~0.13	7.1	13.1~15.22	3.95	+1.5~+2.28	8720	Nb
Nd	钕	60	7.00	1017	3180	0.045	11.78	0.031	7.4	64.3(25℃)	1.64	+36	3865	Nd
Ne	氖	10	0.8999×10^{-3}	−248.597	−246.0	—	—	0.00011	—	—	—	+0.33	—	Ne
Ni	镍	28	8.90	1455	2732	0.105	73.8	0.22	13.4	6.84	5.0~6.0	铁磁性	19700~22000	Ni
Np	镎	93	20.25	637	—	—	—	—	—	145(20℃)	—	+2.6	—	Np
O	氧	8	1.429×10^{-3}	−218.8	−182.97	0.218	3.3	59×10^{-6}	50.8	—	—	+106.2	—	O
Os	锇	76	22.5	3033	5500	0.031	—	—	5.7~6.57	9.66	4.2	+0.052	56000	Os
P	磷(白)	15	1.83	44.15	280	0.177	5.0	—	125	1×10^{17}	−0.456	−0.90	—	P
Pa	镤	91	15.4	1230	~4000	—	—	—	—	—	—	+2.6	—	Pa
Pb	铅	82	11.34	327.502	1750	0.0306	6.26	0.083	29.3	18.8	4.2	−0.12	1600~1828	Pb
Pd	钯	46	12.16	1554	~3980	0.0584	34.2	0.168	11.8	9.1	3.79	+5.4	11280~12360	Pd
Pm	钷	61	—	1027	~2700	—	—	—	—	—	—	—	—	Pm
Po	钋	84	9.4	254	960	—	—	—	24.4	42±10(α)	4.6(α)	—	—	Po
Pr	镨	59	6.77	932	3020	0.045	11.71	0.028	5.4	44±10(β)	7.0(β)	+25	3590	Pr
Pt	铂	78	21.45	1772	4530	0.0324	26.9	0.165	8.9	68(25℃)	1.71	+1.1	15470~17000	Pt

（续表）

元素名称符号	元素原子序数	密度 γ(20℃) g/cm³	熔点 ℃	沸点 ℃	比热容 c 4187J/(kg·K)	熔化热 4187J/kg	热导率 λ 418.7W/(m·K)	线膨胀系数 $\alpha_t\times10^6$ (0~100℃)1/℃	电阻率 ρ (0℃) $10^{-8}\Omega\cdot m$	电阻温度系数 $\alpha\times10^3$(0℃)1/℃	磁化率 x_d (18℃) $10^{-6}cm^3/g$	弹性模量 E 9.81Pa	元素符号
钚	94	19.0~19.8	640	3235	0.032	—	0.020	50.8	9.2~9.6	3.99	+2.2~+2.52	10125	Pu
镭	88	5.0	700	1500	—	—	—	—	145(28℃)	-0.21	—	—	Ra
铷	37	1.53	39.48	680	0.080	6.5	—	90.0	11	4.81	+0.196(30℃)	—	Rb
铼	75	21.03	3186	5900	0.033	—	0.17	6.7	19.5	1.73	+0.046	47100~47600	Re
铑	45	12.44	1963	4500	0.059(0℃)	—	0.21	8.3	6.02	4.35	+1.1	28000	Rh
氡	86	9.960×10^{-3}	-71	-61.8	—	—	—	—	—	—	—	—	Rn
钌	44	12.2	2254	4900	0.057(20℃)	—	—	9.1	7.157	4.49	+0.427	42000	Ru
硫	16	2.07	115.21	444.6	0.175	9.3	6.31×10^{-4}	64	2×10^{23}(20℃)	—	-0.48	—	S
锑	51	6.68	630.74	1440	0.049	38.3	0.045	8.5~10.8	39.0	5.1	-0.736	7900	Sb
钪	21	2.992	1541	2730	0.134	84.52	—	—	61(22℃)	~	+0.18	—	Sc
硒	34	4.808	221	685	0.077	16.4	$7\sim18.3\times10^{-4}$	37	12	4.45	-0.32	5500	Se
硅	14	2.329	1414	3310	0.162(0℃)	432	0.20	2.8~7.2	10	0.8~1.8	-0.12	11500	Si
钐	62	7.53	1074	1630	0.042	17.29	—	—	88.0	1.48	—	3475	Sm
锡	50	7.298	231.97	2690	0.054	14.5	0.150	23	11.5	4.4	-0.40	—	Sn
锶	38	2.60	769	1460	0.176	25	—	—	30.7	3.83	-0.2	—	Sr
钽	73	16.67	3020	5400	0.034	38	0.130	6.55	13.1	3.85	+0.93	18820~19200	Ta
铽	65	8.267	1359	2530	0.044	24.54	—	—	—	—	—	5865	Tb
锝	43	11.46	2204	4600	—	—	—	—	—	—	—	—	Tc
碲	52	6.24	449.57	990	0.047	32	0.014	17.0	$1\times10^5\sim2\times10^5$	—	-0.301	4350	Te
钍	90	11.724	1758	4200	0.034	<19.82	0.090	11.3~11.6	19.1	2.26	+0.57	7420	Th
钛	22	4.508	1672	3530	0.124	104	0.036(a)	8.2	42.1~47.8	3.97	+3.2	7870	Ti
铊	81	11.85	304	1470	0.031	5.04	0.093	28.0	15~18.1	5.2	-0.215	810	Tl
铥	69	9.325	1547	1700	0.038	26.04	—	—	79.0	1.95	—	—	Tm
铀	92	19.05	1133	3930	0.0275	—	0.071	6.8~14.1	29.0	2.18~2.76	+2.6	16100~16800	U
钒	23	6.1	1929	3400	0.127	—	0.074	8.3	24.8~26	2.8	+4.5	12950~14700	V
钨	74	19.3	3387	5900	0.034	44	0.397	4.6(20℃)	5.1	4.82	+0.284	35000~41530	W
氙	54	5.495×10^{-3}	-111.78	-108	—	—	1.24×10^{-4}	—	—	—	—	—	Xe
钇	39	4.475	1528	~3200	0.071	46	0.035	—	—	—	+5.3	6760	Y
镱	70	6.966	825	1530	0.035	12.71	—	25	30.3	1.30	—	1815	Yb
锌	30	7.134(25℃)	419.58	907	0.0925	24.09	0.27	39.5	5.75	4.2	-0.157	9400~13000	Zn
锆	40	6.507	1865	3580	0.068	~60	0.211(25℃)	5.85	39.7~40.5	4.35	-0.45	7980~9770	Zr

附录 N　常用材料的性能

材料名称	密度 （g/cm³）	弹性模量 （GPa）	泊松比	屈服强度 （MPa）	抗拉强度 （MPa）	延伸率
金属及其合金						
碳钢和低合金钢						
A36 合金钢	7.85	207	0.30			
・热轧				220～250	400～500	23
1020 合金钢	7.85	207	0.30			
・热轧				210	380	25
・冷拔				350	420	15
・退火（870℃）				295	395	36.5
・正火（925℃）				345	440	38.5
1040 合金钢	7.85	207	0.30			
・热轧				290	520	18
・冷拔				490	590	12
・退火（785℃）				355	520	30.2
・正火（900℃）				375	590	28.0
4140 合金钢	7.85	207	0.30			
・退火（815℃）				417	655	25.7
・正火（870℃）				655	1 020	17.7
・油淬＋回火（315℃）				1 570	1 720	11.5
4340 合金钢	7.85	207	0.30			
・退火（810℃）				472	745	22
・正火（870℃）				862	1 280	12.2
・油淬＋回火（315℃）				1 620	1 760	12
不锈钢						
304 不锈钢	8.00	193	0.30			
・热挤压＋退火				205	515	40
・冷加工（1/4 硬化）				515	860	10
316 不锈钢	8.00	193	0.30			
・热挤压＋退火				205	515	40
・冷拔＋退火				310	620	30
405 不锈钢	7.80	200	0.30			
・退火				170	415	20
440A 不锈钢	7.80	200	0.30			
・退火				415	725	20
・回火（315℃）				1 650	1 790	5
17-7PH	7.65	204	0.30			
・冷轧				1 210	1 380	1
・沉淀强化				1 310	1 450	3.5
铸铁						
灰口铁						
・G1800（铸态）	7.30	66～97	0.26	—	124	—
・G3000（铸态）	7.30	90～113	0.26	—	207	—

（续表）

材料名称	密度 （g/cm³）	弹性模量 （GPa）	泊松比	屈服强度 （MPa）	抗拉强度 （MPa）	延伸率
· G4000（铸态）	7.30	110～138	0.26	—	276	—
锻铁						
· 60-40-18（退火态）	7.10	169	0.29	276	414	18
· 80-55-06（铸态）	7.10	168	0.31	379	552	6
· 120-90-02（油淬＋回火）	7.10	164	0.28	621	827	2
铝合金						
1100	2.71	69	0.33			
· 退火（O 回火）				34	90	40
· 应变强化（H14 回火）				117	124	15
2024	2.77	72.4	0.33			
· 退火（O 回火）				75	185	20
· 热处理＋时效（T3 回火）				345	485	18
· 热处理＋时效（T351 回火）				325	470	20
6061	2.70	69	0.33			
· 退火（O 回火）				55	124	30
· 热处理＋时效（T6 和 T651 回火）				276	310	17
7075	2.80	71	0.33			
· 退火（O 回火）				103	228	17
· 热处理＋时效（T6 回火）				505	572	11
356.0	2.69	72.4	0.33			
· 铸态				124	164	6
· 热处理＋时效（T6 回火）				164	228	3.5
铜合金						
C11000（电解韧铜）	8.89	115	0.33			
· 热轧				69	220	50
· 冷加工（H04 回火）				310	345	12
C17200（铍青铜）	8.25	128	0.30			
· 水浴热处理				195～380	415～540	35～60
· 水浴热处理＋时效（330℃）				965～1 205	1 140～1 310	4～10
C26000（弹壳黄铜）	8.53	110	0.35			
· 回火				75～150	300～365	54～68
· 冷加工（H04 回火）				435	525	8
C3600（易削黄铜）	8.50	97	0.34			
· 回火态				125	340	53
· 冷加工（H02 回火）				310	400	25
C71500（镍铜,30%）	8.94	150	0.34			
· 热轧				140	380	45
· 冷加工（H80 回火）				545	580	3
C93200（轴承黄铜）	8.93	100	0.34			
· 砂型铸造				125	240	20
镁合金						
AZ31B	1.77	45	0.35			

（续表）

材料名称	密度 （g/cm³）	弹性模量 （GPa）	泊松比	屈服强度 （MPa）	抗拉强度 （MPa）	延伸率
・轧制				220	290	15
・挤压				200	262	15
AZ91D	1.81	45	0.35			
・铸造				97～150	165～230	3
钛合金						
工业纯（ASTM1 级）	4.51	103	0.34			
・退火态				170	240	30
Ti-5Al-2.5Sn（退火态）	4.48	110	0.34	760	790	16
Ti-6Al-4V	4.43	114	0.34			
・退火				830	900	14
・固溶＋时效				1 103	1 172	10
稀有金属						
金（工业纯）	19.32	77	0.42			
・退火态				0	130	45
・冷加工硬化（60％收缩率）				205	220	4
铂（工业纯）	21.45	171	0.39			
・退火态				＜13.8	125～165	30～40
・冷加工硬化（50％）				—	205～240	1～3
银（工业纯）	10.49	74	0.37			
・退火态				—	170	44
・冷加工硬化（50％）				—	296	3.5
高熔点金属						
钼（工业纯）	10.22	320	0.32	500	630	25
钽（工业纯）	16.6	185	0.35	165	205	40
钨（工业纯）	19.3	400	0.28	760	960	2
有色金属						
镍 200（退火态）	8.89	204	0.31	148	462	47
因科镍合金 625（退火态）	8.44	207	0.31	517	930	42.5
蒙乃尔铜-镍合金 400（退火态）	8.80	180	0.32	240	550	40
海恩斯合金 25	9.13	236		445	970	62
因瓦合金（退火态）	8.05	141		276	517	30
超级因瓦（退火态）	8.10	144		276	483	30
可伐合金（退火态）	8.36	207		276	517	30
化学纯铅	11.34	13.5	0.44	6～8	16～19	30～60
含锑铅 6％（金属模铸造）	10.88			—	47.2	24
锡（工业纯）	7.17	44.3	0.33	11	—	57
铅锡焊料（60Sn-40Pb）	8.52	30		—	52.5	30～60
锌（工业纯）	7.14	104.5	0.25			
・热轧				—	134～159	50～65
・冷轧				—	145～186	40～50
锆 720	6.51	99.3	0.35			
冷加工＋退火				207	379	16

（续表）

材料名称	密度 （g/cm³）	弹性模量 （GPa）	泊松比	屈服强度 （MPa）	抗拉强度 （MPa）	延伸率
石墨、陶瓷和半导体材料						
氧化铝						
・99.9%	3.98	380	0.22	—	282～551	—
・96%	3.72	303	0.21	—	358	—
・90%	3.60	275	0.22	—	337	—
混凝土	2.4	25.4～36.6	0.20		37.3～41.3	—
金刚石						
・天然	3.51	700～1 200	0.1～0.3	—	1 050	—
・合成	3.20～3.52	800～925	0.20	—	800～1 400	—
砷化镓	5.32					
{100}晶面,表面抛光		85		—	66	—
〈100〉晶向			0.30			
{100}晶面,切割面		122			57	
〈110〉晶向						
〈111〉晶向		142				
硼硅酸盐玻璃（耐热玻璃）	2.23	70	0.20		69	—
碱石灰玻璃	2.5	69	0.23		69	—
陶瓷玻璃（耐高温玻璃）	2.60	120	0.25		123～370	—
石墨						
・挤压型	1.71	11			13.8～34.5	—
・等压模	1.78	11.7			31～69	—
熔融硅	2.2	73	0.17		104	—
硅	2.33					
{100}晶面,切割面		129		—	130	—
〈100〉晶向			0.28			
{110}晶面,激光划片				—	81.8	—
〈110〉晶向		168				
〈111〉晶向		187	0.36			
碳化硅						
・热压态	3.3	207～483	0.17		230～825	—
・烧结态	3.2	207～483	0.16		96～520	—
氮化硅						
・热压态	3.3	304	0.30		700～1 000	—
・再活化结合态	2.7	304	0.22		250～345	—
・烧结态	3.3	304	0.28		414～650	—
氧化锆,3mol%Y_2O_3,烧结态	6.0	205	0.31		800～1 500	—
高分子聚合物						
合成橡胶						
・丁二烯丙烯腈橡胶	0.98	0.003 4		—	6.9～24.1	400～600
・聚丁苯橡胶（SBR）	0.94	0.002～0.01			12.4～20.7	450～500
・硅橡胶	1.1～1.6				10.3	100～800
环氧树脂	1.11～1.40 2.41			—	27.6～90	3～6

（续表）

材料名称	密度 （g/cm³）	弹性模量 （GPa）	泊松比	屈服强度 （MPa）	抗拉强度 （MPa）	延伸率
尼龙 6,6	1.14	1.59～3.79	0.39			
· 干性				55.1～82.8	94.5	15～80
· 50%湿度				44.8～58.8	75.9	150～300
酚醛塑料	1.28	2.76～4.83		—	34.5～62.1	1.5～2.0
聚对苯二甲酸丁二酯（PBT）	1.34	1.93～3.00		56.6～60.0	56.6～60.0	50～300
聚碳酸酯（PC）	1.20	2.38	0.36	62.1	62.8～72.4	110～150
聚酯（热固性）	1.04～1.46	2.06～4.41		—	41.4～89.7	<2.6
聚醚醚酮（PEEK）	1.31	1.10		91	70.3～103	30～150
聚乙烯						
· 低密度（LDPE）	0.925	0.172～0.282		9.0～14.5	8.3～31.4	100～650
· 高密度（HDPE）	0.959	1.08		26.2～33.1	22.1～31.0	10～1 200
· 超高分子量（UHMWPE）	0.94	0.69		21.4～27.6	38.6～48.3	350～525
聚对苯二甲酸乙二酯（PET）	1.35	2.76～4.14		59.3	48.3～72.4	30～300
聚甲基丙烯酸甲酯（PMMA）	1.19	2.24～3.24		53.8～73.1	48.3～72.4	2.0～5.5
聚丙烯（PP）	0.905	1.14～1.55		31.0～37.2	31.0～41.4	100～600
聚苯乙烯（PS）	1.05	2.28～3.28	0.33	—	35.9～51.7	1.2～2.5
聚四氟乙烯（PTEE）	2.17	0.40～0.55	0.46	—	20.7～34.5	200～400
聚氯乙烯（PVC）	1.30～1.58	2.41～4.14	0.38	40.7～44.8	40.7～51.7	40～80
纤维材料						
芳酰胺	1.44	131		—	3 600～4 100	2.8
碳（PAN 初极粒子）						
· 标准模量	1.78	230		—	3 800～4 200	2
· 中间模量	1.78	285		—	4 650～6 350	1.8
· 高模量	1.81	400		—	2 500～4 500	0.6
E 玻璃	2.58	72.5	0.22	—	3 450	4.3
复合材料						
芳酰胺纤维-树脂基（$V_f=0.60$）	1.4		0.34			
· 纵向排列		76		—	1 380	1.8
· 横向排列		5.5		—	30	0.5
高模量碳纤维-树脂基（$V_f=0.60$）	1.7		0.25			
· 纵向排列		220		—	760	0.3
· 横向排列		6.9		—	28	0.4
E 玻璃纤维-树脂基（$V_f=0.60$）	2.1		0.19			
· 纵向排列		45		—	1 020	2.3
· 横向排列		12		—	40	0.4
木材						
· 花旗松（12%湿度）	0.46～0.50					
与纤维组织平行		10.8～13.6		—	108	—
与纤维组织垂直		0.54～0.68		—	2.4	—
· 红橡木（12%湿度）	0.61～0.67					
与纤维组织平行		11.0～14.1		—	112	—
与纤维组织垂直		0.55～0.71		—	7.2	—

附录O　国内外常用钢号对照表

分类	中国 GB	美国				英国 BS	日本 JIS	德国 DIN	W-Nr	前苏联 ГОСТ
		AISI	SAE	ACI	ASTM					
碳结构钢	10	1010	1012			En2A	S10C	C10,CK10	1.1121	10
	15	1015				En2,En2B,En2E	S15C	C15,CK15	1.1141	15
	20	1020				En2C,4S21,T54	S20C	C22,CK22	1.1151	20
	25	1025				En4,En4A	S25C	—		25
	30	1030				En5A,En5B	S30C			30
	35	1035				En8A,S93	S35C	C35,CK35	1.1181	35
	40	1040				En8D,S116	S40C	—		40
	45	1045				—	S45C	C45,CK45	1.1191	45
	50	1050				En43	S50C	CK53	1.1210	50
	55	1055				En9,En9K	S55C	C56	1.1214	55
	60	1060				En43D	S60C	C60,CK60	1.1221	60
合金结构钢	15Mn	C1115	1115			En14A	SB46	14Mn4	1.0915	14Г
	30Mn	C1033	1033			En5D,En5K	—			30Г
	30Mn2		1330			En14B,S92,S14,3T35,3T45	—	30Mn5	1.5066	30Г2
	42SiMn		—			En46	—	46MnSi4	1.5121	40СТ
	15Cr		5115			En206	SCr21	15Cr3	1.7015	15Х
	20Cr		5120			En207	SCr22	20Cr4	1.7031	20Х
	40Cr		5140			En18,S117	SCr4	41Cr4	1.7035	40
	45Cr	5145	5147				SCr5			45Х
	38CrSi									38ХС
	35CrMo					En19B	SCM3	34CrMo4	1.7220	35ХМ
	40CrV		6140					42Cr-V6	1.7561	40ХФА
	18CrMnTi	E4132								18ХГТ
	30CrMnTi	E4135								30ХГТ
	30CrMnSi		~TS14							30ХГСА
	38CrMoAlA					En41B	SACM1	34CrMoAl5	1.8507	38ХМЮА
	40B		,— B35							
	40CrB	50B40				—	—			40ХР

（续表）

分类	中国 GB	美国 AISI　SAE	美国 ACI	美国 ASTM	英国 BS	日本 JIS	德国 DIN　W·Nr	前苏联 ГОСТ
合金结构钢	20MnMoB	80B20					—	—
	12CrNi3A	E3310　3310			En36A,En36B,S107	SNC22	14NiCr14　1.5752	12XH3A
	12Cr2Ni4A	2515　2515H			En39A,En39B,2S82	—	14NiCr18　1.5860	12X2H4A
	18Cr-NiWA	—			—	—	—	18XHWA
	40CrNiMoA	4340			En110,S95,S118	SNCM8	36CrNiMo4　1.6511	40XHMA
	40CrMnMo	4140			En19C		—	38XTM,40XTM
弹簧钢	65	C1065　1065			En43E	SUP2　SWR7	CK67　1.1231	65
	75	1074			—	SUP3　SWR9	C75,MK75　1.1248	75
	65Mn	C1065　1065			En43E	—	—	65Γ
	60SiMn	9260			En45A	SUP6	60SiMn6　1.0908	60ΓC
	55Si2Mn	9255			En45　1429	SUP7	55Si7　1.0904	55C2
	63Si2Mn	9260			—	—	65Si7　1.0906	63C2
	50CrVA	6150			En47	SUP10	50CrV4　1.8159	50XΦA
轴承钢	GCr6	E50100　50100			—	—	105Cr2　1.3501	ШХ6
	GCr9	E51100　51100			En31	SUJ1	105Cr4　1.3503	ШХ9
	GCr15	E52100　52100			En31	SUJ2	100Cr6　1.3505	ШХ15
	GCr15SiMn	—			—	—	100CrMn6　1.3520	ШХ15СГ
碳工具钢	T7A						C70W1　1.1520	Y7A
	T8	W1-0.8			—	—	C85W2　1.1630	Y8
	T8A	W1-0.8 C-Special			D1	SKU3	C85W1　1.1530	Y8A
	T10	W1-1.0 C				SK3	C100W2　1.1640	Y10
	T10A	W1-1.0 C-Special			D1	—	C100W1　1.1540	Y10A
	T12	W1-1.2 C				SK2　SKU2	C115W2　1.1650	Y12
	T12A	W1-1.2 C-Special			D1	SK1　SKU1	C110W1　1.1550	Y12A
	T13	—			D1		C130W2　1.1660	Y13
	T8MnA	—				SK5	C85W5　1.1830	Y8ΓA
高速钢	W9Cr4V2	T7			(A)14%W	SKH6	ABCI(旧)　3316	P9
	W18Cr4V	T1			(A)18%W	SKH2	S18-0-1　3355	P18
	W6Mo5Cr4V2	M2			—	SKH9	S6-5-2　3343	—

（续表）

分类	中国	美国				英国	日本	德国		前苏联
	GB	AISI	SAE	ACI	ASTM	BS	JIS	DIN	W-Nr	ГОСТ
合金工具钢	9CrSi	—	—				—	90CrSi5	1.2108	9XC
	Cr	—	—				—	105Cr4 / 90Cr3	1.2056	XO9
	CrMn		L4					145Cr6	1.2063	XT
	CrWMn		—			Steel for cold working C	SKS31	105WCr6	1.2419	XБT
	5CrMnMo		—				SKT5	40CrMnMo7	1.2311	5XΓM
	5CrNiMo		L6				SKT4	55NiCrMoV6	1.2713	5XHM
	CrW5		—				SKS1	X130W5	1.2453	XB5
	3Cr2W8V		H21			A1W-Cr	SKD5	X30WCrV9-3	1.2581	3X2B8
	Cr12		~D6			Steel for cold working A1	SKD1	X210Cr12	1.2080	X12
	Cr12W		D3①			Type(A)2	~SKD2	X210CrW12	1.2436	
	Cr12MoV						SKD11	X165CrMoV12	1.1601	X12M
耐热钢	Cr5Mo	501,502	51501				SEH3	12CrMo195	1.7354	X5M
	4Cr10si2Mo					En54	SEH4			X10C2M
	4Cr14Ni14W2Mo						—			4X14H14B2M
	Cr15Ni36W3Ti	330					—	X12NiCrSi36 16	1.4864	XH35BT
不锈耐酸钢	0Cr13	410				En56A	—	X7Cr13	1.4000	08X13
	1Cr13	403				En56A,En56AM	SUS21	X10Cr13	1.4006	1X13(ЭЖ1)
	2Cr13	410	51410 60410	CA-15	A-296	En56B,En6C	SUS22	X20Cr13	1.4021	2X13(ЭЖ2)
	3Cr13	420	51420 60420	CA-40	A-296	En56M	SUS23			3X13(ЭЖ3)
	4Cr13	430	51430 60442	CB-30	—	En56D	SUS24	X40Cr13	1.4034	4X13(ЭЖ4)
	Cr17	430			A-296	En60	—	X8Cr17	1.4016	X17(ЭЖ17)
	Cr17Ti				—			X8CrTi17	1.4510	0X17T
	Cr17Ni2	431	51431		—	En57	SUS44	X22CrNi17	1.4057	X17H2
	Cr25	446	51446 60446	CC-50	A-296			X8Cr28	1.4084	X25,X25T
	9Cr18			HC	—		—			0X18
	0Cr18Ni9	304	30304 60304	CF-8	—	En58E	SUS27	X5CrNi189	1.4301	0X18H10(ЭЯ0)
	1Cr18Ni9	302	30302 60302	CF-20	A-296	En58A	SUS40	X12CrNi189	1.4300	1X18H9(ЭЯ1)
	1Cr18Ni9Ti	321	30321		A-296	En58B,En58C	SUS29	X10CrNiTi189	1.4541	1X18H9T(ЭЯ1T)
	1Cr18Ni11Nb	347,348	30347		A-296	En58F,~En58G	SUS43	X10CrNiNb189	1.4550	0X18H12B

① 这种钢还含 W0.4%~0.6%。

附录 P　常用高分子材料的链节结构

材料名称	链节结构
Epoxy（diglycidyl ether of bisphenol A，DGEPA） 环氧（双砜 A 二环氧甘油醚，DGEPA）	
Melamine-formaldehyde(melamine) 密胺甲醛（三聚氰胺）	
Phenol-formaldehyde（phenolic） 酚醛（苯酚的）	
Polyacrylonitrile(PAN) 聚丙烯腈（PAN）	
Polyamide-imide(PAI) 聚酰胺-酰亚胺（PAI）	
Polybutadiene 聚丁二烯	
Polybutylene terephthalate（PBT） 聚对苯二甲酸丁二酯（PBT）	
Polycarbonate（PC） 聚碳酸酯（PC）	
Polychloroprene 聚氯丁烯	

（续表）

材料名称	链节结构
Polychlorotrifluoroethylene 聚氯三氟乙烯	$\begin{bmatrix} \underset{F}{\overset{F}{C}} - \underset{Cl}{\overset{F}{C}} \end{bmatrix}$
Polydimethyl siloxane（silicone rubber） 聚二甲基硅烷（硅橡胶）	$\begin{bmatrix} \underset{CH_3}{\overset{CH_3}{Si}} - O \end{bmatrix}$
Polyetheretherketone（PEEK） 聚醚醚酮（PEEK）	苯环-O-苯环-O-苯环-C(=O) 链节
Polyethylene(PE) 聚乙烯（PE）	$\begin{bmatrix} \underset{H}{\overset{H}{C}} - \underset{H}{\overset{H}{C}} \end{bmatrix}$
Polyethylene terephthalate(PET) 聚对苯二甲酸乙二酯（PET）	$\begin{bmatrix} \overset{O}{C} - 苯环 - \overset{O}{C} - O - \underset{H}{\overset{H}{C}} - \underset{H}{\overset{H}{C}} - O \end{bmatrix}$
Polyhexamethylene adipamide（nylon 6,6） 聚亚己基己二酰胺（尼龙66）	$- \underset{H}{\overset{H}{N}} - \begin{bmatrix} \underset{H}{\overset{H}{C}} \end{bmatrix}_6 - \underset{H}{\overset{H}{N}} - \overset{O}{C} - \begin{bmatrix} \underset{H}{\overset{H}{C}} \end{bmatrix}_4 - \overset{O}{C} -$
Polyimide 聚酰亚胺	苯环与两个酰亚胺环，$-N-R-$
Polyisobutylene 聚异丁烯	$\begin{bmatrix} \underset{H}{\overset{H}{C}} - \underset{CH_3}{\overset{CH_3}{C}} \end{bmatrix}$
cis-Polyisoprene（natural rubber） 顺式聚异戊二烯（天然橡胶）	$\begin{bmatrix} \underset{H}{\overset{H}{C}} - \overset{CH_3}{C} = \underset{}{\overset{H}{C}} - \underset{H}{\overset{H}{C}} \end{bmatrix}$
Polymethyl methacrylate（PMMA） 聚甲基丙烯酸甲酯（PMMA）	$\begin{bmatrix} \underset{H}{\overset{H}{C}} - \underset{\underset{O}{\overset{\|}{C}-O-CH_3}}{\overset{CH_3}{C}} \end{bmatrix}$
Polyphenylene oxide（PPO） 聚苯醚（PPO）	苯环（上下CH₃）-O- 链节

材料名称	链节结构
Polyphenylene sulfide (PPS) 聚苯硫醚(PPS)	
Polyparaphenylene terephthalamide (aramid) 聚对苯二酰对苯二胺(芳酰胺)	
Polypropylene (PP) 聚丙烯(PP)	
Polystyrene (PS) 聚苯乙烯(PS)	
Polytetrafluoroethylene (PTFE) 聚四氟乙烯(PTFE)	
Polyvinyl acetate (PVAc) 聚醋酸乙烯酯(PVAc)	
Polyvinyl alcohol (PVA) 聚乙烯醇(PVA)	
Polyvinyl chloride (PVC) 聚氯乙烯(PVC)	
Polyvinyl fluoride (PVF) 聚氟乙烯(PVF)	
Polyvinylidene chloride(PVDC) 聚偏二氯乙烯(PVDC)	
Polyvinylidene fluoride(PVDF) 聚偏二氟乙烯(PVDF)	

附录 Q　常用高分子材料的玻璃化转变温度和开始熔化温度

聚合物名称		玻璃化转变温度 /℃(℉)	开始熔化温度 /℃(℉)
Aramid	芳酰胺	375(705)	~640(~1185)
Polyimide (thermoplastic)	聚酰亚胺(热塑料)	280~330 (535~625)	— —
Polyamide-imide	聚酰胺-酰亚胺	277~289 (530~550)	—
Polycarbonate	聚碳酸酯	150(330)	265(510)
Polyetheretherketone	聚醚醚酮	143(290)	334(635)
Polyacrylonitrile	聚丙烯腈	104(220)	317(600)
Polystyrene	聚苯乙烯		
• Atactic	无规立构	100(212)	—
• Isotactic	全同立构	100(212)	240(465)
Polybutylene terephthalate	聚对苯二甲酸丁二酯	—	220~267 (428~513)
Polyvinyl chloride	聚氯乙烯	87(190)	212(415)
Polyphenylene sulfide	聚苯硫醚	85(185)	285(545)
Polyethylene terephthalate	聚对苯二甲酸乙二酯	69(155)	265(510)
Nylon 6,6	尼龙 66	57(135)	265(509)
Polymethyl methacrylate	聚甲基丙烯酸甲酯		
• Syndiotactic	间同立构	3(35)	105(220)
• Isotactic	全同立构	3(35)	45(115)
Polypropylene	聚丙烯		
• Isotactic	全同立构	−10(15)	175(347)
• Atactic	无规立构	−18(0)	175(347)
Polyvinylidene chloride	聚偏二氯乙烯	−17(1)	198(390)
• Atactic	无规立构	−18(0)	175(347)
Polyvinyl fluoride	聚氟乙烯	−20(−5)	200(390)
Polyvinylidene fluoride	聚偏氟乙烯	−35(−30)	—
Polychloroprene (chloroprene rubber or neoprene)	氯丁橡胶	−50(−60)	80(175)
Polyisobutylene	聚异丁烯	−70(−95)	128(260)
cis-Polyisoprene	顺式聚异戊二烯	−73(−100)	28(80)
Polybutadiene	聚丁二烯		
• Syndiotactic	间同立构	−90(−130)	154(310)
• Isotactic	全同立构	−90(−130)	120(250)
High density polyethylene	高密度聚乙烯	−90(−130)	137(279)
Polytetrafluoroethylene	聚四氟乙烯	−97(−140)	327(620)
Low density polyethylene	低密度聚乙烯	−110(−165)	115(240)
Polydimethylsiloxane	聚二甲基硅烷	−123(−190)	−54(−65)

附录 R　常用高分子材料的英文缩写

英文缩写	中文名称	标准
ABR	聚(丙烯酸酯/丁二烯)参见 AR	[ASTM]
ABS	聚(丙烯腈/丁二烯/苯乙烯)	[ASTM;DIN;ISO]
ACM	聚(丙烯酸酯/2-氯乙烯基醚)	[ASTM]
ACS	聚(丙烯腈/苯乙烯)与氯化聚乙烯共混物	
AFMU	聚(四氟乙烯/三氟亚硝基甲烷/亚硝基全氟丁酸)二亚硝基橡胶	[ASTM]
AMMA	聚(丙烯腈/甲基丙烯酸甲酯)	[DIN;ISO]
ANM	聚(丙烯腈/丙烯酸酯)	[ASTM]
AP	聚(乙烯/丙烯)参见 APK,EPM 和 EPR	
APK	聚(乙烯/丙烯)	
APT	聚(乙烯/丙烯/二烯烃)参见 EPDM,EPT 和 EPTR	
AR	丙烯酸酯弹性体,参见 ABR,ACM,ANM	
ASA	聚(丙烯腈/苯乙烯/丙烯酸酯)	[DIN]
ASE	烷基磺酸酯	[ISO]
AU	含聚酯段的聚氨酯弹性体	[ASTM]
BBP	苯二甲酸苄基丁基酯	[DIN;ISO]
BOA	己二酸苄基丁基酯	[ISO]
BR	聚丁二烯	[ASTM]
BT	聚 1-丁烯	
Butyl	聚(异丁烯/异戊二烯)	
CA	乙酸纤维素酯	[ASTM;DIN;ISO]
CAB	乙酸丁酸纤维素酯	[ASTM;DIN;ISO]
CAP	乙酰丙酸纤维素酯	[ASTM;DIN]
CAR	碳纤维	
CF	甲酚甲醛树脂	[DIN]
CFK	人造纤维增强塑料	
CFM	聚三氟氯乙烯,参见 PCTFE	[ASTM]
CHC	聚(环氧氯丙烷/环氧乙烷),参见 CHR,CO 和 ECO	
CHR	聚环氧氯丙烷,参见 CHC,CO 和 ECO	
CL	聚氯乙烯纤维	[EEC]
CM	氯化聚乙烯,参见 CPE	[ASTM]
CMC	羧甲基纤维素醚	[ASTM;DIN]
CN	硝酸纤维素酯,参见 NC	[ASTM;DIN]
CNR	羧基亚硝基橡胶,参见 AFMU	
CO	聚环氧氯丙烷=聚氯甲基环氧乙烷,参见 CHC,CHR 和 ECO	[ASTM]
CP	丙酸纤维素酯	
CPE	氯化聚乙烯,参见 CM	
CPVC	氯化聚氯乙烯,见 PC,PeCe 和 PVCC	
CR	聚氯丁二烯	[ASTM;BS]
CS	蛋白质甲醛树脂	
CSM	氯磺化聚乙烯,见 CSPR,CSR	[ASTM]
CSPR	氯磺化聚乙烯,见 CSM,CSR	[BS]
CSR	氯磺化聚乙烯	

（续表）

英文缩写	中文名称	标准
CTA	三乙酸纤维素酯	
DABCO	三亚乙基二胺	
DAP	苯二甲酸二烯丙酯,见 FDAP	[ASTM;DIN]
DBP	苯二甲酸二丁酯	[DIN;ISO;IUPAC]
DCP	苯二甲酸二辛酯	[DIN;ISO;IUPAC]
DDP	苯二甲酸二癸酯	
DEP	苯二甲酸二乙酯	[ISO]
DHP	苯二甲酸二庚酯	[ISO]
DHXP	苯二甲酸二己酯	[ISO]
DIBP	苯二甲酸二异丁酯	[DIN;ISO]
DIDA	己二酸二异癸酯	[DIN;ISO;IUPAC]
DIDP	苯二甲酸二异癸酯	[DIN;ISO;IUPAC]
DINA	己二酸二异壬酯	[DIN;ISO]
DIOA	己二酸二异辛酯	[DIN;ISO;IUPAC]
DIOP	苯二甲酸二异辛酯	[DIN;ISO;IUPAC]
DIFP	苯二甲酸二异戊酯	
DITDP	苯二甲酸二异十三烷基酯,参见 DITP	[DIN;ISO]
DITP	苯二甲酸二异十三烷基酯,见 DITDP	[DIN]
DMF	二甲基甲酰胺	
DMP	苯二甲酸二甲酯	[ISO]
DMT	对苯二甲酸二甲酯	
DNP	苯二甲酸二壬酯	
DOA	己二酸二辛酯,己二酸二(2-乙基己)酯	[DIN;ISO;IUPAC]
DODP	苯二甲酸二辛癸酯,见 ODP	[ISO]
DOP	苯二甲酸酯二辛酸,苯二甲酸二(2-乙基己)酯	[DIN;ISO;IUPAC]
DOS	癸二酸二辛酯,癸二酸二(2-乙基己)酯	[DIN;ISO;IUPAC]
DOTP	对苯二甲酸二辛酯,对苯二甲酸二(2-乙基己)酯	[DIN;ISO]
DOZ	壬二酸二辛酯,壬二酸二(2-乙基己)酯	[DIN;ISO;IUPAC]
DPCF	磷酸二苯基甲苯基酯	[ISO]
DPOF	磷酸二苯基辛酯	
DUP	苯二甲酸二(十一基)酯	
EA	聚氨酯纤维	
EC	乙基纤维素醚	[DIN]
ECB	乙烯共聚物和沥青共混物	
ECO	聚环氧氯丙烷,见 CHC,CHR 和 CO	[ASTM]
EEA	聚(乙烯/丙烯基乙酯)	[ISO]
ELO	环氧化亚麻仁油	
EP	环氧树脂	
EPDM	聚(乙烯/丙烯/二烯烃),参见 APT,EPT 和 EPTR	
EP-G-G	环氧树脂玻纤织物预浸料	
EP-K-L	环氧树脂碳纤织物预浸料	
EPM	聚(乙烯/丙烯),参见 AP,APK 和 EPR	[ASTM;ISO]
EPR	聚(乙烯/丙烯),见 AP,APK 和 EPM	[BS]
EPS	聚苯乙烯泡沫体	

（续表）

英文缩写	中文名称	标准
EPT	聚(乙烯/丙烯/二烯烃),见 APT,EPDM 和 EPTR	
EPTR	聚(乙烯/丙烯/二烯烃),见 APT,EPDM 和 EPT	[BS]
E-PVC	乳液聚氯乙烯	
E-SRR	乳液丁苯胶乳	
ESO	环氧化大豆油	[DIN;ISO]
ETFE	聚(乙烯/四氟乙烯)	
EU	聚醚型聚氨酯弹性体	[ASTM]
EVA	聚(乙烯/乙酸乙烯)	[DIN;ISO]
EVAC	聚(乙烯/乙酸乙烯)弹性体	
FDAP	苯二甲酸二烯丙酯,见 DAP 含氟弹性体	
FEP	聚(四氟乙烯/六氟丙烯),见 PFEP	[DIN;ISO]
FPM	聚(偏氟乙烯/六氟丙烯)	[ASTM]
FSI	氟硅橡胶	[ASTM]
GEP	玻璃纤维增强环氧树脂	
GF	玻璃纤维增强塑料,参见 GFK,RP	
GF-EP	玻璃纤维增强环氧树脂	
GFK	玻璃纤维增强塑料	
GF-PF	玻璃纤维增强酚醛树脂	
GF-UP	玻璃纤维增强不饱和聚酯树脂	
GR-I	美国丁基橡胶旧名	
GR-N	美国丁腈橡胶旧名	
GR-S	美国丁苯橡胶旧名	
GUP	玻璃纤维增强不饱和聚酯树脂	
GV	玻璃纤维增强热塑性塑料	
HDPE	高密度聚乙烯	
HMWPE	高分子量无支链聚乙烯	
HPC	羟丙基纤维素醚	
HR	聚(异丁烯/异戊二烯),见 butyl,PIB 和 GR-I	[ASTM]
IR	顺式 1,4 聚异戊二烯	[ASTM,BS]
KFK	碳纤维增强塑料	[DIN]
LDPE	低密度聚乙烯	
L-SBR	溶液聚合丁苯橡胶	
MA	改性丙烯腈纤维	
MBS	聚(甲基丙烯酸甲酯/丁二烯/苯乙烯)	
MC	甲基纤维素醚	
MDI	4,4-二苯基甲烷二异氰酸酯	
MDPE	中密度聚乙烯	
MF	三聚氰胺甲醛树脂	[ASTM;DIN;ISO]
MFK	金属纤维增强塑料	
MOD	改性丙烯腈纤维	
MP	三聚氰胺苯酚甲醛树脂	
M-PVC	本体聚合聚氯乙烯	
NBR	聚(丁二烯/丙烯腈)丁腈橡胶,见 PBAN	[ASTM]
NC	硝基纤维素酯,见 CN	

（续表）

英文缩写	中文名称	标准
NCR	聚(丙烯腈/氯丁二烯)	[ASTM]
NDPE	低密度聚乙烯,见 LDPE	
NK	天然橡胶,见 NR	
NR	天然橡胶,见 NK	
ODP	苯二甲酸辛癸酯,见 DODP	[ISO]
OER	充油橡胶	
PA	聚酰胺	[ASTM;DIN;ISO]
PAA	聚丙烯酸	
PAC	聚丙烯腈,见 PAN,PC	[IUPAC]
PAN	聚丙烯腈,见 PAC,PC	
PB	聚 1-丁烯	[DIN]
PBAN	聚(丁二烯/丙烯腈)	
PBR	聚(丁二烯/吡啶)	[ASTM]
PBS	聚(丁二烯/苯乙烯),见 SBR	
PBT	聚 1-丁烯	
PBTP	聚对苯二甲酸丁二酯,见 PTMT	[DIN]
PC	1) 聚碳酸酯	[ASTM;DIN;ISO]
	2) 聚丙烯腈	[PAC,PAN,EEC]
	3) 从前为后氯聚氯乙烯	
PCF	聚三氟氯乙烯纤维	
PCTFE	聚三氟氯乙烯,见 CFM	[DIN]
PCU	聚氯乙烯	
PDAP	聚苯二甲酸二烯丙酯,见 DAP,FDAP	[DIN]
PE	1) 聚乙烯	[ASTM;DIN;ISO]
	2) 聚酯纤维	[EEC]
PEC	氯化聚乙烯,见 CPE	[DIN]
PeCe	氯化聚氯乙烯,见 CPV,PC,PVCC	
PEO	聚乙二醇,见 PIOX	
PEOX	聚乙二醇,见 PIO	
PES	1) 聚酯纤维	
	2) 聚醚砜	
PET	聚对苯二甲酸乙二(醇)酯,见 PETP	
PETP	聚对苯二甲酸乙二(醇)酯,见 PET	[ASTM;DIN;ISO]
PI	反式 1,4-聚异戊二烯	[BS]
PIB	聚异丁烯	[BS;DIN]
PIBI	聚(异丁烯/异戊二烯)丁基橡胶,见 butyl,HR	
PIP	顺式 1,4-聚异戊二烯	
PL	聚乙烯	[EEC]
PMCA	聚 α-氯甲基丙烯酸甲酯	
PMI	聚甲基丙烯酸亚胺	
PMMA	聚甲基丙烯酸甲酯	[ASTM;DIN;ISO]
PMP	聚 4-甲基-1-戊烯	[DIN]
PO	1) 聚环氧丙烷	[ASTM]
	2) 聚烯烃	

英文缩写	中文名称	标准
	3）酚氧树脂	
POM	聚甲醛树脂	[DIN；ISO]
POR	聚（环氧丙烷/缩戊甘油烯丙基醚）	
PP	聚丙烯	[ASTM；DIN；ISO]
PPO	聚苯醚	
PPSU	聚苯砜，见 PSU	[ISO]
PS	聚苯乙烯	
PSAN	聚（苯乙烯/丙烯腈），见 SAN	[DIN]
PSAB	聚（苯乙烯/丁二烯腈），见 SB	[DIN]
PSI	聚甲基苯基硅氧烷	[ASTM]
PST	聚苯乙烯纤维	
PS-TSG	聚苯乙烯注塑模制泡沫	
PSU	聚苯砜，见 PPSU	
PTF	聚四氟乙烯纤维	
PTFE	聚四氟乙烯	[ASTM；DIN；ISO]
PTMT	聚对苯二甲酸丁二（醇）酯，见 PBTP	
PU	聚氨酯	[BS]
PUA	聚脲纤维	
PUE	聚氨酯纤维	
PUR	聚氨酯	[DIN；ISO]
PVA	1）聚乙酸乙烯酯，见 PVAC	
	2）聚乙烯醇，见 PVAL	
	3）聚乙烯醚	
PVAC	聚乙酸乙烯酯	[ASTM；DIN；ISO]
PVAL	聚乙烯醇	[ASTM；DIN；ISO]
PVB	聚乙烯醇缩丁醛	[ASTM；DIN]
PVC	聚氯乙烯	[ASTM；DIN；ISO]
PVC	聚乙烯基咔唑	[DIN；ISO]
PVCA	聚（氯乙烯/乙酸乙烯酯），见 PVCAC	[DIN]
PVCC	过氯乙烯，见 CPVC，PC，PeCe	[DIN]
PVDC	聚偏氯乙烯	[DIN；ISO]
PVDF	聚偏氟乙烯，见 PVF_2	[DIN；ISO]
PVF	聚氟乙烯	
PVF_2	聚偏氟乙烯，见 PVDF	
PVFM	聚乙烯醇缩甲醛，见 PVFO	[DIN；ISO]
PVFO	聚乙烯醇缩甲醛，见 PVFM	[DIN]
PVID	聚偏氰乙烯	
PVM	聚（氯乙烯/甲基乙烯醚）	
PVP	聚乙烯基吡咯烷酮	
PVSI	含苯基和乙烯基聚（二甲基硅氧烷）	[ASTM]
PY	不饱和聚酯树脂	[BS]
RF	间苯二酚甲醛树脂	
SAN	聚（苯乙烯/丙烯腈），见 PSAN	[DIN；ISO]
SB	高冲击聚苯乙烯	[DIN；ISO]

英文缩写	中文名称	标准
SBR	聚(苯乙烯/丁二烯)丁苯橡胶	[ASTM;BS]
SCR	聚(苯乙烯/氯丁二烯)	[ASTM]
SI	1) 聚硅氧烷	
	2) 聚二甲基硅氧烷	[ASTM]
SIR	1) 硅橡胶	
	2) 聚(苯乙烯/异戊二烯)	[ASTM]
SMR	标准马来西亚橡胶	
SMS	标准马烯/α-甲基苯乙烯	[DIN;ISO]
S-PVC	悬浮聚合聚氯乙烯	
TC	工业级天然橡胶	
TCEF	磷酸三氯乙酯	[ISO]
TCF	磷酸三甲酚酯,见 TCP,TKP,TTP	[DIN;ISO]
TDI	甲苯二异氰酸酯	
TIOTM	偏苯三酸三异辛酯	[DIN;ISO]
TKP	磷酸三甲酚酯,见 TCF,TCP,TTP	
TOF	磷酸三辛酯,磷酸三(2-乙基己酯)	
TOP	磷酸三辛酯,磷酸三(2-乙基己酯),见 TOF	[IUPAC]
TOPM	均苯四酸四辛酯	[DIN;ISO]
TOTM	偏苯三酸三辛酯	[DIN;ISO]
TPA	反式 1,5-聚异戊烯,见 TPR	
TPF	磷酸三苯酯,见 TPP	[DIN;ISO]
TPP	磷酸三苯酯,见 TPE	[IUPAC]
TPR	1) 反式 1,5-聚异戊烯,见 TPE	
	2) 热塑性弹性体,见 TR	
TTP	磷酸三甲酚酯,见 TCF,TCP,TKP	
UE	聚氨酯弹性体	[ASTM]
UF	脲甲醛树脂	[ASTM;DIN;ISO]
UHMWPE	超高分子量聚乙烯	
UP	不饱和聚酯	[DIN]
UP-G-G	不饱和聚酯和玻璃纤维织物预浸物	
UP-G-M	不饱和聚酯和玻璃纤维毡预浸物	
UP-G-R	不饱和聚酯和玻璃纤维束预浸物	
UR	聚氨酯弹性物	[BS]
VA	乙酸乙烯酯	
VAC	乙酸乙烯酯	
VC	氯乙烯,见 VCM	
VC/E	聚(乙烯/氯乙烯)	
VC/E/MA	聚(乙烯/氯乙烯/顺丁烯二酸酐)	
VC/EV/AC	聚(乙烯/氯乙烯/乙酸乙烯酯)	
VCM	氯乙烯,见 VC	
VC/MA	聚(氯乙烯/顺丁烯二酸酐)	
VC/OA	聚(氯乙烯/偏氯乙烯)	
VC/VDC	聚(氯乙烯/偏氯乙烯)	
VPF	交联聚乙烯	
VSI	乙烯基聚二甲基硅氧烷	[ASTM]
WM	增塑剂	

附录 S　无机材料的光学性质[9]

序号	矿物名称 1. 中文名 2. 化学式 3. 英文名	结晶习性 1. 晶系 2. 形态 3. 解理 4. 双晶	折射率① 1. Nm(No N) 2. Ng(Ne) 3. Np(Ne)	吸收性质 1. 透明度 2. 颜色 3. 多色性	干涉性质 1. 光性方位 2. 消光类型 3. 消光角 4. 延性	聚敛光性质 1. 光性符号 2. 光轴角 3. 色散	其他物理性质 1. 硬度(莫氏) 2. 密度(g/cm^3) 3. 熔点(℃)	鉴定特征及出处 1. 鉴定特征	工业用途 1. 工业原料及其他添加剂
1	泡碱 $NaCO_3 \cdot 10H_2O$ Nalron	1. 单斜 2. 板状 3. {001}中等	1. 1.425 2. 1.440 3. 1.405	1. 透明 2. 无色或白色	2. 斜消光 3. $Np=b$ $Ng \wedge c=41°$	1. 负 2. 71° 3. $r>v$,弱	1. 2.25 2. 2.79~2.80 3. 980	1. 负高突起,斜消光,二轴晶,负光性,二级干涉色 2. 天然矿产或化工原料	1. 熔制玻璃提供 Na_2O 的原料
2	萤石 CaF_2 Fluorite	1. 等轴 2. 立方体,粒状,块状 3. {111}完全 4. 依{111}成双晶	1.4338	1. 透明 2. 无色			1. 4.0 2. 3.18 3. 1360	1. 熔化时有红色火焰,具弱的重折率,可含有 Y 或 Ce,溶于 H_2SO_4 时放出 HF 2. 天然矿产	1. 为降低陶瓷、水泥熟料烧制温度的矿化剂 2. 铸石的助熔剂 3. 玻璃的澄清剂 4. 制造乳白玻璃、着色玻璃和珐琅
3	硼砂 $Na_2B_4O_7 \cdot 10H_2O$ Borax	1. 单斜 2. 柱状 3. {100}完全,{110}中等	1. 1.4694 2. 1.4724 3. 1.4457	1. 透明 2. 无色	2. 斜消光 3. $Nm=b$ $Np \wedge c=55°$	1. 负 2. 39°19′	1. 2.00 2. 1.70	1. 晶形、解理、突起、消光角 2. 天然矿产	1. 硼酸盐特种玻璃主原料 2. 特种陶瓷和耐火材料的原料或添加剂 3. 陶瓷硼质釉的原料
4	天然碱 $NaH(CO_3)_2 \cdot 2H_2O$ Trona	1. 单斜 3. {110},{101}两组完全	1. 1.490~1.492 2. 1.540~1.543 3. 1.412~1.418	1. 透明 2. 无色	2. 斜消光 3. $Ng \wedge c=83°$ $Np=b$ 4. 沿 b 延长	1. 负 2. 73° 3. $r>v$,强	1. 3.00 2. 2.13	2. 天然矿产	1. 熔制玻璃提供 Na_2O 的原料

① 折射率 1. 为均质矿物 N 或一轴晶 No 或二轴晶 Nm; 2. 为最大折射率,二轴晶的 Ng 或一轴晶正晶的 Ne; 3. 为最小折射率,二轴晶的 Np 或一轴晶负晶的 Ne。

序号	矿物名称 1.中文名 2.化学式 3.英文名	结晶习性 1.晶系 2.形态 3.解理 4.双晶	偏光显微镜下的光学性质 折射率 1.Nm(No N) 2.Ng(Ne) 3.Np(Ne)	吸收性质 1.透明度 2.颜色 3.多色性	干涉性质 1.光率方位 2.消光类型 3.消光角 4.延性	聚敛光性质 1.光性符号 2.光轴角 2.色散	其他物理性质 1.硬度(莫氏) 2.密度(g/cm³) 3.熔点(℃)	鉴定特征及出处 1.鉴定特征 2.天然矿产或化工原料	工业用途 工业原料及其他添加剂
5	钾矾 K_2SO_4 Arcanite	1.斜方 2.等粒状、厚板状 3.{010},{101}完全	1.1.4947 2.1.4973 3.1.4935	1.透明 2.无色		1.正 2.67°20' 3.$r>v$,很弱	2.2.66		1.玻璃工业提供K_2O原料
6	钾硝石 KNO_3 Niter	1.斜方 2.柱状、针状 3.{011}完全,{010},{110}中等	1.1.5056~1.5038 2.1.5064~1.5043 3.1.3346~1.392	1.透明	2.平行消光,有的呈斜消光 3.$Nm∧c=10°$ $Ng=b$	1.负 2.7°12' 3.$r<v$	1.2.00 2.2.10	1.负突起、高级白干涉色、平行消光或斜消光、一轴晶负光性,光轴角小	1.玻璃工业氧化剂 2.提供钾的原料
7	微斜长石 $KAlSi_3O_8$ Microcline	1.三斜 2.板状 3.{001}完全,{010}中等 4.格子双晶	1.1.522 2.1.525 3.1.518	1.透明 2.无色	2.斜消光 3.$Np∧(001)=5°$	1.负 2.83°	1.6 2.2.55 3.1530	1.负突起、干涉色低、格子双晶、二轴晶负晶 2.天然矿产	1.普通陶瓷的主原料 2.硅酸盐玻璃的原料 3.搪瓷釉层的原料
8	正长石 $KAlSi_3O_8$ Orthoclase	1.单斜 2.短柱状 3.{001}完全,{010}中等 4.有卡氏双晶	1.1.523 2.1.524 3.1.519	1.透明 2.无色	2.斜消光 3.$Np∧c=3°~12°$ $Nm∧c=14°~23°$	1.负 2.44~84° 3.$r>v$,弱	1.6 2.2.56 3.1170	1.负突起、表面混浊,为二轴负晶 2.天然矿产	同7
9	锂霞石 $LiAlSiO_4$ Lithium nephelite	1.六方 3.无	1.1.524 2.1.5195	1.透明 2.无色	2.平行消光	1.负 2.0°	2.2.35~2.76 3.1397℃分解	1.负突起、平行消光、一轴正晶光 2.天然矿产	1.微晶玻璃原料 2.提供锂的原料或添加剂

（续表）

| 序号 | 矿物名称
1.中文名
2.化学式
3.英文名 | 结晶习性
1.晶系
2.形态
3.解理
4.双晶 | 偏光显微镜下的光学性质 ||||| 其他物理性质
1.硬度(莫氏)
2.密度(g/cm³)
3.熔点(℃) | 鉴定特征及出处 | 工业用途 |
			折射率 1.$Nm(No\ N)$ 2.$Ng(Ne)$ 3.$Np(Ne)$	吸收性质 1.透明度 2.颜色 3.多色性	干涉性质 1.光性方位 2.消光类型 3.消光角 4.延性	聚敛光性质 1.光性符号 2.光轴角 3.色散			
10	海泡石 $Mg_3Si_4O_{11}\cdot nH_2O$ Sepiolite	1.单斜 2.细纤维状 3.有解理	1. 1.525～1.529 2. 1.525～1.529 3. 1.515～1.520	1.透明 2.无色	2.斜消光,与解理呈平行消光	1.负 2.0°	1. 2～2.50 2. 2.00	1.加热至100℃时 $Ng=1.535$ 2.天然矿产或化工原料	工业原料及其他添加剂
11	透长石 $KAlSi_3O_8$ Sanidine	1.单斜 2.板状,柱状 3.{001}完全、{010}中等	1. 1.525～1.530 2. 1.525～1.536 3. 1.520～1.523	1.透明 2.无色	2.斜消光 3.$Np\wedge c=5°～9°$	1.负 2.0°～12°	1. 6 2. 2.57 3. 1170	1.晶面干净,负突起,(-)2V很小 2.天然矿产 同7	1.镁质陶瓷的原料 2.镁质耐火材料的原料
12	石膏 $CaSO_4\cdot 2H_2O$ Gypsum	1.单斜 2.板状,针状,柱状 3.{010}完全,{100}、{111}不完全 4.简单双晶	1. 1.5226 2. 1.5296 3. 1.5205	1.透明 2.无色	2.斜消光 3.$Ng\wedge c=52°$	1.正 2.58° 3.$r>v$,强,倾斜色散	1. 2 2. 2.5～3.0	1.晶形,突起,双晶,消光角,二轴正晶 2.天然矿产	1.陶瓷模具 2.水泥的缓凝剂 3.低温烧成水泥的矿化剂 4.铝酸盐水泥的原料
13	歪长石 $(K,Na)AlSi_3O_8$ Anorthoclase	1.三斜 2.晶形不完好 3.{001}、{010}完全	1. 1.528 2. 1.529 3. 1.523	1.透明 2.无色	2.斜消光 3.$Np\wedge a=6°～10°$	1.负 2.43°～54° 3.$r>v$		1.见于富Na的火山岩中 2.天然矿产	同7

（续表）

序号	矿物名称	结晶习性	偏光显微镜下的光学性质				其他物理性质	鉴定特征及出处	工业用途
			折射率	吸收性质	干涉性质	聚敛光性质			
	1.中文名 2.化学式 3.英文名	1.晶系 2.形态 3.解理 4.双晶	1.Nm(No N) 2.Ng(Ne) 3.Np(Ne)	1.透明度 2.颜色 3.多色性	1.光性方位 2.消光类型 3.消光角 4.延性	1.光性符号 2.光轴角 3.色散	1.硬度（莫氏） 2.密度（g/cm³） 3.熔点（℃）	1.鉴定特征 2.天然矿产或化工原料	1.工业原料及其他添加剂
14	钠长石 $Na_2AlSi_3O_8$ Albite	1.三斜 2.板状 3.(001),(010)中等 4.聚片	1. 1.533～1.540 2. 1.539～1.546 3. 1.528～1.535	1.透明 2.无色	2.斜消光 3.(010)方向7°～30° (001)方向3°	1.正 2.75°～83°	1. 6.0～6.5 2. 2.61～2.625	1.低负突起，聚片双晶，斜晶角消光，用消光角与其他长石相分 2.天然矿产	同7
15	碳酸钠 （俗称纯碱） Na_2CO_3 Sodium carbonate	4.聚片双晶	1. 1.535 2. 1.546 3. 1.415	1.透明 2.无色		1.负 2.34°±3°	2. 2.53 3. 852℃（分解）	1.低负突起，高双折射率，二轴负晶 2.化工原料	1.玻璃工业主原料之一
16	石英 SiO_2 Quartz	1.三方 2.粒状 3.无解理 4.双晶罕见	1. 1.544 2. 1.553	1.透明 2.无色	2.波状消光	1.正	1. 7 2. 2.65 3. 1723	1.低正突起，一级灰干涉色 2.天然矿产	1.硅砖，普通陶瓷，硅酸盐玻璃 2.烧制水泥熟料的校正原料
17	石盐 $NaCl$ Halite	1.等轴 2.立方体 3.{100}不完全	1. 1.544 3	1.透明 2.无色			1. 2.5 2. 2.17 3. 750	1.晶形，板，低突起，均质体 2.天然矿物，化工原料	1.可以作为熔制玻璃Na_2O的原料

（续表）

序号	矿物名称 1.中文名 2.化学式 3.英文名	结晶习性 1.晶系 2.形态 3.解理 4.双晶	偏光显微镜下的光学性质 折射率 1.Nm(No N) 2.Ng(Ne) 3.Np(Ne)	吸收性质 1.透明度 2.颜色 3.多色性	干涉性质 1.光性方位 2.消光类型 3.消光角 4.延性	聚敛光性质 1.光性符号 2.光轴角 3.色散	其他物理性质 1.硬度(莫氏) 2.密度(g/cm³) 3.熔点(℃)	鉴定特征及出处 1.鉴定特征 2.出处	工业用途
18	叶蛇纹石 $Mg_3(OH)_4 \cdot Si_2O_5$ Antigorite	1.单斜 2.柱状 3.{001}完全 4.双晶罕见	1.55~1.58	1.透明 2.浅绿、浅黄、浅褐		1.负 2.47.5° 3.$r>v$	1.2~2.5 2.2.62	1.鉴定特征 天然矿产或化工原料 2.天然矿产	工业原料及其他添加剂 1.制造镁橄榄石耐火材料 2.有色陶瓷、耐酸陶瓷
19	珍珠陶土 $Al_4(Si_4O_{10})(OH)_8$ Nacrite	1.单斜 2.鳞片状 3.{001}完全、{010}、{110}较完全	1.1.562 2.1.563 3.1.557	1.透明 2.无色或淡黄	2.斜消光 3.$Nm \wedge a=10°~12°$ $Ng=b$	1.负 2.40° 3.$r>v$	1.2 2.2.627	1.吸热合位于700℃,比高岭石高100℃ 2.天然矿产	1.普通陶瓷、黏土质耐火制品的主原料 2.滑石瓷等的工业原料
20	地开石 $Al_4(OH)_8Si_4O_{10}$ Dickite	1.单斜 2.鳞片状 3.{001}完全	1.1.562 2.1.566 3.1.560	1.透明 2.无色	2.斜消光 3.$Np \wedge (001)=15°~20°$	1.正 2.68°~80° 3.$r<v$	1.2.5~3.0 2.2.62	1.镜下薄片为无色或浅黄、低正突起、鳞片状 2.天然矿产	同19
21	高岭石 $Al_4(OH)_8Si_4O_{10}$ Kaolinite	1.三斜 2.假六方片状 3.{001}完全	1.1.565 2.1.566 3.1.561	1.透明 2.无色、浅黄		1.负 2.20°~50°	1.2~2.5 2.2.64	2.天然矿产	1.普通陶瓷原料 2.某些特种陶瓷的优质原料 3.黏土砖的优质原料
22	伊利石 $Al(OH)Si_2O_5 \cdot 2H_2O$ Leverrierite	1.单斜 2.薄片状、蠕虫状	1.1.565~1.608 2.1.513~1.593 3.1.488~1.585	1.透明 2.无色(无Fe时)		1.负 2.12°~30°	1.1.5 2.2.5~2.6	1.含Fe时有颜色、并具多色性、低正突起、Ⅱ级干涉色、2V小 2.天然矿产	同19

（续表）

序号	矿物名称 1. 中文名 2. 化学式 3. 英文名	结晶习性 1. 晶系 2. 形态 3. 解理 4. 双晶	偏光显微镜下的光学性质					其他物理性质 1. 硬度(莫氏) 2. 密度(g/cm³) 3. 熔点(℃)	鉴定特征及出处	工业用途
			折射率	吸收性质 1. 透明度 2. 颜色 3. 多色性	干涉性质 1. 光性方位 2. 消光类型 3. 消光角 4. 延性	聚敛光性质 1. 光性符号 2. 光轴角 2. 色散			
23	三水铝矿 $Al(OH)_3$ Gibbsite	1. 单斜 2. 六边厚板状 3. {001}完全	1. 1.566 2. 1.587 3. 1.566	1. 透明 2. 白色	2. 斜消光 3. $Np=b$ $Ng \wedge c=25°$	1. 正 2. 0°	2. 2.5～3.5 3. 2.40	2. 天然矿产	1. 特种普通陶瓷的原料 2. 铝土矿系耐火材料的原料 3. 高铝水泥工业的原料 4. 制造工业氧化铝的原料
24	碳酸锂 Li_2CO_3 Lithium carbonate	1. 单斜 2. 柱状 3. {001}完全、{101}中等	1. 1.567 2. 1.572 3. 1.428	2. 无色	2. 斜消光 3. $Np \wedge c=0°$ $Ng=b$	1. 负 2. 15°	2. 2.11 3. 618	2. 化工原料	1. 含锂玻璃原料 2. 微晶玻璃原料 3. 提供锂的原料
25	明矾石 $KAl_3(SO_4)_2(OH)_6$ Alunite	1. 三方 2. 板状 3. {0001}中等	1. 1.572 2. 1.592	2. 无色	2. 平行消光	1. 正 2. 0°	1. 3.5～4.00 2. 2.75	2. 天然矿产	1. 制造工业氧化铝和超细氧化铝粉的原料
26	硬石膏 $CaSO_4$ Anhydrite	1. 斜方 2. 板状 3. {010}完全、{001}、{100}中等	1. 1.5754 2. 1.6163 3. 1.5698	2. 无色	2. 平行消光	1. 正 2. 43°	1. 3.0～3.50 2. 2.98 3. 1450	1. 薄片中无色,但厚度较大时会呈蓝色或紫色,具多色性.平行消光 2. 天然矿产	1. 硫铝酸盐水泥的原料 2. 硅酸盐水泥的缓凝剂 3. 陶瓷模具的主要成分,磨制水泥的添加剂

（上一行延续）工业原料及其他添加剂（对应鉴定特征：1. 鉴定特征　2. 天然矿产或化工原料）

（续表）

序号	矿物名称 1.中文名 2.化学式 3.英文名	结晶习性 1.晶系 2.形态 3.解理 4.双晶	偏光显微镜下的光学性质					其他物理性质 1.硬度（莫氏） 2.密度（g/cm³） 3.熔点（℃）	鉴定特征及出处 1.鉴定特征 2.天然矿产或化工原料	工业用途 工业原料及其他添加剂
			折射率 1.$Nm(No\ N)$ 2.$Ng(Ne)$ 3.$Np(Ne)$	吸收性质 1.透明度 2.颜色 3.多色性	干涉性质 1.光性方位 2.消光类型 3.消光角 4.延性	聚敛光性质 1.光性符号 2.光轴角 2.色散			
27	滑石 $Mg_3(Si_4O_{10})(OH)_2$ Talc	1.单斜 2.鳞片状 3.{001}极完全	1. 1.575～1.590 3. 1.538～1.542	2.无色	2.斜消光 3.$Np\wedge c=10°$ $Nm=a$		1. 1.00 2. 2.82 3. >1400	1.薄片中无色,低正突起.Ⅱ级顶部干涉色.(一)2V小 2.天然矿产	1.镁质陶瓷的主要原料 2.制造低膨胀陶瓷及耐火制品的原料 3.其他无机材料的添加剂
28	白云母 $KAl_2(F,OH)_2Si_3AlO_{10}$ Muscovite	1.单斜 2.假六方片状 3.{001}极完全	1. 1.582 2. 1.588 3. 1.552	2.无色		1.负 2. 30°～45° 3. $r>v$,强	1. 2.5～3.00 2. 2.76～3.00	2.天然矿产	单矿物是制造电气设备的矿物原料
29	金云母 $KMg_3(OH)_2Si_3AlO_{10}$ Phlogopite	1.单斜 2.鳞片状 3.{001}极完全	1. 1.588 3. 1.518	1.透明 2.无色或有色	2.消光 $Np\perp(001)$ $Nm=b$ $Ng\wedge a=2°～4°$ 3.沿解理方向,正延性	1.负 2. 0°～10°	1. 2.5～3.0 2. 2.79	1.自然界中的金云母含Fe,具有多色性.Np无色,Ng、Nm浅红棕色 2.天然矿产	可切削微晶玻璃的晶核剂
30	叶蜡石 $Al_2O_3·4SiO_2·H_2O$ Pyrophyllite	1.单斜 2.柱状 3.{001}极完全 4.有云母律双晶	1. 1.588 2. 1.600 3. 1.552	1.透明 2.无色或杂色	2.平行消光	1.负 2. 53°～60°	1. 1.0～1.5 2. 2.85 3. 1800	1.与滑石的区别是2V大;与高岭石的区别是重折率大 2.天然矿产	1.普通陶瓷的原料 2.叶蜡石耐火材料的原料 3.玻璃原料

（续表）

序号	矿物名称 1. 中文名 2. 化学式 3. 英文名	结晶习性 1. 晶系 2. 形态 3. 解理 4. 双晶	偏光显微镜下的光学性质 折射率 1. Nm(No N) 2. Ng(Ne) 3. Np(Ne)	吸收性质 1. 透明度 2. 颜色 3. 多色性	干涉性质 1. 光性方位 2. 消光类型 3. 消光角 4. 延性	聚敛光性质 1. 光性符号 2. 光轴角 3. 色散	其他物理性质 1. 硬度(莫氏) 2. 密度(g/cm³) 3. 熔点(℃)	鉴定特征及出处	工业用途
31	五氧化二磷 P_2O_5 Phosphor oxide	1. 四方	1. 1.599 2. 1.624	1. 透明 2. 无色		1. 正 2. 0°	2. 2.89	1. 鉴定特征 2. 天然矿产或化工原料 2. 化工原料	工业原料及其他添加剂 1. 生物陶瓷原料 2. 无机材料的添加剂
32	黄玉 $Al_2(F,OH)_2SiO_4$ Topaz	1. 斜方 2. 柱状 3. {001}完全	1. 1.6104~1.631 2. 1.6176~1.638 3. 1.6072~1.629	1. 透明 2. 无色、黄色、灰色、浅绿色	2. 平行消光 3. $Np=a$ 　$Ng=c$	1. 正 2. 48°~67°18′	1. 8 2. 3.57~3.5	1. 硬度大、颜色鲜艳、柱状、平行消光、二轴晶 2. 天然矿产	矿物原料——宝石
33	透闪石 $Ca_2Mg_5Si_8O_{22}(OH)_2$ Tremolite	1. 单斜 2. 长柱状、纤维状、针状 3. {010}完全，其夹角为124°	1. 1.613 2. 1.625 3. 1.599	1. 透明 2. 无色	2. 斜消光 3. $Ng\wedge c=18°$	1. 负 2. 88°	1. 5.0~6.0 2. 2.98	1. 横切面见两组解理，其夹角为124°，二轴负晶，2V大，最高干涉色II级中，底部 2. 天然矿产	1. 铸石原料组成矿物 2. 普通陶瓷原料组成矿物
34	角闪石 $Ca_2(Mg,Fe,Al)_5(OH)_2$ ·$[(Si,Al)_4O_{11}]_2$ Horndlende	1. 单斜 2. 柱状 3. {110}完全，解理夹角为124°	1. 1.618~1.714 2. 1.632~1.730 3. 1.610~1.700	2. 绿色、浅黄色、浅褐色 3. 具强多色性，$Ng>Nm>Np$、Ng蓝绿、Nm浅绿黄、Np浅黄褐色	2. 斜消光 3. $Ng\wedge c=10°~30°$	1. 负 2. 73°	1. 5.00~6.00 2. 3.00~3.5	1. 晶形、颜色为多色性、解理和解理角、斜消光、二轴晶负光性 2. 天然矿产	同33

（续表）

序号	矿物名称 1. 中文名 2. 化学式 3. 英文名	结晶习性 1. 晶系 2. 形态 3. 解理 4. 双晶	折射率 1. $Nm(No\ N)$ 2. $Ng(Ne)$ 3. $Np(Ne)$	偏光显微镜下的光学性质 — 吸收性质 1. 透明度 2. 颜色 3. 多色性	偏光显微镜下的光学性质 — 干涉性质 1. 光性方位 2. 消光类型 3. 消光角 4. 延性	偏光显微镜下的光学性质 — 聚敛光性质 1. 光性符号 2. 光轴角 3. 色散	其他物理性质 1. 硬度（莫氏） 2. 密度（g/cm³） 3. 熔点（℃）	鉴定特征及出处	工业用途
								1. 鉴定特征 2. 天然矿产或化工原料	工业原料及其他添加剂
35	天青石 $SrSO_4$ Celestite	1. 斜方 2. 板状 3. {001}、{210}完全，{010}不完全	1. 1.6232 2. 1.6325 3. 1.6215	1. 透明 2. 无色至浅色	2. 平行消光 3. $Ng//a$ $Nm//b$ $Np//c$	1. 正 2. 50°25′ 3. $r<v$，强	1. 3~3.5 2. 3.907 3. 1605	2. 天然矿产	陶瓷釉原料
36	阳起石 $CaMg_5[Si_4O_{11}](OH)_2$ （90%~70%） $CaFe_5[Si_4O_{11}](OH)_2$ （10%~30%） Actinolite	1. 单斜 2. 柱状、针状 3. {110}完全	1. 1.625~1.665 2. 1.64~1.68 3. 1.616~1.655	1. 透明 2. 有色 3. Np浅黄色，Nm浅绿色，Ng祖母绿	2. 斜消光 3. $Ng\wedge c=$17° $Nm//b$	1. 负 2. 75°~88° 3. $r<v$	1. 6~6.5 2. 3.1~3.3	1. 晶形、颜色为多色性、斜消光、消光角 2. 天然矿产	同 33
37	硅灰石 $CaO\cdot SiO_2$ Wollastonite	1. 三斜 2. 柱状、针状、板状、纤维状、放射状集合体 3. {100}简单、聚片双晶	1. 1.632 2. 1.634 3. 1.620	1. 透明 2. 无色	2. 斜消光 3. $Ng\wedge a=$34°~39° $Np\wedge c=$28°~34° $Nm\wedge b=$3°~5° 4. 正或负	1. 负 2. 38°~60° 3. $r>v$	1. 4.5~5 2. 2.915 3. 1540	1. 晶形、延性、斜消光 2. 天然矿产	1. 普通陶瓷原料 2. 硅灰石瓷原料 3. 玻璃原料 4. 各种填料
38	重晶石 $BaSO_4$ Barite	1. 斜方 2. 板状 3. {001}、{210}完全，{010}不完全	1. 1.6373 2. 1.6484 3. 1.6363	1. 透明 2. 无色或浅色	2. 平行消光 3. $Nm=b$ $Ng=a$	1. 正 2. 37°21′	1. 3~3.5 2. 4.50 3. 1580	1. 比重大、晶形、突起、平行消光、二轴正晶 2. 天然矿产	1. 水泥原料添加剂 2. 光学玻璃原料

（续表）

序号	矿物名称 1.中文名 2.化学式 3.英文名	结晶习性 1.晶系 2.形态 3.解理 4.双晶	偏光显微镜下的光学性质				其他物理性质 1.硬度(莫氏) 2.密度(g/cm³) 3.熔点(℃)	鉴定特征及出处	工业用途
			折射率 1.Nm(No N) 2.Ng(Ne) 3.Np(Ne)	吸收性质 1.透明度 2.颜色 3.多色性	干涉性质 1.光性方位 2.消光类型 3.消光角 4.延性	聚敛光性质 1.光性符号 2.光轴角 2.色散			
								1.鉴定特征 2.天然矿产或产化工原料	工业原料及其他添加剂
39	红柱石 Al₂O₃·SiO₂ Andalusite	1.斜方 2.四方柱状 3.{110}完全,解理角 90°48′	1. 1.639~1.671 2. 1.645~1.693 3. 1.634~1.662	1.透明 2.无色或粉红色 3.有	2.平行消光	1.负 2. 71°~86° 3. r>v	1. 2.00 2. 3.1~3.2 3. 1350℃(分解)	1.薄片厚,呈多色性:Np玫瑰红,Nm无色或黄色,Ng无色或黄色,负延性 2.天然矿产	1.莫来石质及高铝质耐火材料原料,特种陶瓷原料
40	镁橄榄石 2MgO·SiO₂ Forsterite	1.斜方 2.粒状,短柱状 3.{010},{100}不完全 4.简单或聚片	1. 1.651 2. 1.670 3. 1.635	1.透明 2.无色	2.平行消光 3. Ng∥a Np∥b Nm∥c 4.正	1.正 2. 82°~90° 3. r>v	1. 6.5~7.2 2. 3.2~3.33 3. 1890	1.突起,平行消光,干涉色二级以上 2.天然矿产	1.镁橄榄石耐火制品原料 2.镁橄榄石瓷主晶相
41	顽火辉石 MgSiO₃ Enstatite	1.斜方 2.短柱状 3.{110}中等,{110}∧{1̄10}=88°	1. 1.653 2. 1.658 3. 1.650	1.透明 2.无色	2.平行消光	1.正 2. 55° 3. r<v	1. 5.5 2. 3.10~3.3	1.在990℃以下稳定,平行消光,干涉色低 2.天然矿产	1.镁质耐火材料,老化滑石瓷的主要组成矿物
42	锂辉石 Li₂O·Al₂O₃·4SiO₂ Spodumene	1.单斜 2.柱状 3.{110}中等,解理角 87°	1. 1.655~1.672 2. 1.662~1.679 3. 1.648~1.663	1.透明 2.无色	2.斜消光 3. Np=b Ng∧c=22°	1.正 2. 53° 3. r<v,水平	1. 6~7 2. 3.0~3.2 3. 1380	1.晶形,解理,延光,消光角,延性 2.天然矿产	1.制造锂硅酸盐微晶玻璃的原料 2.提供锂的原料

（续表）

序号	矿物名称 1. 中文名 2. 化学式 3. 英文名	结晶习性 1. 晶系 2. 形态 3. 解理 4. 双晶	偏光显微镜下的光学性质				其他物理性质 1. 硬度（莫氏） 2. 密度（g/cm³） 3. 熔点（℃）	鉴定特征及出处	工业用途
			折射率 1. $Nm(NoN)$ 2. $Ng(Ne)$ 3. $Np(Ne)$	吸收性质 1. 透明度 2. 颜色 3. 多色性	干涉性质 1. 光性方位 2. 消光类型 3. 消光角 4. 延性	聚敛光性质 1. 光性符号 2. 光轴角 2. 色散			工业原料及其他添加剂 1. 鉴定特征 2. 天然矿产或化工原料
43	方解石 $CaCO_3$ Calcite	1. 三方 2. 等粒状菱面体、复方偏三角面体 3. {10$\bar1$0}极完全	1. 1.658 4 2. 1.486 4	1. 透明 2. 无色	2. 平行消光	1. 负 2. 0°	1. 3.00 2. 2.71 3. 900℃（分解）	1. 闪突起，高级白干涉色，双晶纹平行菱形，长对角线 2. 天然矿产	1. 硅酸盐水泥、高铝质耐火材料的碱性耐火材料的原料 2. 普通陶瓷的原料 3. 硅酸盐玻璃的原料 4. 电石 5. 冶金熔剂
44	硅线石 $\alpha\text{-}Al_2O_3 \cdot SiO_2$ Sillimanite	1. 斜方 2. 长柱状、针状、纤维状、束状 3. {010}完全	1. 1.658 2. 1.673 3. 1.654	1. 透明 2. 无色	2. 平行消光 3. $Np//a$ 　$Nm//b$ 　$Ng//c$ 4. 正延性	1. 正 2. 21°~30° 3. $r>v$，强	1. 6~7 2. 3.23~3.27 3. 1816℃ 1545℃变为莫来石	1. 晶形、延性平行消光 2. 天然矿产	1. 高温膨胀剂 2. 耐火材料原料 3. 陶瓷原料
45	普通辉石 (Ca,Fe,Mg) (Mg,Fe,Al) $(Si,Al)_2O_6$ Augite	1. 单斜 2. 短柱状 3. {110}完全，解理角 87°	1. 1.672~ 　1.750 2. 1.694~ 　1.772 3. 1.671~ 　1.743	1. 透明 2. 无色或浅色	2. 平行消光、斜消光 3. $Np \wedge a=$ 　22°~30° 　$Ng \wedge c=$ 　38°~48° 　$Nm=b$	1. 正 2. 58°~61°	1. 5.5~6.0 2. 3.23~3.52 3. 930~1428	1. 与普通角闪石的区别为：消光角较大，2V小，无多色性，解理夹角为 87° 2. 天然矿产	1. 铸石原料——辉绿石的主要组成矿物 2. 建筑陶瓷原料之一—辉长岩的主要组成矿物

（续表）

序号	矿物名称	结晶习性	偏光显微镜下的光学性质				其他物理性质	鉴定特征及出处	工业用途
			折射率	吸收性质	干涉性质	聚敛光性质			
	1. 中文名 2. 化学式 3. 英文名	1. 晶系 2. 形态 3. 解理 4. 双晶	1. $Nm(No\ N)$ 2. $Ng(Ne)$ 3. $Np(Ne)$	1. 透明度 2. 颜色 3. 多色性	1. 光性方位 2. 消光类型 3. 消光角 4. 延性	1. 光性符号 2. 光轴角 3. 色散	1. 硬度（莫氏） 2. 密度（g/cm³） 3. 熔点（℃）	1. 鉴定特征 2. 天然矿产或化工原料	工业原料及其他添加剂
46	透辉石 $CaO \cdot MgO \cdot 2SiO_2$ Diopside	1. 单斜 2. 短柱状、粒状、放射状 3. {110}完全 {110}∧{110}=87° 4. 简单或聚片双晶	1. 1.672 2. 1.695 3. 1.666	1. 透明 2. 无色	2. 斜消光，对称消光 3. $Nm \parallel b$ $Ng \wedge c =$ 13°～34°	1. 正 2. 85°～53° 3. $r>v$ 弱等	1. 5.5～6 2. 3.27～3.38	同45	同45
47	白云石 $CaMg(CO_3)_2$ Dolomite	1. 三方 2. 菱形或柱状 3. {10$\bar{1}$0}完全	1. 1.679 3. 1.502	1. 透明 2. 无色	2. 平行消光	1. 负 2. 0°	1. 3.5～4.00 2. 2.85	1. 闪突起、高级白干涉色，无双晶，折射率高于方解石 2. 天然矿产	1. 白云石耐火材料主要原料 2. 硅酸盐玻璃 3. 陶瓷镁质釉
48	工业氧化铝 $\gamma\text{-}Al_2O_3$ Industrial alumim	1. 等轴 2. 粒状、八面体	1. 1.696	1. 透明 2. 无色			2. 3.47 3. 1000℃转变为$2Al_2O_3$	1. 高正突起、粒状、均质体 2. 天然矿产	1. 刚玉砖、莫来石砖、AZS砖、高铝瓷、氧化铝砖的主要原料 2. 普通陶瓷和高铝水泥的原料
49	菱镁矿 $MgCO_3$ Magnesite	1. 三方 2. 粒状、菱形 3. {10$\bar{1}$0}完全	1. 1.700 3. 1.509	1. 透明 2. 无色、白色	2. 平行消光	1. 负 2. 0°	1. 4.00 2. 3.00 3. 1500～1600℃形成MgO	1. 与方解石、白云石的区别是：双晶和折光率较大 2. 天然矿产	1. 镁质耐火材料 2. 烧结镁砂 3. 玻璃制品 4. 镁质陶瓷
50	菱锌矿 $ZnCO_3$ Smithsonite	1. 三方 2. 菱面体 3. {10$\bar{1}$0}完全	1. 1.848 2. 1.621	1. 透明 2. 无色		1. 负	1. 4～4.5 2. 4.43	1. 以闪突起及高级干涉色为特征 2. 天然矿产	玻璃工业辅助原料

（续表）

偏光显微镜下的光学性质（包含：折射率、吸收性质、干涉性质、聚敛光性质）

序号	矿物名称 1.中文名 2.化学式 3.英文名	结晶习性 1.晶系 2.形态 3.解理 4.双晶	折射率 1.$Nm(No\ N)$ 2.$Ng(Ne)$ 3.$Np(Ne)$	吸收性质 1.透明度 2.颜色 3.多色性	干涉性质 1.光性方位 2.消光类型 3.消光角 4.延性	聚敛光性质 1.光性符号 2.光轴角 3.色散	其他物理性质 1.硬度(莫氏) 2.密度(g/cm³) 3.熔点(℃)	鉴定特征及产出处	工业用途
序号	1.中文名 2.化学式 3.英文名	1.晶系 2.形态 3.解理 4.双晶	1.$Nm(No\ N)$ 2.$Ng(Ne)$ 3.$Np(Ne)$	1.透明度 2.颜色 3.多色性	1.光性方位 2.消光类型 3.消光角 4.延性	1.光性符号 2.光轴角 3.色散	1.硬度(莫氏) 2.密度(g/cm³) 3.熔点(℃)	鉴定特征	
51	氧化钇 Y_2O_3 Yttrium oxide	1.等轴 2.长板状 3.无	1. 1.91	1.透明 2.无色			1. 4.84 3. 2410	1.晶形、突起、均质体 2.化工原料	1.与ZrO_2一起制造高级特种耐火材料 2.特种陶瓷的添加剂
52	菱铁矿 $FeCO_3$ Siderite	1.三方 2.六角偏三角面体,粒状,柱状,纤维状 3.{10$\bar1$0}完全 4.{01$\bar1$2}聚片双晶	1. 1.875 　 1.960 3. 1.633	1.透明,浅 2.无色、浅黄棕色,带色 $Ne<No$	4. 负延性	1. 负 2. 0°	1. 4.00~4.5 2. 3.95	1.折光率及重折率比一般碳酸盐矿物高、带色 2.天然矿产	工业原料及其他添加剂
53	锆英石 $ZrSiO_4$ Zircon	1.四方 2.四方柱与四方双锥聚形 3.{110}不完全	1. 1.923~1.960 2. 1.968~2.015	1.透明 2.无色或黄褐色	2.平行消光 4.正延性	1. 正 2. 0°	1. 7.5 2. 4.6~4.71 3. 2250	1.以极高正突起、Ⅱ~Ⅳ级干涉色、一轴正晶、柱状、具锥面等为特征 2.天然矿产	1.AZS耐火砖的原料 2.陶瓷的乳浊剂 3.玻璃的改性添加剂
54	氧化钡 BaO Barium oxide	1.等轴 2.立方体 3.(100)完全	1. 1.98	1.透明 2.无色			1. 3.3 2. 5.72 3. 1923	1.晶形、解理、突起、均质体 2.化工原料	1.玻璃的熔剂原料 2.钡玻璃的主要原料之一
55	铬铁矿 $FeO\cdot Cr_2O_3$ Chromite	1.等轴 2.八面体 3.无	1. 2.12	1.半透明 2.褐色			1. 5.5 2. 5.09 3. >1800 　 (2250℃)	1.晶形、不透明或半透明 2.天然矿产、常与$FeAl_2O_4$构成固溶体	1.制备铬质耐火材料的原料 2.特种陶瓷的原料

（续表）

序号	矿物名称 1. 中文名 2. 化学式 3. 英文名	结晶习性 1. 晶系 2. 形态 3. 解理 4. 双晶	偏光显微镜下的光学性质				其他物理性质 1. 硬度(莫氏) 2. 密度(g/cm³) 3. 熔点(℃)	鉴定特征及出处	工业用途
			折射率 1. $Nm(No\ N)$ 2. $Ng(Ne)$ 3. $Np(Ne)$	吸收性质 1. 透明度 2. 颜色 3. 多色性	干涉性质 1. 光性方位 2. 消光类型 3. 消光角 4. 延性	聚敛光性质 1. 光性符号 2. 光轴角 3. 色散			
56	闪锌矿 ZnS Sphalerite	1. 等轴 2. 四面体、十二面体 3. 解理完全	1. 2.368	1. 透明 2. 无色			1. 3.5～4 2. 4.04	1. 晶形、均质、高折射率 2. 天然矿产	工业原料及其他添加剂
57	钙钛矿 CaO·TiO$_2$ Perovskite	1. 假等轴 2. 八面体、立方体很少 3. {001}不完全	1. 2.38	1. 透明 2. 无色、棕色、黄色			1. 5.5 2. 4.10 3. 1915	1. 极高突起、常有弱干涉色、反射率15% 2. 天然原料	功能敏感陶瓷的工业原料
58	金刚石 C Diamond	1. 等轴 2. 等粒状、菱形十二面体、立方体	1. 2.4195	2. 褐黑色、橙色、绿色、无色			1. 10 2. 3.51	1. 均质体、突起高、硬度大 2. 天然矿产、人工合成	矿物原料
59	磁铁矿 Fe·Fe$_2^{3+}$O$_4$ Magnetite	1. 等轴 2. 八面体、菱形十二面体 3. 解理完全	1. 2.43	2. 铁黑色			1. 5.5～6.5 2. 5.14 3. 1594	1. 均质体、强磁性、不透明 2. 天然矿产	铸石原料组成矿物
60	金红石 α-TiO$_2$ Rutile	1. 四方 2. 柱状、针状 3. ⟨110⟩中等、⟨100⟩完全 4. 依{001}成双晶	1. 2.6211 2. 2.9085	1. 透明 2. 棕、红或色 3. 多色性有，$No<Ne$	2. 平行消光	1. 正 2. 0°	1. 6～6.5 2. 4.23 3. 1825	1. 高折射率、晶形、颜色、平行消光 2. 天然原料、化工原料	制造电子陶瓷、金红石瓷、钛酸钡瓷、四钛酸钡，以及其他含钛陶瓷的原料
61	密陀僧 PbO Litharge	1. 四方 2. 厚板状 3. {110}完全	1. 2.655 2. 2.535	1. 半透明 2. 亮橙色、红、橙	2. 平行消光	1. 负 2. 0°	1. 2.00 2. 9.13 3. 888	1. 晶形、折射率、半透明、颜色 2. 化工原料	玻璃的澄清剂

附录 T　无机材料中常见的矿物的光学性质一览表[9]

序号	矿物名称 化学式 英文名	结晶习性 1.晶系 2.晶形 3.解理 4.双晶	折射率 1.Nm(No N) 2.Ng(Ne) 3.Np(Ne)	透明度 颜色 多色性(吸收性)	光性方位 1.消光类型 2.消光角 3.延性符号	锥光性质 1.光性符号 2.光轴角 3.色散	其他性质 1.密度(g/cm³) 2.硬度(莫氏) 3.熔点(℃) 4.反射率	识别特征	无机材料制品中出现处及其主要特征
1	萤石 (氟石) CaF_2 Fluorite	1.等轴 2.立方体、八面体、粒状 3.(111)完全 4.依(111)	1. 1.434	1.透明 2.无色 (有时带浅绿、浅紫)			1. 3.18 2. 4 3. 1360	高负突起，解理多组发育，均质体	1.出现在高氟的矿渣中 2.钢渣中也常出现
2	钙矾石 (高硫型水化硫铝酸钙) $3CaO \cdot Al_2O_3 \cdot 3CuSO_4 \cdot 30\sim32H_2O$	1.三方 2.假六方柱状、针状 3.(10Ī0)完全	1. 1.464 2. 1.458	1.透明 2.无色	1.平行消光 3.负	1.负 2. 0°	1. 1.73~1.77 2. 2~2.5 3. 1000℃脱水成无水硫铝酸钙	针状晶形，高负突起，一级灰白干涉色	水泥水化产物，存在于混凝土制品中，呈棱柱状
3	鳞石英 SiO_2 Tridymite	1.斜方 2.六方晶系，假象矛头状，雪花状、片状 4.矛头双晶	1. 1.469 2. 1.473 3. 1.469	1.透明 2.无色	1.平行消光 2. $Ng \wedge c$ $Nm \wedge a$ 3.正	1.正 2. 35°	1. 2.27 2. 6.5 3. 1470℃转变为方石英	晶形，高负突起，一级灰白干涉色，矛头双晶，简单双晶	1.多晶转变成的呈鳞片状，具矛齿双晶，存在于硅砖、玻璃的硅砖结石 2.重结晶长大的呈长板状、管柱状，具简单双晶，存在于蚀变硅石英带、玻璃的硅砖结石 3.熔体中析晶的呈羽毛状、呈雪花状，存在于玻璃的析晶结石及其他析晶，玻璃中析晶，陶瓷及耐火制品的玻璃相中

（续表）

序号	矿物名称 化学式 英文名	结晶习性 1. 晶系 2. 晶形 3. 解理 4. 双晶	透射光下光学性质 折射率 1. Nm(No N) 2. Ng(Ne) 3. Np(Ne)	吸收性 1. 透明度 2. 颜色 3. 多色性(吸收性)	光性方位 1. 消光类型 2. 消光角 3. 延性符号	锥光性质 1. 光性符号 2. 光轴角 3. 色散	其他性质 1. 密度(g/cm³) 2. 硬度(莫氏) 3. 熔点(℃) 4. 反射率	识别特征	无机材料制品中出现及其主要特征
4	三氧化二硼 (氧化硼) B_2O_3 Boric oxide	1. 等轴	1. 1.474	1. 透明 2. 无色			1. 1.83~1.88 3. 1500		1. 硼酸盐玻璃原料 2. 硼质添加剂
5	无水芒硝 Na_2SO_4 Thenardite	1. 斜方 2. 短柱状、厚板状	1. 1.477 2. 1.484 3. 1.471	1. 透明 2. 无色、浅灰色		1. 正 2. 83°35' 3. r>v,弱	1. 2.5~3.0 2. 2.66	晶形,负突起	玻璃中粉料结石,呈纺锤状、鱼雷状、水花状
6	方石英 SiO_2 Cristobalite	1. 斜方 2. 高温立方体假象 3. 无 4. (111)穿插双晶	1. 1.487 2. 1.487 3. 1.484	1. 透明 2. 无色	1. 平行消光,玻璃结石中呈十字形消光	1. 负 2. 0°~40°	1. 2.32 2. 6~7 3. 1713	晶形,负突起,一级灰干涉色	1. 多晶转变成的呈蜂巢状、脉状,存在于硅砖蚀变硅砖、渐变硅砖变带、玻璃的硅砖结石,高硅质细瓷及含石英的陶瓷和耐火材料中 2. 重结晶长大的呈素粒状、排列规则的硅砖晶变带、玻璃的硅砖结石 3. 熔体中析晶的呈骸晶、呈十字骨架晶、航船状,存在于玻璃析晶结石、蚀变硅砖结石周围玻璃和其他制品的玻璃相中的析晶中

（续表）

序号	矿物名称 化学式 英文名	结晶习性 1.晶系 2.晶形 3.解理 4.双晶	折射率 1.$Nm(No\ N)$ 2.$Ng(Ne)$ 3.$Np(Ne)$	吸收性 1.透明度 2.颜色 3.多色生(吸收性)	光性方位 1.消光类型 2.消光角 3.延性符号	锥光性质 1.光性符号 2.光轴角 3.色散	其他性质 1.密度(g/cm³) 2.硬度(莫氏) 3.熔点(℃) 4.反射率	识别特征	无机材料制品中出处及其主要特征
7	黝方石 $4Na_2O\cdot 3Al_2O_3\cdot 6SiO_2\cdot SO_3$ Nosean	1.等轴 2.菱形十二面体粒状 3.(110)不完全	1.486~ 1.494	2.无色、灰白、蓝棕或黑色			1.2.3~2.4 2.5.5 3.熔度2.5	负突起、均质体、出处及共生矿物	玻璃熔窑碎煤道中黏土砖与SO_3反应生成的蚀变产物
8	蓝方石 $(Na,Ca)_{4\sim8}Al_6Si_6$ $(O,S)_{24}(SO_4Cl)_{1\sim2}$ Hauynete	1.等轴 2.菱形十二面体 3.(110)不完全 4.有	1.1.496	2.黄、红、蓝、绿			1.2.4~2.5 2.5~6 3.熔度4.5	负突起、均质体、出处及共生矿物	玻璃熔窑碎煤道中黏土砖与SO_3反应生成的蚀变产物
9	单硫型水化硫酸铝钙 $3CaO\cdot Al_2O_3\cdot$ $CaSO_4\cdot 12H_2O$ Monosulphate	1.三方 2.假六方板状	1.1.504 2.1.488	1.透明 2.无色	1.平行消光 3.正	1.负 2.0°	1.1.95	负突起、晶形、干涉、色高于钙矾石	水泥水化产物,存在于混凝土制品中,呈板状或花朵状
10	白榴石 $K_2O\cdot Al_2O_3\cdot 4SiO_2$ Leucite	1.四方(假等轴) 2.四角三八面体 4.复杂聚片	1.1.508 2.1.509	1.透明 2.无色		1.正 2.0°	1.2.47 2.5.5~6 3.1686	负突起、四角三八面体、具复杂聚片双晶、干涉色微弱	1.玻璃熔窑用铝硅质耐火砖与含钾玻璃反应生成的蚀变产物 2.高炉炉衬 3.酸性冶金炉渣
11	硅酸钠 $Na_2O\cdot 2SiO_2$ Sodium silicate	1.单斜 2.板状 3.(100)完全、(010)中等 4.有{100}双晶	1.1.510 2.1.515 3.1.500	1.透明 2.无色	1.平行消光	1.负 2.48°	1.2.60	负突起、一级橙黄干涉色	1.低温结合无机材料制品中水玻璃脱水产物 2.玻璃结石

（续表）

序号	矿物名称 化学式 英文名	结晶习性 1.晶系 2.晶形 3.解理 4.双晶	透射光下光学性质 折射率 1.Nm(No N) 2.Ng(Ne) 3.Np(Ne)	吸收性 1.透明度 2.颜色 3.多色性（吸收性）	光性方位 1.消光类型 2.消光角 3.延性符号	锥光性质 1.光性符号 2.光轴角 3.色散	其他性质 1.密度(g/cm³) 2.硬度(莫氏) 3.熔点(℃)(熔度) 4.反射率	识别特征	无机材料制品中出处及其主要特征
12	透锂长石 $Li_2O \cdot Al_2O_3 \cdot 8SiO_2$ Petalite	1. 单斜 2. 板状 3. (001)(201)完全	1. 1.510 2. 1.516 3. 1.504	1. 透明 2. 无色	1. 斜消光 2. $Ng=b$ $Np \wedge c = 2° \sim 6°$ $Nm \wedge c = 24° \sim 30°$ 3. 负	1. 正 2. 83°34′ 3. 交错色散，$r < v$，弱	1. 2.42 2. 6~6.5 3. 950℃分解	负突起，负延性，斜消光	锂铝硅微晶玻璃组成矿物
13	三斜霞石 $Na_2O \cdot Al_2O_3 \cdot 2SiO_2$ Carnegieite	1. 三斜 2. 板状、针状 3. 无 4. 聚片双晶	1. 1.514 2. 1.514 3. 1.509	1. 透明 2. 无色	1. 斜消光	1. 负 2. 12°~15°	1. 2.51 3. 1512	晶形、双晶、斜消光，二轴晶负光性	1. 玻璃中耐材析晶结石 2. 玻璃窑蚀变铝硅质及AZS砖的反应带 3. 白色电熔刚玉中少量存在
14	水化铝酸二钙 $2CaO \cdot Al_2O_3 \cdot 6H_2O$ Dicalcium aluminate hydrate	1. 六方 2. 六方片状、纤维状	1. 1.520 3. 1.502	1. 透明 2. 无色	1. 平行消光	1. 负 2. 0°		晶形、负突起平行消失，一轴晶负晶	水泥的水化产物，存在于硅酸盐水泥制品中
15	石膏 $CaSO_4 \cdot 2H_2O$ Gypsum	1. 单斜 2. 板状、针状 3. (010)完全，(100)($\bar{1}$11)不完全 4. 简单	1. 1.5226 2. 1.5296 3. 1.5205	1. 透明 2. 无色	1. 斜消光 2. $Np \wedge c = 5°$	1. 正 2. 58° 3. 倾斜色散，$r > v$，强	1. 2.32 2. 2 3. 120℃脱水3/4变成半水石膏	晶形、负突起双晶，斜消光，消光角小	1. 硅酸盐水泥缓凝剂 2. 陶瓷工业注浆模模具

（续表）

序号	矿物名称 化学式 英文名	结晶习性 1.晶系 2.晶形 3.解理 4.双晶	折射率 1.$Nm(No\ N)$ 2.$Ng(Ne)$ 3.$Np(Ne)$	透射光下光学性质				其他性质 1.密度(g/cm^3) 2.硬度(莫氏) 3.熔点(℃) 4.反射率	识别特征	无机材料制品中出现及其主要特征
				吸收性 1.透明度 2.颜色 3.多色性(吸收性)	光性方位 1.消光类型 2.消光角 3.延性符号	锥光性质 1.光性符号 2.光轴角 3.色散				
16	钾长石 $K_2O \cdot Al_2O_3 \cdot 6SiO_2$ Orthoclase	1.单斜 2.短柱状 3.(001)完全,(010)中等	1.1.523 2.1.524 3.1.519	1.透明 2.无色	1.斜消光 2.$Np \wedge c = 3° \sim 12°$ $Nm \wedge c = 14° \sim 23°$	1.负 2.44°~84°	1.2.56 2.6 3.1170	晶形,负突起,斜消光	1.玻璃耐材析晶矿物 2.富钾玻璃耐蚀铝硅质耐火材料
17	块磷铝矿 (磷酸铝) $AlPO_4$ Berliuite	1.三方 3.无解理	1.1.5235 (1.527) 2.1.529 (1.530)	1.透明			3.1460		磷酸结合高铝质耐火材料
18	锂霞石 $Li_2O \cdot Al_2O_3 \cdot 2SiO_2$ Lithium nephelite	1.六方 3.无	1.1.524 2.1.5195	1.透明 2.无色	1.平行消光	1.负 2.0°	1.2.35~2.67 3.1397℃分解	晶形突起,平行消光	1.锂铝硅酸热敏微晶玻璃组成矿物 2.含锂玻璃熔窑容变铝硅质耐火材料
19	钠长石 $Na_2O \cdot Al_2O_3 \cdot 6SiO_2$ Albite	1.三斜 2.板状 3.(001)(010)完全 4.聚片	1.1.533~1.540 2.1.539~1.545 3.1.528~1.535	1.透明 2.无色	1.斜消光 2.(010)方向7°~20°,(001)方向3°	1.正 2.75°~83°	1.2.382 2.6~6.5 3.1118±3℃	突起,解理聚片双晶,斜消光	1.玻璃熔窑容变耐火材料 2.玻璃耐材析晶矿物
20	霞石 $Na_2O \cdot Al_2O_3 \cdot 2SiO_2$ Nepletine	1.六方 2.柱状,板状 3.(0001)(10$\bar{1}$1)不完全	1.1.532~1.547 3.1.529~1.542	1.透明 2.无色	1.平行消光	1.负 2.0°	1.2.619 2.5~6 3.1526℃ 1254℃转变为三斜型	解理不完全,突起极低,干涉色一级灰,一轴晶负光性	1.高炉矿渣 2.玻璃耐材中析晶矿物 3.铝硅质耐火材料蚀变带 4.浮法玻璃熔窑锡槽底部黏土砖反应带

（续表）

序号	矿物名称 化学式 英文名	结晶习性 1.晶系 2.晶形 3.解理 4.双晶	透射光下光学性质 折射率 1.$Nm(No\,N)$ 2.$Ng(Ne)$ 3.$Np(Ne)$	吸收性 1.透明度 2.颜色 3.多色性(吸收性)	光性方位 1.消光类型 2.消光角 3.延性符号	锥光性质 1.光性符号 2.光轴角 3.色散	其他性质 1.密度(g/cm^3) 2.硬度(莫氏) 3.熔点(℃) 4.反射率	识别特征	无机材料制品中出现及其主要特征处
21	钾霞石 $K_2O \cdot Al_2O_3 \cdot 2SiO_2$ Kaliophilite	1. 斜方(假六方) 2. 针状、板状 3. (001)(010)完全	1. 1.536 2. 1.537 3. 1.528	1. 透明 2. 无色	1. 平行消光 2. $Ng=a$ $Nm=b$	1. 负 2. 40°	1. 2.6 2. 6 3. 1800	突起极低、干涉色与石英相似,二轴晶负光性	1. 高炉矿渣 2. 富钾玻璃中析晶矿物
22	水化铝酸四钙 $4CaO \cdot Al_2O_3 \cdot 12H_2O$ Tetracalcium aluminate hydrate	1. 六方 2. 片状、纤维状	1. 1.538 2. 1.514	1. 透明 2. 无色	1. 平行消光 2. 正	1. 负 2. 0°		低负突起、正延性,平行消光、一轴晶负光性	水泥水化产物,存在于水硅酸盐水泥制品中
23	堇青石 $2MgO \cdot 2Al_2O_3 \cdot 5SiO_2$ Cordierite	1. 斜方(假六方) 2. 柱状 3. (010)完全,(100)(001)不完全	1. 1.539 2. 1.543 3. 1.534	1. 透明 2. 无色、浅色	1. 平行消光 2. $Ng=b$ $Np=c$	1. 正 2. 70°~100°	1. 2.57~2.66 2. 7~7.5 3. 1200℃	极低负突起、常见三连晶或双晶平行消光	1. 堇青石瓷主晶相 2. 镁硅砖、镁铝砖等耐火材料 3. 镁质和白云石质耐火砖侵蚀变工作带 4. 高级电瓷、电熔刚玉 5. 玻璃中耐火砖结石
24	石英 SiO_2 Quartz	1. 三方 2. 粒状、柱状 3. 无	1. 1.544 2. 1.553	1. 透明 2. 无色	1. 波状消光	1. 正 2. 0°	1. 2.65 2. 7 3. 1713	低正突起、干涉色一级黄白,无双晶,波状消光、一轴晶正光性	1. 硅砖中残留孤岛状颗粒 2. 玻璃中石英粉料结石,熔融电裂纹 3. 普通陶瓷和电瓷的组成矿物相 4. 黏土砖、半硅砖、铬硅砖、叶蜡石砖中均会出现

（续表）

序号	矿物名称 化学式 英文名	结晶习性 1.晶系 2.晶形 3.解理 4.双晶	透射光下光学性质 折射率 1. Nm(No N) 2. Ng(Ne) 3. Np(Ne)	吸收性 1.透明度 2.颜色 3.多色性(吸收性)	光性方位 1.消光类型 2.消光角 3.延性符号	锥光性质 1.光性符号 2.光轴角 3.色散	其他性质 1.密度(g/cm³) 2.硬度(莫氏) 3.熔点(熔度)(℃) 4.反射率	识别特征	无机材料制品中出现处及其主要特征
25	氟金云母 $KMg_3Si_3AlO_{10}F_2$ Phlogopite	1.单斜 2.柱状、片状 3.(001)完全	1. 1.545 2. 1.547 3. 1.519	1.透明 2.无色	1.斜消光 2. $Np=b$ $Ng \wedge c=0 \sim 3°$	1.负 2. $9° \sim 14°$ 3. $r<v$,弱	1. 2.85 2. 2.5~3	晶形、低正突起、近平行消光、二轴负晶	1. 云母瓷的主晶相 2. 可切削微晶玻璃的主晶相
26	氟金云母 $KMg_3F_2AlSi_3O_{10}$ Phlogopite	1.三方 2.长条状、片状 3.(0001)完全	1. 1.549 2. 1.545	1.透明 2.无色	1.平行消光 3.正	1.负 2. 0°		晶形、低正突起、平行消光、一轴负晶	云母瓷的主晶相
27	水镁石 $Mg(OH)_2$ Bucoite	1.六方 2.厚板状 3.(0001)完全	1. 1.559 2. 1.580	1.透明 2.无色	1.平行消光	1.正 2. 0°	1. 2.3~2.4 2. 2.5 3. 400℃以上脱水	具有异常的红褐干涉色、片状	方镁石的水化产物
28	水铝氧石 $Al(OH)_3$ Gibbsite	1.单斜 2.六边形板状、针状 3.(001)完全	1. 1.566 2. 1.587	1.透明 2.无色	1.斜消光 2. $Np=b$ $Ng \wedge c=25°$	1.正 2. 0°	1. 2.40 2. 2.5~3.5	六方板状、针状晶形、斜消光	高水泥水化物之一
29	硫铝酸钙(无水) $3CaO·Al_2O_3·CaSO_4$ Calcium Aluminosulphate	1.等轴 2.细粒状	1. 1.568	1.透明 2.无色			1. 2.61 3. 1350℃分解为C_3A	粒状、低正突起、均质体	硫铝酸盐水泥熟料主晶相之一
30	失透石 $Na_2O·3CaO·6SiO_2$ Devirite	1.斜方 2.柱状、针状	1. 1.570 2. 1.579 3. 1.564	1.透明 2.无色	1.平行消光 3.正	1.正 2. 75°	3. 1045℃分解	正突起、针状、常见扫帚状、束状集合体、正延性	钠钙硅酸盐玻璃常见的析晶矿物
31	托勃莫来石 $5CaO·6SiO_2·nH_2O$ Tobermorite	1.三斜 2.片状 3.(010)完全、(100)中等	1. 1.571 2. 1.575 3. 1.570	1.透明 2.无色	2. $Np=c$ $Nm=c$	1.正 2.小	1. 2.44 2. 2.5	片状、近平行消光、二轴正晶	硅酸盐水泥熟料的水化产物

（续表）

序号	矿物名称 化学式 英文名	结晶习性 1.晶系 2.晶形 3.解理 4.双晶	透射光下光学性质 折射率 1.$Nm(No\ N)$ 2.$Ng(Ne)$ 3.$Np(Ne)$	吸收性 1.透明度 2.颜色 3.多色性(吸收性)	光性方位 1.消光类型 2.消光角 3.延性符号	锥光性质 1.光性符号 2.光轴角 3.色散	其他性质 1.密度(g/cm^3) 2.硬度(莫氏) 3.熔点(℃)(熔度) 4.反射率	识别特征	无机材料制品中出现及其主要特征
32	羟钙石 $Ca(OH)_2$ Portlandite	1.六方 2.板状,片状 3.(0001)完全	1.1.574 2.1.545	1.透明 2.无色	1.平行消光	1.负 2.0°	1.2.23~2.24 2.2.0	无色、中正突起、二级干涉色、空气中吸CO_2成方解石	CaO的水化产物
33	钡长石 $BaO \cdot Al_2O_3 \cdot 2SiO_2$ Celsian	1.单斜 2.片状,长条状 3.(001)(010)	1.1.582 2.1.587 3.1.570	1.透明 2.无色	2.$Ng=b$	1.负 2.50°~53°	1.3.3~3.45 2.6 3.1715	晶形、中正突起、干涉色低、二轴负晶	1.冶金炉矿渣 2.铝硅酸盐微晶玻璃组成矿物
34	钙长石 $CaO \cdot Al_2O_3 \cdot 2SiO_2$ Anorthite	1.三斜 2.板状 3.(010)完全、(001)中等 4.聚片	1.1.583 2.1.588 3.1.575	1.透明 2.无色	1.斜消光 3.负	1.负 2.77°~79°	1.2.758 2.6 3.1550	正突起低、斜消光、聚片双晶	1.骨灰瓷组成矿物之一 2.陶瓷釉层中析晶矿物 3.玻璃熔窑和水泥窑的铝硅质耐火砖演变工作带 4.部分高炉矿渣 5.铸石材料 6.玻璃耐材析晶矿物
35	β-磷酸钙 $CaO \cdot P_2O_5$ Calcium Phosphate	2.板状 3.(010)完全	1.1.587 2.1.596 3.1.573		1.平行消光	1.负 2.80°		板状、中正突起、平行消光、二轴负晶	生物陶瓷的组成矿物之一
36	β-磷酸三钙 $3CaO \cdot P_2O_5$ Tricalcium Phosphate	1.单斜 3.聚片	1.1.588 2.1.589 3.1.586		1.平行消光	1.正 2.75°	1.2.814 3.1720	聚片双晶、平行消光、二轴正晶	1.骨灰瓷组成相之一 2.磷酸钙人造骨瓷主晶相 3.钢渣和磷渣

（续表）

序号	矿物名称 化学式 英文名	结晶习性（1.晶系 2.晶形 3.解理 4.双晶）	透射光下光学性质 折射率（1.Nm(No N) 2.Ng(Ne) 3.Np(Ne)）	吸收性（1.透明度 2.颜色 3.多色性(吸收性)）	光性方位（1.消光类型 2.消光角 3.延性符号）	锥光性质（1.光性符号 2.光轴角 3.色散）	其他性质（1.密度(g/cm³) 2.硬度(莫氏) 3.熔点(℃)(熔度) 4.反射率）	识别特征	无机材料制品中出现及其主要特征
37	枪晶石 3CaO·2SiO₂·CaF₂ Cuspidine	1. 单斜 2. 假菱面体,矛头状 3. (001)完全 4. 聚片	1. 1.595 2. 1.606 3. 1.592	1. 透明 2. 无色,粉色	1. 斜消光 Nm=b 2. Ng∧c=6°	1. 正 2. 63°	1. 2.86~2.98 2. 5~6	晶形,正突起,近平行消光	1. 含氟高炉矿渣、钢渣 2. 冶金炉耐火材料炉衬 3. 烧结矿和球团矿
38	五氧化二磷 P₂O₅ Phasphor oxide	1. 四方	1. 1.599 2. 1.624	1. 透明 2. 无色		1. 正 2. 0°	1. 2.89		1. 生物陶瓷原料 2. 添加剂 3. 晶核剂
39	氟铝酸钙 11CaO·7Al₂O₃·CaF₂ Calcium Fluoaluminate	1. 等轴 2. 粒状,树枝状	1. 1.601~1.605	1. 透明 2. 无色			3. 1500℃分解得 C₃A		1. 氟铝酸钙水泥料主晶相之一 2. 掺萤石烧制的硅酸盐水泥熟料中偶见
40	硅镁石 3Mg₂SiO₄·Mg(F,OH)₂ Humite	1. 斜方 2. 板状 3. (001)不完全	1. 1.605 2. 1.630 3. 1.598	1. 透明 2. 无色,浅色 3. 多色性,有 Nm>Np	1. 平行消光 2. Np=a Ng=b	1. 正 2. 59°	1. 3.2 2. 6 3. 熔度7	晶形,正突起,透明,具有多色性,平行消光,二轴正晶	
41	七铝酸十二钙 12CaO·7Al₂O₃ Calcium alumimate	1. 等轴 2. 圆柱状 3. 无	1. 1.608	1. 透明 2. 无色,浅绿色			1. 3.1~3.15 2. 5 3. 1455	团形颗粒,中正突起,均质体,光片蚀后的颜色	高铝水泥熟料组成矿物之一

（续表）

序号	矿物名称 化学式 英文名	结晶习性 1.晶系 2.晶形 3.解理 4.双晶	透射光下光学性质 折射率 1.Nm(No N) 2.Ng(Ne) 3.Np(Ne)	透射光下光学性质 吸收性 1.透明度 2.颜色 3.多色性(吸收性)	透射光下光学性质 光性方位 1.消光类型 2.消光角 3.延性符号	透射光下光学性质 锥光性质 1.光性符号 2.光轴角 3.色散	其他性质 1.密度(g/cm³) 2.硬度(莫氏) 3.熔点(℃)(熔度) 4.反射率	识别特征	无机材料制品中出处及其主要特征
42	β-磷酸钠钙 Na₂O·2CaO·P₂O₅	2.六方片状	平均 1.6008	1.透明 2.无色	1.平行消光 3.负	1.负 2.0°		晶形、中正突起、集合体形态、一轴负晶	1.含磷平板玻璃中粉料结石 2.高铝冶金炉渣
43	针硅钙石 2CaO·SiO₂·H₂O Hillebrandite	1.斜方 2.针状 3.柱面解理	1.1.610 2.1.612 3.1.605	1.透明 2.瓷白,浅绿	1.平行消光 2.Nm=a Ng=c	1.负 2.42° 3.r>v,强	1.2.69 2.5.5 3.500℃失水成γ-C₂S	晶形、解理颜色、平行消光、二轴负晶	硅酸盐水泥水化产物之一
44	假硅灰石 α-CaO·SiO₂ Pseudo wollastonite	1.三斜 2.六方板状 4.聚片	1.1.611 2.1.654 3.1.610	1.透明 2.无色	1.近平行消光 2.Ng∧a=2° 3.负	1.正 2.0~8°	1.2.905 2.5 3.1540	中正突起、干涉色高、二轴晶正光性、光轴角小	1.玻璃析晶结石 2.硅砖、黏土砖中偶见产物 3.酸性高炉矿渣
45	α-硅钡石 2BaO·2SiO₂ α-Sanbornite	1.斜方 3.(100)(010)(001)三组	1.1.612 2.1.621 3.1.597	1.透明 2.白色	1.平行消光	1.负 2.75°	1.3.73 3.1420	常见两组互相垂直的解理、二级绿干涉色、中正突起、二轴晶负光性	钡硅酸盐玻璃的析晶矿物
46	硅钡石 β-BaO·2SiO₂ β-Sanbornite	1.三斜 3.(001)完全、(010)(100)不完全 4.(010)聚片	1.1.616 2.1.624 3.1.591	1.透明 2.无色	1.斜消光	1.负 2.66°	1.4.19 2.5	依(010)聚片双晶、斜消光、消光角小	钡硅酸盐玻璃析晶矿物
47	二铝酸钙 CaO·2Al₂O₃ Celcium dialuminate	1.单斜 2.棱柱状,纤维状 3.柱面解理	1.1.617 2.1.651 3.1.617	1.透明 2.无色	1.斜消光 2.Ng∧c=39°	1.负 2.35°	2.6.5 3.1765℃(不一致熔融)	晶形、斜消光、干涉色高、光轴角小、反射率较弱、不腐蚀、反射色亮黄	1.铝酸盐水泥熟料组成矿物之一 2.高铝炉渣

（续表）

序号	矿物名称 化学式 英文名	结晶习性 1.晶系 2.晶形 3.解理 4.双晶	透射光下光学性质 折射率 1.Nm(No N) 2.Ng(Ne) 3.Np(Ne)	吸收性 1.透明度 2.颜色 3.多色性(吸收性)	光性方位 1.消光类型 2.消光角 3.延性符号	锥光性质 1.光性符号 2.光轴角 3.色散	其他性质 1.密度(g/cm³) 2.硬度(莫氏) 3.熔点(℃) 4.反射率	识别特征	无机材料制品中出处及其主要特征
48	硅酸钡 2BaO·3SiO₂ Barium silicate	1.斜方 2.粒状 4.聚片	1. 1.625 2. 1.645 3. 1.620	1.透明 2.无色		1.正 2.54°	1. 3.93 3. 1.449		
49	白磷酸钙 3CaO·P₂O₅ Whitlockite	1.六方 2.菱面体	1. 1.629 3. 1.626	1.透明 2.无色,浅黄色	1.平行消光	1.负 2.0°	1. 3.12 2. 5 3. 1350	中正突起、平行消光,干涉色很低	1.磷渣 2.矾渣 3.钢渣
50	硅灰石 β-CaO·SiO₂ Wollastonite	1.单斜 2.柱状、针状、放射状集合体 3.(100)完全	1. 1.629 2. 1.631 3. 1.616	1.透明 2.无色	1.斜消光 2.Nm=b Ng∧a=34°~39° 3.正或负	1.负 2.38°~64° 3.r>v	1. 2.915 2. 4.5~5 3. 1540℃ 1200℃转变为αCS	中正突起,斜消光,延性可正可负,一级干涉色,可成放射状集合体	1.硅灰石瓷主晶相 2.玻璃中析晶矿物 3.蚀变硅砖硅酸盐富集带 4.酸性高炉矿渣 5.磷酸钙人造骨瓷主晶相之一
51	镁黄长石 2CaO·MgO·2SiO₂ Akermanite	1.四方 2.短柱状 3.(001)不完全	1. 1.632 2. 1.639	1.透明 2.无色,浅黄棕色	1.平行消光 3.负	1.正 2.0°	1. 2.95 2. 5~6 3. 1458	墨水蓝异常干涉色、平行消光,负延性,正光性	含镁的高炉渣的主要矿,具钉齿结构或编织结构
52	氟磷灰石 Ca₅(PO₄)₂F Fluorapatite	1.六方 2.长、短柱状 3.(0001)不完全	1. 1.6325 3. 1.630	1.透明 2.无色	1.平行消光 3.负	1.负 2.0°	1. 3.18 2. 5 3.熔度 5	晶形、突起、一级暗灰干涉色,负延性	高磷的高炉矿渣

（续表）

序号	矿物名称 化学式 英文名	结晶习性 1. 晶系 2. 晶形 3. 解理 4. 双晶	透射光下光学性质				其他性质 1. 密度 (g/cm³) 2. 硬度 (莫氏) 3. 熔点 (℃) 4. 反射率	识别特征	无机材料制品中出处及其主要特征
			折射率 1. $Nm(No\ N)$ 2. $Ng(Ne)$ 3. $Np(Ne)$	吸收性 1. 透明度 2. 颜色 3. 多色性（吸收性）	光性方位 1. 消光类型 2. 消光角 3. 延性符号	锥光性质 1. 光性符号 2. 光轴角 3. 色散			
53	磷硅钙石 $5CaO \cdot P_2O_5 \cdot SiO_2$ Silicocarnotite	1. 单斜 2. 假六方	1. 1.636 2. 1.640 3. 1.632	1. 透明 3. 有多色性, $Ng=$天蓝色, $Nm=$浅蓝, $Ng>Nm>Np$, $Np=$无色		1. 负 2. 76°	1. 3.084 2. 4~5 3. 1700~1850	干涉色为一级灰白至黄白, 正吸收	含磷的高炉矿渣和钢渣
54	羟基磷灰石 $Ca_5(PO_4)_3(OH)$ Hydroxylopatite	1. 六方 2. 柱状 3. (0001)中等	1. 1.633~ 1.651 2. 1.630~ 1.644	1. 透明 2. 无色	1. 平行消光 3. 负	1. 负 2. 0°	1. 3.21 2. 5 3. 1540	晶形, 突起, 干涉低, 负延性	1. 羟基磷灰石瓷主晶相 2. 高磷的高炉矿渣
55	钠盖斯密特石 （又名硅磷酸钙） $Ca_3(PO_4)_2 \cdot 2Ca_2SiO_4$ Nagelschmidtite	1. 斜方 2. 板状, 粒状 3. (001)中等, (110)不完全	1. 1.642~ 1.475 2. 1.661~ 1.690 3. 1.652~ 1.680	1. 透明 2. 无色	1. 平行消光	1. 正 2. 0°~20°	1. 3.065 3. 1800~1900	平行消光, 中正突起	存在于含磷的钢渣中

（续表）

序号	矿物名称 化学式 英文名	结晶习性 1.晶系 2.晶形 3.解理 4.双晶	透射光下光学性质				其他性质 1.密度(g/cm³) 2.硬度(莫氏) 3.熔点(℃) 4.反射率	识别特征	无机材料制品中出处及其主要特征
			折射率 1.$Nm(No\,N)$ 2.$Ng(Ne)$ 3.$Np(Ne)$	吸收性 1.透明度 2.颜色 3.多色性(吸收性)	光性方位 1.消光类型 2.消光角 3.延性符号	锥光性质 1.光性符号 2.光轴角 3.色散			
56	莫来石 $3Al_2O_3 \cdot 2SiO_2$ Mulite	1.斜方 2.柱状,针状 3.(010)中等	1.1.644 2.1.654~1.670 3.1.642~1.664	1.透明 2.无色 3.厚片中有多色性	1.平行消光 2.$Ng=c$ $Nm=b$ 3.正	1.正 2.45~50°	1.3.0 2.6 3.1910℃ 1650℃软化	针状、柱状晶体,平行消光,正延性,干涉色低	1.黏土砖、高铝砖及普通陶瓷的主晶相,以细针状或隐晶质存在 2.烧结AZS砖针状主晶相 电熔AZS砖长柱状主晶相 4.莫来石陶瓷及耐火制品的主晶相 5.硅酸质玻璃中耐材制品的析晶矿物 6.再结合刚玉砖的基质
57	硅钙石 $3CaO \cdot 2SiO_2$ Ranhinite	1.单斜 2.粒状 3.不完全	1.1.645 2.1.650 3.1.641	1.透明 2.无色	1.斜消光 2.$Nm=b$ $Np \wedge a =15°$	1.正 2.64°	1.2.86 2.5.5 3.1475℃分解为C_2S	以突起及干涉色区别于C_2S,无解理	1.碱性高炉矿渣 2.偶见硅酸盐水泥熟料
58	γ-硅酸二钙 $2CaO \cdot SiO_2$ Shannonite	1.单斜 2.柱状,纤维状 3.柱状解理 4.无双晶	1.1.645 2.1.654 3.1.642	1.透明 2.无色、浅黄色、棕黄色	1.斜消光 2.$Ng \wedge c =3°$	1.正 2.52~60°	1.2.97 3.2130	中正突起,平行消光,有时斜消光,无双晶,α'-C_2S 转变为 γ-C_2S 时体积膨胀12%,熟料粉化	1.粉化硅酸盐水泥熟料主要矿物,γ-高炉矿渣、平炉、转炉钢渣

（续表）

序号	矿物名称 化学式 英文名	结晶习性 1.晶系 2.晶形 3.解理 4.双晶	透射光下光学性质 折射率 1.Nm(No N) 2.Ng(Ne) 3.Np(Ne)	吸收性 1.透明度 2.颜色 3.多色性(吸收性)	光性方位 1.消光类型 2.消光角 3.延性符号	锥光性质 1.光性符号 2.光轴角 3.色散	其他性质 1.密度(g/cm³) 2.硬度(莫氏) 3.熔点(℃) 4.反射率	识别特征	无机材料制品中出处及其主要特征
59	钙镁橄榄石 CaO·MgO·SiO₂ Monticellite	1.斜方 2.粒状,柱状 3.(010)不完全 4.有三连晶	1. 1.646 2. 1.653 3. 1.639	1.透明 2.无色	1.平行消光 2.Ng=a Np=b 3.正、负	1.负 2.85° 3.r>v,弱	1. 3.2 2. 5~5.5 3. 1490℃~1300℃分解	平行消光,正延性,解理不发育,一级干涉色	1.碱性高炉矿渣、平炉钢渣 2.镁渣、铁渣、铁铬合金渣 3.蚀变白云石砖中结合相 4.镁质和铬质耐火材料结合相
60	偏硅酸锂 Li₂O·SiO₂ Lithium silicate	1.斜方(假六方) 2.针状,柱状 3.不完全	1. 1.650 2. 1.670 3. 1.650	1.透明 2.无色	1.平行消光 2.Ng=c Nm=b 3.	1.正 2.小	1. 2.48 3. 1 202	突起高于玻璃,平行消光,二轴晶光轴小	锂铝硅酸盐微晶玻璃的过渡相
61	镁橄榄石 2MgO·SiO₂ Forsterite	1.斜方 2.短柱状,粒状 3.(110)(010)不完全 4.简单或聚片	1. 1.651 2. 1.670 3. 1.635	1.透明 2.无色	1.平行消光 2.Ng=a Np=b 3.正	1.正 2.81° 3.r>v	1. 3.2 2. 6.5~7.2 3. 1890	与CMS的区别为:干涉色较高,为二级以上,硬度较大,熔点高,有双晶,解理不发育,平行消光	1.镁橄榄石瓷主晶相 2.镁铝砖、硅镁砖、镁砖的组成矿物 3.各种含镁的冶金矿渣、钢渣
62	顽火辉石 MgO·SiO₂ Enstatite	1.斜方 2.短柱状 3.(110)中等,解理角88°	1. 1.653 2. 1.658 3. 1.650	1.透明 2.无色	1.平行消光 2.Ng//c,Nm//b Np//a 3.正	1.正 2.60°~80° 3.r<v	1. 3.21 2. 5.5 3. 990℃以下稳定	平行消光和对称消光,二级完全解理,解理角88°	1.老化滑石瓷组成矿物之一 2.镁质耐火材料 3.炉渣

（续表）

序号	矿物名称 化学式 英文名	结晶习性 1.晶系 2.晶形 3.解理 4.双晶	透射光下光学性质 折射率 1.Nm(NoN) 2.Ng(Ne) 3.Np(Ne)	吸收性 1.透明变颜色 2.多色性(吸收性)	光性方位 1.消光类型 2.消光角 3.延性符号	锥光性质 1.光性符号 2.光轴角 3.色散	其他性质 1.密度(g/cm³) 2.硬度(莫氏) 3.熔点(℃)(熔度) 4.反射率	识别特征	无机材料制品中出现及其主要特征
63	原顽辉石 MgO·SiO₂ Protoenstatite	1.斜方 2.短柱状,厚板状 3.(110)中等	1. 1.653~1.670 2. 1.658~1.675 3. 1.650~1.665	1.透明 2.无色	1.平行消光 3.正	1.正 2.70°	1. 3.10 2. 1557℃ 3. 1250℃以上稳定	两组中等解理	1.滑石瓷的主晶相 2.镁质耐火材料 3.炉渣
64	斜顽辉石 MgO·SiO₂ Clinoenstatite	1.单斜 2.短柱状 3.(110)中等 4.依(100)简单或聚片	1. 1.654 2. 1.660 3. 1.651	1.透明 2.无色	1.斜消光 2. $Np=b$ $Nm\wedge a=8{\sim}20°$ $Ng\wedge c=20°$ 3.正	1.正 2.53°	1. 3.19 3. 850℃以下可长期存在	斜消光,两组中等解理	1.老化滑石瓷主要组成矿物 2.高硅镁砖组成矿物 3.酸性高炉矿渣
65	铝酸钙 CaO·Al₂O₃ Calcium aluminate	1.单斜 2.粒状,纤维状 3.柱面中等 4.六角形三连晶	1. 1.655 2. 1.633 (~1.720) 3. 1.643 (~1.700)	1.透明 2.无色	1.斜消光 2. $Np=c$ $Nm=b$	1.负 2.56°	1. 2.78 2. 6.5 3. 1600	中正突起,柱状,纤维状,斜消光,反射光下沸腾蒸馏水腐蚀的晶形和强色,扫描电镜下,六方棱柱状	1.铝酸盐水泥熟料组成矿物之一 2.高铝矿渣
66	锂辉石 Li₂O·Al₂O₃·4SiO₂ Spodumene	1.单斜 2.柱状 3.(110)中等,解理角87° 4.依(100)简单	1. 1.655~1.670 2. 1.662~1.679 3. 1.648~1.663	1.透明 2.浅色 3.有多色性	1.平行消光,斜消光 2. $Nm=b$ $Ng\wedge c=23{\sim}60°$	1.正 2. 58°~66° 3.水平散,$r<v$	1. 3.0~3.2 2. 6~7 3. 1380	中等解理,有多色性,二轴正晶	锂铝硅酸盐微晶玻璃组成相

（续表）

序号	矿物名称 化学式 英文名	结晶习性 1.晶系 2.晶形 3.解理 4.双晶	透射光下光学性质 — 折射率 1. Nm(No N) 2. Ng(Ne) 3. Np(Ne)	透射光下光学性质 — 吸收性 1.透明度 2.颜色 3.多色性(吸收性)	透射光下光学性质 — 光性方位 1.消光类型 2.消光角 3.延性符号	透射光下光学性质 — 锥光性质 1.光性符号 2.光轴角 3.色散	其他性质 1.密度(g/cm³) 2.硬度(莫氏) 3.熔点(℃) 4.反射率	识别特征	无机材料制品中出处及其主要特征
67	铁钙黄长石 4CaO·Fe₂O₃·Al₂O₃·2SiO₂ Ferrigehlonite	1.四方 2.柱状 3.(001)完全	1. 1.666 3. 1.661	1.透明 2.无色	1.平行消光	1.负 2.0°	1. 5~6 3. 1285	干涉色较低一级灰白,平行消光,负光性	1.各种冶金炉矿渣、高炉矿物的主要矿物 2.蚀变黏土砖、高铝砖 3.高铝水泥中也有出现
68	钙铝黄长石 2CaO·Al₂O₃·SiO₂ Gehlenite	1.四方 2.短柱状、片状 3.(001)完全	1. 1.669 3. 1.658	1.透明 2.无色	1.平行消光	1.负 2.0°	1. 3.04 2. 5~6 3. 1500	干涉色一级黄白,平行消光,负光性.光片腐蚀后的晶形和颜色	1.蚀变铝硅质耐火砖反应带 2.各种矿渣 3.铝酸盐水泥熟料
69	锌黄长石 2CaO·ZnO·2SiO₂ Hardystonite	1.四方 2.偏三角面体 3.(001)完全	1. 1.6718 3. 1.6624	1.透明 2.无色	1.平行消光	1.负 2.0°	1. 3.4 2. 3~4	干涉色一级黄白,平行消光,一轴晶负光性	炼锌炉矿渣
70	透辉石 CaO·MgO·2SiO₂ Diopside	1.单斜 2.短柱状 3.(110)完全 4.依(100)(001)简单、聚片	1. 1.672 2. 1.694 3. 1.666	1.透明 2.无色	1.斜消光 2. Nm=b Ng∧c= 38°~48°	1.正 2. 54°~60°	1. 3.275~3.38 2. 5~6 3. 1390	晶形、解理、高双折射率、消光角	1.以透辉石为原料制造建筑陶瓷主要组成矿物之一 2.白色锌石制品的组成矿物 3.玻璃中析晶矿物 4.含镁高炉矿渣 5.浮法玻璃锡槽黏土砖蚀变层

（续表）

序号	矿物名称 化学式 英文名	结晶习性 1.晶系 2.晶形 3.解理 4.双晶	透射光下光学性质 折射率 1.$Nm(No\ N)$ 2.$Ng(Ne)$ 3.$Np(Ne)$	吸收性 1.透明度 2.颜色 3.多色性(吸收性)	光性方位 1.消光类型 2.消光角 3.延性符号	锥光性质 1.光性符号 2.光轴角 3.色散	其他性质 1.密度(g/cm^3) 2.硬度(莫氏) 3.熔点(℃)(熔度) 4.反射率	识别特征	无机材料制品中出处及其主要特征
71	普通辉石 $(Ca,Fe,Mg)O \cdot (Fe,Al)_2O_3 \cdot 4(Al,Si)O_2$ Augite	1.单斜 2.短柱状 3.(110)完全·解理角87°	1.1.672~1.750 2.1.694~1.772 3.1.671~1.743	1.透明 2.无色、浅色	1.斜消光·对称消光	1.正 2.58°~61°	1.3.23~3.52 2.5.5~6 3.1428	晶形、解理、突起、颜色	1.铸石材料中主晶相为铸普通辉石 2.高炉矿渣 3.烧结矿、球圆矿
72	硅酸钡 $BaO \cdot SiO_2$ Barium silicate	1.斜方 2.柱状、针状	1.1.674 2.1.678 3.1.673	1.透明 2.无色	1.平行消光	1.正 2.29° 3.$r>\upsilon$,强	1.4.4 3.1640	晶形、平行消光突起、二轴正晶	钡玻璃中析晶矿物
73	β-铝氧 $Na_2O \cdot 11Al_2O_3$ Alumina	1.六方 2.板状 3.(0001)完全	1.1.678 2.1.635	1.透明 2.无色	1.平行消光	1.负 2.0°	1.3.31 3.2050℃ 1300℃开始,1900℃剧烈转化为$\alpha\text{-}Al_2O_3$	六方板状、片状、干涉色极高	1.快离子民体—β-铝氧为主晶相 2.熔铸AZS砖和刚玉砖及其蚀变产物的常见矿物 3.玻璃内耐材析晶矿物 4.蚀变铝质及铝硅质耐火材料的反应带
74	铁黄长石 $2CaO \cdot FeO \cdot 2SiO_2$ Ferroakermanite	1.四方 2.柱状、板状 3.(001)完全	1.1.690 3.1.637	1.透明 2.无色	1.平行消光	1.负 2.0°	3.725℃以下稳定	晶形、突起、平行消光、一轴负晶	1.高炉矿渣 2.低碱度烧结矿

（续表）

序号	矿物名称 化学式 英文名	结晶习性 1.晶系 2.晶形 3.解理 4.双晶	折射率 1. Nm(No N) 2. Ng(Ne) 3. Np(Ne)	透射光下光学性质 吸收性 1.透明度 2.颜色 3.多色性(吸收性)	光性方位 1.消光类型 2.消光角 3.延性符号	锥光性质 1.光性符号 2.光轴角 3.色散	其他性质 1.密度(g/cm³) 2.硬度(莫氏) 3.熔点(℃)(熔度) 4.反射率	识别特征	无机材料制品中出处及其主要特征
75	硅锌矿 2ZnO·SiO₂ Willemite	1.六方 2.柱状 3.(0001)(1120)	1. 1.696 2. 1.715	1.透明 2.无色	1.平行消光 3.正延性	1.正 2.0°	1. 3.9~4.2 2. 5.5 3. 1510	含Fe²⁺,Mg²⁺时可呈红色性,No=红紫,Ne=蓝紫	1.陶瓷结晶釉中析晶矿物,组成花纹状集合体 2.微晶玻璃组成矿物
76	β-铝氧 K₂O·6Al₂O₃ Alumina	1.六方 2.负片状 3.(0001)完全	1. 1.696 3. 1.660	1.透明 2.无色	1.平行消光	1.负 2.0°	1. 2.4	六方片状、高正突起,干涉色较高	存在于电熔刚玉及其制品中
77	工业氧化铝 γ-Al₂O₃ Industrial alumina	1.等轴 2.八面体、粒状	1. 1.696	1.透明 2.无色			1. 3.47	高正突起、粒状、均质体	1.存在于轻烧黏土材料中 2.Al₂O₃的主要工原料
78	钾硅酸钙 K₂O·23CaO·12SiO₂ Patassium-Calcium Silicate	1.假六方 2.粒状 4.聚片	1. 1.699 2. 1.703 3. 1.695	1.透明 2.无色		1.正		晶形、突起、双晶,一轴正晶	硅酸盐水泥熟料中偶见矿物相
79	镁铝榴石 3MgO·Al₂O₃·3SiO₂ Pyrope	1.等轴 2.四角三八面体 3.无	1. 1.705	2.粉红色、黑色			1. 3.51 2. 7~7.5 3.熔度 4	晶形、均质体、突起	

（续表）

序号	矿物名称 化学式 英文名	结晶习性 1.晶系 2.晶形 3.解理 4.双晶	折射率 1.Nm(No N) 2.Ng(Ne) 3.Np(Ne)	透射光下光学性质			其他性质 1.密度(g/cm³) 2.硬度(莫氏) 3.熔点(℃)(熔度) 4.反射率	识别特征	无机材料制品中出现及其主要特征
				吸收性 1.透明度 2.颜色 3.多色性(吸收性)	光性方位 1.消光类型 2.消光角 3.延性符号	维光性质 1.光性符号 2.光轴角 3.色散			
80	铝酸三钙 3CaO·Al₂O₃ Tricalcium aluminate	1.等轴 2.菱形十二面体·粒状 3.不完全	1. 1.710	1.透明 2.无色			1. 3.04 2. 6 3. 1535	高正突起、四边形、三边形;均质体	1.铝酸盐水泥熟料主要组成矿物之一 2.硅酸盐水泥熟料中间相组成矿物之一 3.高铝高炉渣
81	镁蔷薇辉石 3CaO·MgO·2SiO₂ Merwinite	1.单斜 2.柱状、粒状、纤维状 3.(010)完全 4.聚片	1. 1.712 2. 1.724 3. 1.706	1.透明 2.无色	1.斜消光 2.Ng=b Ng∧c=35°	1.正 2.66°	1. 3.15 2. 6 3. 1598	断面轮廓、高正突起、干涉色低、斜消光、解理及解理角	1.钙镁质耐火的主晶相之一 2.镁砖、白云石砖、铝硅质耐火材料蚀变产物 3.高炉矿渣、钢渣
82	β-硅酸二钙 2CaO·SiO₂ Larnite	1.单斜 2.粒状 3.(100)中等 4.聚片	1. 1.715 2. 1.730 3. 1.707	1.透明 2.无色或淡黄、棕黄色	1.斜消光 2.Np=b Np∧c=14°	1.正 2.64°~69°	1. 3.28 3. 2130℃ 975℃以下转变为γ-硅酸二钙	晶形(圆粒状)、干涉色明亮、斜消光,反射光下经1%NH₄Cl水溶液腐蚀呈棕黄色	1.硅酸盐水泥熟料主晶相之一 2.铝酸盐水泥组成矿物 3.高炉矿渣和钢渣 4.镁质耐火材料结合相
83	α'-硅酸二钙 2CaO·SiO₂ Bredigite	1.斜方 2.粒状 3.(110)中等 4.假六角双晶、六连、三连晶	1. 1.716 2. 1.725 3. 1.712	1.透明 2.无色	1.平行消光	1.正 2. 10°~30°	1. 3.31 3. 2130	正极高、干涉色为一级黄至橙黄	1.平炉、电炉钢渣 2.常与β-硅酸二钙混杂在一起

（续表）

序号	矿物名称 化学式 英文名	结晶习性 1.晶系 2.晶形 3.解理 4.双晶	透射光下光学性质 折射率 1.Nm(No N) 2.Ng(Ne) 3.Np(Ne)	吸收性 1.透明度 2.颜色 3.多色性(吸收性)	光性方位 1.消光类型 2.消光角 3.延性符号	锥光性质 1.光性符号 2.光轴角 3.色散	其他性质 1.密度(g/cm³) 2.硬度(莫氏) 3.熔点(℃) 4.反射率	识别特征	无机材料制品中出现及其主要特征处
84	铍石 β-BeO Bromellite	1.六方 2.柱状、板状 3.(10Ī0)中等	1. 1.719 2. 1.733	1.透明 2.无色	1.平行消光	1.正 2. 0°	1. 3.02 2. 9	一级灰白干涉色	氧化铍瓷主晶相
85	钙锰辉石 CaO·MnO·2SiO₂ Johannsenite	1.单斜 2.柱状、纤维状 3.(110)中等	1. 1.719 2. 1.738 3. 1.710	1.透明 2.无色、浅灰色	1.斜消光 2. $Nm=b$ $Ng \wedge c = 46°$	1.正 2. 52~62° 3. $r>v$,强	1. 3.2~3.5 2. 5~6	晶形,高正突起,两组解理,斜消光,二轴正晶	
86	镁铝尖晶石 MgO·Al₂O₃ Spinel	1.等轴 2.八面体、粒状 3.(111)	1. 1.719	1.透明 2.无色、绿色、浅红色			1. 3.55 2. 8 3. 2135	均质体,$R=6.8\%$,内反射无色	1.镁硅耐火砖主晶相 2.镁铝尖晶石瓷主晶相 3.冶金炉矿渣 4.高镁的高铝水泥熟料 5.铝硅质耐火材料蚀变产物
87	钙锰橄榄石 CaO·MnO·SiO₂ Glaucochroite	1.斜方 2.柱状 3.(001)不完全	1. 1.723 2. 1.736 3. 1.685	1.透明 2.无色	1.平行消光 2. $Np=b$ $Nm=c$	1.负 2. 61° 3. $r>v$	1. 3.48 2. 6 3. 1335	晶形,解理不完全,高正突起,平行消光,二轴负晶	1.工业炉矿渣 2.铝硅质耐火材料蚀变产物
88	硅酸三钙 3CaO·SiO₂ Tricalcium silicate	1.六方 2.六方板状 3.(0001)不完全	1. 1.722 3. 1.716	1.透明 2.无色	1.平行消光	1.负 2. 0°	1. 3.224 2. 5~6 3. 2070	突起高,干涉色低,反射光下经NH₄Cl水溶液腐蚀后呈蓝色	1.硅酸盐水泥熟料主晶相 2.水泥窑变硅硅质耐火材料 3.镁砖的胶结相 4.冶金碱性炉渣

（续表）

序号	矿物名称 化学式 英文名	结晶习性 1.晶系 2.晶形 3.解理 4.双晶	折射率 1.Nm(No N) 2.Ng(Ne) 3.Np(Ne)	吸收性 1.透明度 2.颜色 3.多色性(吸收性)	光性方位 1.消光类型 2.消光角 3.延性符号	锥光性质 1.光性符号 2.光轴角 3.色散	其他性质 1.密度(g/cm³) 2.硬度(莫氏) 3.熔点(℃) 4.反射率	识别特征	无机材料制品中出处及其主要特征
89	α-硅酸二钙 2CaO·SiO₂ Dicodlcium sillicate	1.六方 2.粒状 3.(0001)不完全	1.1.724 2.1.738	1.透明 2.无色,浅黄棕色	1.平行消光	1.正 2.0°	1.3.07 2. 3.2130	突起高,颜色平行消光,一轴正晶	
90	蔷薇辉石 CaO·4MnO·5SiO₂ Rhodonite	1.三斜 2.板状、粒状 3.(100)(010)完全 4.{010}聚片双晶	1.1.731 2.1.739 3.1.729	1.透明 2.无色 3.厚片有多色性	1.斜消光 2.Ng∧c=25°	1.正 2.60° 3.r<v,弱	1.3.75 2.5.5~6 3.1200	厚片时:Np=红黄,Nm=粉红,Ng=浅红黄;最高干涉色一级橙黄	酸性马丁炉渣
91	钙铝榴石 3CaO·Al₂O₃·3SiO₂ Grossular	1.等轴 2.菱形十二面体 3.无	1.1.735	1.透明 2.无色			1.3.53 2.6.5~7	高正突起、无解理、均质体、常有异常干涉色和双晶	1.碱性高炉矿渣 2.碱性矿渣蚀变高铝砖
92	方镁石 MgO Periclase	1.等轴 2.立方体、八面体 3.(100)(111)不完全	1.1.7366	1.透明 2.灰白色,浅黄色			1.3.56 2.5.5 3.2800	高正突起、均质体、解理不发育,浅色。	1.镁质砖、镁铝砖、铬镁砖,白云石砖的主晶相 2.电熔镁砂的主晶相 3.氧化镁瓷的主晶相 4.碱性高炉矿渣 5.硅酸盐水泥熟料中少量矿物

（续表）

序号	矿物名称 化学式 英文名	结晶习性 1.晶系 2.晶形 3.解理 4.双晶	透射光下光学性质 折射率 1.Nm(No N) 2.Ng(Ne) 3.Np(Ne)	吸收性 1.透明度 2.颜色 3.多色性(吸收性)	光性方位 1.消光类型,消光角 2.消光角 3.延性符号	锥光性质 1.光性符号 2.光轴角 3.色散	其他性质 1.密度(g/cm³) 2.硬度(莫氏) 3.熔点(℃) 4.反射率	识别特征	无机材料制品中出处及其主要特征
93	钙铁辉石 CaO·FeO·2SiO₂ Hedenbergite	1.单斜 2.针状,柱状 3.(110)中等 4.简单双晶(100)或(001)	1. 1.7318 2. 1.7551 3. 1.7260	1.透明 3.$Np=$浅绿、$Ng=$绿色、$Nm=$浅黄绿	1.斜消光,对称消光 2.$Nm=b$ $Ng \wedge c=47°\sim48°$	1.正 2.62.5°	1. 3.538 2. 5～6	高正突起、解理、斜消光、有多色性	1. 蚀变硅砖的硅酸盐富集带 2. 炼锡炉渣
94	钙铁橄榄石 CaO·FeO·SiO₂ Ca-Fe-olivine	1.斜方 2.粒状 3.无	1. 1.734 2. 1.743 3. 1.696	1.透明 2.浅黄色	1.平行消光 2.$Np=b$ $Nm=c$	1.负 2.49° 3.$r>v$	1. 3.30 3. 1208	晶形、较深的绿色、异常干涉色、消光角大	1. 各种冶金炉渣、钢渣 2. 烧结矿
95	碳化钙 (俗称电石) CaC₂ Calcium carbide	1.斜方 2.柱状 3.(001)(010)(100)完全 4.复杂的重变双晶	1. >1.75 $Ng-Np$ $=0.050$	1.透明 2.无色	1.斜消光 2.10°～20°	1.正 2.0°～30°	1. 2.21 3. 2106	折射率高、解理、双晶、斜消光、干涉色高	1. 高钙碳化耐火材料主晶相 2. 电石的主晶相
96	六铝酸钙 CaO·6Al₂O₃ Calcium hrxa aluminate	1.六方 2.片状,板状 3.(0001)	1. 1.757 3. 1.750	1.透明 2.无色、浅绿、浅蓝色	1.平行消光	1.负 2.0°	1. 3.54～3.90 3. 1850	高正突起、一级白干涉色、一轴晶负光性、光片中不被腐蚀、常成针状晶体、反射率中等	1. 高铝瓷的组成矿物 2. 铝质、高铝质和AZS砖及其蚀变产物 3. 玻璃内耐材析晶矿物 4. 低钙铝酸盐水泥熟料

（续表）

序号	矿物名称 化学式 英文名	结晶习性 1.晶系 2.晶形 3.解理 4.双晶	折射率 1.Nm(No N) 2.Ng(Ne) 3.Np(Ne)	透射光下光学性质 吸收性 1.透明度 2.颜色 3.多色性(吸收性)	光性方位 1.消光类型 2.消光角 3.延性符号	锥光性质 1.光性符号 2.光轴角 3.色散	其他性质 1.密度(g/cm³) 2.硬度(莫氏)(熔度) 3.熔点(℃)(熔度) 4.反射率	识别特征	无机材料制品中出处及其主要特征
97	刚玉 $\alpha\text{-}Al_2O_3$ Corundum	1.六方 2.短柱状,六方偏三角面体 3.(0001)不完全	1.1.7686 2.1.7604	1.透明 2.无色,含杂质呈不同的颜色	1.平行消光 3.正	1.负 2.0°	1.4.00 2.9 3.2050	高正突起,一级白干涉色,正延性,晶负光性,反射光下,因硬度大而精突起	1.氧化铝陶瓷、高铝瓷的主晶相 2.刚玉砖、AZS砖的主晶相 3.高压电瓷的组成矿物之一 4.高铝砖、烧变铝质及铝硅质耐火砖的组成矿物 5.玻璃内耐火砖析晶石及耐火材料析晶组成矿物 6.高铝矿渣
98	锌尖晶石 $ZnO\cdot Al_2O_3$ Gahnite	1.等轴 2.八面体	1.782	2.绿色、黄色			1.4.62 2.7.5	晶形、颜色、高正突起	铝硅微晶玻璃组成矿物
99	巴依石 $2CaO\cdot 3MgO\cdot TiO_2\cdot(Ti,Al)_2O_3\cdot 2SiO_2$	1.未定 2.长条状 3.无	1.1.785 2.1.798 3.1.777	2.棕色 3.多色性强	1.平行消光	1.正 2.72°~78°		色深,多色性强,端常呈燕尾状	高钛的高炉矿渣,共生矿物为钛矿,普通辉石、安诺石
100	锰铝榴石 $3MnO\cdot Al_2O_3\cdot 3SiO_2$ Spessartite	1.等轴 2.四角三八面体 3.无	1.1.80	2.红色			1.4.18 2.7~7.5 3.1200	晶形、颜色、突起	磁性材料——锰铝榴石的主晶相
101	锰橄榄石 $2FeO\cdot 2SiO_2$ Fayalite	1.斜方 2.粒状 3.(010)中等、(100)不完全	1.1.804 2.1.875 3.1.828	2.橄榄绿色	1.平行消光 2.$Nm=c$ $Np=b$ 3.正	1.负 2.47°	1.4.40 3.1205	高突起,多色性弱,正延性,干涉色高,平行消光	1.高炉矿渣 2.烧结矿

（续表）

序号	矿物名称 化学式 英文名	结晶习性 1.晶系 2.晶形 3.解理 4.双晶	折射率 1.Nm(No N) 2.Ng(Ne) 3.Np(Ne)	透射光下光学性质 — 吸收性 1.透明度 2.颜色 3.多色性(吸收性)	光性方位 1.消光类型 2.消光角 3.延性符号	锥光性质 1.光性符号 2.光轴角 3.色散	其他性质 1.密度(g/cm³) 2.硬度(莫氏) 3.熔点(℃)(熔度) 4.反射率	识别特征	无机材料制品中出现及其主要特征
102	铁铝榴石 $3YO \cdot Al_2O_3 \cdot 3SiO_2$ Yttrogarent	1. 等轴 2. 四角三八面体 3. 无	1. 1.823（或 $No=$ 1.942, $Ne=$ 1.927）			（或负光性—轴晶）	1. 4.55 2. 8~8.5 3. 2110	晶形	磁性材料—铁铝榴石的主晶相
103	铁尖晶石 $FeO \cdot Al_2O_3$ Hercynite	1. 等轴 2. 八面体、粒状	1. 1.83	1. 不透明			1. 4.39 2. 7.5 3. 1750	晶形、不透明	1. 电熔棕刚玉、熔铸刚玉砖 2. 远红外辐射瓷组成矿物 3. 高炉矿渣、钢渣
104	铁铝榴石 $3FeO \cdot Al_2O_3 \cdot 3SiO_2$ Almandite	1. 等轴 2. 四角三八面体 3. 无	1. 1.83	2. 棕色、红色			1. 4.32 2. 7~7.5 3. 1313~1318	晶形、颜色、突起	
105	石灰 （方钙石） CaO Lime	1. 等轴 2. 立方体、圆粒体 3. (100)完全	1. 1.837	1. 透明 2. 无色			1. 3.32 2. 3.5 3. 2570	晶形、解理、均质体	1. 白云石砖主要成矿物之一 2. 水泥熟料中游离石灰 3. 石灰的主晶相
106	锰铝尖晶石 $MnO \cdot Al_2O_3$ Galaxite	1. 等轴 2. 块状	1. 1.848	2. 棕色、黑色			1. 4.03 2. 7.5	晶形、颜色	1. 铁氧体材料—锰铝尖晶石瓷主晶相 2. 远红外辐射瓷组成矿物 3. 高锰冶金炉渣

（续表）

序号	矿物名称 化学式 英文名	结晶习性 1.晶系 2.晶形 3.解理 4.双晶	透射光下光学性质 折射率 1.Nm(No N) 2.Ng(Ne) 3.Np(Ne)	吸收性 1.透明度 2.颜色 3.多色性(吸收性)	光性方位 1.消光类型 2.消光角 3.延性符号	锥光性质 1.光性符号 2.光轴角 3.色散	其他性质 1.密度(g/cm³) 2.硬度(莫氏) 3.熔点(℃) 4.反射率	识别特征	无机材料制品中出现及其主要特征
107	钙铬榴石 3CaO·Cr₂O₃·3SiO₂ Uarovite	1.等轴 2.菱形十二面体	1. 1.86	2.绿色			1. 3.78 2. 7.5 3.熔度7	绿色,极高正突起,均质体,常有异常干涉色	冶金熔渣与钙质、铬质耐火材料蚀变矿物
108	铁橄榄石 2FeO·SiO₂ Fayalite	1.斜方 2.粒状 3.(010)中等、(100)不完全	1. 1.864 2. 1.875 3. 1.828	1.透明 2.浅黄色—橄榄绿 3.Ng=黄绿 Nm=橙黄 Np=绿黄	1.平行消光 2.Np=b Nm=c 3.正	1.负 2.47°	1. 4.4 2. 6.5 3. 1205	晶形、颜色、折射率高,双折射率大,光轴角小,二轴负光性	1.高铁高炉矿渣和钢渣 2.各种铁沾污的硅酸盐材料中
109	钙铁榴石 3CaO·FeO·3SiO₂ Andradite	1.等轴 2.菱形十二面体 3.无	1. 1.895	2.棕、黄、红色			1. 3.83 2. 6.5~7	颜色、突起、均质体,常有异常干涉色,双晶和环带结构	偶见于冶金炉渣
110	镁铬尖晶石 MgO·Cr₂O₃ Magnesiochromite	1.等轴 2.八面体 3.无	1. 1.90	1.透明 2.浅灰绿			1. 4.39 3. >1800	晶形、颜色	1.铬镁耐火砖的主晶相之一 2.蚀变铬镁砖
111	锆英石 ZrO₂·SiO₂ Zircon	1.四方 2.柱状 3.(110)不完全	1. 1.92~1.96 2. 1.96~2.20	1.透明 2.无色、黄、褐色	1.平行消光 3.正	1.正 2. 0°	1. 4.6~4.71 2. 8 3. 2250	晶形、极高突起,多显多色性,反光吸收,干涉色三级至四级	1.结英石耐火砖晶相 2.烧结AZS耐火砖残留矿物 3.玻璃中粉料结石 4.陶瓷乳浊釉中残晶相

（续表）

序号	矿物名称 化学式 英文名	结晶习性 1.晶系 2.晶形 3.解理 4.双晶	透射光下光学性质 折射率 1.Nm(No N) 2.Ng(Ne) 3.Np(Ne)	吸收性 1.透明度 2.颜色 3.多色性(吸收性)	光性方位 1.消光类型 2.消光角 3.延性符号	锥光性质 1.光性符号 2.光轴角 3.色散	其他性质 1.密度(g/cm³) 2.硬度(莫氏) 3.熔点(℃)(熔度) 4.反射率	识别特征	无机材料制品中出处及其主要特征
112	正钛酸镁 2MgO·TiO₂ Magnesium titanate	1. 等轴	1. 1.959				1. 3.52 3. 1732		钛酸镁瓷主晶相
113	铝辉石 3PbO·2SiO₂ Alamosite	1. 单斜 2. 纤维状 3. (010)	1. 1.961 2. 1.968 3. 1.947			1. 负 2. 65° 3. r>v,强	1. 6.09 2. 4.5 3. 764		
114	氧化钡 BaO Barium oxide	1. 等轴 2. 立方体 3. (100)完全	1. 1.98	1. 透明 2. 无色					
115	石墨 C Graphite	1. 六方 2. 薄片状 3. (0001)极完全	1. 1.98～ 2.03	1. 不透明 2. 黑色		1. 负 2. 0°	1. 2.09～2.23 2. 1～2 3. 3700±100℃升华	晶形,双反射,反射色为淡绿色,内反射色	1. 石墨制品的主晶相 2. 含碳耐火制品中的组成矿物
116	铁铝酸六钙 6CaO·2Al₂O₃·Fe₂O₃ Hexacalcium dialuminoferrite	1. 斜方 2. 板状	2. 1.99 3. 1.94			1. 负 2. 小	3. 1365℃分解		硅酸盐水泥熟料白色中间相中偶见
117	锡石 SnO Cassiterite	1. 四方 2. 短柱状,片状 3. (100)(110)不完全 4. 聚片	1. 2.0006 2. 2.0972	1. 透明 2. 无色到棕色	1. 平行消光	1. 正 2. 0°～38°	1. 6.99 2. 6～7	晶形,双晶,平行消光,高折射率	1. 锡石瓷的主晶相 2. 浮法玻璃锡槽底部耐火砖锡反应层及孔隙中

（续表）

序号	矿物名称 化学式 英文名	结晶习性 1.晶系 2.晶形 3.解理 4.双晶	透射光下光学性质 折射率 1.Nm(No N) 2.Ng(Ne) 3.Np(Ne)	吸收性 1.透明度 2.颜色 3.多色性(吸收性)	光性方位 1.消光类型 2.消光角 3.延性符号	锥光性质 1.光性符号 2.光轴角 3.色散	其他性质 1.密度(g/cm³) 2.硬度(莫氏) 3.熔点(℃) 4.反射率	识别特征	无机材料制品中出现及其主要特征
118	铁铝酸四钙 4CaO·Al₂O₃·Fe₂O₃ Brownmillerite	1. 斜方 2. 柱状,圆粒状 3. 不完全	1. 2.01 2. 2.04 3. 1.96	1. 半透明 2. 墨棕色、红色 3. 显著	1. 平行消光	1. 负 2. 75°	1. 3.73 3. 1415	颜色、多色性、高折射率、反射光下,硅酸盐水泥熟料的白色中间相	1. 硅酸盐水泥熟料组成矿物之一 2. 高钙的镁砖,白云石砖 3. 转炉白云石砖炉衬 4. 高炉矿渣
119	红锌矿 ZnO Zincite	1. 六方 2. 粒状、叶片状	1. 2.013 2. 2.029	2. 红色、黄色	1. 平行消光	1. 正 2. 0°	1. 5.65 2. 4 3. 1670	晶形、颜色、平行消光、一轴正晶	1. 氧化锌瓷的主晶相 2. 炼锌矿'锌渣
120	铬铁矿 FeO·Cr₂O₃ Chromite	1. 等轴 2. 八面体 3. 无	1. 2.12	2. 褐色			1. 5.29 2. 5.5 3. >1800℃ (2250℃)	晶形、颜色、突起	1. 镁铬质及铬镁质耐火砖的主晶相之一 2. 蚀变镁铬及铬镁质耐火材料
121	氮化铝 AlN Aluminum nitrite	1. 六方 2. 长柱状	1. 2.13 2. 2.20	2. 浅蓝色、绿色	1. 平行消光	1. 正 2. 0°	1. 3.25 2. 6~7 3. 2000	晶形、颜色	1. 氮化铝瓷的主晶相 2. 氮化铝细粉 3. 特制坩埚瓷的主晶相
122	褐硫钙石 CaS Oldhamite	1. 等轴 2. 立方体,粒状 3. (100)完全	1. 2.137	1. 透明 2. 无色			1. 2.71 2. 4 3. >2000℃	晶形、解理、突起、均质体	1. 冶金炉渣组成矿物之一,羽毛状酸晶单晶刚玉形的晶粒之间 2. 还原气氛烧成的水泥熟料

（续表）

序号	矿物名称 化学式 英文名	结晶习性 1.晶系 2.晶形 3.解理 4.双晶	透射光下光学性质				其他性质 1.密度(g/cm³) 2.硬度(莫氏) 3.熔点(℃)(熔程) 4.反射率	识别特征	无机材料制品中出现及其主要特征
			折射率 1.Nm(No N) 2.Ng(Ne) 3.Np(Ne)	吸收性 1.透明度 2.颜色 3.多色性(吸收性)	光性方位 1.消光类型 2.消光角 3.延性符号	锥光性质 1.光性符号 2.光轴角 3.色散			
123	斜锆石 ZrO₂ Baddeleyite	1.单斜 2.粒状 3.(001)完全,(010)不完全	1. 2.19 2. 2.20 3. 2.13	1.透明 2.无色至棕色	1.斜消光 2.Nm=b Np∧c=13°	1.负 2.30° 3. r＞v	1. 5.60 2. 6.5 3. 2715	极高正突起,糙面显著,四级干涉色,二轴晶负光性	1.氧化锆瓷的主晶相 2.AZS耐火制品的主晶相之一 3.低膨胀陶瓷组成矿物之一 4.结构陶瓷的增韧组成相 5.玻璃中耐火砖结石和斜锆石析晶矿物
124	二钛酸镁 MgO·2TiO₂ Magnesium titanate		1. 2.19 2. 2.32 3. 2.19			1.负 2.70°	1. 3.66 3. 1649		含钛多时,钛酸镁主晶相
125	钛酸钙 3CaO·2TiO₂ Calcium titanate		1. 2.22 2. 2.16		1.平行消光 3.正	1.负 2.0°	3. 1740℃(不一致熔融)		钛酸钙瓷的主晶相
126	铁酸二钙 2CaO·Fe₂O₃ Dicalcium ferrite	1.斜方 2.短柱状 3.无	1. 2.22 2. 2.29 3. 2.20	2.黄色 3.多色性,从黄色到棕色,反吸收性	1.平行消光	1.正 2.中等	1. 4.01 3. 1436℃分解	多色性和吸收性显著,反射光下呈亮白色,反射率大	1.各种水泥熟料中偶见矿物 2.镁砖的胶结相 3.炼铁、炼钢炉渣

（续表）

序号	矿物名称 化学式 英文名	结晶习性 1.晶系 2.晶形 3.解理 4.双晶	折射率 1.Nm(NoN) 2.Ng(Ne) 3.Np(Ne)	透射光下光学性质 吸收性 1.透明度 2.颜色 3.多色性(吸收性)	光性方位 1.消光类型 2.消光角 3.延性符号	锥光性质 1.光性符号 2.光轴角 3.色散	其他性质 1.密度(g/cm³) 2.硬度(莫氏) 3.熔点(℃) 4.反射率	识别特征	无机材料制品中出现处及其主要特征
127	方铁矿 FeO Wastite	1.等轴 2.八面体,立方体	1. 2.23	1.不透明 2.黑色			1. 5.5 3. 1370	不透明,黑色,反射光下呈亮白色,反射率17%	炼铁或炼钢炉的蚀变耐火材料,常呈十字状骸晶,有时呈浑圆粒状
128	安诺石 Ti₃O₅ Anosovite	1.斜方 2.长柱状,针状	2. 2.32 3. 2.19	1.不透明 2.黑色,褐黑色			1. >4.19 2.显微硬度 1000kg/mm²	不透明,黑色,晶形为带尖端的柱状	1.高钛渣的主晶相 2.电熔棕刚玉及再结合刚玉砖中也有存在
129	硫化镁 MgS Magnesium sulfide	1.等轴 2.立方体,粒状 3.(100)完全	1. 2.271	1.透明 2.无色			1. 2.68 3. >1999℃	晶形、解理、裂纹,均质体	电炉钢渣中
130	铁 Fe Iron	1.等轴 3.(100)中等	1. 2.36	1.不透明 2.黑色			1. 7.87 2. 4 3. 1535	黑色,球粒状或无定形颗粒,反射率R=58%~64%,反射白色,无内反射	1.析铁渣硅酸盐水泥熟料 2.炼铁或炼钢炉的蚀变耐火材料,炉渣
131	锌铁尖晶石 ZnO·Fe₂O₃ Franklinite	1.等轴 2.八面体 3.(111)不完全	1. 2.36	2.铁黑色,红棕色		均质体	1. 5.2 2. 5.5		铁氧体材料—锌铁尖晶石瓷主晶相

（续表）

序号	矿物名称 化学式 英文名	结晶习性 1.晶系 2.晶形 3.解理 4.双晶	透射光下光学性质 折射率 1.Nm(No N) 2.Ng(Ne) 3.Np(Ne)	吸收性 1.透明度 2.颜色 3.多色性(吸收性)	光性方位 1.消光类型 2.消光角 3.延性符号	锥光性质 1.光性符号 2.光轴角 3.色散	其他性质 1.密度(g/cm³) 2.硬度(莫氏)(熔度) 3.熔点(℃) 4.反射率	识别特征	无机材料制品中出处及其主要特征
132	钙钛矿 CaO·TiO₂ Perovskite	1.斜方(假等轴) 2.八面体 3.(001)不完全	1. 2.34~2.38	2.无色—棕—黄—褐—黑	1.平行消光 2.Nm=c Np=a	1.正 2.90°	1. 4.01 2. 5.5 3. 1915		1.高铝水泥熟料 2.钛酸钙瓷组成矿物 3.铁电材料和介电材料的主晶相或单晶
133	铁酸镁 (又称镁铁尖晶石) MgO·Fe₂O₃ Magnssioferrite	1.等轴 2.八面体、粒状 3.无	1. 2.39	1.微透明 2.红色		均质体	1. 4.20 2. 6~6.5 3. 1580~1610℃ 强磁性	颜色,晶形,均质性	1.富铁镁耐火材料的组成矿物,常成包晶结构,在方镁石之间呈薄片状 2.碱性耐火砖蚀变工作带
134	钛酸钡 BaO·TiO₂ Barium titanate	1.斜方 2.粒状	1. 2.401 2. 2.406 3. 2.395	1.透明 2.无色	1.平行消光	1.负	1. 5.45~5.54	平行消光,一级黄干涉色,二轴晶负光性	钛酸钡瓷主晶相,半自形粒状
135	四钛酸钡 BaO·4TiO₂ Barium tetratitanate	1.斜方 2.柱状 3.(100)完全,(001)中等	1. 2.410 2. 2.440 3. 2.380	1.透明 2.无色、浅黄色	1.平行消光 3.正或负	1.正 2.49.6°		柱状,二级解理,干涉色3~4级,延性正光性正负,二轴晶正光性	四钛酸钡瓷主晶相
136	金刚石 C Diamond	1.等轴 2.等粒状 3.无	1. 2.419 5	1.透明 2.无色、绿、棕色等		均质体	1. 3.51 2. 10 3. 不熔	均质体,无色透明,硬度最大	人造金刚石晶粒

（续表）

序号	矿物名称 化学式 英文名	结晶习性 1.晶系 2.晶形 3.解理 4.双晶	透射光下光学性质 折射率 1.Nm(No N) 2.Ng(Ne) 3.Np(Ne)	吸收性 1.透明度 2.颜色 3.多色性(吸收性)	光性方位 1.消光类型 2.消光角 3.延性符号	锥光性质 1.光性符号 2.光轴角 3.色散	其他性质 1.密度(g/cm³) 2.硬度(莫氏) 3.熔点(℃)(熔度) 4.反射率	识别特征	无机材料制品中出现及其主要特征
137	磁铁矿 FeO·Fe₂O₃ Magnetite	1.等轴 2.八面体、菱形十二面体、粒状或不规则 3.(111)完全	1.2.43	1.不透明 2.黑色		均质体	1.5.175 2.5.5~6.5 3.1590	粒状多边形,不透明,黑色,反射光下呈浅蓝灰色,金属光泽,反射率20%~21%	1.炼钢炉中铝硅质耐火材料蚀变产物,常呈树枝状 2.镁铬耐火制品偶见矿物 3.各种蚀变耐火材料均会出现 4.烧结矿和球团矿的主要组成矿物
138	三氧化二铬 Cr₂O₃ Chromium oxide	1.六方 2.厚板状、粒状 3.菱面体解理 4.(001)双晶	1.2.50	2.绿色	1.平行消光	1.正 2.0°	1.5.2 2.9 3.1900	晶形,颜色,一轴晶,正光性	1.Cr₂O₃制品主晶相 2.存在于含Cr₂O₃的耐火材料中
139	铁酸钙 CaO·Fe₂O₃ Monocaleium Ferrite	1.四方(或六方) 2.长针状	1.2.58 3.2.43	2.血红色	1.平行消光	1.负 2.0°	1.5.08 3.1216℃分解		1.高铁镁质耐火材料 2.冶金炉矿渣 3.镁砖中胶结相 4.烧结矿和球团矿中常见
140	金红石 αTiO₂ Rutile	1.四方 2.针状、长柱状、纤维状 3.(100)完全,(110)中等 4.依(001)薄片或简单聚片双晶	1.2.6211 2.2.9085	1.透明 2.浅黄色,黄褐色 3.有 No<Ne 吸收性	1.平行消光 3.正	1.正 2.0°	1.4.23 2.6~6.5 3.1825	高级白干涉色,极高正突起,平行消光,正延性,简单双晶,聚片双晶	1.金红石瓷的主晶相 2.钛酸镁瓷主晶相之一 3.高铝砖、AZS砖中残余相

（续表）

序号	矿物名称 化学式 英文名	结晶习性 1.晶系 2.晶形 3.解理 4.双晶	透射光下光学性质 折射率 1. Nm(No N) 2. Ng(Ne) 3. Np(No)	吸收性 1.透明度 2.颜色 3.多色性(吸收性)	光性方位 1.消光类型 2.消光角 3.延性符号	锥光性质 1.光性符号 2.光轴角 3.色散	其他性质 1.密度(g/cm³) 2.硬度(莫氏) 3.熔点(熔度)(℃) 4.反射率	识别特征	无机材料制品中出处及其主要特征
141	β-碳化硅 SiC Silicon carbide	1.等轴 2.微粒状	1. 2.63	2.黑绿色		均质体	1. 3.216 2. 9.5~9.75 3. 2 600℃分解	微粒状,均质体	碳化硅瓷的组成矿物之一
142	α-碳化硅 SiC Moissanite	1.六方(或斜方) 2.薄片状 3.(0001)不完全	1. 2.647~2.649 2. 2.689~2.693	1.透明 2.无色,含少量杂质,色呈蓝、红、黑色		1.负 2. 3.色散强	1. 3.22 2. 9.5 3. 2 600℃分解	薄片状,突起极高,干涉色三级、色散性强	1.碳化硅瓷的主晶相 2.部分结构陶瓷中组成矿物之一 3.碳化硅耐火砖的主晶相 4.石墨碳化硅、部分含碳耐火砖的组成矿物 5.电阻发热体 6.含碳白云石耐火砖中与硅粉边缘反应生成的矿物
143	碳化铝 Al₄C₃ Aluminum carbide	1.六方 2.片状 3.(0001)完全	1. 2.70 2. 2.75	1.透明 2.黄色	1.平行消光	1.正 2. 0°	1. 2.99 3. 2704		
144	氮化硼 BN Boron nitride	1.等轴 2.立方体					1. 2.25 2. 9.8~9.9 3. 3 000		氮化硼瓷的主晶相

（续表）

序号	矿物名称 化学式 英文名	结晶习性 1.晶系 2.晶形 3.解理 4.双晶	透射光下光学性质 折射率 1.Nm(NoN) 2.Ng(Ne) 3.Np(Ne)	透射光下光学性质 吸收性 1.透明度 2.颜色 3.多色性(吸收性)	透射光下光学性质 光性方位 1.消光类型 2.消光角 3.延性符号	透射光下光学性质 锥光性质 1.光性符号 2.光轴角 3.色散	其他性质 1.密度(g/cm³) 2.硬度(莫氏) 3.熔点(℃) 4.反射率	识别特征	无机材料制品中出现及其主要特征
145	碳化钛 TiC Titanium carbide	1. 等轴					1. 4.93 2. 9 3. 3140	反射镜下呈灰白色	1. 碳化钛制品的主晶相 2. 高炉蚀变耐火材料工作带 3. 金属陶瓷 4. 矿渣
146	赤铁矿 α-Fe₂O₃ Hematite	1. 三方 2. 厚板状 3. (0001)	1. 2.95 3. 2.74	1. 半透明 2. 红色、黄红色	1. 平行消光	1. 负 2. 0°	1. 5.2 2. 5.5~6 3. 1400~1565℃	透明度、颜色、弱多色性;反射光下反射色带蓝的白色,反射色较高,内反射深红色	1. 陶瓷釉层中含墨釉花的析出物 2. 蚀变镁砖和蚀变硅砖
147	钛铁矿 FeO·TiO₂ Ilmenite	1. 三方 2. 片状、板状 3. 菱面体解理 4. (10$\bar{1}$0)聚片	1. >3.00	1. 不透明 2. 黑色		1. 负 2. 0°	1. 4.72 2. 5.5~6 3. 1450	反射光下带紫的灰白色,弱双折射和反射多色性,弱磁性	1. 高炉蚀变耐火材料 2. 烧结矿
148	三氧化二钛 Ti₂O₃ Titanium oxide	1. 三方 2. 树枝状骸晶、菱面体		1. 不透明 2. 黑色			3. 2677		存在于电熔AZS砖中
149	碳化硼 B₄C Boron carbide	1. 六方 2. 粒状		1. 不透明 2. 黑色			1. 2.48~2.52 2. <10 3. 2450		碳化硼瓷的主晶相

（续表）

序号	矿物名称 化学式 英文名	结晶习性 1.晶系 2.晶形 3.解理 4.双晶	透射光下光学性质 折射率 1.Nm(No N) 2.Ng(Ne) 3.Np(Ne)	吸收性 1.透明度 2.颜色 3.多色性(吸收性)	光性方位 1.消光类型 2.消光角 3.延性符号	锥光性质 1.光性符号 2.光轴角 3.色散	其他性质 1.密度(g/cm³) 2.硬度(莫氏) 3.熔点(℃) 4.反射率	识别特征	无机材料制品中出处及其主要特征
150	氮化硅 α-Si₃N₄ Silicon nitride	1.六方 2.针状		1.半透明			1. 3.196 2. 9 3. 1900℃分解	晶形、半透明、反射率12.6%	氮化硅瓷的主晶相
151	氮化硅 β-Si₃N₄ Silicon nitride	1.六方 2.粒状、六方柱状		1.半透明				晶形、半透明、反射率12.1%	氮化硅瓷的主晶相
152	碳化硼 BC Boron nitride	1.六方 2.等轴粒状		1.不透明 2.黑色			1. 2.48~2.52 2. <10 3. 2450	高折射率、高反射率、晶形	1. 固体润滑剂、金属脱模剂 2. 各种高温绝缘和散热器件
153	氮化硼 BN Boron nitride	1.六方 2.片状		1.透明 2.白色			1. 2.25 2. 2.00 3. 3000	软性材料,硬度稍大于石墨	氮化硼材料组成矿物

参考文献

[1] 胡赓祥,钱苗根. 金属学[M]. 上海:上海科学技术出版社,1980.

[2] 陈秀琴,刘和. 金属学原理习题集[M]. 上海:上海科学技术出版社,1988.

[3] 卢光熙,侯增寿. 金属学教程[M]. 上海:上海科学技术出版社,1985.

[4] 曹明盛. 物理冶金基础[M]. 北京:冶金工业出版社,1988.

[5] 费豪文 J D. 物理冶金学基础[M]. 卢光熙,赵子伟译. 上海:上海科学技术出版社,1980.

[6] 萨尔满 H,舒尔兹 H. 陶瓷学[M]. 黄照柏译. 北京:轻工业出版社,1989.

[7] 金格里 W D,波文 H K,尤尔曼 D R. 陶瓷材料概论[M]. 陈皇钧译. 北京:晓园出版社,1995.

[8] 田凤仁. 无机材料结构基础[M]. 北京:冶金工业出版社,1993.

[9] 周志朝,等. 无机材料显微结构分析[M]. 杭州:浙江大学出版社,1993.

[10] 小野木重治. 高分子材料科学[M]. 林福海译. 北京:纺织工业出版社,1983.

[11] 张留成. 高分子材料导论[M]. 北京:化学工业出版社,1993.

[12] 马德柱,徐种德,等. 高聚物的结构与性能[M]. 北京:科学出版社,1995.

[13] 江明. 高分子合金的物理化学[M]. 四川:四川教育出版社,1988.

[14] 何曼君,陈维孝,董西侠. 高分子物理[M]. 上海:复旦大学出版社,1982.

[15] 蓝立文. 高分子物理[M]. 西安:西北工业大学出版社,1993.

[16] 朱善农等. 高分子链结构[M]. 北京:科学出版社,1996.

[17] 徐祖耀,李鹏兴. 材料科学导论[M]. 上海:上海科学技术出版社,1986.

[18] 石德珂,沈莲. 材料科学基础[M]. 西安:西安交通大学出版社,1995.

[19] 阿斯基兰德. 材料科学与工程[M]. 陈皇钧译. 北京:晓园出版社,1995.

[20] 谢希文,过梅丽. 材料科学与工程导论[M]. 北京:北京航空航天大学出版社,1991.

[21] 郑明新. 工程材料(第二版)[M]. 北京:清华大学出版社,1991.

[22] 徐光宪,王祥云. 物质结构(第二版)[M]. 北京:高等教育出版社,1989.

[23] 吕世骥,范印哲. 固体物理教程[M]. 北京:北京大学出版社,1990.

[24] 冯端,丘第荣. 金属物理学,第一卷(结构与缺陷)[M]. 北京:科学出版社,1998.

[25] 哈森 P. 物理金属学[M]. 北京:科学出版社,1984.

[26] 林栋梁. 晶体缺陷[M]. 上海:上海交通大学出版社,1984.

[27] 弗里埃德尔 J. 位错(增订版)[M]. 北京:科学出版社,1984.

[28] 钱临照,等. 晶体缺陷和金属强度(上册)[M]. 北京:科学出版社,1962.

[29] 肖纪美. 合金相与相变[M]. 北京:冶金工业出版社,1987.

[30] 李庆生. 材料强度学[M]. 太原:山西科学教育出版社,1990.

[31] 江伯鸿. 材料热力学[M]. 上海:上海交通大学出版社,1999.

[32] 侯增寿,陶岚琴. 实用三元合金相图[M]. 上海:上海科学技术出版社,1986.

[33] 胡德林. 三元合金相图及其应用[M]. 西安:西北工业大学出版社,1982.

[34] 程天一,章守华. 快速凝固技术与新型合金[M]. 北京:宇航出版社,1990.

[35] 刘有延,傅秀军. 准晶体[M]. 北京:科教出版社,1999.

[36] 徐祖耀. 马氏体相变与马氏体[M]. 北京:科学出版社,1981.

[37] 邓永瑞,许详,赵青. 固态相变[M]. 北京:冶金工业出版社,1996.

[38] 徐祖耀,刘世楷. 贝氏体相变与贝氏体[M]. 北京:科学出版社,1991.

[39] 李承基. 贝氏体相变理论[M]. 北京:机械工业出版社,1995.

[40] WILLIAM D, CALLISTER J. Materials science and engineering: An introduction [M]. 5th Ed. , USA, John Wiley & Sons, 1999.

[41] SMITH W F. Foundations of materials science and engineering [M]. New York, McGraw-Hill Book Co. , 1992.

[42] CAHN R W, HAASEN P. Physical metallurgy [M]. 4th Ed. , Elsevier Science BV, 1996.

[43] SMLLMAN R E. Modern physical metallurgy [M]. 4th Ed. , London, Butterworths, 1985.

[44] KITTEL C. Introduction to solid state physics [M]. 5th Ed. , USA, John Wiley & Sons, 1976.

[45] BRADY J E, HUMISTON G E. General chemistry principles and structure [M]. 3rd Ed. , USA, John Wiley & Sons, 1982.

[46] BARRETT C S, MASSALSKI T B. Structure of metals [M]. 3rd Ed. , Pergamon Press, 1980.

[47] KINGERY W D, BOWEN H K, UHLMANN D R. Introduction to ceramics [M]. 2nd Ed. , USA, John Wiley & Sons, 1976.

[48] WELLS A F. Structural inorganic chemistry [M]. 5th Ed. , An, Oxford, 1984.

[49] BASSETT D C. Principles of polymer morphology [M]. Cambridge University Press, 1981.

[50] BOLLMANN W. Crystal defects and crystalline interfaces [M]. New York, Springer Verlag, 1970.

[51] COTTRELL A H. Dislocations and plastic flow in crystals [M]. Oxford University Press, 1953.

[52] READ W T. Dislocations in crystals [M]. New York, McGraw-Hill, 1953.

[53] BACON D J, HULL D. Introduction to dislocations [M]. 3rd Ed. , Oxford, Pergamon, 1984.

[54] HIRTH J P, LOTHE J. Theory of dislocations [M]. 2nd Ed. , New York, John Wiley, 1982.

[55] DEDERICHS P H, SCHROEDER K, ZELLER R. Point defects in metals ll [M]. New York, Springer Verlag, 1980.

[56] HAASEN P. Physical metallurgy [M]. 2nd Ed. , London, Cambridge University Press, 1986.

[57] SHEWMON P G. Diffusion in solids [M]. USA, McGraw-Hill, 1963.

[58] FRED W Billmeyer. Textbook of polymer science [M]. A Wiley-Interscience Publication, 1984.

[59] HERTZBERG R W. Deformation and fracture mechanics of engineering materials [M]. New York, John Wiley & Sons, 1976.

[60] HONEYCOMB R W K. The plastic deformation of metals [M]. 2nd Ed. , London, Edward Arnold Ltd, 1984.

[61] ARSENAULT R J. Plastic deformation of materials [J]. New York, Academic Press, 1975, 6.

[62] HAESSNER F. Recrystallization of metallic materials [M]. Stuttgart, Dr. Riederer Verlag Gmbh, 1978.

[63] RHINES F N. Phase diagrams in metallurgy [M]. New York, McGraw-Hill, 1956.

[64] PRINCE A. Alloy phase equilibria [M]. Elsevier Publishing Co. , 1966.

[65] GORDEN P. Principles of phase diagrams in materials science [M]. New York, 1968.

[66] GLEITER H. Nanostructured materials [J]. Acta Metallurgica Sinica, 1997, 33: 165.

[67] MEYERS M A, INAL O T. Frontiers in materials technologies [J]. Elsevier science, 1985.

[68] BAKKER H, ZHOU G F, YANG H. Mechanically driven disorder and phase transformtions inalloys [J]. in Progress in Materials Science, 1995, 39.

[69] SINGH J, COPLEY S M. Novel technigues in synthesis and processing of advanced materials [J]. TMS, 1995.